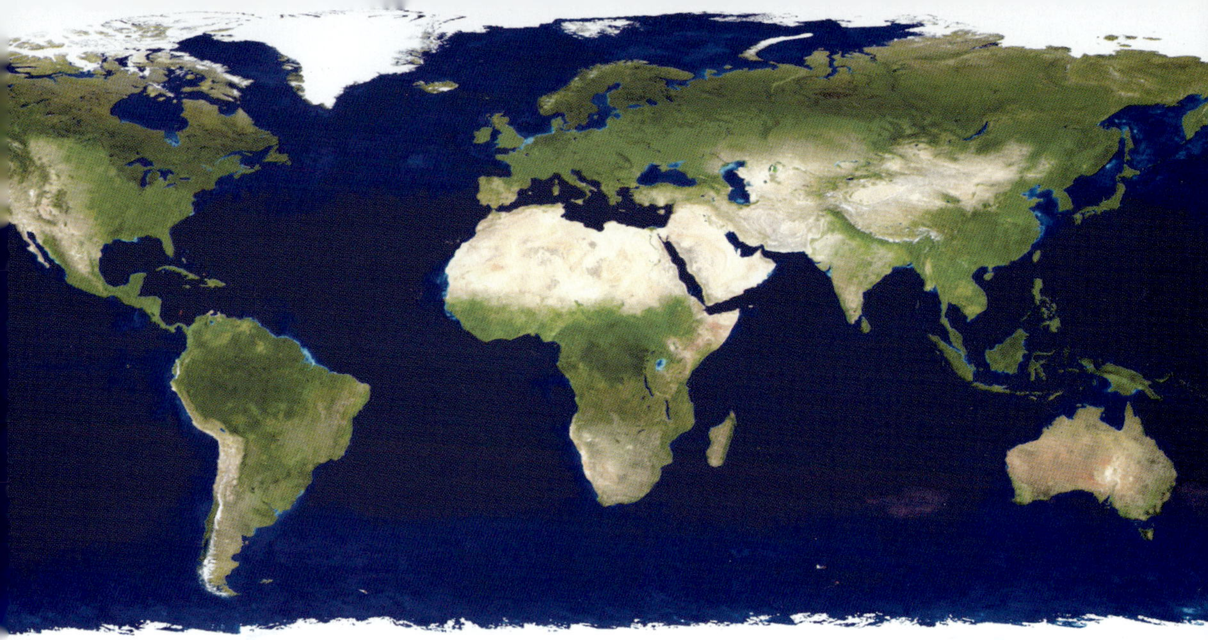

하늘에서 본 지구의 아름다운 모습

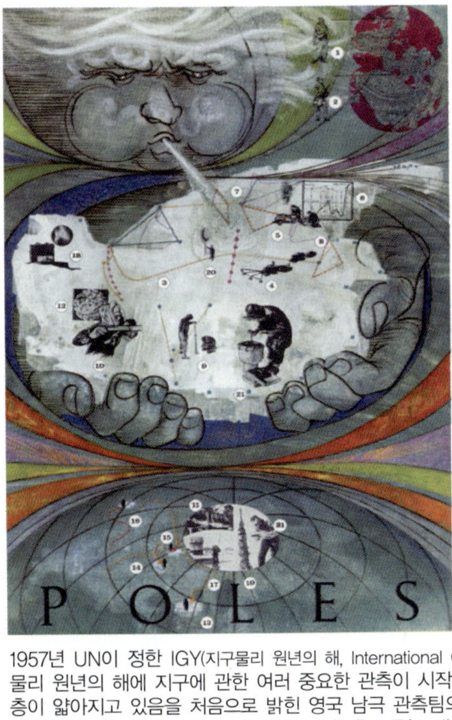

1957년 UN이 정한 IGY(지구물리 원년의 해, International Geophysical Year)의 포스터. 지구물리 원년의 해에 지구에 관한 여러 중요한 관측이 시작되었다. 1985년 남극 상공의 오존층이 얇아지고 있음을 처음으로 밝힌 영국 남극 관측팀의 총오존량 관측이나 오늘날 사람이 만들어내는 지구환경 문제의 대표적인 예로 꼽는 대기 중 온실기체의 관측 자료도 바로 이때 시작된 것이다.

planetearth®
Earth Sciences for Society

UN이 선언한 '행성 지구의 해'(IYPE, International Year of Planet Earth, 2007~2009) IYPE 로고. UN은 '사회를 위한 행성 지구(Planet Earth for Society)'라는 주제 하에 1957년에 수행했던 IGY의 50주년이 되는 2007년부터 3년간을 행성지구의 해로 선포했다. 이 기간에는 전세계적으로 행성지구를 사회에 더욱 친근하게 접근시키는 다양한 프로그램들이 진행될 예정이다(자료 : UN IYPE 브로셔).

마젤란 일행이 세계일주에 성공한 후 얼마 되지 않은 1527년경에 제작된 세계지도. 아메리카대륙의 연안이 유럽 아프리카 동쪽 연안과 그 모습이 너무 유사한 것이 분명히 보이고 있다.

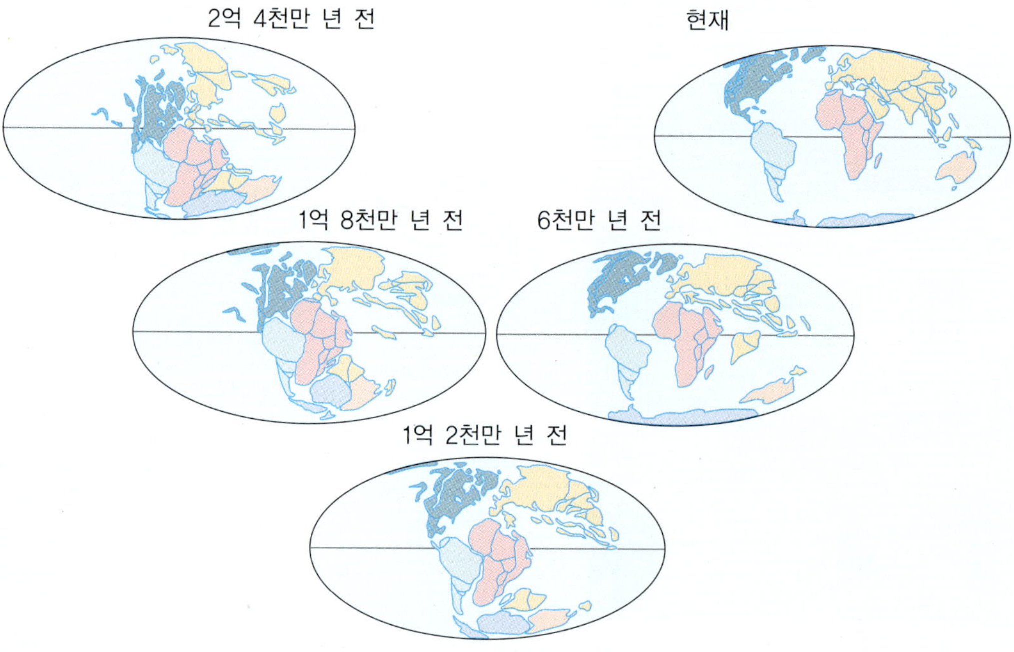

지난 2억여 년 동안 변해온 지구의 모습. 판구조론의 자연스러운 결론은 지구의 모습이 끊임없이 변해왔다는 것이다. 지구는 이런 변화를 거치며 오늘날의 우리 지구가 된 것이다. (참고 : 4장 아름다운 지구)

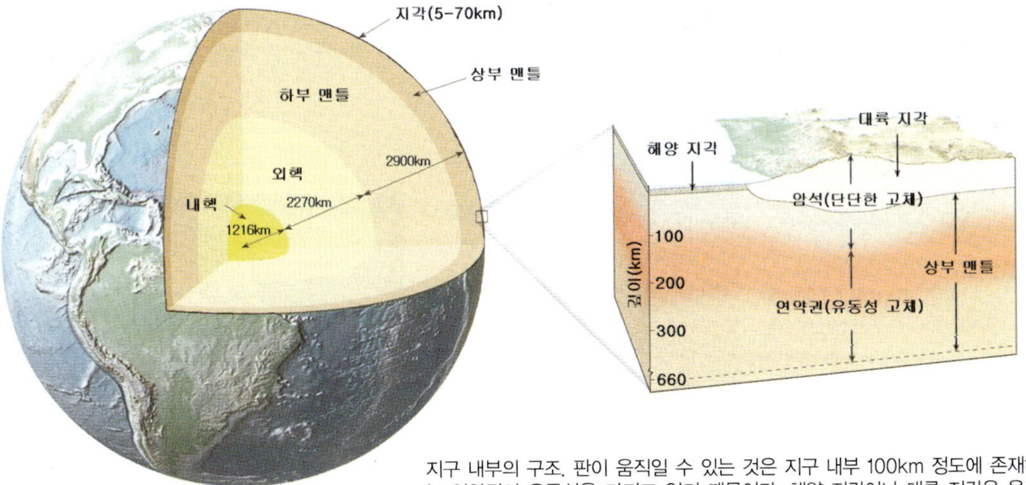

지구 내부의 구조. 판이 움직일 수 있는 것은 지구 내부 100km 정도에 존재하는 연약권이 유동성을 가지고 있기 때문이다. 해양 지각이나 대륙 지각은 움직이는 판 위에 떠서 판의 이동에 따라 함께 움직이고 있다. (참고 : 2장 지구를 보는 새로운 눈 : 판구조론)

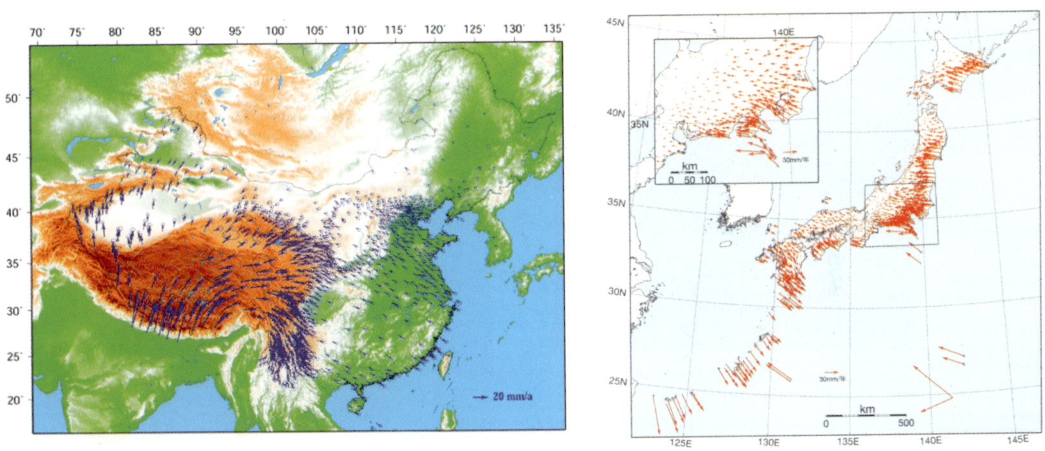

위치를 추적하는 인공위성(GPS)이 보여주는 우리 주변 중국(사진 a) 및 일본(사진 b)의 지각 이동 모습. 우리나라 주변의 중국과 일본의 지각이 1년에 수 센티미터에 이르는 큰 속도로 이동하고 있는 모습을 보여준다(자료 : Dr. Shan, 중국 지진국 인공위성센터, 일본 국토지리원). (참고 : 2장 지구를 보는 새로운 눈 : 판구조론)

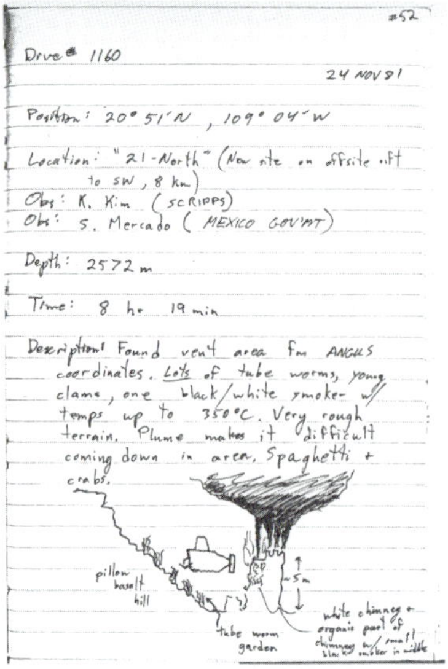

#52

Dive # 1160

24 NOV 81

Position: 20° 51' N , 109° 04' W

Location: "21-North" (New site on offsite rift to SW, 8 km)

Obs: K. Kim (SCRIPPS)

Obs: S. Mercado (MEXICO GOV'MT)

Depth: 2572 m

Time: 8 hr 19 min

Description: Found vent area fm ANGUS coordinates. Lots of tube worms, young clams, one black/white smoker w/ temps up to 350°C. Very rough terrain. Plume makes it difficult coming down in area. Spaghetti + crabs.

잠수정 앨빈(Alvin)의 조종사 Bob Brown이 기록한 1981년 11월 24일 탐사 번호 1,160번의 잠수일지. 수심 2,600m의 북위 21도 태평양 해령에서 수행된 앨빈 탐사에서 'Hanging Garden'이라고 명명된 새로운 온천계가 발견되었다(자료 : WHOI).

ALVIN 잠수를 마치고 잠수결과를 이야기하고 있는 저자와 저자의 지도교수 Dr. Craig(동경대 코리베 교수님 제공)

Hanging Garden에서 발견된 블랙 스모커. 사진 하단에 온도가 350℃나 되며 강한 산성인 해저 온천수를 채취하기 위해서 티타늄(titanium)으로 특수 제작된 시료채취기가 보인다. 온천수에 많이 녹아 있던 납·아연 등의 금속이 해수에 분출되어 저온 알칼리성의 해수와 만나면서 즉시 황화물의 침전물로 석출되면서 연기를 내뿜는 굴뚝과 같은 모양을 가져 '블랙 스모커(black smoker)'라는 이름이 붙어 있다(사진 : 저자 촬영).

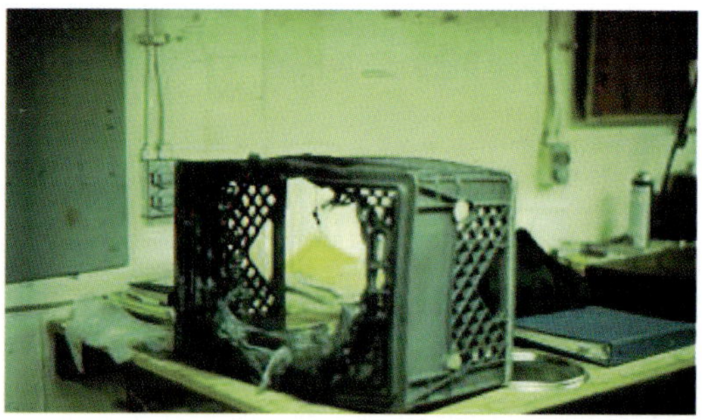

블랙 스모커에서 나오는 뜨거운 해저온천수에 녹아버린 플라스틱 우유 상자. 잠수정 앨빈의 전면에 시료들을 담아놓기 위해서 부착해놓았던 시료 보관상자가 뜨거운 열수에 녹아버린 모습이 열수의 위력을 잘 보여주고 있다(사진 : 저자 촬영). (참고 : 3장 판구조론으로 본 지구의 모습)

미국 애리조나주에 위치한 미티오르 크레이터. 캐니언 디아블로 운석은 약 5만 년 전에 만들어진 운석 구덩이로 지구의 나이를 알아내는 데 절대적으로 필요한 원시 조성을 알아낼 수 있는 결정적인 자료를 제공해주었다. (참고 : 9장 동위원소의 발견)

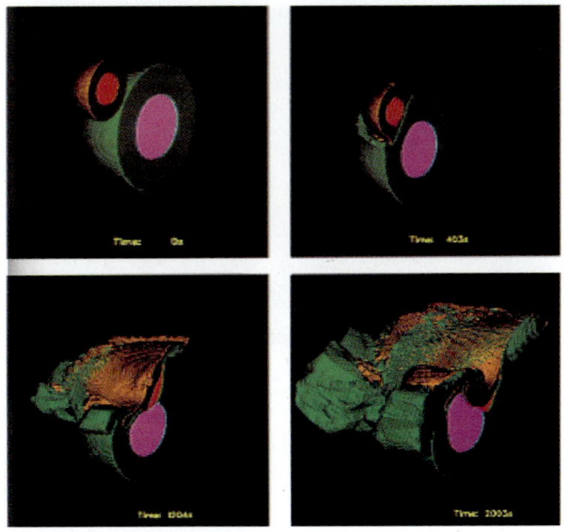

지구에 거대한 물체가 충돌하면서 달이 형성되는 과정을 보여주는 킵과 멜로스의 모사 충돌실험 결과. 충돌은 지구의 역사에서 매우 중요한 과정의 하나였다. (참고 : 10장 달이 찍어준 종지부)

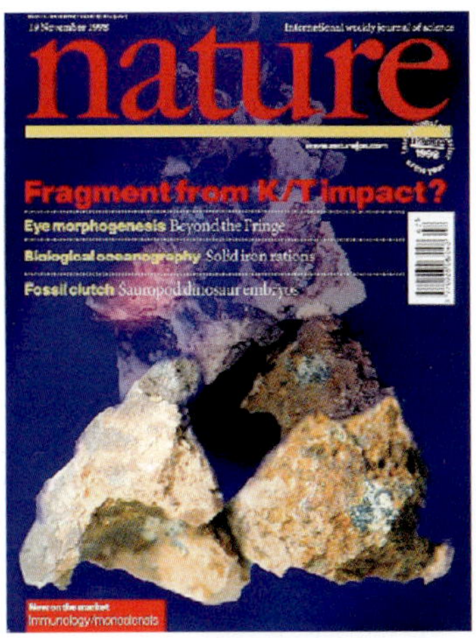

6,500만 년 전에 있었던 충돌의 파편. 6,500만 년 전에 쌓인 태평양 해저 퇴적물에서 발견된 것으로 당시 대규모의 충돌이 있었음을 분명히 보여주고 있다.

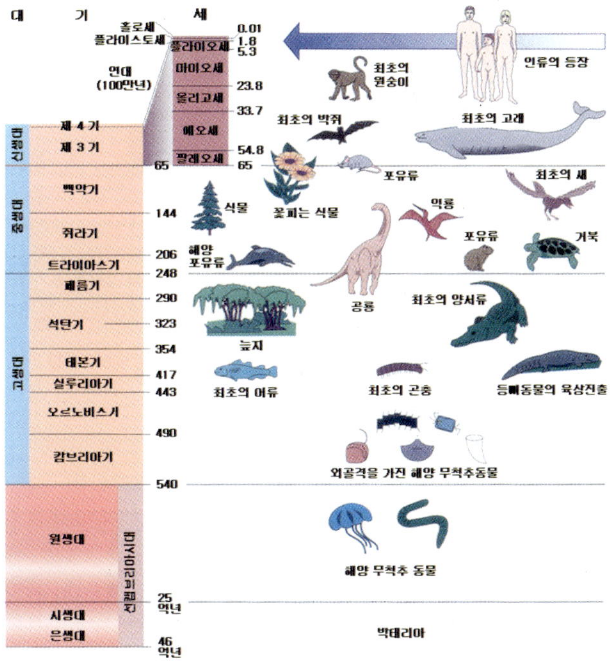

지구달력. 지구의 역사는 멸종과 진화가 반복된 역사임을 잘 보여주고 있다. (참고 : 28장 지구달력 : 멸종의 역사)

스펙트럼 실험을 하는 뉴턴 그림. 뉴턴은 빛이 프리즘을 통과하면서 여러 빛깔의 파장으로 나뉘어져 스펙트럼을 만들어내고 있음을 처음으로 밝혔다.

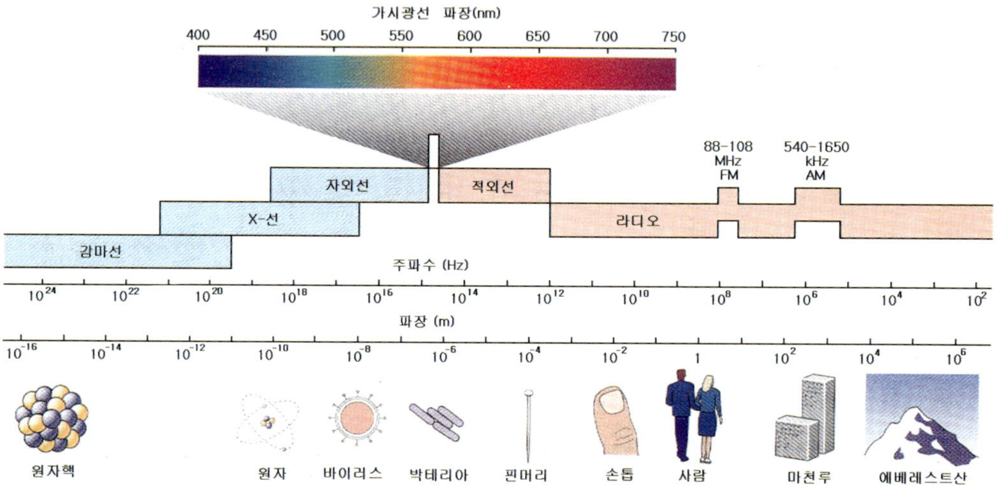

파장에 따라 다양한 이름이 붙어 있는 전자기파의 종류. 태양광의 스펙트럼의 연구는 과학 발전에 지대한 공헌을 하였다.

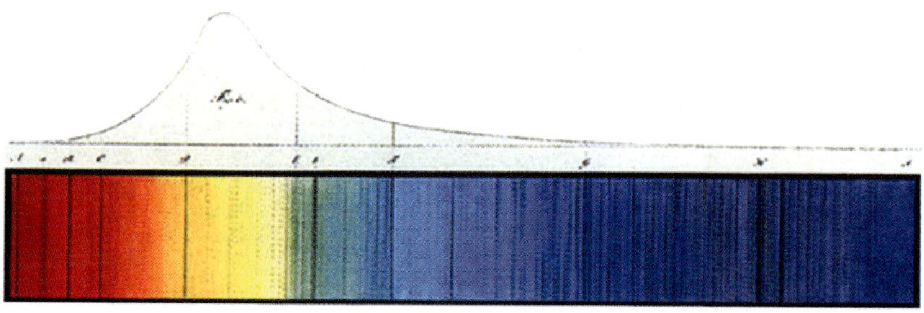

프라운호퍼선. 태양의 스펙트럼에서 발견되는 많은 선들은 이들을 자세히 살피고 이름을 붙인 프라운호퍼의 이름을 따와서 프라운호퍼선이라 부른다. 이 선들은 바로 원소들의 지문이다.

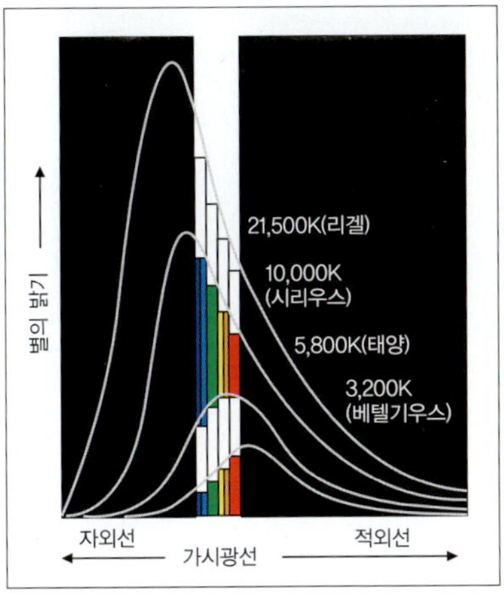

몇몇 별의 스펙트럼. 별에서 관찰되는 스펙트럼과 흑체복사곡선을 비교하여 별들의 표면 온도를 알아낼 수 있다.

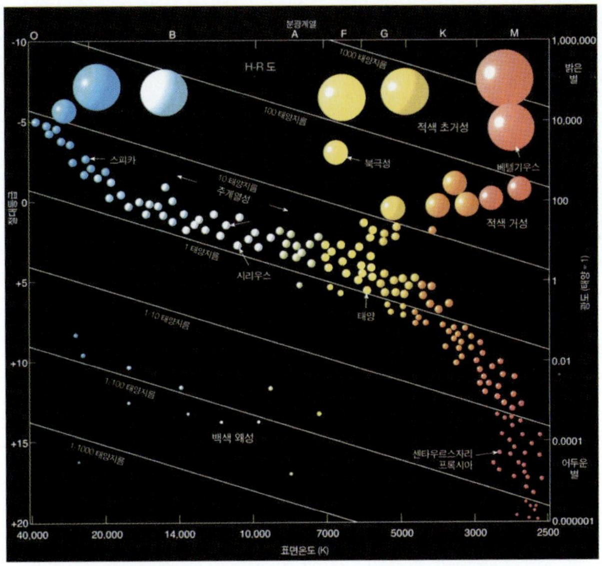

H-R(헤르츠스프룽-러셀) 도표. 별의 표면 온도와 별의 거리를 축으로 하여 관측되는 별들을 배열한 도표이다. 대부분의 별들이 주계열이라 부르는 선상에 모여 있는 것을 알 수 있다.

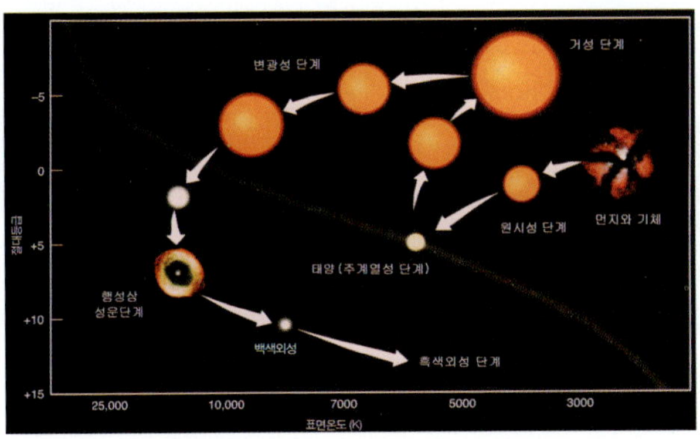

H-R도상에서 살펴본 우리 별 태양이 일생 동안 겪어야 할 경로. 약 45억 년 이후면 주계열에서 떠나 적색거성을 거쳐 결국 백색왜성으로 가는 일생을 겪게 될 것이다. (참고 : 14장 별의 비밀)

별의 일생을 보여주는 모식도. 별에게도 태어났다가 죽는 일생이 있다.

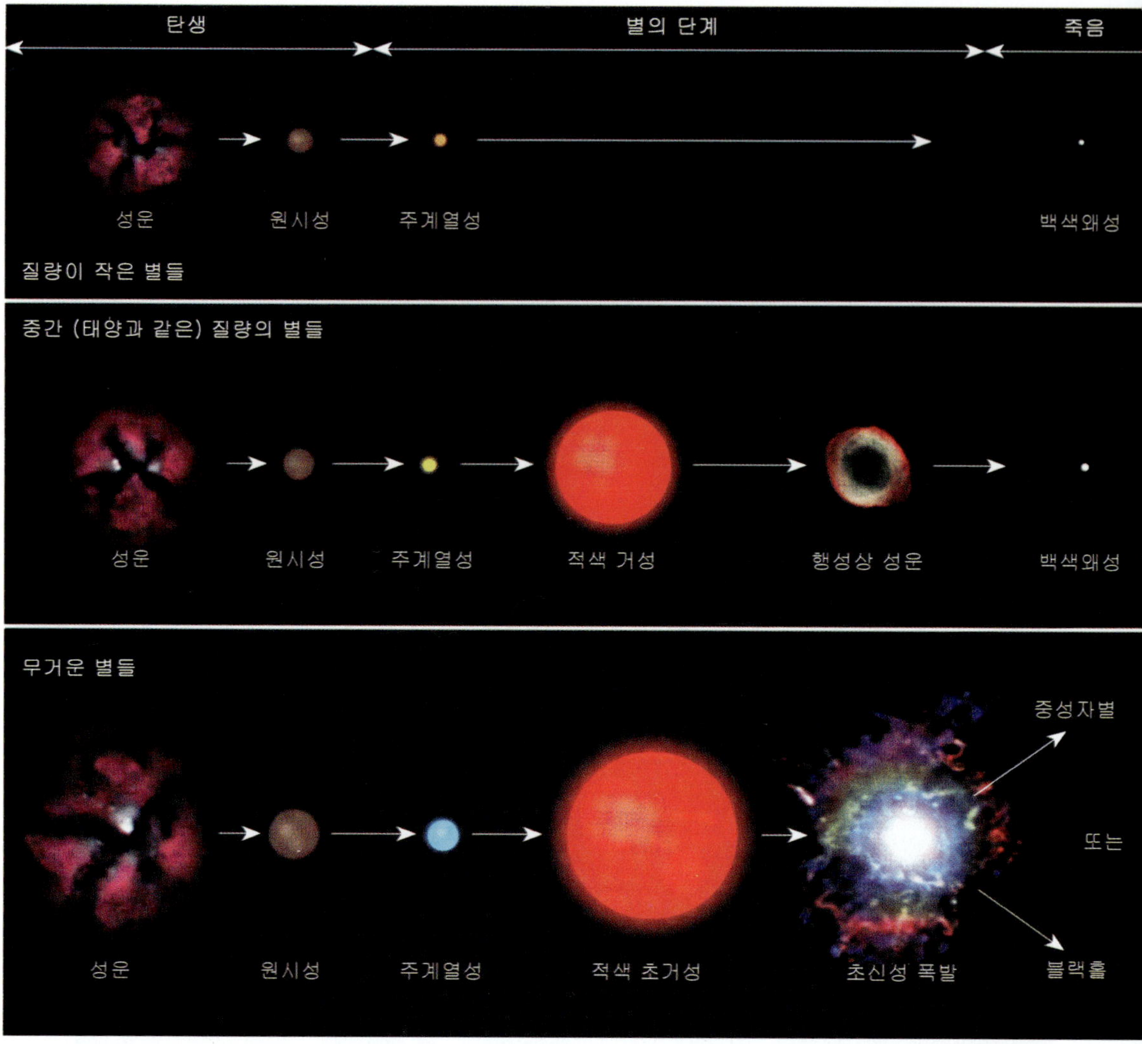

별의 일생(종합). 별의 크기에 따라 별이 겪어갈 일생의 경로가 다르다.

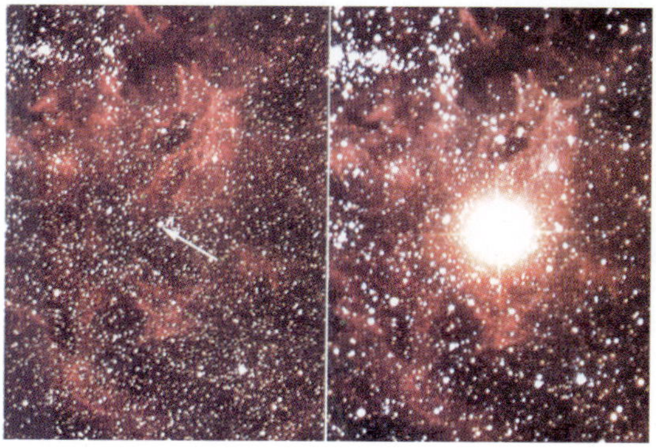

1987년 발견된 초신성의 폭발. 별이 일생을 마무리하는 장렬한 죽음의 축제이다(자료 : NASA).

초신성 폭발이 발견된 마젤란 성운. (참고 : 16장 별들의 장렬한 죽음)

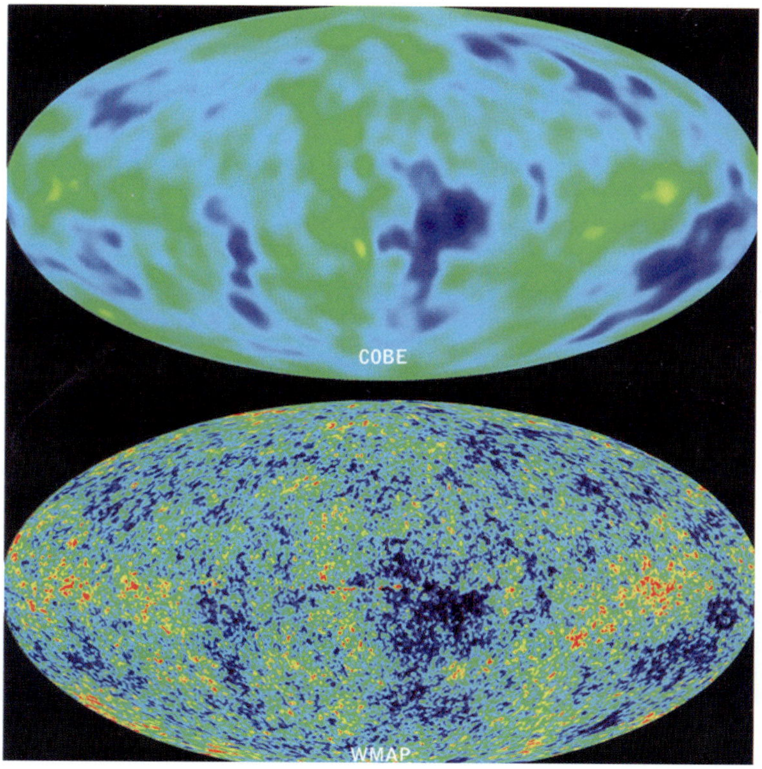

배경복사를 관측하기 위하여 제작한 COBE 및 WMAP 위성의 배경복사 자료. 빅뱅이 있었음을 결정적으로 보여주는 절대온도 3도의 배경복사 자료를 얻는 데 성공하였다(자료 : NASA). (참고 : 12장 빅뱅으로 시작한 우주(1), 13장 빅뱅으로 시작한 우주(2))

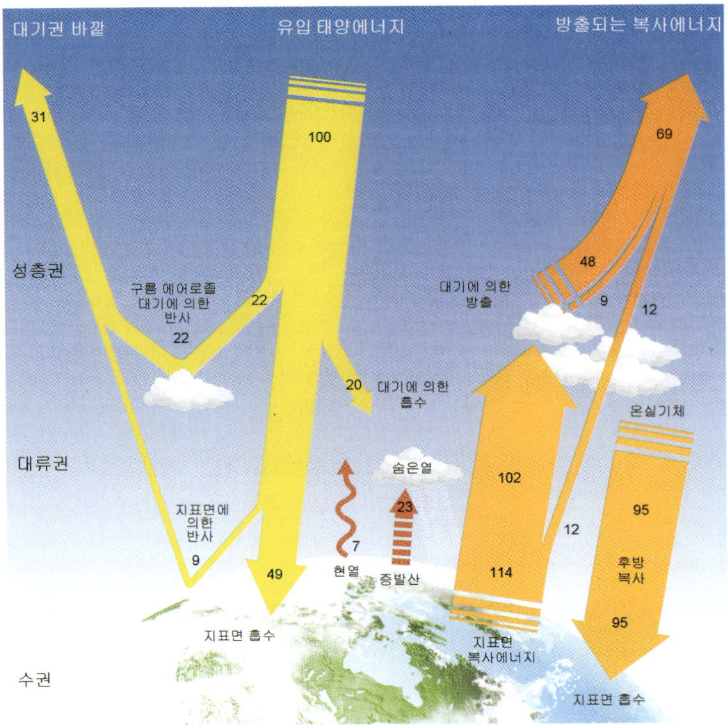

적절한 대기층을 가지고 있는 지구의 복사에너지 수지. 대기층이 존재하기 때문에 에너지를 서로 주고받는 과정이 복잡하지만, 우주와 대기와 지표면 모두에서 들어오는 에너지의 양과 내보내는 에너지의 양이 균형을 이루고 있다.

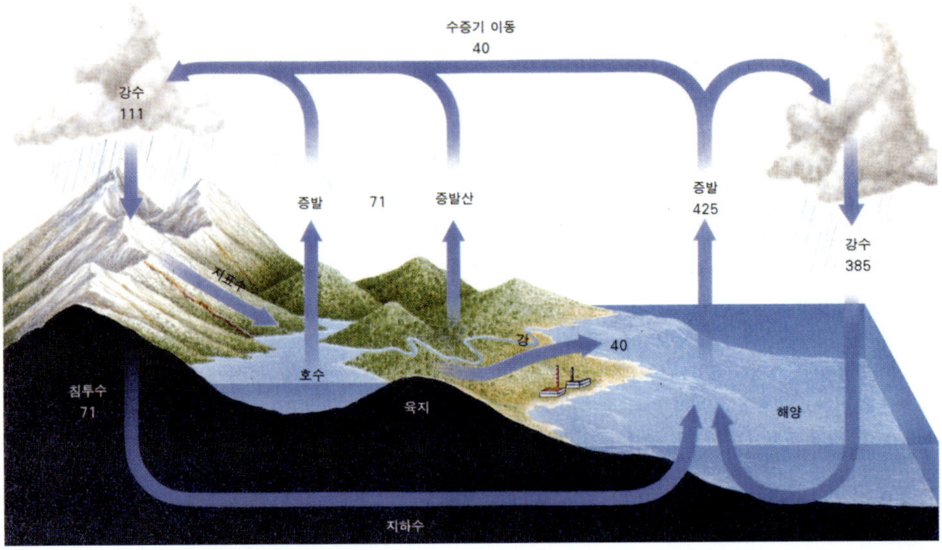

지구상의 물의 수지(단위는 연간 1,000 km^3). 해수면의 약 1.2m 낮출 수 있는 많은 양의 물이 연간 바다로부터 증발하고 있다.

대기 대순환 모형. 적도지방에서 공기가 상승하면서 시작되는 이런 순환을 처음으로 예견한 해들리의 이름을 딴 해들리 순환이 가장 중요한 부분을 차지하고 있다. 대순환 과정에서 지표상에 부는 바람들에는 무역풍 · 편서풍과 같은 이름이 붙어 있음이 보인다. (참고 : 18장 물의 행성)

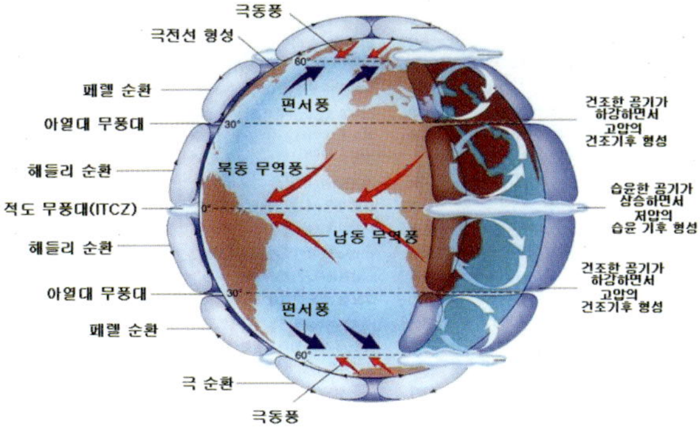

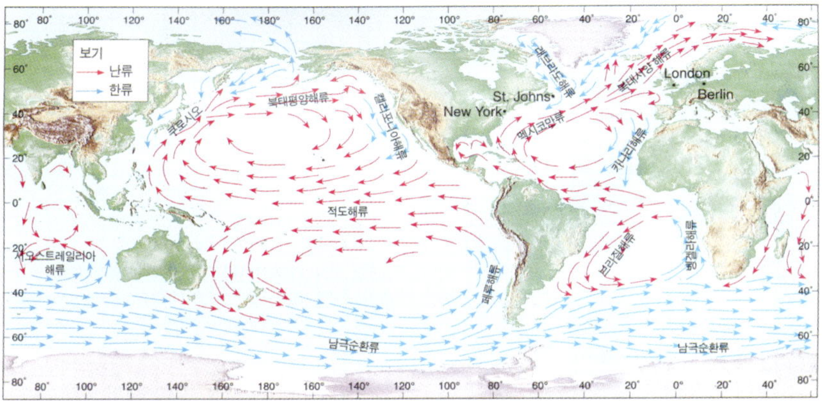

표층 해류의 모식도. 바람이 일으키는 움직임으로 풍성순환이라고도 부른다. 저위도에서 고위도로 이동하는 해류는 위도상 나타나는 복사에너지의 불균일을 해소시키는 중요한 역할을 하고 있다. (참고 : 19장 표층해수의 움직임)

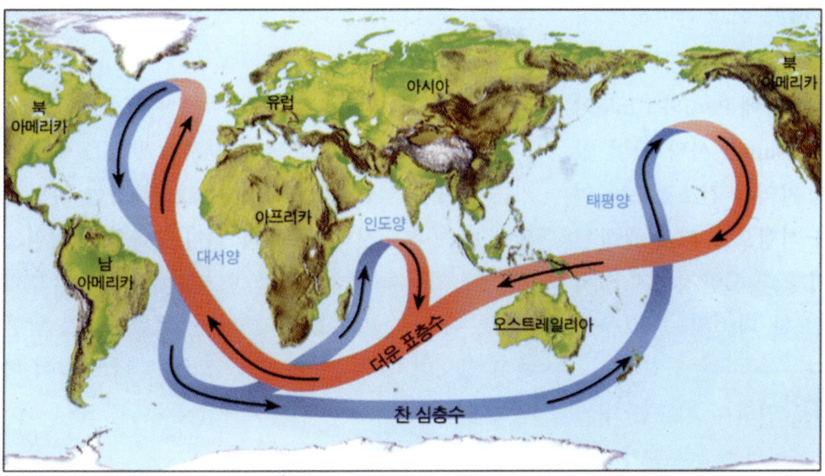

오늘날 해양에서 일어나고 있는 심해수의 순환인 열염분 순환. '컨베이어벨트'라는 별명이 붙어 있다. 북대서양에서 표층수가 가라앉으면서 시작되어 태평양까지 이어지는 차가운 심층수의 흐름은 결국 더운 표층수로서 다시 북대서양으로 되돌아오는 하나의 거대한 순환을 이루고 있다 (Broecker et al., Nature 315, 1985, pp. 21~26). (참고 : 20장 깊은 해수의 움직임)

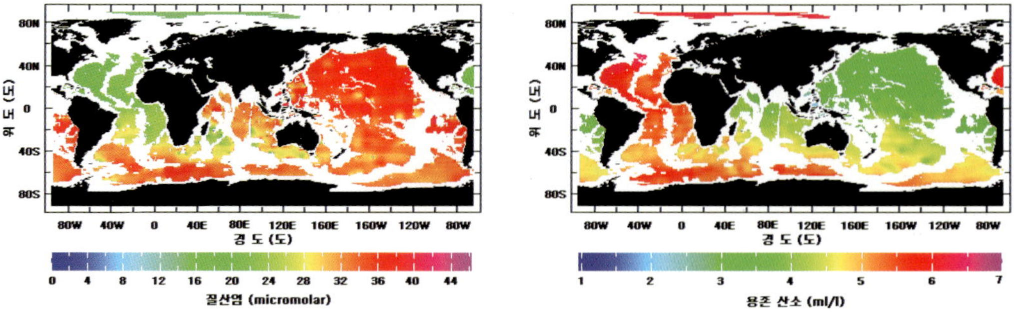

수심 4,000m 깊이의 해수가 보여주는 질산염(좌)과 용존산소(우)의 분포모습. 대표적인 영양염인 북대서양에서 시작하여 남대서양, 남극해, 인도양 및 태평양의 북쪽방향을 따라 지속적으로 농도가 증가하는 모습을 보여주며, 용존산소는 오히려 이런 방향으로 농도가 감소하는 모습을 보인다. 이런 분포모습은 심층수의 흐름을 이해하는 중요한 단서가 되었다(자료: NOAA). (참고: 21장 바다를 알면 기후가 보인다)

서울대학교 자연과학대학 지구환경과학부 재학생들(왼쪽으로부터 지연 · 미주 · 봉근 · 현영 · 재희)이 독일 하이델베르크 대학교의 레빈(Ingeborg Levin)교수를 방문하여 교정에 전시된 '제라드채수기(Gerrard bottle)' 앞에서 찍은 사진(사진 : 저자 촬영). 채수용량 250리터의 제라드채수기는 바닷물의 탄소-14를 측정하기 위해서 특별히 고안된 스테인리스 스틸(stainless steel) 재질의 채수기로서 제작자의 이름이 붙어 있다.

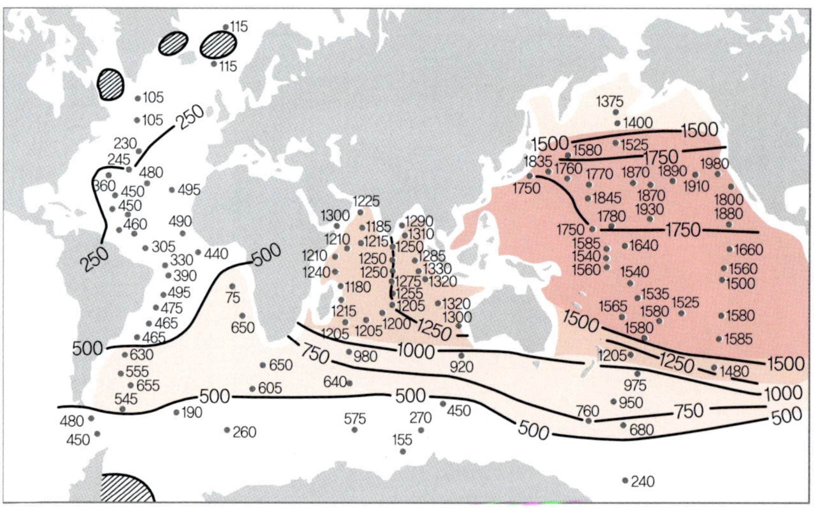

컨베이어벨트가 움직이는 속도를 처음으로 알 수 있게 해준 심해수의 C-14 측정 결과. 3,000m 깊이의 심층해수의 C-14 연령(표층을 떠난 후 경과된 시간)이 대서양에서 시작하여 태평양으로 증가하고 있으며, 심해 순환의 종착지인 북태평양의 해수는 약 1,500년 정도의 나이를 갖고 있음을 보여준다. 전체 해양의 평균연령은 약 1,000년이 된다(W. S. Broecker, How to build a Habitable Planet, LDGO Press, Fig. 9-4. 다시 그림).

2,000m 깊이의 심층수의 흐름을 조사하기 위하여 대대적으로 수행되고 있는 국제공동연구프로그램 Agro. Agro는 약 3,000개의 PALACE를 대양에 띄워놓고 이들의 움직임을 관측하여 2,000m 깊이에서의 해수의 흐름을 관측하려는 목적으로 시작된 국제프로그램으로 우리나라도 참여하고 있다.

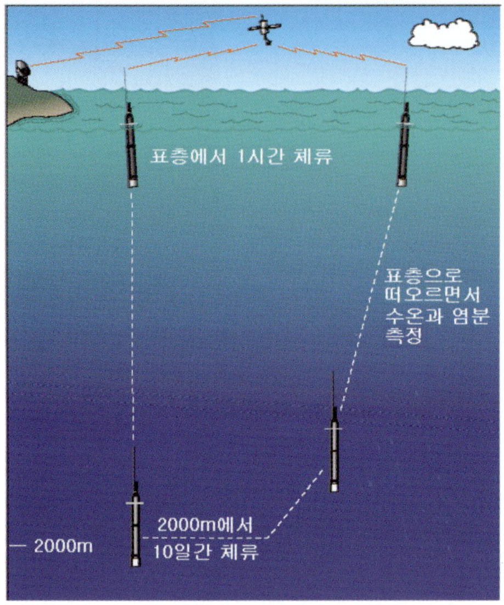

Agro의 핵심 장비인 PALACE(Profilng-ALACE, Autonomous LAgrangian Current Explorer)의 개념도. 수심 2,000m의 심해에서 10일간의 표류를 마치고 자체의 밀도를 조절하여 표층에 떠올라온 PLACE는 위치 추적 인공위성에 자신의 위치를 알린 후 밀도를 다시 조절하여 2,000m 깊이로 내려가 해류 측정을 지속한다.

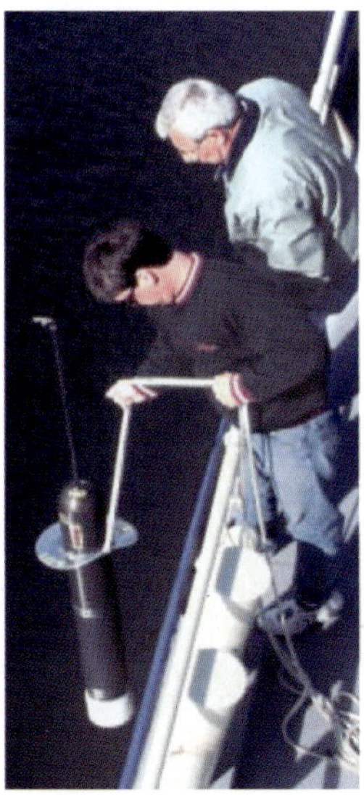

선상에서 PALACE를 투하하는 모습

비행기에서 PALACE를 투하하고 있다(사진 : Argo 프로그램 안내 브로셔). (참고 : 21장 바다를 알면 기후가 보인다)

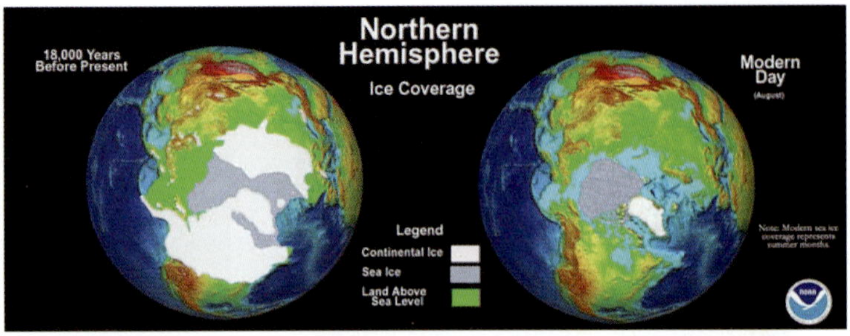

지난 빙하기 시절의 빙산의 모습. 빙하가 쌓이면서 해수면이 130여 미터나 하강한 것이다(자료 : NOAA).
(참고 : 22장 끊임없는 물의 순환)

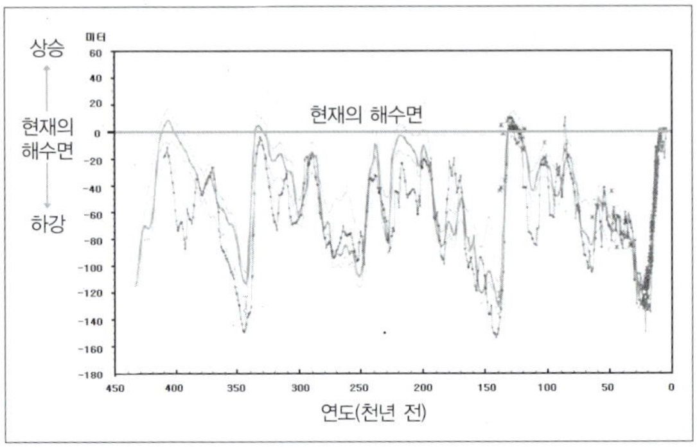

이런 순환과정에서 해수면은 지난 빙하기를 거치며 약 130m에 이르는 변동이 있었다.

백두산에도 서식하고 있는 담자리꽃(Dryas) (사진 : 서울대학교 현정오 교수 제공). (참고 : 21장 바다를 알면 기후가 보인다)

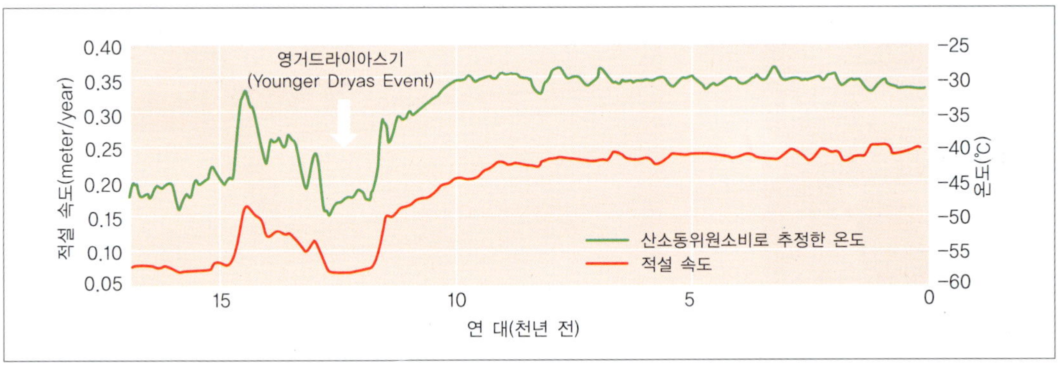

열염 순환이 지구 기후를 결정하는 중요한 과정임을 보여주는 증거로 여기고 있는 영거 드라이아스기. 영거 드라이아스기란 지금부터 약 13,000년 전부터 약 1,300년간 지속되었던 갑작스런 추운 시기를 일컫는다. 영거 드라이아스기는 약 21,000년을 고비로 지난 빙하기의 절정을 겪은 후 더워지던 지구에 갑작스럽게 다시 빙하기가 찾아오면서 지구 기후가 교란되었던 시기이다. 영거 드라이아스(Younger Dryas)라는 이름은 빙하기 시절 유럽을 뒤덮고 번성하고 있다가 지구가 더워지면서 서서히 고위도 지역으로 후퇴를 해나가던 담자리꽃(dryas)이 이 시기에 다시(younger) 전진하여 유럽을 뒤덮었던 데에서 유래한 것이다(K. M. Cuffey & G. D. Clow, J. Geophys. Res., 102(26), 1997, pp. 383~396. 다시 그림).

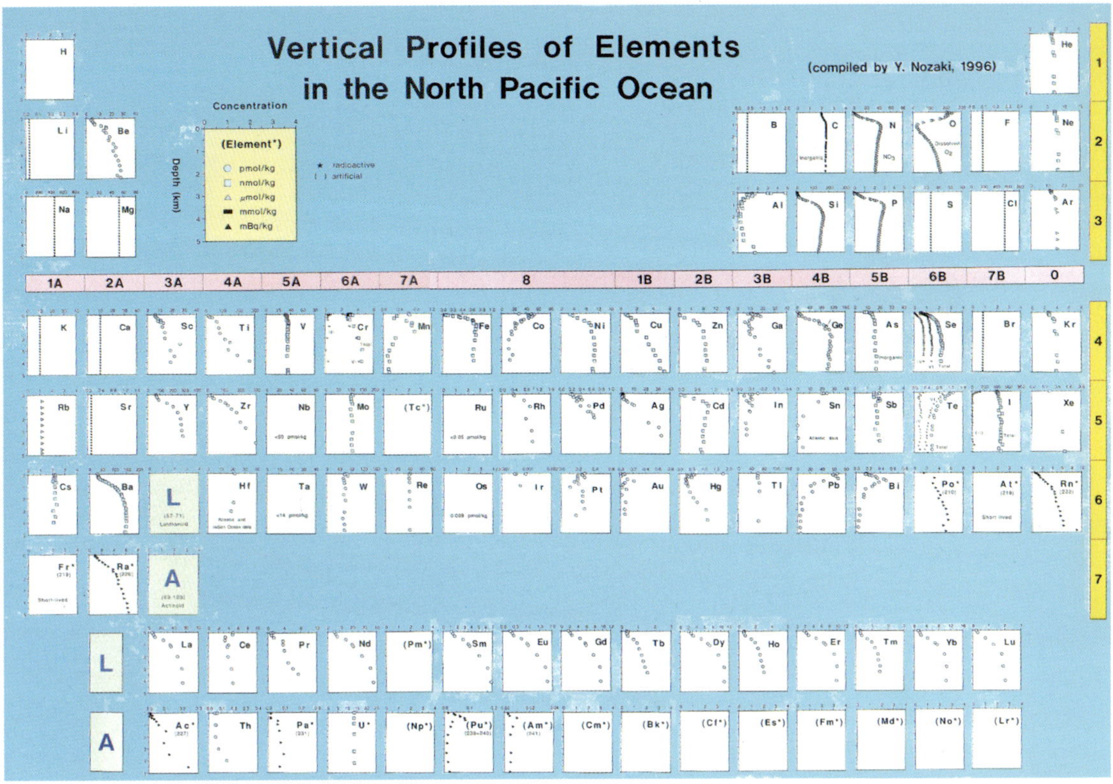

태평양에서의 원소들의 수직 분포 모습. 지금은 고인이 된 동경대학교 노자키 교수가 정리한 자료이다(자료 제공 : 동경대학교 가모 교수).
(참고 : 27장 바다는 모든 원소의 보고)

오염되지 않은 해수를 채취하기 위해 가운을 입고 채수하는 연구자들 모습(사진 : 저자 촬영).

우리나라를 지나고 있는 황사의 모습. 해양에서의 물질 분포에 많은 영향을 미친다(자료 : NOAA).

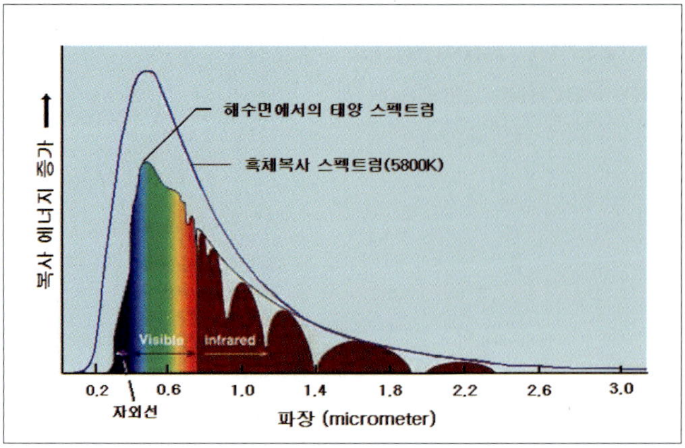

지상에서 관측되는 태양스펙트럼. 자외선 영역이 관측되지 않으며, 오존이 자외선을 흡수하는 성질이 있음을 발견한 하틀리는 오존층의 존재를 예언할 수 있었다.

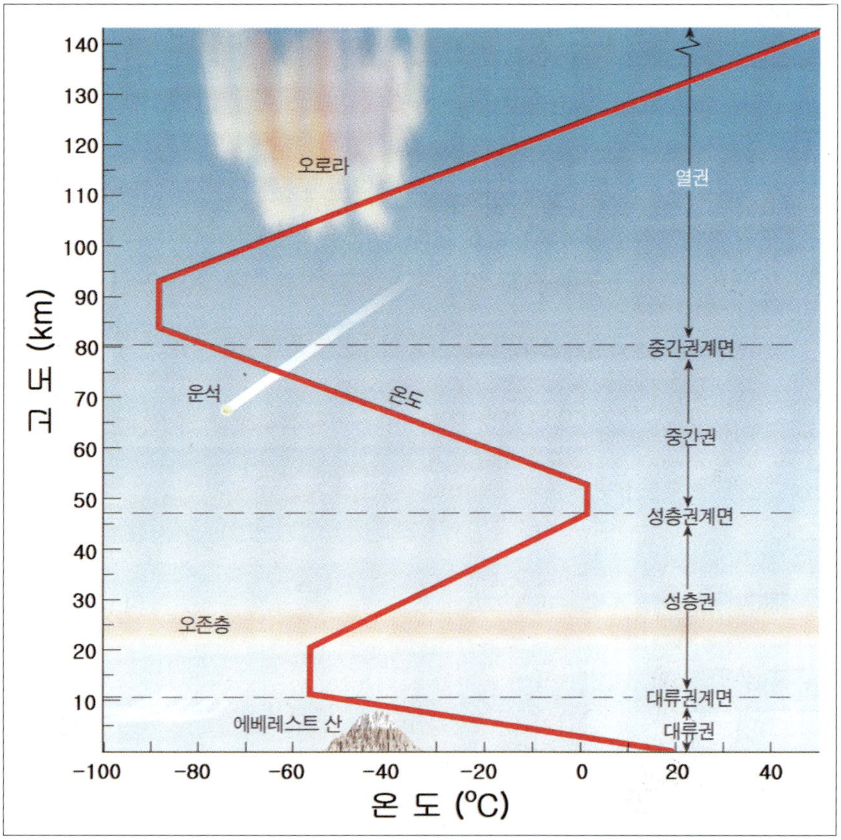

고도가 증가함에 따라 압력과 온도가 변화는 지구의 대기 구조. 성층권에 오존층이 형성되면서 온도가 고도에 따라 상승하는 역전층이 형성되어 있다(Lutgens & Tarbucks, 《지구시스템의 이해》, 그림 11.6. 다시 그림). (참고 : 25장 밝혀지는 대기 구조)

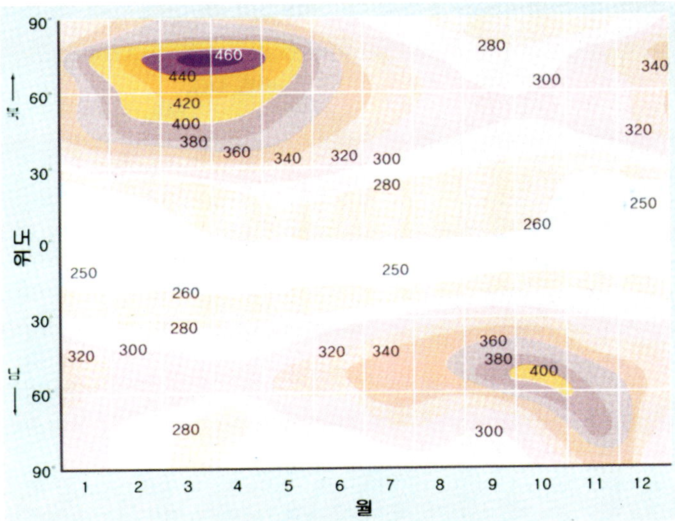

정상 상태인 성층권에서의 위도와 계절에 따른 총오존량 분포도. 총오존량은 돕슨 단위(DU, Dobson Unit)로 나타내는데, 1DU는 면적 1cm²당 2.69×10^{16}개의 오존분자에 해당하며, 공기 기둥에 있는 모든 오존을 1기압, 0℃ 상태로 모을 경우 0.01mm의 두께를 이루는 양이다. 각 반구의 겨울철에 농도가 가장 높은 값을 가지고 있음을 보여준다(J. M. Wallace and P. V. Hobbs, *Atmospheric Science: An Introductory Survey*. 다시 그림).

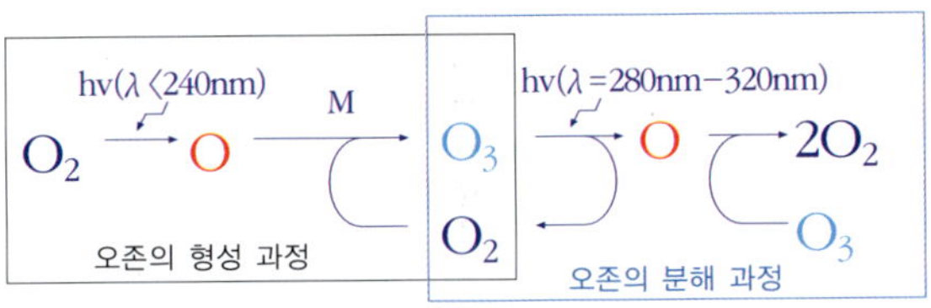

1930년 채프만이 제시한 오존층 형성 반응의 모식도. 자외선에 의해 산소분자가 분해되면서 만들어진 산소원자가 산소분자와 결합하여 오존을 만들며, 이때 생성된 오존이 안정한 오존 분자로 살아남기 위해서는 주위의 질소 · 산소와 같은 분자(M)와 충돌하면서 여분의 에너지를 잃어버려야 한다.

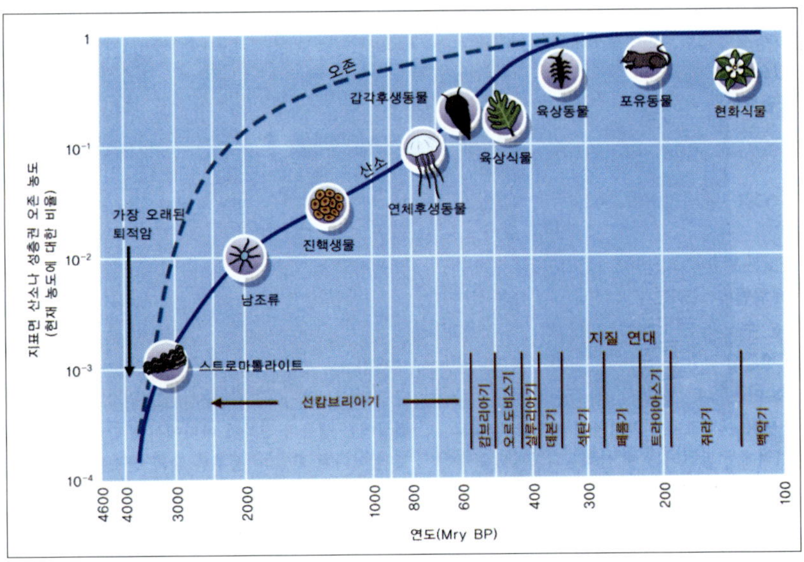

시간에 따른 대기 중 산소와 오존 농도의 증가 곡선. 각 시대별로 지구상에 번성했던 대표적인 생물상들이 표시되어 있다. 산소가 증가하여 성층권에 충분히 오존층이 형성된 이후 육상생물이 등장하며 오존층이 자외선을 보호하여 지구상의 생명을 보호해주는 매우 중요한 일을 하고 있음을 잘 보여주고 있다(R. P. Wayne, Fig.9.3. Chemistry of Atmosphere, Oxford University Press. 다시 그림). (참고 : 24장 녹색 혁명)

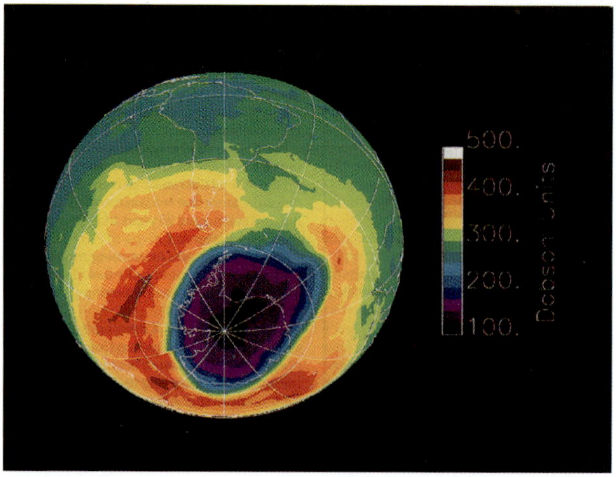

1985년 영국의 파먼이 〈네이처〉(J. C. Farmen et al., Nature 315, pp. 207~210)에 처음으로 남극 상공의 오존층 감소 결과를 발표한 후 미국 NASA가 발표한 오존 구멍을 보여주는 인공위성 사진. 남반구의 초봄(10월 경)에 총오존의 양이 100DU 정도로 줄어들어 있다(자료 : NASA/GSFC). (참고 : 31장 얇아지는 오존층)

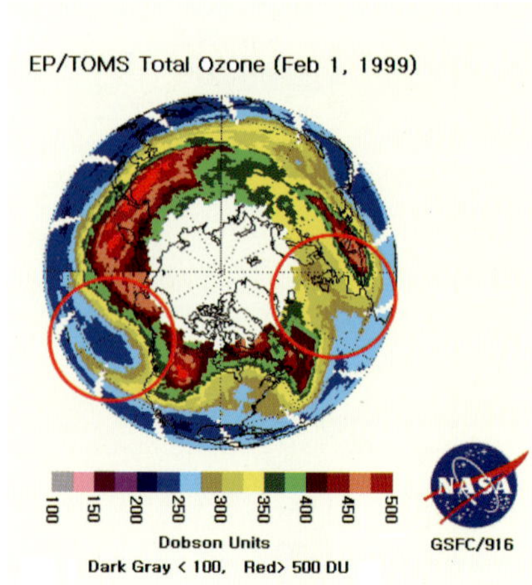

1999년 2월 1일 자료를 보면 붉은 원으로 표시한 지역에 오존 구멍이 형성되는 것을 볼 수 있다(자료 : NASA/GSFC). (참고 : 31장 얇아지는 오존층)

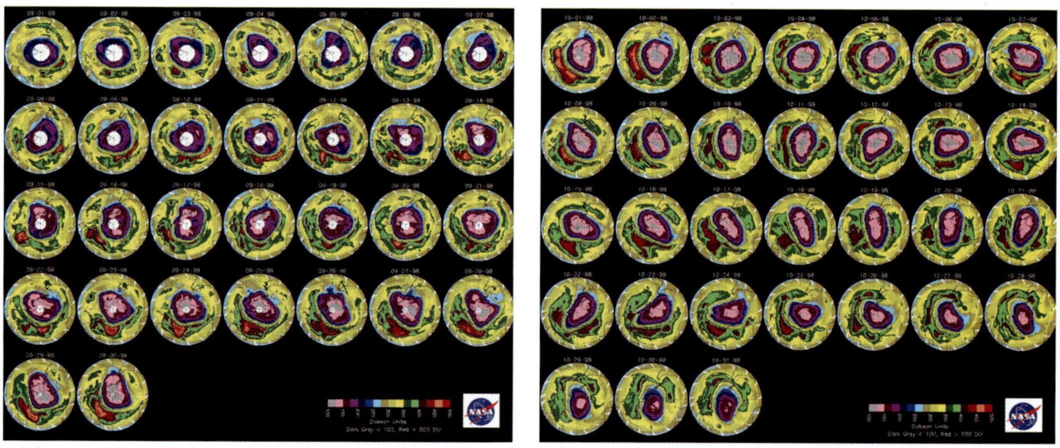

(a) (b)

남반구에서 1998년 9월(사진 a), 10월(사진 b) 중 관측된 하루 단위의 오존 구멍 변화 모습. 9월 초부터 서서히 형성되기 시작한 오존 구멍이 10월에 이르면서 최대크기를 계속 유지하다가 후반이 되면서 서서히 줄어들고 있음을 보여준다(자료: NASA/GSFC). 오존 구멍은 제한된 시기에 제한된 지역에서 관측되는 특별한 현상이다. (참고: 31장 얇아지는 오존층)

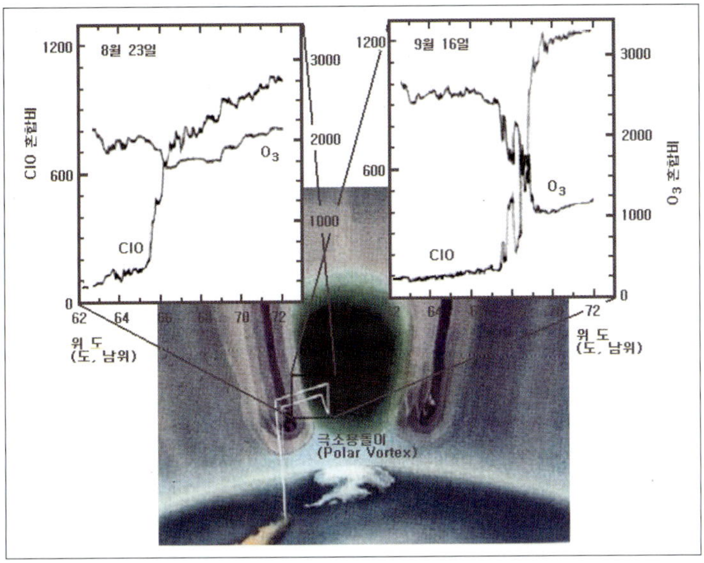

오존 구멍이 형성되어 있던 9월 16일 결과를 보면 극소용돌이 속으로 들어가자마자 오존의 농도가 급격히 감소하며 이때 ClO 농도의 급격한 증가를 동반하고 있다. 이 자료는 오존 구멍 형성이 사람들이 대기 중으로 방출한 프레온 같은 화합물이 성층권에서 분해되어 만들어내는 Cl이 직접적인 원인으로 작용하고 있다는 최초의 결정적인 증거였다. 이 결과가 얻어진 지 얼마 되지 않아 몬트리올 의정서가 체결되었다.

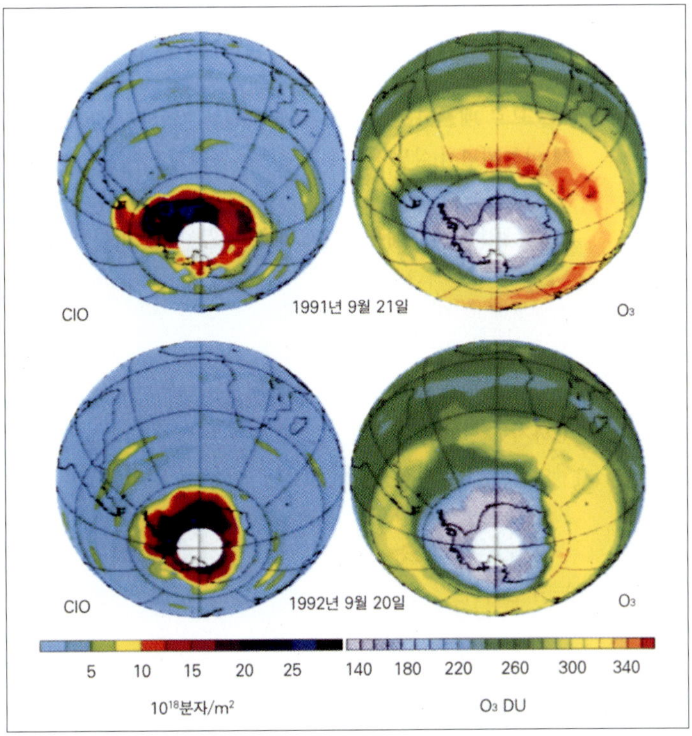

남극대륙 상공에서 오존 구멍이 형성되는 시기에 오존의 농도와 ClO의 농도가 서로 상반되는 관계를 보이고 있음을 보여주는 인공위성 자료(자료: NASA/GSFC). (참고 : 31장 얇아지는 오존층)

(a)

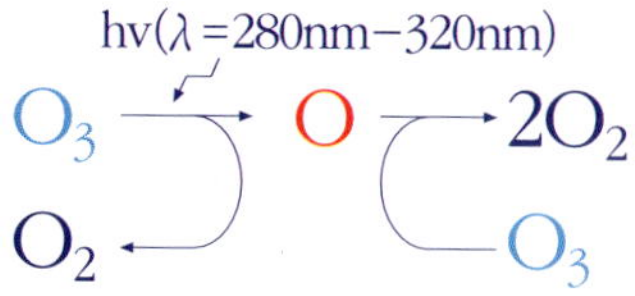

(b)

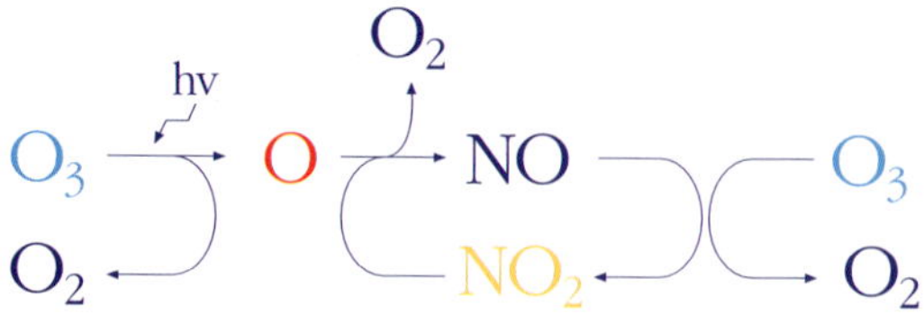

(c)

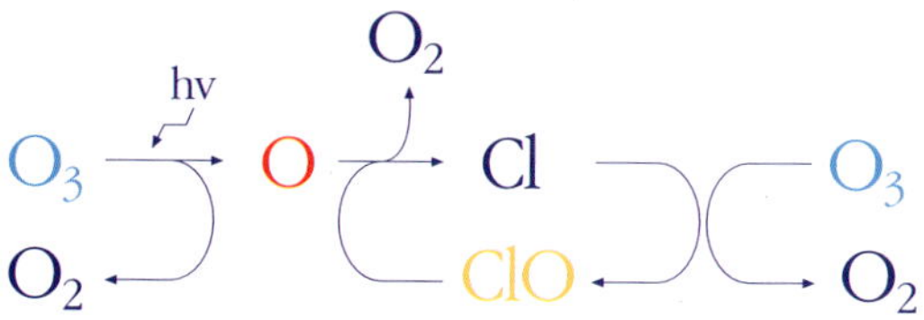

오존 분해과정을 보여주는 모식도. 채프만이 제안한 산소만의 반응(사진 a), 1970년대 초 크루첸이 제안한 NOx의 촉매작용에 의한 오존 분해 과정(사진 b) 및 1970년대 중반 몰리나와 로울랜드가 제안한 ClOx의 촉매작용에 의한 오존 분해과정(사진 c)이다. 크루첸과 몰리나 및 로울랜드는 이 연구로 1995년 노벨화학상을 수상하였다. 사진 b와 사진 c의 과정에서 NO와 NO_2와 Cl과 ClO가 각각 순환하면서 반복적으로 두 개의 오존분자를 세 개의 산소 분자로 분해시킬 수 있음을 보여준다. (참고 : 31장 얇아지는 오존층)

오존층의 화학을 규명한 업적으로 1995년 노벨화학상을 수상한 크루첸(Crutzen) 교수가 한국 방문시 꿈나무들에게 강연하기 위해서 들른 경기과학고등학교에서 찍은 사진. 맨 왼쪽부터 오원섭 교장, 그 옆에 크루첸 교수 부부가 서 있고, 경기과학고등학교 출신의 서울대학교 지구환경과학부 재학생 재희와 저자, 그리고 경기과학고등학교의 박정행 · 김혁 · 김성일 교사의 모습이 보인다.

광스모그가 발달되어 있는 미국 로스앤젤레스 지역의 모습(사진 : SIO Ramanathan 교수 제공)

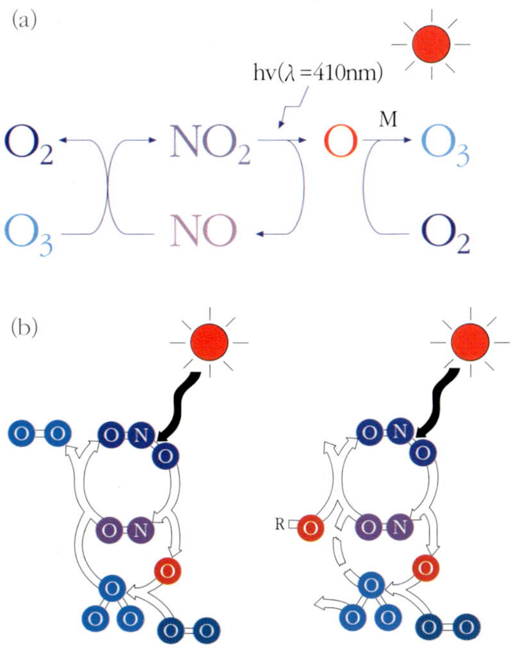

대류권 내에서 진행되고 있는 오존 형성 반응의 개요도.
그림 a : 광정류 상태의 반응을 보여주는 개요도. NO_2가 단파장의 가시광선에 의해 분해되면서 나오는 산소원자가 산소분자와 결합하면서 오존을 만들어낸다. NOx(NO+NO_2)가 촉매반응으로 오존을 계속 만들어내려면 NO가 NO_2로 다시 돌아갈 수 있어야 한다. 그런데 깨끗한 공기 중에서는 오존만이 이런 일을 할 수 있으며 따라서 오존의 농도가 높아질 수가 없다. 이렇게 생성과 분해가 균형을 이루게 되는 상태를 광정류 상태(photo-stationary state)라고 부른다.
그림 b : 대류권 내에서 오존의 농도가 광정류 상태의 값 이상으로 증가할 수 있는 방법을 보여주는 모식도. 오존 이외의 다른 화합물이 O를 제공하여 NO를 다시 NO_2로 변환시킬 수 있으면, 오존의 분해 없이 촉매반응이 진행될 수 있다. 이런 과정을 통하여 오존의 농도가 증가할 수 있게 된다. (참고 : 32장 광스모그 : 숨 막히는 공기)

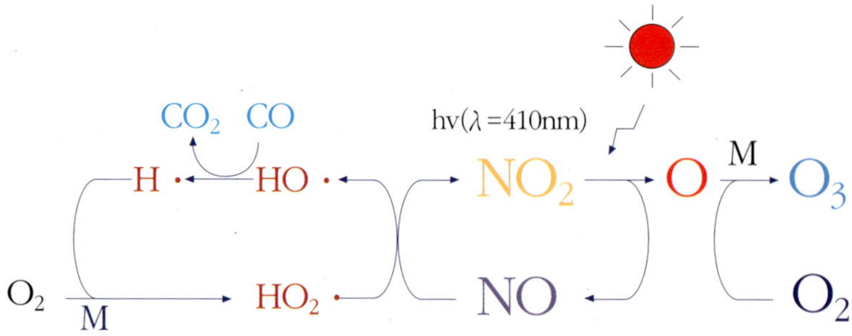

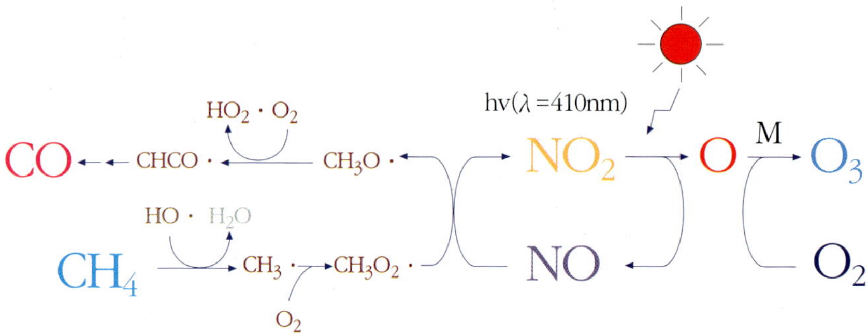

대류권에서 오존 형성에 중요한 기여를 하는 일산화탄소(CO) 및 메탄(CH_4)의 반응 개요도. 반응이 시작되는데 HO 라디칼이 중요한 역할을 하고 있음을 알 수 있다. 메탄은 산화 과정을 거치면서 일산화탄소로 되며, 이 과정은 자연에 존재하는 일산화탄소의 중요한 공급 과정이다.

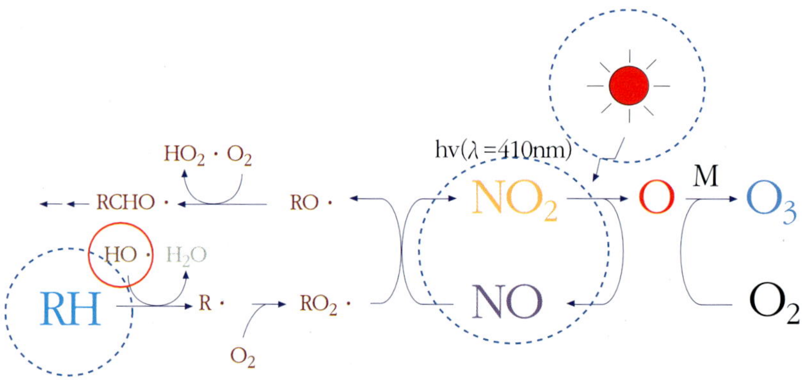

광스모그가 진행되는 공기 중에서 일어나는 오존의 생성 과정을 보여주는 모식도. 일반 대기 중에서 일어나는 반응과 기본적으로 같은 원리인 것을 알 수 있다. 햇빛, NOx, 그리고 유기화합물(RH)이 광스모그를 만들어내는 필요 요인이라는 것을 보여주며, 반응의 시작은 역시 HO 라디칼이다. (참고 : 제31장 광스모그: 숨 막히는 공기)

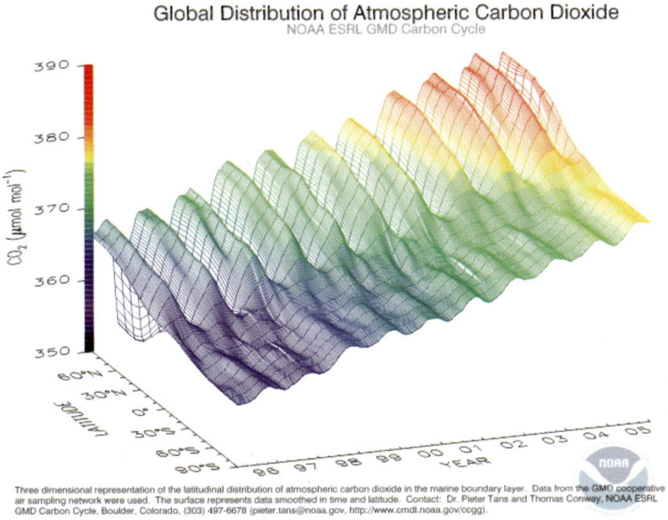

Globalview 계획을 통해 수집된 자료로써 볼 수 있는 대기 중 탄산가스 농도의 위도별 · 시간별 변화 추이. 북반구 고위도에 있는 삼림의 영향으로 여름철에는 낮은 농도, 겨울철에는 높은 농도를 보여주고 있어 계절적인 농도 변화가 분명히 드러난다. 남반구에서는 바다가 만드는 완충 역할로 인해서 계절적 변화가 거의 드러나지 않는다(자료 : NOAA Globalview). (참고 : 33장 더워지는 지구)

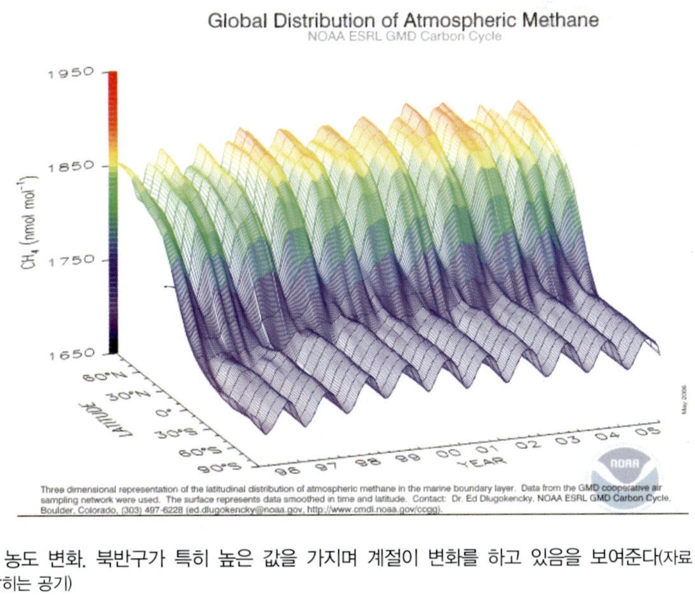

위도 및 시간에 따른 대기 중 메탄의 농도 변화. 북반구가 특히 높은 값을 가지며 계절이 변화를 하고 있음을 보여준다(자료 : Globalview). (참고 : 32장 광스모그 : 숨 막히는 공기)

사람들이 만들어낸 온실기체들의 변화를 추적하는 국제 연구프로그램인 AGAGE. 전세계적으로 10여 군데가 채 되지 않는 관측점 중의 하나인 제주도 고산 관측점에 2007년 핵심 장비인 '메두사'가 설치되고 본격적인 연구가 시작될 예정이다(자료 : AGAGE 브로셔).

에어로졸이 기후에 미치는 영향을 연구하는 것을 주목적으로 두고 수행되고 있는 국제연구프로그램 ABC(Atmospheric Brown Cloud). 제주도 고산이 슈퍼 관측점의 하나로 선정되어 한국의 과학자들이 연구에 참여하고 있다(자료 : ABC 브로셔).

우리나라의 대표적인 지구대기 관측소의 하나인 제주도 고산의 관측기지 전경. 1990년부터 저자의 실험실이 주축이 되어 탄산가스 관측을 시작했으며, 현재 ABC(Atmospheric Brown Cloud), AGAGE(Advanced Global Atmospheric Gas Experiment)와 같은 국제적인 지구 관측 프로그램의 주관측점으로서 중요한 역할을 담당하고 있다(사진 : 강경식 제공).

노벨상과 함께하는

지구환경의 이해

한국과학기술한림원

- 과학기술에 전문적 경륜과 식견을 가진 석학들을 회원으로 엄선, 각 부문별 전문성을 효율적으로 활용함으로써 국가 과학기술의 진흥과 창달에 기여하기 위해 1994년 사단법인으로 창립하였습니다.
- 2005년 기초과학연구진흥법 제11조(한국과학기술한림원의 설립 등) 개정에 의해 법정기구화되었습니다.
- 독립성, 자율성 및 전문성을 바탕으로 하는 순수 민간 과학아카데미로, 편견 없는 대정부 정책자문을 통해 올바른 과학기술정책의 수립을 유도하고 있습니다.
- 범부처적 국가 과학기술정책에 대한 자문과 건의를 통한 과학기술 발전의 장기적 비전을 제시하고 있습니다.

노벨상과 함께하는
지구환경의 이해

* 《노벨상과 함께하는 지구여행》의 개정판으로
저자의 요청에 의해 제목이 변경되었습니다.

저　　자 김경렬
발 행 인 주정희
발 행 처 자유아카데미
디 자 인 피앤피디자인(www.ibook4u.co.kr)

주　　소 경기도 파주시 교하읍 문발리 527-2
파주출판문화정보산업단지
전　　화 031-955-1321
팩　　스 031-955-1322
홈페이지 www.freeaca.com
전자우편 main@freeaca.com(대표)
editor@freeaca.com(편집)

등　　록 제406-2003-017호, 1980. 7. 12
제1판1쇄 2008년 12월 20일 발행
제1판2쇄 2009년 9월 30일 발행
정　　가 29,000원

ISBN 978-89-7338-744-1 03450

한국과학기술한림원
『석학, 과학기술을 말하다』 시리즈 ②

노벨상과 함께하는

지구환경의 이해

개정판

김 경 렬 지음

Understanding on
Earth System

자유아카데미

개정판을 발간하면서

원고마감일을 맞추느라 노심초사하던 때가 엊그제 같은데 벌써 2년이 지나 개정판 원고마감을 걱정하게 되었다. 그러나 짧은 2년이었음에도 불구하고 지구환경을 걱정하는 사람들이 늘어나고 있으며, 지난해 노벨평화상이 지구온난화를 걱정하던 엘 고어와 기후학자들의 모임인 IPCC에 수여되면서 지구환경의 중요성이 더욱 강조되는 것 같다.

책을 처음 낼 때 일석이조의 욕심으로 무거운 내용을 상징하는 '노벨상'과 한편 쉽게 접근이 가능한 '여행'을 제목의 단어로 선택해 보았었다. 그런데 개정판을 내게 된 것만으로도 어느 정도 그 목적을 이룬 것은 아닐까 하는 아전인수의 생각으로 이번 판에서도 이전의 기조를 그대로 유지하였다. 그러나 어느 인터넷 서점에서 '여행' 이란 단어가 들어간 제목을 보고 여행 분야의 책으로 분류를 해놓았다고도 하고, 좀 더 본문 내용에 가깝게 다가가고자 제목을 "노벨상과 함께하는 지구환경의 이해"로 조금 바꾸어 보았다.

처음 책이 발간된 이후 많은 분들이 보내주신 격려가 아마 개정판을 낼 수 있게까지 된 원동력이 된 것 같다. 한국과학기술한림원의 이현구 원장님, 이대운 출판홍보위원장님, 산업이사회 한욱 이사장님, 자연보호중앙연맹 이수광 총재님, 해양정책최고과정 남정명 동창회장님의 뜨거운 성원에 감사의 마음을 전한다. 책 전체를 차근차근 읽어주신 조병철, 석영재 교수님, 항상 든든한 후원자가 되어 주신 박경애,

이강근, 노정혜, 강창근 교수님께 감사를 드리며, 서평을 쓰느라 땀을 흘린 은정, 현재, 또한 지구환경과학 과목 수강생들에게도 고마움을 전한다. 특별히 중국어판 번역으로 땀을 흘리시는 중국지진국의 이유철 선생님의 수고와 예리한 지적에 감사드리며, 분에 넘친 소개의 글을 〈과학과 기술〉에 써주시고 지구이야기를 연재할 수 있도록 배려해주신 이덕환 교수님께도 큰 감사의 마음을 전한다. 새 모습으로 단장한 개정판을 발간하면서 초판의 불분명한 서술이나 오류들을 바로잡고, 2년 전 채 마무리하지 못한 내용을 꼭 포함시키겠다던 결심이 결국 장 하나를 더하는 것으로 끝막음을 하고 만 아쉬움은 다음 판으로 넘겨야 할 것 같다.

사람은 아는 만큼 사랑할 수 있다고 한다. 최근 주위의 염려스러운 지구환경 문제들은 분명히 우리의 유일한 삶의 터전인 지구가 꽤 어려움을 겪고 있음을 알려주고 있다. 유엔은 금년을 지구의 해(IYPE, International Year of Planet Earth)로 정하고 지구사랑을 권하고 있다. 이 작은 책이 지구를 알고 사랑하는 마음을 키우시는 분들에게 조금이나마 안내자의 역할을 할 수 있기를 고대하며, 개정판을 새 모습으로 만들기 위해 많은 수고를 아끼지 않으신 관계자 여러분께 감사의 마음을 전한다.

지구의 해 2008년 겨울

김 경 렬

저자의 글

노벨상에는 왜 지구과학 부문이 없을까?

노벨상이 시작된 1901년경은 놀랍게도 지금은 상식이 되어 있는 지구의 나이 46억 년을 놓고 켈빈 경을 앞세운 물리학자들이 주장하는 3천여만 년의 '젊은 지구설' 과 생물학자들과 지질학자들이 생각한 1억 년도 넘는 '늙은 지구설' 사이에 팽팽한 줄다리기가 진행되던 때였다. 물리학자 러더퍼드가 방사성원소를 응용해 '늙은 지구설' 편에 손을 들어주고 노벨화학상을 탄 것이 1908년의 일이다. 전리설을 제안한 화학자 아레니우스는 지구의 기후를 탐구한 지구화학자였으며, 중수소를 발견한 화학자 유레이는 동위원소지구화학의 선구자였다. 지구와 관련된 많은 문제들은 위대한 물리학자와 화학자들의 자연스러운 연구대상이었다.

20세기를 지나면서 지구과학은 자연과학 내의 하나의 학문으로 자리매김했다. 나사(NASA)가 1978년 지구의 종합적 이해를 강조하면서 '지구시스템과학(Earth System Science)' 이라는 용어를 처음으로 제안한 후, 지구환경 문제와 연관되어 지구시스템과학의 중요성이 더욱 강조되는 시대가 되었다. 노벨상위원회에서 지구과학 분야를 하나의 독립적인 수상 부문으로 제정하는 문제를 심도 있게 이야기하고 있다는 소문이 때때로 들리기도 한다.

지구는 유일한 우리 삶의 터전이다. 그런데 주위의 여러 징후들로 보아 지구가 무엇인가 어려움을 겪고 있는 것 같다. 1995년에 노벨화학상을 수상한 크루첸 교수는 지난 200여 년을 가리켜 '인류세(anthropocene)' 라고 부를 것을 제안하고 있다. '세(~cene)' 라는 용어는 최소 1만 년이 넘는 긴 시간대에 적용하던 지질학적 용어인 것을 보면, 사람들이 무엇인가 엄청난 일을 벌이고 있는 것 같다. 단 하나뿐인 지구(One and only one Earth)를 잘 가꾸고 보존하기 위해서 우리의 행성 지구에 대해 좀 더 잘 이해해야 되겠다. 이 책은 지구시스템과학의 발전을 노벨상 수상자들의 연구와 연계시켜보려고 시도한 책이다. 이 책이 독자들에게 우리 지구를 사랑하며 아끼는 마음을 전하며, 또한 앞으로의 지구 운명을 어깨에 짊어질 미래의 지구환경과학자의 꿈을 키우는 데 조그만 길잡이 역할을 할 수 있으면 하는 저자의 소박한 마음과 바람이다.

이 책의 글을 처음 쓰기 시작한 것이 벌써 8년이 넘었다. 노벨상 수상자의 업적과 연계시켜 바다 탐구의 소중함을 소개하는 글을 매달 한 편씩 완성해 대학 홈페이지에 올리려고 마음먹었었다. 현실의 실리만을 찾아 대학을 선택하는 풍조가 만연되어 있는 사회이지만, 이런 글이 학생들의 바다 탐구에 대한 관심을 조금이라도 일으킬 수 있지는 않을까 하는 작은 소망에서였다. 적어도 20편 이상의 글을 올리려던 나의 야심찬(?) 계획은 열 편 정도로 중단되고 그만 몇 년이 흘러버렸다.

그동안 서울대학교 자연과학대학에는 많은 변화가 있었다. BK21사업을 계기로 저자가 속해 있던 해양학과는 대기과학과, 시스템과학과와 함께 지구환경과학부로 개편되었으며, 자연히 신입생들에게 학문의 경계를 넘는 넓은 차원에서 지구시스템을 소개하는 과정의 필요성이 대두되었다. 이런 목적의 교과개발에 참여하면서 나 자신의 안목도 바다에서 지구 전체로 많이 넓어졌다. 지난 몇 년 동안의 이런 경험은 이 책의 내용을 구성하는 데 큰 도움이 되었다. 애초에 정했던 책 제목이 '노벨상으로 공부하는 바다'에서 '노벨상과 함께하는 지구 여행'으로 바뀐 것은 당연한 일이었다.

지구과학은 1960년대를 지나면서 혁명적 변화를 겪었다. 판구조론은 지구를 보는 새로운 눈이 확립되면서 만든 과학혁명이었다. 판구조론이 지구과학 내에 자리를 잡게 되는 과정을 살피는 것으로 이 책의 제1부를 시작하였다. 판구조론이 지구를 보는 우리들의 눈을 어떻게 바꾸었는지도 아울러 살펴보았다. 이어 제2부에서는 지구를 향한 본격적인 여정의 첫 주제로 지구의 나이를 주제로 삼았다. 1896년 베크렐의 방사능 발견은 지구과학을 정량과학으로 변화시키는 중요한 사건이었다. '지구 나이'의 탐구는 방사능이 지구과학에 이루어낸 가장 중요한 업적이다. 방사능 발견 이후는 1969년 사람의 달 착륙으로 연결되는 긴 시간에 걸쳐 진행된 여정이었다. 제3부에서는 우리 지구의 뿌리를 찾아가는 여정이 소개된다. 이 또한 20세기에 과학이 이루어낸 엄청난 도전의 역사였다. 제4부에서는 생명의 행성인 지구의 가장 중요한 요건인 '따뜻한' 지구의 기후를 탐구해나갔다. 제5부에서는 우리 지구의 가장 중요한 특징, 바로 '생명'의 행성이 되기 위해 필요한 조건들을 찾아 지구를 탐구해가던 여정을 다루었다. 마지막 장인 제6부에서는 오늘날 지구가 겪고 있는 대표적인 지구환경의 문제들을 탐구해간 여정을 살피고, 아울러 지구를 우리 생명체 모두가 살 수 있는 행성으로 계속 유지하기 위해서 우리 인간들이 해야 할 문제들을 생각해보면서 마무리했다.

이 책이 완성되기까지 동료 교수님들의 도움이 필수적이었다. 새 교과과정 개발에 적극적으로 지원해주신 김구 교수님, 예리한 고견을 많이 주셨던 김홍종 교수님, 천문학 부문을 채워주신 최승언, 박창범, 최변각 교수님과 많은 시간을 토의에 응해주셨던 박창업, 최덕근, 허영숙 교수님, 날카로운 예지가 넘치는 조언에 부족함이 없었던 이동섭 교수님, 그리고 일일이 이름을 거명해드리지 못하는 많은 선배, 동료 및 후배 교수님들에게 감사의 마음을 전한다. 특별히 모든 글을 빠짐없이 정성스레 다듬어주신 정상권 교수님께 특별한 감사의 마음을 전해야 할 것 같다.

넓은 범위의 내용을 다룬 글을 쓰는 데에는 이전에 이런 일을 성사시킨 여러 사람들의 역작이 중요한 안내자 역할을 했다. 통합교과과정의 필요성을 강조하면서 저자에게 여러 번 기회를 주셨던 김희준 교수님의 《자연과학의 세계》는 궁금할 때마다 우선 찾아간 보고였다. 음으로 양으로 많은 격려를 해주셨던 크루첸 교수님의

《기후 변동 ; 21세기 지구의 미래를 예측한다》는 이 책 전체의 흐름을 이끌어준 귀한 저서였다. 《노벨상이 만든 세상》(이종호), 《사이언스 오딧세이》(찰스 플라워스) 및 《거의 모든 것이 역사》(빌 브라이슨) 등도 풍부한 생각거리를 제공해주었으며, 한편으로는 이를 넘어보고 싶은 도전의 마음을 심어주었다.

읽을 만한 글인지를 확인하는 힘든 실험자 역할을 담당하며 격려를 해준 여러 주위의 분들에게도 감사함이 있다. 실험실의 동진, 미경 이하 많은 식구들, 학부의 영구, 사업단의 형주와 영미에게 고마운 마음을 전한다. 특별히 글을 써나가는 지난 수년 동안 글이 제대로 진전되는 것을 확인하는 실험대상으로서의 힘든 역할을 꾸준히 감내해주었던 가족들, 아내 은영과 주일, 성일, 많은 그림을 준비하는 힘든 작업을 밤을 세워가며 도와준 은옥에게 깊은 고마움을 전한다.

항상 흐트러뜨려 놓기만 하고 정리하지 못하던 내 생활을 마무리해야 할 때가 되었다고 생각하며 혹시나 하는 바람으로 신청한 저술 제안을 채택해주고 작은 마침표를 찍을 수 있게 해주신 한국과학기술한림원의 정근모 원장님, 남우수 부원장님 이하 여러분들에게 깊은 감사의 마음을 전하며, 책이 나오기까지 실무 진행에 노고를 다해주셨던 박영규 과장에게 특별한 고마움을 전한다. 노벨상 수상자들의 사진 사용을 허락하고 원판을 보내준 노벨재단(The Nobel Foundation) 및 일부 그림의 사용을 허락해 준 박학사 구본학 사장에게 감사의 마음을 전한다. 마지막으로 책으로서 태어나기 위해 거쳐 가야만 하는 어렵고 지난한 과정에서, 끊을 수 없는, 그래서 또한 소중한 정 때문에 수고를 마다하지 않은 (주)도서출판 이음의 병무와 일우의 노고에 특별히 고맙고 또한 미안한 마음을 전한다.

2006년 겨울

김경렬

목차

Part 3 지구의 뿌리를 찾아서

Part 4 따뜻한 행성

Part 5 생명의 행성

Part 6 위기의 행성

부록

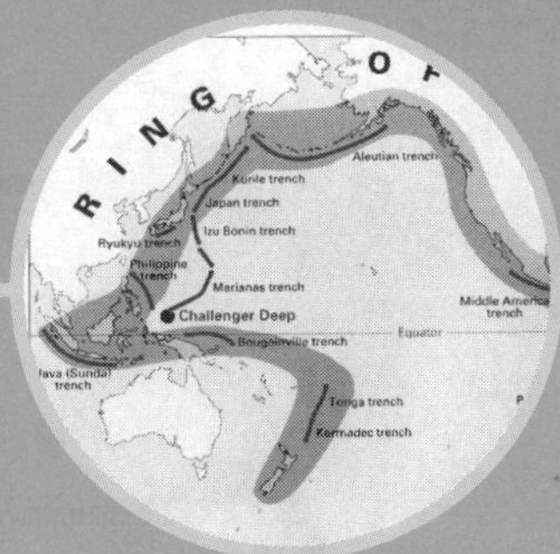

Part 1

지구를 보는 새로운 눈

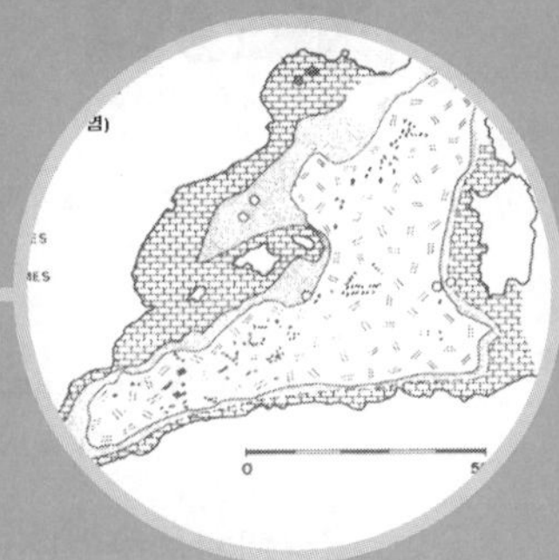

1

나침반 이야기

파울리 (Wolfgang Pauli, 1900~1958)

1945년 노벨물리학상 수상
"for the discovery of the Exclusion Principle, also called the Pauli Principle"
(파울리의 배타율 발견)

:: 중국의 나침반

오래전부터 자석(磁石)은 여러 사람들의 관심을 받아왔다. 이미 기원전 800년경 중국에서는 철기시대가 시작한 것으로 여겨지는데 이때에 이르면 이미 바늘을 끌어당기는 자철석의 신비로운 성질이 알려져 있었던 것 같다.

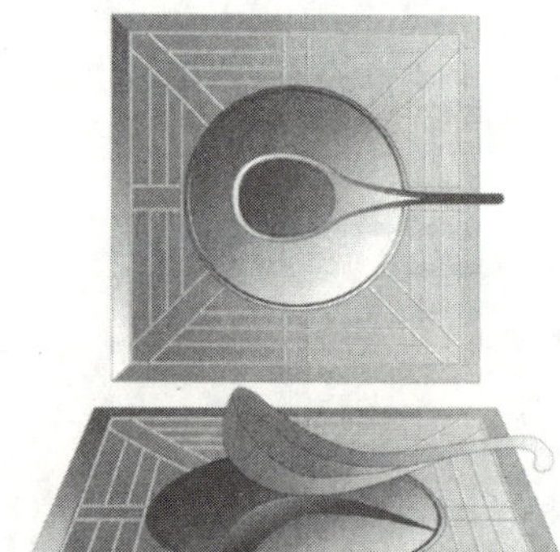

1세기경 중국에서 제작된 남쪽을 가리키는 국자 나침반

전해지는 이야기에 의하면, 기원전 3세기 중국을 통일했던 진시황이 아방궁을 지었을 때, 궁궐을 드나드는 사람이 어떤 쇠붙이로 만든 무기도 감춰 가지고 들어갈 수 없게 하기 위해 통과하는 모든 문을 자철석으로 만들었다고 한다. 자석을 이용해 세계 최초의 금속 탐지기를 만들었던 것이다.

중국인들은 적어도 1세기 무렵에는 자석의 방향을 찾는 기능에 대해서도 이해한 것으로 보인다. 바늘 형태의 강자성 물질은 자기장에 의해 회전력을 받으며, 이를 이용해서 자기 나침반을 발명했을 것이다. 1세기의 문헌에도 이미 별자리 28수가 표시된 점판 접시 위에 자철석으로 만든 북두칠성 모양의 국자를 올려놓고 회전시켜 남쪽을 가리키게 하는 신비로운 국자 이야기가 여러 번 등장한다.

1040년경 저술된 송나라의 병서 《무경총요(武經總要)》에는 철제 물고기를 공중에 매달아놓은 나침반의 제작 및 사용법이 완벽하게 설명되어 있다.

> 쇳물을 물고기 모양으로 얇게 주조한다.
> 쇳물이 아직 녹아 있는 상태에서 꼬리가 북극을 향하게 하고 식혀 물고기를 자화시킨다.
> 물고기를 (바람이 닿지 않는) 물이 담긴 상자에 자유롭게 띄우면 머리는 남쪽을 가리킨다.
> 이 장치의 제조법과 사용법은 절대로 비밀로 해야 한다.

쇠를 녹였다가 굳히면 지구의 자기장으로 인해 금속이 자성을 띠게 되는 '열

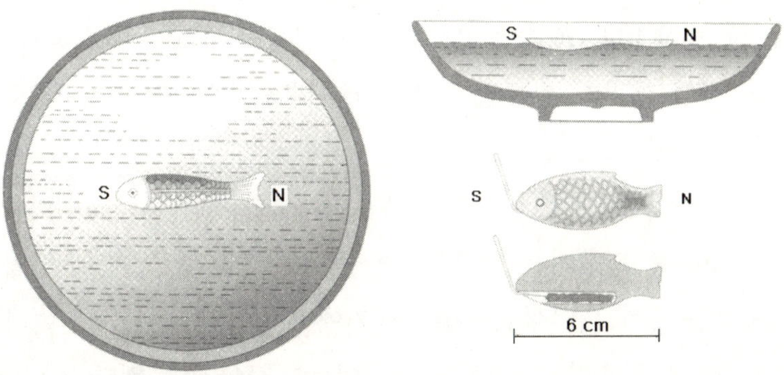

11세기 중국 송나라의 병서 《무경총요》에 나오는 물고기 나침반(지남어)

잔류 자화 현상'을 이미 이해한 것이었다.

실제로 많은 조류 · 어류 · 포유류 동물들이 지구가 베풀어주는 선물인 '지구자기'를 감지해 방향을 찾는 것으로 밝혀지고 있는데, 사람들도 마침내 나침반을 통해 이 대열에 합류하게 된 것이다.

:: 자철석(magnetite)의 비밀

물질은 자기의 성질에 따라 강자성(ferromagnetism), 상자성(paramagnetism) 및 반자성(diamagnetism)을 가진 세 종류로 구분된다.

강자성 물질은 외부의 강한 자기장에 의해 그 자기장의 방향으로 강하게 자화되어, 외부의 자기장이 사라져도 자화가 그대로 남아 있어 자석에 달라붙을 수 있는 성질을 가졌다. 철, 코발트, 니켈 및 이들의 합금이 대표적이다.

상자성 물질은 외부의 자기장에 의해 자기장 방향으로 약하게 자화하기는 하지만, 자기장이 제거되면 즉시 자화를 잃어버린다. 알루미늄, 주석, 백금, 이리듐 등이 이에 속한다.

반자성 물질은 자기장을 작용시킬 때 자화의 방향이 오히려 외부 자기장과 반대 방향으로 발생한다. 2012년이면 우리나라에서도 시범 운행될 자기부상열차 또한 열차를 선로에 띄우는 방법 중의 하나로 반자성 물질의 자기반발력을 이용한다.

물질의 이런 성질에 대한 비밀이 밝혀지기 시작한 것은 자석의 신비한 성질이 알려지고도 2천여 년이 지난 20세기 초에 들어와 물질의 성질을 원자의 세계를 통해 이해할 수 있게 되면서부터이다. 여기에 결정적인 기여를 한 여러 과학자들 중에 파울리가 있으며, 그 핵심에 그의 이름이 붙어 있는 배타율이 자리를 잡고 있다.

:: 파울리의 배타율(Pauli's exclusion principle)

1911년 러더퍼드는 원자의 중심 매우 작은 공간에 원자 질량의 거의 대부분을 차지하는 양전하를 가진 핵이 자리 잡고 있으며, 그 주위에 음전하를 가진 전자들이 자리 잡고 있다는 것을 발견해 원자의 구조에 관한 중요한 기초를 닦았다.

이어 1913년 보어에 의해, 원자핵 주위를 돌고 있는 각 전자들은 어떤 정해진 에너지 값만을 가질 수 있다는 에너지의 양자이론이 제시되었다. 양자이론은 더욱 발전해 1921년에 이르면, 원자 내의 전자들이 가질 수 있는 에너지값은 두 개의 양자수(quantum number)로 정의되며, 동일한 에너지값을 가지는 전자들은 핵으로부터 평균적으로 일정한 거리상에 그룹별로 모여 분포하고 있다는 이론으로까지 발전했다.

파울리는 여러 실험결과와 이론적 추론을 통해 원자 내 전자들의 에너지 상태를 정의하기 위해서 일반적으로 네 가지의 양자수가 필요함을 알았다. 이중 세 개는 핵 주위를 도는 전자의 운동과 관련된 양자수이다. 그러나 네 번째의 양자수는 전자 자체의 특유한 성질로서, 팽이처럼 전자가 자신의 무게중심을 지나는 축을 중심으로 자전(회전)운동을 하는 모습을 결정하는 양자수라는 것이 연구를 통해 발견되었다. 이러한 이유로 이 양자수를 스핀 양자수라고 부른다.

1925년 파울리는 '파울리의 배타원리 또는 배타율'이라 불리는 중요한 자연의 법칙을 발견했다. 배타율이란 이 네 가지 양자수로 결정된 에너지 상태로 존재할 수 있는 전자는 단 하나뿐이라는 것이다. 과학자들은 파울리의 배타율이 원자 내 전자들이 질서정연하게 배열되는 기본 원리임을 알게 되고 이를 바탕으로 원자들이 분자를 이루어가는 기본원리도 이해하게 된다.

더욱이 배타율은 전자뿐만 아니라 원자핵의 구성요소인 양성자나 중성자에도 그대로 적용되는 일반원리임이 후속 연구들을 통해 밝혀진다. 이 원리는 바로 밤하늘에 반짝이는 별의 일생을 결정하는 중요한 요인이기도 하다.

물질의 자성은 이들을 이루는 원자들의 스핀 양자수에 의해 결정되는 원자 단위의 작은 원자자석들이 총체적으로 보여주는 거시적 성질이다. 자전하는 전자가 만들어내는 자장에 바로 자석의 비밀이 감추어져 있었다. 작은 원자자석들이 파울리의 배타율을 거스르지 않고 나란히 같은 방향으로 배열될 수 있을 때, 이 물질은 총체적으로 자석의 성질을 갖게 되는 강자성 물질이 된다. 한편, 작은 원자자석들이 불규칙적으로 배열될 수밖에 없어 효과가 서로 상쇄되기 때문에 전체적으로 자성을 가질 수 없을 때, 이런 물질들은 상자성 물질이 된다.

강자성 물질은 높은 온도에서 자성을 잃어버리게 된다. 온도가 올라가면서 운동에너지가 점점 커져 어느 온도에 이르면, 원자자석들이 나란히 배열된 상태를 도저히 유지할 수 없게 되어 결국 흐트러지면서 자성을 잃게 되는 것이다. 이 온도가 바로 퀴리 부인의 남편인 피에르 퀴리의 이름이 붙어 있는 '퀴리온도'(Curie Temperature)이며, 자철석은 575도, 적철석은 675도, 순수한 철은 768도, 니켈은 350도, 코발트는 1,120도로 상온보다 훨씬 높다. 따라서 이들은 다행스럽게도 상온에서 강자성의 성질을 띠고 있어 사람들의 눈에 쉽게 띄었으며, '지구자기'(지구 자체가 하나의 자석의 성질을 가짐)와 이들의 작용이 이해되면서 우리 지구를 알아가는 데 결정적으로 기여했다. 그중 하나가 바로 항해용 나침반이다.

:: 나침반의 혁명 : 지중해 너머 대서양으로

예로부터 농경사회였던 중국에서 나침반은 항해술보다는 오히려 풍수학에서 점을 치는 도구로 활발히 이용되었다. 실제 중국에서 발명된 나침반의 잠재력을 항해에 제대로 활용한 사람들은 이 기술을 받아들인 유럽인들이었다.

서양에서 나침반을 언급한 것은 1187년 영국의 수도사 넥컴(Alexander Neckum, 1157~1217)의 《사물의 본성에 관하여》가 처음이다. 여러 정황으로 볼 때

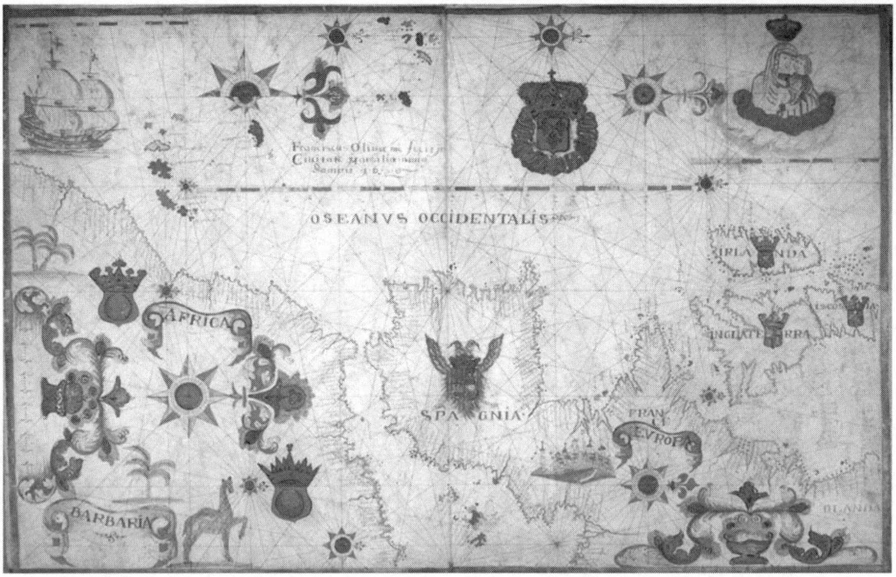

13~14세기에 걸쳐 나침반과 함께 사용할 수 있도록 제작된 해도 〈포르톨라노(portolano)〉

1300년경 '지침면'을 갖춘 나침반이 항해 도구로 처음 등장했으며, 14세기 초 이탈리아 사람들을 중심으로 자기 나침반이 항해에 활발히 이용되기 시작했으리라 짐작된다. 이탈리아인들은 새로운 도구에 '부쏠라'라는 이름을 붙여주었는데, 그 말은 지금도 '나침반'을 의미하는 단어로 사용된다.

1250~1265년 사이 이탈리아에는 지중해 해도(海圖)인 〈카르타(carta)〉와 지중해 곳곳의 장애물, 항구 접안법 등 항해 중 살펴야 할 일들을 기술한 지시문이 적힌 지도책 〈포르톨라노(portolano)〉의 두 가지 중요한 항해 도구가 발명되었다.

13~14세기에 걸쳐 〈포르톨라노〉는 새로운 항해용 나침반을 함께 사용할 수 있는 더 정확한 해도로 발전했는데, 이것은 위경도가 아니라 나침반의 방향과 실측 거리를 근거로 만든 지도였다. 바퀴의 발명 이후 처음으로 세계를 변화시킨 혁명적인 발명품, 자기 나침반이 활동을 시작한 것이다.

이 해도들은 해안선이 꽤 정확히 그려져 있어서 그 자체가 다른 선장이나 인접 해상국과의 경쟁에서 우위를 차지할 수 있는 중요한 비밀 문서였다. 따라서 해적이나 적군의 습격을 받았을 때는 신속히 바다 밑으로 가라앉도록 무거운 것을 매달아놓았다.

나침반을 응용한 〈포르톨라노〉의 출현은 항해술에 혁명적인 변화를 일으켰다. 겨울철마다 배를 뭍으로 끌어올릴 수밖에 없었던 오랜 전통이 막을 내리고, 1년 내내 항해하는 새로운 관행이 자리 잡았다. 베네치아, 제노바 등 도시국가들이 이에 앞장섰던 것은 물론이다.

그러나 나침반이 일으킨 더욱 중요한 혁명은 항해의 영역을 지중해에서 대서양 밖으로 넓혀놓은 것이다. 여기에 선도적 역할을 했던 사람이 바로 포르투갈의 항해왕 엔리케(항해자 헨리왕자라고도 함)였다.

:: 탐험의 시대(Age of Exploration) : 포르투갈의 항해왕 엔리케

1415년 8월 15일 북아프리카의 지브롤터 해협에 면한 도시인 세우타 앞바다에 포르투갈 왕 조앙 1세가 이끄는 200여 척의 군함이 나타났다. 몇 달간 만반의 준비를 거쳐 이곳에 상륙한 포르투갈 군인들은 우왕좌왕하는 무어인들을 백병전으로 격파시키면서 단 하루 만에 세우타를 함락시켰다.

전투 중에만 기사를 서임하던 당시의 전통을 따라 이때 기사로 서임된 세 왕자 중의 한 사람이 바로 후일 항해왕으로 불리게 되는 엔리케였다. 1400년대에 독자적으로 대서양을 정복하기로 결심하고 포르투갈을 이끌어갔던 인물이 태어난 것이다. 수학, 천문학, 지리학 등을 공부한 엔리케는 1418년 마침내 서남단의 요새인 사그레스 곶에 조선소와 항해학교를 세우고, 많은 천체관측 및 지도 전문가들을 모았다.

당시의 사람들은 아프리카 서안의 보하도르 곶이 바로 대서양의 남단이며, 이를 넘는 남쪽의 열대는 백인이 흑인으로 변하며 바닷물이 펄펄 끓는 공포의 바다라고 생각했다. 엔리케는 외양 항해술을 가르친 많은 항해자들을 보하도르 곶 남단의 바다를 탐험하는 항해에 본격적으로 내보내기 시작하였으며, 그의 노력은 마침내 1487년 결실을 보게 된다. 겨우 50톤의 소형선 세 척으로 출발한 디아스가 폭풍우 속을 헤매는 어려움 속에서도 마침내 아프리카 남단의 곶에 이르는 새로운 항로를 발견한 것이다.

디아스가 '폭풍의 곶' 이라 명명한 이곳은 이듬해 이 보고를 들은 조앙 2세에 의해서 '희망의 곶, 희망봉' 이라고 고쳐진다. 희망봉을 넘는 인도항로 개척의 교두보가 마련된 것이다.

항해왕 엔리케의 조각상.

:: 콜럼버스의 신대륙 발견

1481년 플로렌스의 과학자 토스카넬리가 포르투갈 국왕인 조앙 2세에게 대서양 항해의 가능성을 보고했다는 사실을 알게 된 콜럼버스는 자신이 이에 직접 도전해보고 싶다는 의지를 왕에게 피력했다. 이탈리아 제노바 출신인 콜럼버스는 이미 아이슬란드, 마데이라, 영국, 아프리카의 가나를 오가며 해상무역을 하던 걸출한 전문 해양인이었다.

스페인 세빌(Seville)의 고문서실에 보관되어 있는 그의 유물인, 마르코 폴로의 《동방견문록》, 피에르 다이(Pierre d' Ailly)의 《이마고 문디(Imago Mundi)》의 갈피갈피에는 그가 적어놓은 메모들을 볼 수 있는데, 그가 세계와 아시아 지리에 얼마나 많은 관심을 가졌는가를 잘 알 수 있다.

그는 이 책들을 탐독하면서 유럽과 아시아 대륙 간의 최단거리를 잇는 항해로에 특히 관심을 가졌다. 지금은 소실된 토스카넬리의 세계지도가 주요 근거였던 것 같지만, 콜럼버스는 나름대로 확신을 갖고 대서양의 크기가 대략 77도 정도로서 대서양을 서쪽으로 2,400마일 정도만 가면 무사히 지팡구(일본)에 도달할 수 있다고 추정했다.

그러나 막상 콜럼버스의 팔을 들어주어 1492년 10월 12일 마침내 신대륙(그 자신은 물론 아시아에 도달했다고 믿었지만)에 발을 디딜 수 있게 해준 사람은 포르투갈이 아닌 스페인의 이사벨라 여왕이었다.

콜럼버스의 신대륙 발견 소식은 유럽에 큰 반향을 불러 일으켰으며, 포르투갈 조앙 왕의 놀라움과 분노는 이루 말할 수가 없었다. 포르투갈도 아프리카를 돌아 인도로 가는 항로를 찾으려 다시 애를 써, 1498년 마침내 바스코 다 가마가 인도항로 개척에 성공하게 된다.

이 일은 아시아에는 매우 놀라운 중대한 사건이었다. 이미 인도양을 통해 운반한 향료 등을 지중해를 통해 교역하면서 큰 이익을 내던 아랍인들과 포르투갈인들 사이의 충돌이 불가피해진 것이다. 그러나 바스코 다 가마는 아랍인들을 평정하고 인도까지 이르는 항로를 확보해 조국 포르투갈에 바쳤으며, 더 나아가 포르투갈을 뒤따르는 유럽의 스페인, 영국, 네덜란드 등이 동쪽으로 세력을 확장해나갈 수 있는 중요한 발판을 마련한 것이다.

:: 마젤란 일행의 세계일주

해양탐험 시대의 초절정은 마젤란(Ferdinand Magellan)과 그의 일행의 업적이었다. 포르투갈의 중신이었으나 왕과 등지고 스페인으로 건너간 그는 카를로스 왕의 주선에 의해 세계일주를 하게 된다.

1519년 9월 20일, 265명의 선원이 탑승한 5척의 배를 이끌고 스페인의 산 루카르 항구를 출항한 마젤란은 브라질 방문, 파타고니아 월동, 마젤란 해협 발견, 남태평양 항해, 그리고 마리아나 제도 도착 등 대단한 업적을 이루었다. 그러나 필리핀 제도에서 기독교 개종 문제로 주민들 사이에 벌어진 논쟁에 휘말려 1521년 4월 세계일주의 꿈을 다 이루지 못한 채 결국 무참히 죽임을 당하고 만다. 그렇지만 남은 선원들이 많은 위험을 무릅쓴 끝에, 18명의 기진맥진한 선원을 태운 빅토리아호가 1522년 9월 6일 결국 스페인 산 루카르 항구로 귀환했다. 최초의 세계일주를 성공한 사건이었으며, 이로서 지구가 구형이며 아메리카와 인도 사이에 엄청나게 넓은 바다가 있음도 분명해졌다.

1418년 항해왕 엔리케가 사그레스에 항해학교를 세운 이후 100여 년 만에 콜럼버스의 신대륙 발견, 바스코 다 가마의 인도 항로 발견, 그리고 마침내 이를 연결하는 마젤란 일행의 세계일주 항해가 성공한 것이다.

선대가 출발하면서 꼬박꼬박 일기를 썼던 피가페타가 스페인에 귀환해 발견한 모자라는 하루는, 결국 훗날 태평양 한복판의 경도 180도 주위에 '날짜 변경

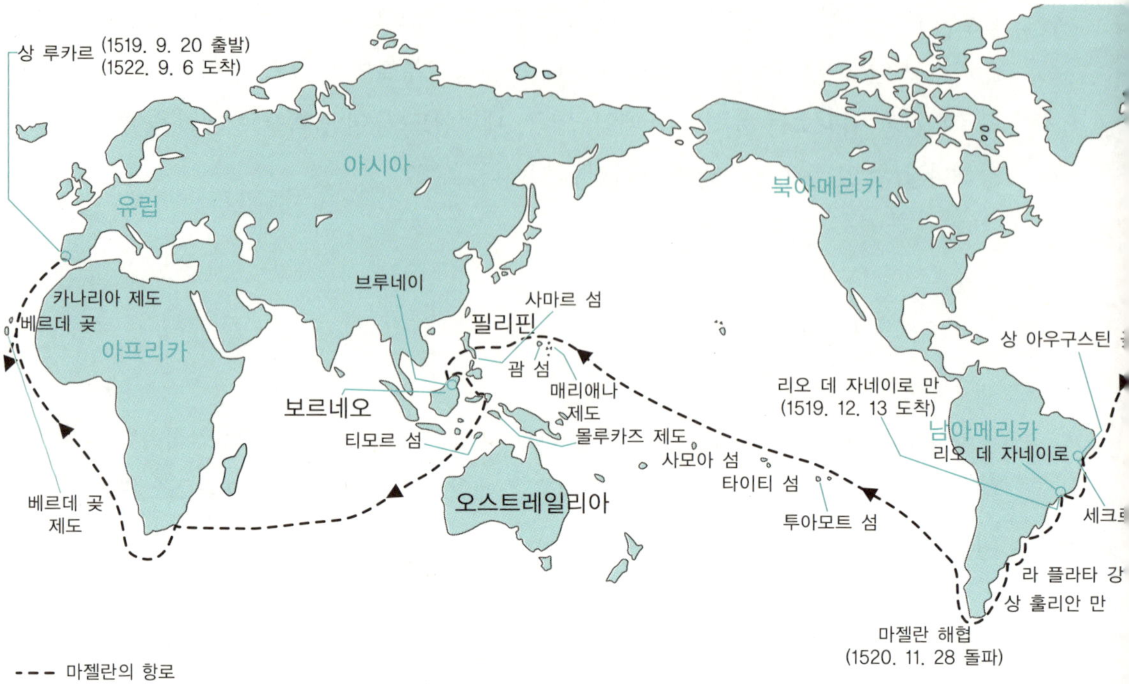

1519년에서 1522년까지 3년에 걸쳐 이뤄진 마젤란 일행의 세계일주 항정(航程)

선' 을 만드는 바탕으로, 재미있는 과학적 발견이었다.

:: 세계지도가 제기한 이상한 질문 : 대륙 모습이 너무 닮았다?

마젤란 일행이 세계일주를 성공한 후 불과 10여 년도 지나지 않아 오늘날 우리가 보는 지도와 꽤 흡사한 지도들이 만들어지기 시작했다. 물론 서양 사람들이 만든 지도였으므로 대서양이 지도의 중앙에 위치하고 있는 지도였다. 그런데 이 지도를 본 사람들의 머리에 자연스럽게 떠오른 질문이 하나 있었다.

16세기 초에 만들어진 세계지도. 아메리카대륙 동쪽의 해안선과 아프리카 및 유럽 서부 해안선의 모습이 너무 비슷한 모습임을 잘 보여주고 있다.

"대서양을 사이에 두고 멀리 떨어져 있는 미국 대륙 동쪽의 해안선과 아프리카 및 유럽 서부 해안선의 모습이 왜 그렇게 잘 들어맞을까?" 언젠가 이들이 한데 붙어 있었다가 떨어진 것은 아닐까? 그것은 다음에서 계속해보려는 이야기의 발단이 된 질문이었다.

상자글

바다를 지배하는 자가 세계를 지배한다

포르투갈의 항해왕 엔리케가 인도양 항로 개척에 열을 올리던 시절인 1405~1433년 사이에, 중국 명나라에는 정화(鄭和, 본명은 마화)가 이끄는 7차에 걸친 인도양 대원정이 있었다. 먼 조상이 터키계의 이슬람교도인 정화는 어렸을 때 그가 살던 윈난지방이 명나라에 정복되면서 북경으로 끌려와 나중에는 정씨 성을 하사받고 환관의 최고 지위까지 오른 사람이다.

국왕의 명을 받아 선박 62척과 27,800여 명의 대규모의 해상사절단을 이끌고 인도, 아라비아 반도, 멀리는 아프리카까지 항해에 나섰던 정화의 선단은 탐험과 정복이 목적이었던 유럽과는 달리, 당시의 중국을 주위에 소개하며 위용을 과시하려는 데 더 큰 목적이 있었다.

정화가 항해 중에 사용했던 나침반

정화가 아프리카에서 선물로 받아 중국으로 가지고 온 기린 그림

천문관측을 책임졌던 정화가 남긴 항해용 별자리 관측도구와 나침반 등의 유적을 보면 당시 중국의 항해술이 유럽에 결코 뒤지지 않았음을 잘 보여주고 있다. 바스코 다 가마에 비해 80여 년이나 앞서 인도양에 진출한 그의 7차 항해에는 그가 파견한 일부 함대가 희망봉까지 도달했다는 기록이 남아 있다.

그러나 선왕 서거 이후 유교를 국가의 기본강령으로 한 중국이 취한 철저한 쇄국정책은 스스로 자신들의 영향력을 인도양에서 철수시키고, 동진하는 유럽이 대신 그 자리를 점령할 수 있는 무대를 만들어준 것이다.

바다를 지배하는 자가 세계를 지배하는 세계에서 중국은 스스로 물러나는 오류를 범하였고, 이런 상황은 결국 열강이 중국에 밀어닥치는 19세기 말까지 이어지게 된 것이다.

정화의 인도양 탐험 600주년을 기념하면서 내셔널 지오그래피(National Geography)에서 「중국의 콜럼버스, 정화」라는 비디오 프로그램을 제작 방영하였다.

2
지구를 보는 새로운 눈 : 판구조론

네엘 (Louis Eugéne Félix Néel, 1904~2000)

1970년 노벨물리학상 수상
"for fundamental work and discoveries concerning antiferromagnetism and ferrimagnetism which have led to important applications in solid state physics"
(준강자성의 발견)

:: 준강자성(Ferrimagnetism)

우리는 앞에서 마젤란 일행의 세계일주를 최정점으로 하는 탐험의 시대가 열리는 데 결정적 기여를 한 항해용 나침반의 발전 과정을 살피면서, 자철석(magnetite) 같은 강자성(ferromagnetism) 물질들의 퀴리온도가 아주 높아 우리 주위에서 강자성 물질에 쉽게 접근할 수 있었던 것이 참 다행이었다.

그런데 이런 강자성 물질의 성질을 엄밀히 연구해 자철석이 강자성 물질이 아니라 준강자성(ferrimagnetism) 물질임을 밝히고, 이 연구로 노벨물리학상을 수상한 과학자가 프랑스의 고체물리학자 네엘이다.

준강자성 물질은 그 내부에 서로 상반된 자석 역할을 하는 물질들, 특히 다른 이온들(예를 들면 Fe^{2+}와 Fe^{3+})이 함께 섞여 있어 자성이 서로 상쇄되기는 하지만, 그래도 어느 한 부분이 더 우세해서 결과적으로는 강자성 물질들과 비슷한 성질을 보여주는 물질이다. 따라서 준강자성 물질은 퀴리온도에 도달하지 않아도 자성을 잃을 수 있다. 이 온도를 네엘온도라고 부른다. 이것은 물질의 자성을 이용한 메모리소자 개발 등 고체물리학의 발전에 큰 기여를 했으며, 예로부터 인류에게 신비로움을 안겨주었던 자석은 그 성질을 자세히 연구한 네엘에게 노벨상 수상의 영예까지 안겨준 것이다.

다시 앞에서 제기되었던 지도 이야기를 계속 펴나가 보기로 하자.

:: 나눠진 대륙?

대서양을 사이에 두고 멀리 떨어져 있는 미국 대륙 동쪽의 해안선과 아프리카 및 유럽의 서부의 해안선의 모습이 비슷한 것은 혹시 옛날에는 하나로 붙어 있던 거대 대륙이 쪼개져 서로 떨어졌기 때문에 나타난 결과는 아닐까?

프랜시스 베이컨(Francis Bacon, 1561~1626)은 이 유사성에 대해 "단순한 우연은 아닐 것"이라는 의견을 피력했다. 대륙이 나눠진 원인을 성경에서 찾으려던 사람들도 있었으나 그것은 어디까지나 사유에 그친 것이었다.

이 질문을 생물학, 지질학, 그리고 지리학과 접합시켜 과학의 장으로 이끈 선구자로 베를린의 훔볼트를 들 수 있다. 그는 1799년부터 1804년 사이 프랑스의 식물학자 봉플랑(Bonpland)과 중남미를 탐험하면서 6만 점의 식물을 수집하고, 이들 자료를 지리학적 자료와 결부시켜 생물지리학(biogeography)이라는 새롭고 중요한 학문 분야를 개척한 열정적인 학자이다. 지질학, 기상학, 지자기학 등 다방면으로 연구한 훔볼트는 대양을 사이에 둔 대륙들의 모습이 단순히 유사하다는 차원을 넘어 지층의 유사성을 지적했다. 그렇지만 대륙의 이동보다는 노아의 홍수에 더 의미를 찾을 수밖에 없었던 당시의 시대적 한계를 넘을 수는 없었다.

이런 궁금증은 1858년 지도 제작자 스나이더 펠레그리니(Antonio Snider-

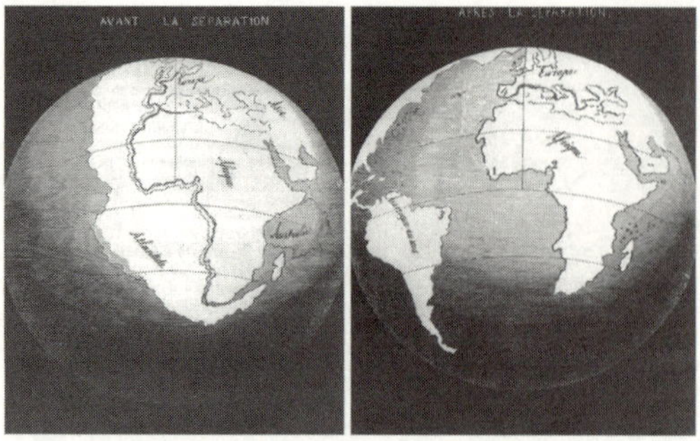

1858년 지도 제작자 스나이더 펠레그리니가 그려 본, 대륙들이 하나로 모여 있는 상상의 지도

Pellegrini)가 만든 지도에서 더욱 확실하게 드러난다. 그는 이들 대륙이 떨어져 있는 오늘날 모습, 그리고 서로 붙어 있었다고 가정해본 모습을 지도로 그려보기도 했다.

그렇지만 이런 궁금증이 본격적으로 과학적인 토론의 장에 자리를 잡기 시작한 것은 20세기에 들어와서의 일이다. 미국의 아마추어 지질학자 테일러(Frank B. Tayler) 등이 1908년 대륙이 움직인다는 생각을 발표하기는 했었지만, 흔히는 독일의 고기후학자 베게너(Alfred L. Wegener)를 대표적 선구자로 꼽는다.

:: 대륙이동설(Continental Drift)

1911년 이런 문제에 관심을 갖게 된 베게너는 당시 31살로 독일 마르부르크 대학교에서 천문학과 기상학을 강의하던 강사였다. 한 과학지에서 브라질과 아프리카가 옛날에는 연결되어 있을 것이라는 글을 읽은 것이 계기가 되어, 1930년 그린란드 탐험에서 실종될 때까지 이 문제에 그의 남은 일생 모두를 바친 연구자가 되었다.

베게너는 1912년 《대륙의 이동(Continental Drift)》이라는 저서를 통해 과거에 하나로 붙어 있던 대륙들이 떨어지면서 이동했다는 이론을 발표했으며, 전쟁 중이었음에도 불구하고 3년 뒤에는 이 책을 영문으로도 발간했다.

'대륙이동설' 로 알려진 이 이론에 의하면 한때(지금부터 약 2억 5천만 년 전) 아메리카, 유럽, 아프리카 대륙이 함께 붙어 판게아(Pangea)라는 하나의 거대 대륙을 이루고 있었으며, 판게아가 쪼개져 서서히 떨어지면서 여러 조각의 대륙을 만들어 우리 지구가 오늘날과 같은 모습이 되었다는 것이다. 베게너는 어떤 근거에서 이러한 엄청난 주장을 하게 된 것일까?

:: 초대륙 판게아 : 퍼즐 맞추기

약 2억 5천만 년 전(지구달력 : 페름기)의 지구상에는 오늘날 우리들이 알고 있는 대륙들이 대부분 형성되어 있었다. 베게너는 먼저 훔볼트가 한 세기 이전 시도했던 방법들을 모든 대륙에 재시도해 보았다. 일단 판게아 대륙을 짜맞춰 보면, 그 결과가 단지 모양을 맞추는 것뿐 아니라 오늘날 이들 대륙 경계의 퇴적 구조가 잘 일치한다. 또한 흥미롭게도 오늘날 몇 대륙들 내에 흩어져 존재하고 있는 여러 산맥들이 판게아 대륙 내에서 한 줄로 나란히서기를 잘하고 있다는 것이 눈에 띈다.

기후학자였던 베게너는 단순한 대륙 맞추기 외에도 중요한 과학적 자료들을 가지고 있었다. 베게너는 자신이 수집해 정리한 100여 건 이상의 화석 분포 및 기후 자료의 분포 형태를 살펴보면서, 과거 언젠가 대륙이 하나로 모여 있었다고 가정하면 이들의 분포가 잘 설명될 수 있다.

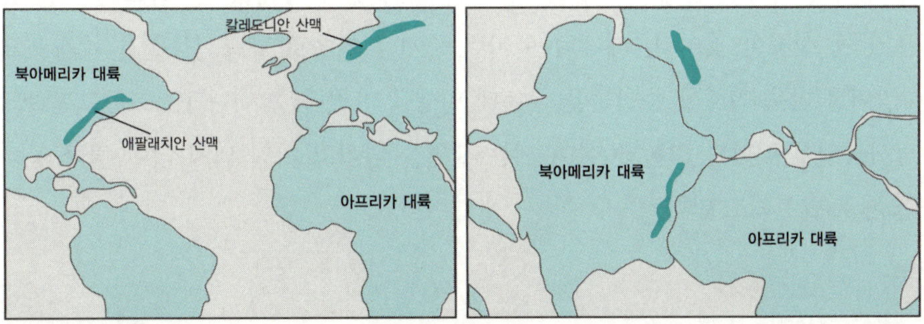

베게너가 주장한 판게아 대륙에서 북대서양을 가로질러 서로 잘 연결되는 북미 대륙의 애팔래치안 산맥과 영국과 스칸디나비아의 칼레도디안 산맥. 이들은 약 3억 년 전 초대륙, 판게아가 형성될 때 대륙들이 충돌하면서 만들어진 것이다.

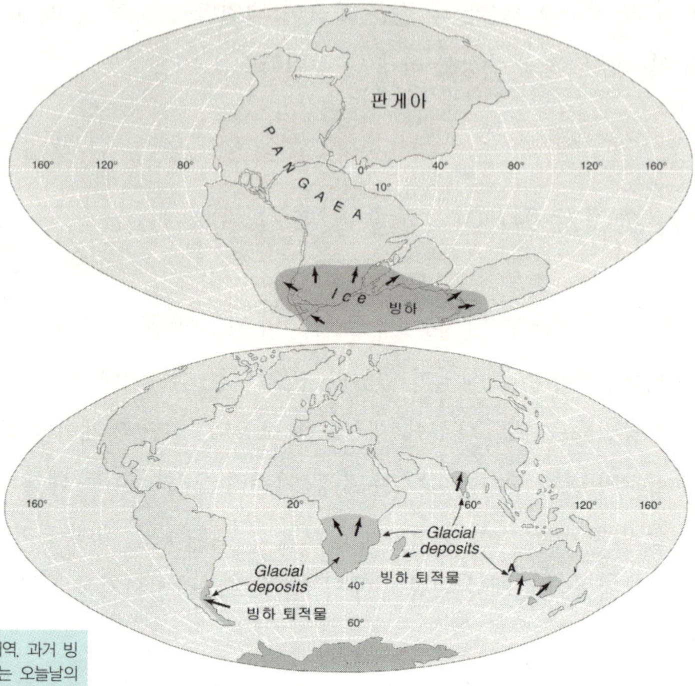

3억 년 전 판게아 대륙에 발달됐던 빙하 지역. 과거 빙하가 있었음을 보여주는 기록들이 남아 있는 오늘날의 지구 모습이 판게아 대륙의 가정으로 설명될 수 있다.

당시의 지질학자들이 이런 화석들의 분포를 설명하기 위해 고육지책으로 생각했던 육교(陸橋), 즉 대륙 사이에 동물들이 이동할 수 있는 좁은 육지가 있었다는 생각에 비하면 판게아 이론은 너무나도 깨끗한 개념이었다. '절묘한 퍼즐 맞추기' 에 성공한 것이다. 베게너는 이런 증거를 기초로 대륙이동설을 주장했으며, 이를 더욱 입증할 증거들을 찾는데 일생을 바쳤다. 그러나 1930년 그린란드 탐사작업을 떠났던 그는 50살이 되는 생일을 넘기고 며칠 되지 않아 결국 동사한 채로 발견되고 만다.

:: 대륙이 어떻게 이동할 수 있을까?

베게너의 생각은 당시의 지질학자들이 쉽게 받아들일 수 없는 엄청난 주장이었고, 우선 그가 독일인이며 더구나 지질학자가 아닌 기상학자였다는 것도 한몫을 했다. 그러나 가장 큰 걸림돌은 어떻게 거대한 대륙덩이가 움직일 수 있는가 하는 것이었다. 마치 밭을 갈 듯 대륙이 바다를 가로질러 갔다는 베게너의 주장(예를 들면 그린란드가 매년 1.6km씩 서쪽으로 움직이고 있다)을 당시의 과학계는 도저히 받아들일 수 없었던 것이다. 영국의 홈스와 같이 이에 동조하는 과학자가 있었지만, 특히 지진파가 지구 내부에서 전파되는 모습을 조사하여 지구 내부가 대부분 단단한 고체로 되어 있다고 확신한 제프리스 경과 같은 지진학자들의 강력한 반대에 저항할 수 없었다. 결국 베게너의 주장은 토론의 장에서 잊혀지고 말았으며, 그 의미를 새롭게 찾기까지는 40여 년을 더 기다려야 했다.

1960년대에 이르러 바닷물에 가려져 알 수 없었던 해저의 비밀들을 밝혀나가는 과정에서 대륙이 이동할 수밖에 없었다는 새로운 증거들이 나타나게 된 것이다.

:: 얼룩말 줄무늬

제2차 세계대전이 끝난 후 바다에 대한 조사가 활발해지면서 해양학자들은 해양지각에 기록되어 있는 지구자기의 특성을 조사하기 시작했다. 이런 탐사에 이용된 자기력계(magnetometer)라는 장비 역시 제2차 세계대전 중에 비행기로 잠수함을 탐지하기 위해 개발된 것을 개조한 것이었다. 그런데 자료가 모아지면서 해저산맥 주위의 자기장이 이상하게 변화하고 있는 모습을 조금씩 발견하기 시작한 것이다.

이런 변화가 예측되었던 것은 물론 아니지만 한편 그리 놀랄 일은 아니었다.

해저산맥을 가로지르며 관찰된 얼룩말 무늬 모양의 지자기 기록. 1960년대에 대양저가 확장되고 있음을 알아내는 데 결정적인 증거 자료로 사용됐다.

이미 해양지각을 이루는 현무암(basalt)에는 강자성의 광물(magnetite, 자철광)이 포함되어 있으며 이들이 나침반의 방향을 국지적으로 변화시킬 수 있음이 잘 알려져 있었기 때문이다. 육상에서의 이상자기 현상은 암석 내에 자성을 띠고 있는 광물이 국지적으로 모여 있기 때문에 나타나는 현상으로서 그 분포가 매우 불규칙했으며 이런 조사는 실은 철광상을 찾을 때 통상적으로 이용되어 온 방법이었다. 그런데 해양지각의 현무암들이 측정 가능할 정도의 자성을 띌 만큼 충분한 자철광을 함유하고 있으며, 그리고 더욱이 이들의 분포가 무질서 하지 않고 어떤 규칙성을 가진 것처럼 나타나는 것이었다.

탐사 지역이 넓어지면서 더 많은 자료들이 모이자 이들이 마치 얼룩말 줄무늬의 모습을 하고 있다는 것이 더욱 분명해졌다. 이런 얼룩말 줄무늬의 의미는 과연 무엇일까?

:: 남북이 뒤바뀌는 지구 자장

모든 것이 완전히 이해된 것은 아니지만, 상부는 약 3,000℃, 고체상의 내핵과 접한 부분은 약 6,000℃인 뜨거운 액체상의 철과 니켈로 되어 있는 지구 외핵에서, 엄청난 압력 아래에서도 철의 대류운동이 일어나면서 다이나모(dynamo)와 같은 행동으로 지구 자장(자석)이 형성되는 것으로 생각된다. 통상적인 자석들처럼 지구 자장도 남과 북의 양극을 가지고 있다. 그런데 대류 작용의 불안정성과 관련된 것이 아닌가 생각되지만, 자극의 남북이 가끔 뒤집어졌다 다시 돌아오는

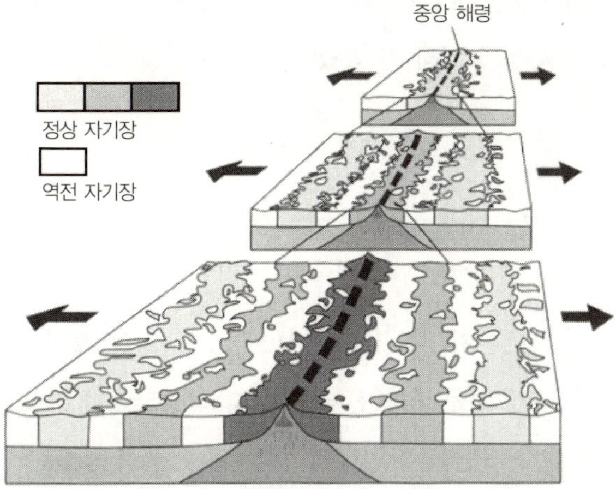

1960년대 영국의 바인과 매튜가 제안한 얼룩말 무늬의 형성 과정. 중앙대양저 산맥에서 새로운 해양지각이 만들어질 때 지각을 이루는 현무암은 당시의 지구 자기장에 따라 자화된 후 새로운 암석들에 의해 수평으로 밀려나며, 현무암은 지구 자기장의 반전을 녹음기처럼 기록하면서 줄무늬를 만들어낸다.

일이 반복되고 있다.

1906년 프랑스의 베르나르 브뤼느(Brunes)는 지구의 자기장이 가끔씩 남북의 방향을 바꾸며, 이런 사실이 당시 만들어진 암석에 영구 기록된다는 사실을 발견했다. 용암이 식어갈 때 자석 성분을 가진 철광석의 작은 결정들이 당시의 지구 자장의 방향에 따라 정렬되면서 자장을 띠게 되며, 이들 암석이 식어서 단단해지면 그 방향을 그대로 유지해 자장의 방향을 '기억'하게 되는 것이다.

이런 연구에 암석의 생성 연대를 측정할 수 있는 방법이 도입되면서, 이제는 우리의 행성, 지구 자장의 남북이 과거 어느 시기에 바뀐 것인지를 알 수 있게 되었다.

- 지난 70만여 년 동안은 지금과 같은 남북 방향의 자장을 가지고 있었다. (Brunes normal epoch)
- 그 이전에는 약 250만 년 전까지 지금과는 반대 방향의 자장을 가지고 있었다. (Matuyama reversed epoch)

- 그러나 이 기간 동안에도 여러 번 잠시 동안 방향이 뒤바뀌었던 사건들(예를 들면 Jaramillo event)이 여러 번 있었다.

:: 해저가 확장되고 있다

1963년 영국 케임브리지대학교의 매튜스(Mathews)와 그의 첫 제자 바인(Vine)은 인도양 탐사에 참가해 조사를 진행하던 중 해저산맥을 가로지르며 나타나는 줄무늬 모습의 지자기 패턴을 확인했다. 그리고 이들이 중요한 지침서로 간직하고 있었던 1962년 발표된 헤스(Hess)의 논문 중 해저산맥 형성 개념을 도입하면 지자기의 줄무늬를 설명할 수 있음을 알아차리고, 이를 '해저확장설'이라는 개념으로 발표했다.

- 지구 내부에서 올라온 용암이 식어 새로운 암석으로 굳어지는 지역인 해저산맥에서 새로이 만들어지는 암석 속에 포함되어 있는 작은 철광석 자석들은 당시의 지구의 자장을 기록하고 있다.
- 만약 과거에 지구의 자장이 바뀌는 과정이 반복됐다면 해저산맥에서 형성된 암석들의 자장 기록은 시간에 따라 바뀌어야 할 것이다.
- 시간이 경과되면서 이들 해양지각이 서서히 해저산맥에서 밀려나게 된다면, 이들 암석이 기록한 자장 기록은 해저산맥을 가로질러 줄무늬의 얼룩 모양을 가져야 할 것이다.

매튜스와 바인은 과거 지자기가 변화해온 기록에 해저가 확장된다는 가정을 도입하고, 해저산맥을 가로지르는 해저에서 암석들이 가져야 할 지구자기 값들을 이론적으로 계산해 줄무늬로 나타나는 실측 자료와 잘 일치하고 있음을 보였다.

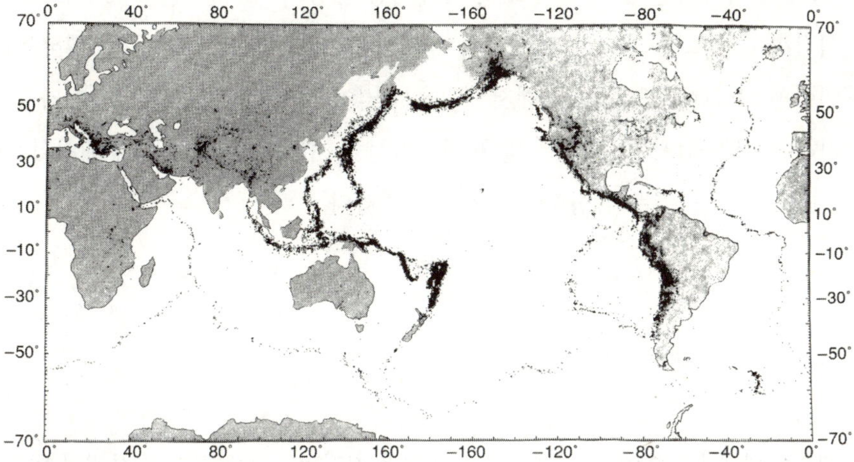

지진 진앙지의 분포 모습. 대양저산맥과 해구가 발달된 지역에 지진대가 발달되어 있음을 보여주고 있으며, 이 지역은 판구조론의 판의 경계에 해당한다.

이들의 멋진 이론도 1963년 처음 발표되었을 때는 과학자들의 주목을 받지 못했다. 그러나 수년이 지난 후 해저확장설을 받아들이지 않을 수 없는 여러 증거들이 새로 나타난 것은 물론이다. 지구 자장과 자성 물질들이 만들어낸 얼룩말 줄무늬는 바다가 오랫동안 간직해오고 있던 비밀을 여는 중요한 단서가 됐다.

:: 심해저 시추계획(DSDP : Deep Sea Drilling Project)

1968년에 해저가 확장되고 있음을 결정적으로 보여주는 증거가 얻어졌다. 이 맘때쯤은 심해저 시추 기술이 자리를 잡아가던 시기였다. 정확히 제자리를 다시 찾아가면서 해양지각에 이르기까지 해저퇴적물을 깊이 뚫어 시료를 채취할 수 있는 해저시추선이 과학자들의 손안에 들어온 것이다.

1968년 7월 20일 시작된 심해저 시추계획(DSDP)은 바로 해저확장설을 확인하는 항해로 역사적인 첫 발걸음이다. 남대서양 중앙의 해저산맥을 가로지르며 해양지각까지 시료를 채취하고 지각의 연대를 측정해 얻은 결과는 해저확장설이 예언한 바로 그대로였다. 즉, 해저산맥에서 멀어지면서 해양지각의 나이가 점점 증가하는 것이었다. 이 사건은 많은 과학자들이 마치 개종을 하듯이 해저확장설을 사실로 받아들이는 결정적인 계기를 마련했다.

:: 또 하나의 단서 : 지진대

제2차 세계대전 이후 전세계적으로 세워진 지진관측망은 급속히 진행된 핵무기 실험을 서로 감시하기 위해 미국, 소련 등의 강대국들이 많은 재원을 들여 설치한 것이었다. 이를 통해서 부수적으로 얻어진 자연 지진에 관한 정보는 지구과학자들에게는 너무나도 값진 귀한 선물이었다. 놀랍게도 지진의 진원지가 아무데나 흩어져 있는 것이 아니라 대체로 하나의 선을 따라 이어지는 일정 지역에만 분포되어

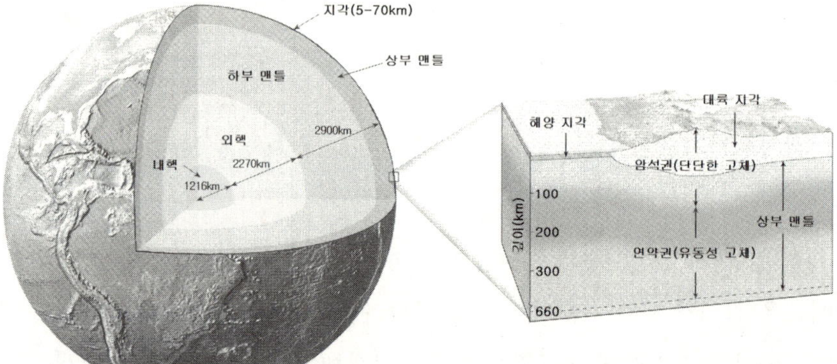

층상의 지구 내부 구조. 지구의 바깥 껍질이 확대되어 있는데, 상부맨틀 내에서 발견된 유동성을 가진 연약권의 존재는 판의 움직임을 가능하게 하는 필수적인 요건이었다.

있는 것이었다. 더욱이 이런 진원지들의 위치는 당시 알려지기 시작한 해저의 특수 지형인 해저산맥이나 깊은 해구에 해당하는 지역임을 알게 된 것이다.

:: 지각이 움직일 수 있다!

지진이 만들어내는 지진파가 지각 · 맨틀 및 핵 등의 층 구조를 가지고 있는 지구 내부에서 이동되는 모습을 자세히 관찰하던 지구물리학자들은, 지각과 최상부 맨틀을 포함하는 약 100km 두께의 암석권(lithosphere)은 매우 단단한 구조를 가지고 있으나, 그 밑에 힘을 받으면 '움직일 수 있는' 연약권(asthenosphere)이라 부르는 층이 있다는 것을 알게 되었다. 움직일 수 있는 연약권의 존재는 50여 년 전 베게너를 괴롭혔던 대륙의 이동 메커니즘을 설명해줄 수 있는 결정적 단서였다. 지구 내부가 '단단한 고체'로 되어 있다고 믿으며 베게너의 생각에 그

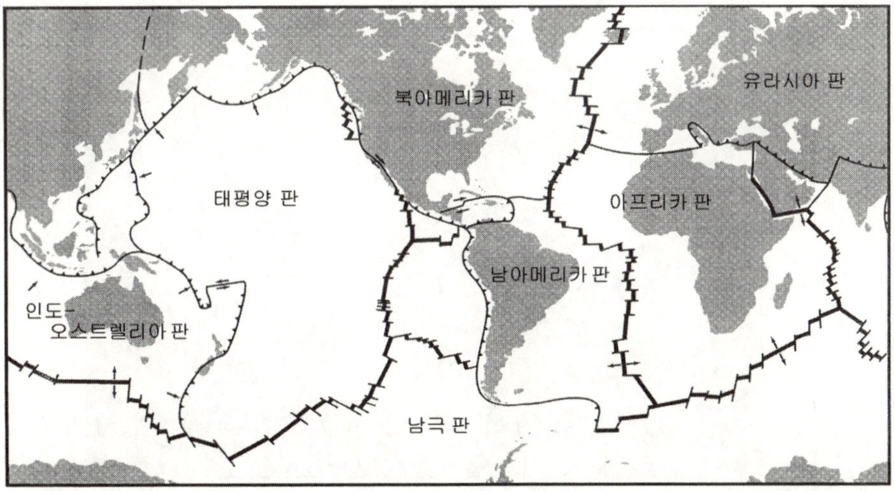

판구조론으로 본 지구의 모습. 지구 표면이 10여 개의 지판(plate)로 쪼개져 있으며 이 지판들은 끊임없이 서로 상대적으로 움직이고 있다.

렇게 강한 반대를 하던 지구물리학자들이 새로운 자료를 가지고 이번에는 지구 내부에 '움직일 수 있는' 연약권이 있다는 새로운 결론을 내리면서 문제를 해결해 준 것이다.

실제로 움직이는 것은 연약권 위의 암석권 전체이며, 대륙이나 해양지각은 단지 연약권 위를 이동하는 '암석권이라는 이름의 뗏목(판)'에 올라타 함께 이동하는 손님일 뿐이었다.

:: 유레카 : 판구조론의 확립

이런 사실들이 모아지면서 지금부터 약 40년 전인 1960년대 후반 지구과학자들은 유레카를 외쳤다. 불현듯이 지구를 새롭게 볼 수 있는 눈, 즉 판구조론을 이

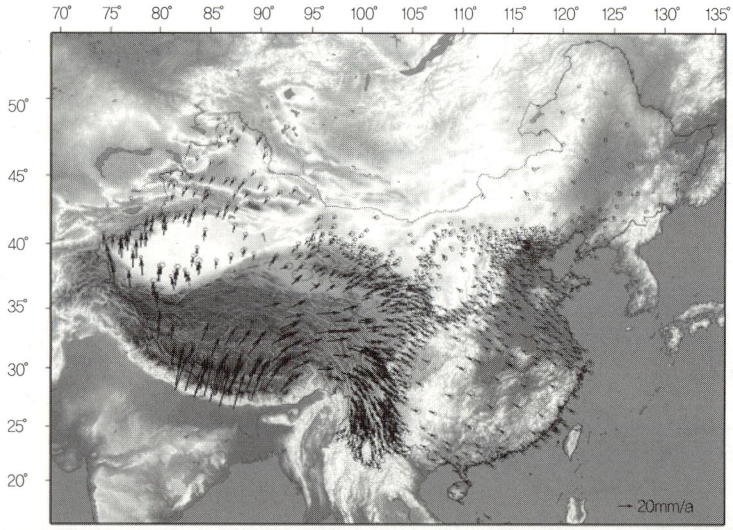

현대의 위치 추적 장치(GPS)로 확인한 아시아 대륙의 움직이는 모습. 인도 대륙의 북상과 이로 인해 야기되는 인접 지역의 이동 모습을 잘 보여주고 있다.

해하게 된다.

판구조론이란 약 100km 두께를 가진 지구의 표층(암석권, lithosphere)이 10여 개의 조각(판, plate)으로 나눠져 있으며, 이들 조각은 끊임없이 서로 상대적인 운동을 한다는 것이다. 화산 · 지진 등 지질학적인 활동이 이런 판들의 경계에서 일어날 수밖에 없다는 것은 자연스러운 결론이다.

오늘날 우리는 지구위치추적위성(GPS)을 통해 판들이 끊임없이 움직이면서 나타나는 지각의 실제 이동 모습을 정확히 관측할 수 있는 시대에 살고 있다.

판구조론은 지구를 이해하는 새로운 과학적 방법을 제시해준 하나의 과학 혁명이었다. 따라서 지구를 이해해보려는 우리의 여정을 본격적으로 시작하기 전에 우선 판구조론으로 새로이 보게 된 지구의 모습을 한번 살펴보려고 한다. 끊임없이 그 모습을 바꾸고 있는 아름다운 지구 이야기이다.

3

〈특강 1〉

판구조론으로 본 지구의 모습

:: 과학 혁명

앞에서 '약 100km 두께를 가진 지구의 표층(암석권)이 10여 개의 조각(판)으로 나눠져 있으며, 이들 조각은 끊임없이 서로 상대적인 운동을 한다'는 판구조론이 1960년대 후반에 이르러 확립된 것을 소개했다. 그런데 이 간단한 생각 하나에 지구를 공부하는 과학자들은 왜 "유레카"라고 했으며 과학사를 다루는 학자들이 이를 "과학적 혁명"이라고 부르는 것일까?

'지구는 어떻게 오늘날의 모습을 갖게 되었을까?'는 지구를 공부하는 과학자들에게 제기되는 가장 기본적인 질문의 하나이다. 티베트에는 왜 지구의 지붕이라 불리는 히말라야 산맥이 형성되어 있고, 유럽 대륙과 미국 대륙 사이에는 왜 대서양이 자리를 잡고 있으며, 태평양을 동서남북으로 둘러싸고 있는 지역에서는 왜 '불의 고리'라고 불릴 만큼 지진이 자주 일어나며, 화산이 많이 분포하고 있는지 등도 그에 관한 질문이다.

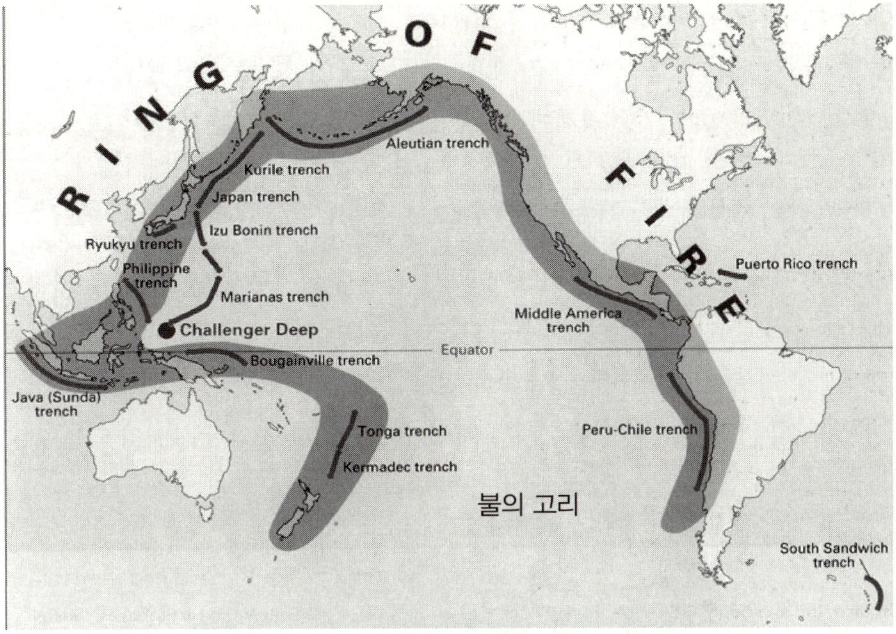

태평양 주변의 불의 고리 모습. 태평양의 주변을 따라 화산활동이 매우 활발하여 이런 별명이 붙여져 있다.

그러나 과거에는 이런 질문에 대해 지구과학자들이 명쾌한 답을 찾기 위한 과학적 논리를 갖지 못했었다. 이런 과학자들에게 판구조론은 답을 찾아갈 수 있는 학문적 근거를 제공하는 하나의 계시처럼 다가온 것이다.

당시 과학자들이 가졌을 흥분을 조금이나마 느껴볼 수 있는 방법의 하나는 우리도 판구조론의 눈으로 이런 질문들의 답을 한번 찾아가보는 것이다. 이 작업은 판들이 서로 맞부딪히는 경계를 이해하는 데서 시작된다.

:: 판의 경계를 이루는 특별한 모습들

지구과학자들은 판이 서로 맞부딪히는 특성에 따라 판의 경계가 네 가지 형태로 구분됨을 알게 되었다. 발산형(divergent) 경계, 수렴형(convergent) 경계, 변환단층형(transform fault) 경계, 그리고 경계가 꽤 넓은 지역으로 퍼져 있는 경계지대(boundary zone)이다. 이들 경계에서 어떤 일들이 일어나는지를 살펴보기로 하자.

1) 발산형 경계 : 대양이 탄생하는 지역

말 그대로 판이 서로 멀어지면서 그 틈으로 지구 내부에서 용암이 끊임없이 올라와 새로운 지각이 만들어지는 지역이다. 대표적인 예로 대서양 한가운데를 남북으로 가로지르는 산맥(중앙해령)이 있다. 지구 내부에서 용암이 올라와 식으면서 새로운 해양지각이 만들어지는 지역이다. 이러한 지역이 산맥이 되는 이유

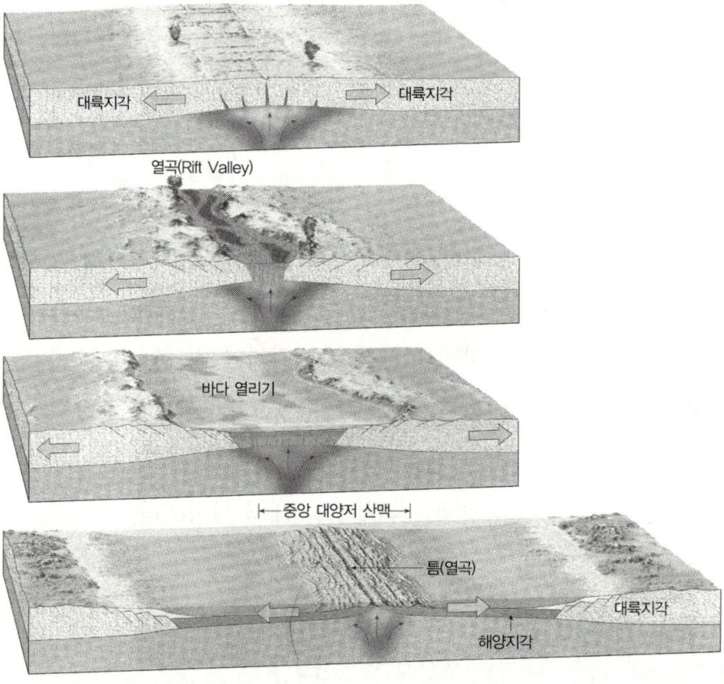

대양이 만들어지는 과정을 보여주는 모식도. 상승하는 마그마가 단단한 암석원에 많은 균열을 만들어낸 후, 벌려지는 지각 사이에 열곡이 형성되고, 지각이 더욱 확장됨에 따라 물이 차면서 좁은 바다를 거쳐 마침내 대양이 만들어지며, 대양 중앙의 해저에는 대양저산맥이 생성된다.

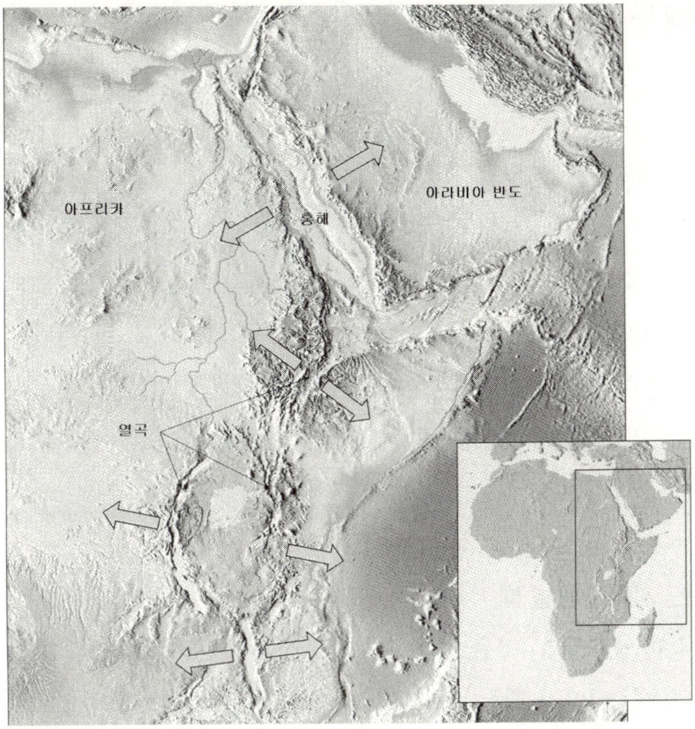

좁은 바다 홍해와 이어지는 동아프리카 열곡지대. 동아프리카의 열곡을 따라 많은 호수가 남북으로 발달되어 있다.

는 간단하다. 암석이 아직 채 식지 않아 밀도가 작아 단위 면적당 차지하는 부피가 크기 때문이다. 새롭게 만들어지는 암석에 밀려 해저산맥에서 점점 멀어지면서 식어져 단단해지면 부피가 줄어들고 따라서 수심도 더욱 깊어진다.

판이 계속 서로 멀어질 때 이들 판 위에 떠 있는 대륙들도 덩달아 멀어지면서 생기는 틈으로 바닷물이 유입되면서 바다가 만들어진다. 아메리카 대륙과 아프리카 유럽 대륙 사이에 이런 일이 일어나면서 대서양이 만들어진 것이다. 물론 대서양은 지금도 매년 수 센티미터씩 그 폭이 넓어지고 있다.

발산형 경계는 바로 대양이 만들어지는 현장인 것이다. 지구의 모습을 잘 살피면 지금부터 2억여 년 전 대서양이 처음 만들어질 때 일어났던 일이 현재도 일어나고 있음을 보여주는 지역을 찾을 수 있다. 홍해와 아프리카 대륙 동쪽에 남북으로 뻗어 있는 열곡대(Rift Valley)가 그 예이다. 먼 미래에 큰 바다가 만들어질 예상 지역이다.

2) 수렴형 경계

수렴형 경계는 말 그대로 두 판이 서로 마주치는 곳이다. 이런 곳에서는 어떤 일들이 일어날까? 육상지각(대륙)의 암석들에 비해 해양지각을 이루는 암석들의 밀도가 크기 때문에 해양지각과 해양지각의 충돌, 해양지각과 대륙의 충돌, 그리고 대륙과 대륙의 충돌 등의 세 가지 종류의 충돌에 대해 상이한 결과가 나타날 것으로 예상할 수 있으며, 이런 모습들이 실제로 지구상에서 모두 관측되고 있다.

① 해양지각과 해양지각이 만날 때

두 개의 해양지각이 충돌하는 것은 이동 속도가 서로 다른 두 해양지각이 같은 방향으로 움직일 때, 뒤따라 잡는 해양지각이 앞서가는 해양지각의 밑으로 섭입(攝入)하면서 만들어지는 경계이다. 충돌 부분이 접히면서 수심이 깊은 해구가 만들어지고 한편으로는 섭입된(가라앉는) 지각의 일부가 깊은 곳에서 다시 용융하여 해구의 앞쪽에 화산섬을 만들 수 있다. 마리아나 해구나 일본 해구, 그리고 그 앞에 만들어져 있는 섬들이 바로 그 예이다. 왜 이런 섬들에 화산이나 지진이 많은지를 알 수 있다.

② 해양지각이 대륙과 만날 때

과학자들이 판구조론을 이용해 쉽게 예측할 수 있는 것은 무거운 해양지각이 대륙 밑으로 가라앉으면서 만나 접히는 부분은 해구가 되고, 대륙에는 결국 화산들이 만들어지면서 고도가 높은 산맥들이 만들어진다는 것이었다. 여러분도 같은 예측을 할 수 있다고 믿는다. 왜 남아메리카의 서쪽에는 칠레 해구가 있으

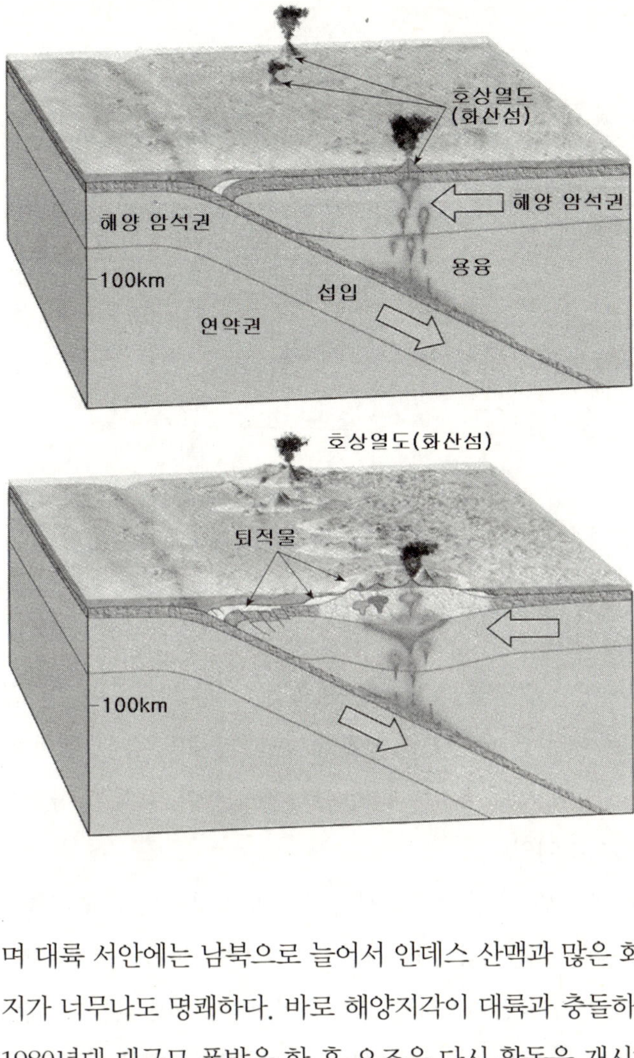

화산호상열도가 만들어지는 과정을 보여주는 모식도. 두 개의 해양판이 서로 수렴하는 지역에서 섭입하는 해양암석권이 용융되어 해저면 위로 융기하면서 화산호상열도가 만들어진다.

며 대륙 서안에는 남북으로 늘어서 안데스 산맥과 많은 화산들이 발달되어 있는지가 너무나도 명쾌하다. 바로 해양지각이 대륙과 충돌하면서 생긴 지형이었다. 1980년대 대규모 폭발을 한 후 요즈음 다시 활동을 개시하는 듯한 세인트 헬렌 화산을 포함해 미국 북서부지방에 줄을 지어 나란히 나타나는 화산들도 같은 예이다.

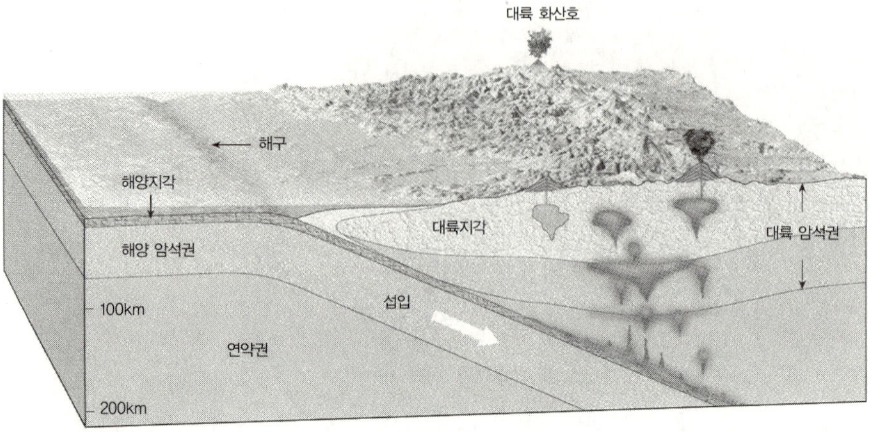

안데스 산맥 유형의 조산운동을 보여주는 모식도. 계속되는 판들의 수렴 과정으로 해양암석권이 섭입하면서, 대륙 주변의 두꺼운 퇴적물과 대륙화산호들로 구성된 높은 산맥이 형성된다.

③ 대륙과 대륙이 만날 때

대륙과 대륙이 만나면 어떤 결과를 예측할 수 있을까? 모두 가벼우니 가라앉을 수도 없고, 결국 지표상에 주름이 잡힐 수밖에 없다. 과학자들은 여기에서 히말라야 산맥 및 티베트 고원이 만들어지는 원인을 찾게 되었다. 대륙에 산맥이 만들어지는 원인이 바로 이것이었다.

히말라야 산맥은 지난 수천만 년 동안 유라시아 대륙과 북상하는 인도 대륙이 충돌하면서 만들어낸 훌륭한 작품이다. 과학자들은 오늘날 중국을 이루고 있는 지형 역시 옛날 초대륙 판게아가 만들어지고 있던 무렵, 남과 북에 있던 두 개의 다른 땅덩이가 부딪히면서 하나로 만들어진 것으로 여겨진다는 연구 결과를 내놓고 있다. 물론 이와 같은 중국 대륙의 충돌은 인접한 우리나라에도 큰 영향을 미쳤을 것이 분명하다. 우리나라의 지질학자들이 열심히 연구하고 있는 분야의 하나이다.

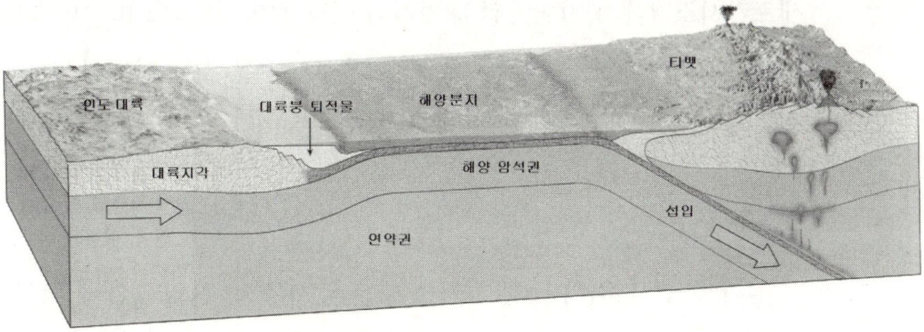

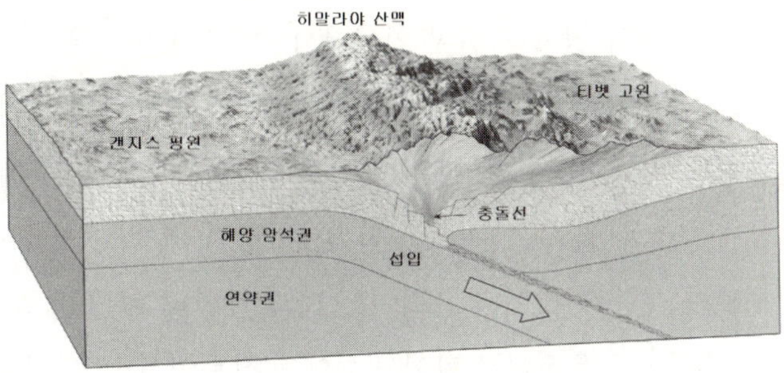

티베트 고원이 형성되는 과정을 보여주는 모식도. 인도가 북으로 이동하여 유라시아판과 충돌하면서 대륙화산호가 형성되는 과정을 거쳐 결국 두 대륙의 충돌로 이어지면서 두꺼운 퇴적층들로 구성된 산맥이 형성된다.

3) 변환단층형 경계

판 경계의 어느 부분은 발산형이고 그 반대편의 다른 부분이 수렴형이면, 이 두 부분을 연결시켜 하나의 판을 만들어주기 위한 경계 부분이 필요하다. 이 부분에서는 인접하고 있는 두 판이 서로 수평적으로 미끄러진다. 바로 이런 경계를 변환단층형 경계라고 부른다.

미국 서부 연안에 있는 샌 안드레아스 단층이 이런 경계의 대표적인 예가 된다. 두께가 수십 킬로미터나 되는 두 판이 서로 미끄러질 때 생기는 마찰 때문에 이 운동이 순조로울 수 없음은 당연하다. 매년 최소한 수 센티미터씩은 서로 미끄러지려는 지구의 힘을 저지하려는 마찰력이 도저히 감당할 수 없는 지경이 되었을 때, 대륙은 순간적으로 수 미터씩(100여 년 정도 힘이 모이면) 움직일 수밖에 없게 된다. 바로 지진이 발생하는 것이다. 산안드레아스 변환단층에 위치하고 있던 샌프란시스코에서 일어났던 대지진이 이렇게 일어난 것이다. 100여 년이 지났는데 이제 또 하나의 큰 지진이 일어날 때가 다가온 것은 아닐까? 판구조론이 자연스럽게 이 지역에 사는 사람들에게 던져주는 이유 있는 걱정거리이다.

4) 열점(hot spot)도 있다

얼마 전 큰 지진이 났던 하와이 섬은 앞서 살핀 판의 경계에 위치하고 있지 않다. 지도를 보면 판의 거의 한가운데 위치하고 있다. 그런데 이런 지역에 왜 화산이 있고 지진이 일어날까? 매우 흥미로운 것은 이런 화산섬들이 대개는 그룹을 이루어 일직선상에 나란히 위치하고 있는 것이다.

일부 지역에서는 판보다 훨씬 더 깊은 곳에서 판을 뚫고 지각까지 용암을 뿜어낼 수 있는 곳들이 있다. 이를 열점(hot spot)이라고 명명하였는데, 이들의 위치는 지각에서 움직이는 판과는 달리 한 곳에 고정되어 있다. 고정된 열점과 그 위를 움직이는 판이 만들어낸 작품이 바로 일렬로 나란히 서 있는 화산섬들이었다.

1960년대 과학자들이 한창 해저확장설을 논의하고 있을 때 캐나다의 투조 윌

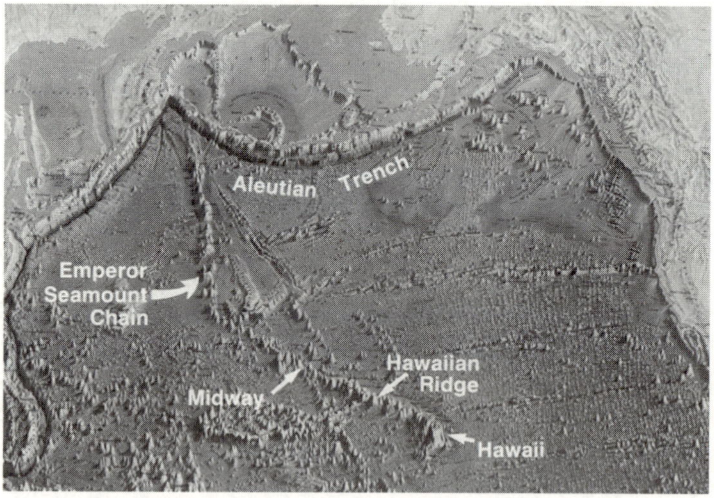

북태평양 해저에 섬들이 일렬로 나란히 줄을 서서 형성되어 있는 모습. 가장 남쪽에 있는 섬이 오늘날 활발한 화산활동을 하고 있는 하와이 섬이다.

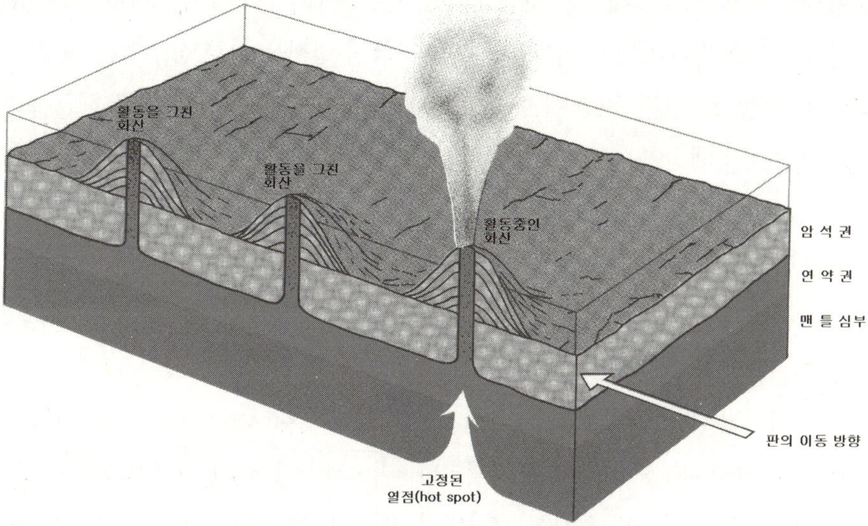

열점의 개념으로 화산섬들의 형성 과정을 설명하는 모식도. 정지하고 있는 열점 위를 판이 이동해 가면서 일렬로 섬들이 만들어지는 과정을 보여주고 있다.

슨(Tuzo Wilson)이 이를 처음으로 이해하고 유레카를 외쳤다. 사실 열점은 과학자들의 마음속에서 흔들리던 추를 해저확장설을 수용하는 편으로 이동시키는 중요한 지원군 역할을 했다. 우리나라 주위에도 열점이 있어서 혹시 한라산 · 백두산이 이로 인해 만들어진 것은 아닐까?

:: 해저산맥 탐사

1960년대 후반 판구조론이 확립되어가던 시기에, 과학자들은 판구조론이 확립되어가던 시기에 획기적인 하나의 새 연구 수단에 접하게 된다. 직접 타고 들어가 심해를 관찰하고 자료를 수집할 수 있는 잠수정이었다. 잠수정은 처음에는 물론 군사적 목적으로 제작된 것이었지만, 1970년대 초가 되면서 마침내 과학자들에게도 문호가 개방된 것이다. 가장 큰 과학적 업적을 이룬 잠수정은 직경 2m 정도의 티탄으로 만든 구(球)에 배 모양의 안정된 구조를 덧붙인 미국 해군 소속의 심해잠수정 앨빈(ALVIN)이었으며, 지금도 활발히 연구에 참여하고 있다. 1912년 빙산과 충돌하는 불의의 사고로 많은 인명 피해를 냈던 초대형 호화선 타이타닉호의 잔해를 찾아낸 것도 바로 앨빈의 공적 중의 하나이다.

과학자들이 잠수정을 이용해 가장 먼저 보고 싶었던 곳은 해양지각이 새로 만들어지는 현장, 즉 해저산맥이었다.

1974년 6월 대서양에서 최초의 해저산맥 탐사계획(FAMOUS, French-American Mid-Ocean Undersea Survey)이 수행되었다. 미국과 프랑스의 연구자들이 북대서양 해저산맥을 공동으로 조사한 탐사였다. 베개 모양의 현무암(pillow basalt)덩이로 이루어진 해저산맥의 신비가 벗겨지기 시작하는 중요한 계기였지만, 사람들

⬆사람들이 해저에 직접 내려가 탐사할 수 있도록 해준, 심해 탐사정의 핵심을 이루는 구형의 잠수정. 잠수정 안에서 밖을 내다볼 수 있도록 만들어놓은 창문이 보인다.
➡잠수정을 배에 내리거나 인양하는 데 사용되는 기중기. 거대한 기중기에 매달려 있는 잠수정 ALVIN의 모습이 보인다.

을 더욱 놀라게 한 것은 1976년 적도지역 태평양의 해저산맥에서 처음으로 발견된 해저온천이었다.

:: 심해의 오아시스

1977년 태평양 2,600m 깊이의 갈라파고스 해저 확장축에서 20℃를 넘는 해저온천이 처음으로 발견됐다. 주위의 해수 온도가 2℃ 정도임을 감안하면 꽤 뜨거운 온천수이다. 더 놀랄만한 것은 축구장만한 크기의 온천지역에 몇몇 생물들이 매우 밀집해 살고 있었던 것이다. 이곳에는 '심해의 오아시스'라는 별명이 붙여졌다.

이곳에는 온천수에 포함된 화합물(황화물)을 산화시키면서 나오는 화학에너지를 에너지원으로 하여 먹이를 만들어내는 화학합성에 기초한 생명체군이 살고 있었다. 그것으로 이곳에 밀집해 있는 생물들의 먹이가 된 것이다.

:: 블랙 스모커(black smoker, 검은 굴뚝)

2년 뒤인 1979년, 북위 21도 동태평양 해저산맥(EPR, East Pacific Rise)에서 350℃에 이르는 뜨거운 온천수가 분출되는 것을 발견하면서 과학자들은 온통 흥분의 도가니로 빠져들었다. 아연, 납, 철 등의 금속이 많이 녹아 있는 강산성에 고온인 온천수가 차고 알칼리성인 해수와 섞이는 현장에서 검은색의 황화물 광물이 석출되면서 마치 굴뚝에서 검은 연기가 나오는 모양을 띠고 있어 '블랙 스모커(black smoker)'라는 이름이 붙여졌다.

어떻게 350℃의 바닷물이 존재할 수 있는 것일까? 수심 2600m 깊이의 260기압이나 되는 고압 속에서 물의 끓는 온도는 380℃ 정도로 높아지기 때문이었다 (대기압보다 높은 압력하의 압력밥솥 내에서 물의 끓는점이 높아져 현미를 익힐 수 있는 것을 생각해보면 된다).

섭씨 20여 도의 갈라파고스 온천이 발견되었을 때도 아마 온천수가 처음 만들어지는 해저 깊은 곳에서의 온천수 온도는 300℃가 넘겠지만, 이런 온천수가 직접 해저로 분출되리라고는 아무도 생각지 못했던 일이다.

계속된 탐사를 통해 오늘날에는 태평양뿐만 아니라 대서양과 인도양에서도 해저온천이 발견되고 있다. 해저산맥이 지구 내부로부터 뜨거운 용암이 솟아올라와 식으면서 해양지각이 만들어지는 곳이라는 것을 과학자들이 다시 한 번 피부로 직접 느낄 수 있게 된 놀라운 발견이었다.

북위 21도 태평양해저 산맥에서 발견된 '블랙 스모커'(black smoker). 많은 광물을 함유하고 있는 섭씨 350도의 고온 온천수가 바다로 분출될 때, 찬 알칼리성의 해수와 만나면서 즉시 검은색의 금속 황화물들이 석출되어 마치 검은 연기가 나오는 굴뚝 모양을 연상시키기 때문에 '블랙 스모커'라는 별명이 붙여져 있다.

:: 지구 생명의 요람?

해저온천 지역의 블랙 스모커는 오늘날 귀하게 쓰이는 여러 광물자원이 어떻게 만들어지는가 보여주는 천연 실험장의 현장이며, 이들을 한곳으로 모으는 과정만 첨가되면 바로 광상(ore deposit, 鑛床)이 만들어질 수 있는 것이다. 온천수 내에 많이 포함되어 있는 망간이 태평양에 많이 존재하는 망간단괴의 성장에 필요한 망간의 공급원임을 이해하게 된 것도 부수적 수확이었다.

해저온천의 발견 이후 새로이 태동된 아주 중요한 생각의 하나는 아마 지구상에 살고 있는 생명의 기원과 관련된 질문일 것이다. 생물학자들은 지구 초창기에 더욱 활발했을 것으로 여겨지는 해저온천이 바로 지구상에 생명을 탄생시킨 요람이지 않았을까 하는 생각을 하며 이런 환경에서의 생물들의 생활상에 관한 연구를 진행하고 있다.

:: 해결사 판구조론

판구조론은 예전에는 감히 생각할 수도 없었던 우리 지구상의 많은 지형들의 특징을 분명하게 이해할 수 있게 해준 지구과학의 혁명이었다. 이제 지구를 보는 종합적인 눈을 갖게 된 지구과학자들은 한걸음 더 나아가, 이전에는 정말로 이해하기 힘들었던 여러 지구과학 문제들의 답을 구하기 위한 도전을 시작했다. 소금 문제는 바로 대표적인 예의 하나이다. 다음 번 이야기에서는 거대한 소금 광산을 예로 들어 지구과학 연구에 불기 시작한 질풍노도와 같은 변화를 더욱 느껴보기로 하자.

상자글

산호초는 어떻게 만들어졌을까?

열점과 관련하여 적도 지역에 나타나는 중요한 해양 지형의 하나로 산호초를 들 수 있다. 산호초는 일부 예외를 인정하면 해수 표면의 온도가 섭씨 21도 이상의 바다에서만 발견되는 특별한 생물군이 만들어내는 지상 최대의 건축물이다.

산호초에 관한 선도적인 연구를 수행한 과학자로 1842년에 태평양을 탐사한 찰스 다윈(C. R. Darwin)을 꼽는데, 다윈은 산호초를 구조에 따라 거초, 보초, 환초로 구분했다.

이런 다른 모양의 산호초들은 어떻게 생성되는 것일까?

다윈은 남태평양을 항해하면서 많은 환초를 발견하고 이들이 형성될 수 있는 과정을 다음과 같이 제안했다. "화산섬 주위에 산호초(거초)가 형성된 후 중앙의 화산섬이 점점 가라앉으면 바다 표층에 서식하는 산호의 성질에 따라 보초, 그리고 환초로 진화한다."

참으로 예리한 직관이었다. 판구조론이 확립되면서 다윈의 추론은 아주 정확하다고 증명된다.

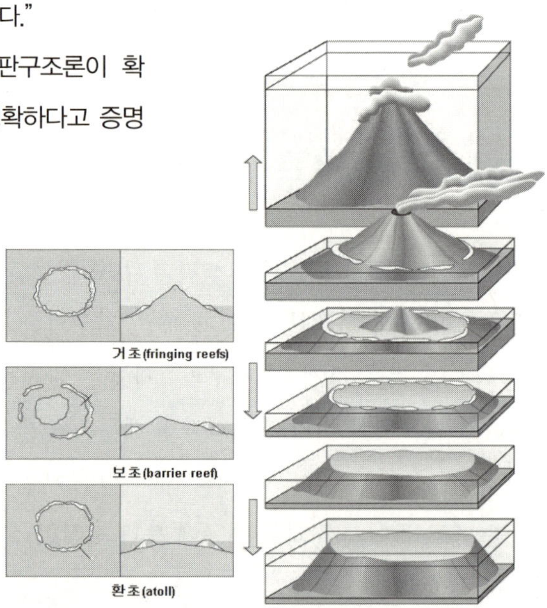

⬆1842년에 태평양을 탐사하면서 산호초들의 형성 과정을 생각했던 찰스 다윈
➡거초, 보초 및 환초의 모습 및 이들이 형성되는 과정을 보여주는 모식도

4

〈특강 2〉

아름다운 지구

:: 생명의 필수요소 소금

인간이 소금 없이도 과연 살 수 있을까? 문명이 시작된 후 소금은 오랫동안 인류가 애타게 찾던 귀한 물건 중의 하나이다. 예로부터 소금 생산기술이 발달해 있었던 중국은 소금 관리의 중요성을 이해하고 이를 최초로 정치화시킨 나라이다. 기원전 221년 중국을 통일한 진시황이 "소금과 철을 독점하여 이전 시대에 비해 20배의 이익을 남겼다"는 기록이 전해진다.

유럽에서도 이미 기원전 1000여 년경부터 많은 소금 생산지가 발달해 있었다. 2006년에 탄생 250주년을 기념한 모차르트의 탄생지 잘츠부르크는 일찍이 발달했던 고대 소금 생산지의 하나로 그 이름이 소금(salz, 독일어로 소금)에서 유래된 것을 보여주고 있다.

베네치아는 6세기경 게르만족의 침략을 피해 석호(lagoon) 내의 섬들로 이주하면서 시작된 도시국가로, 탐험의 시대가 시작되는 16세기에 이르기까지 경제

2006년 탄생 250주년을 기념한 모차르트의 고향 잘츠부르크

의 요충지 지중해를 누비는 해상강국으로 발전했다. 그런데 베네치아에 막강한 경제력의 기반을 제공한 것이 바로 소금이었다. '생산'을 통제한 중국과는 달리 '무역'의 규제가 더욱 돈벌이가 된다는 것을 발견한 것이다. 베네치아는 1281년부터 소금을 싣고 오는 상인들에게 오히려 장려금을 지급하며 배를 끌어들여 해상권(Sea power)의 경쟁에서 승리할 수 있었다. 젊은 독자들에게는 놀랍게 들릴 수도 있겠지만 우리나라도 몇십 년 전까지만 해도 전매청이 관리하는 물품의 하나가 바로 소금이었다.

:: 소금 만들기

해안의 사람들이 오래 전부터 소금을 얻던 방법은 바닷물을 끌어들인 천연 염전에서 바닷물을 졸여 소금을 만드는 것이었다. 바닷물 1kg에는 35g 정도의 염(3.5%)이 녹아 있으며 Na, K, Ca, Mg, Cl, SO_4 등이 주요 구성 원소들이다. 이런 바닷물을 졸이면 녹아 있던 염들이 차례로 고체로 석출되는데, 처음에는 약간의 탄산염($CaCO_3$), 황산염($CaSO_4$)이 석출되다가 이윽고 바닷물의 부피가 약 10분의 1 이하로 졸아들면 마침내 소금(NaCl)이 석출된다.

그런데 바다에서 멀리 떨어진 곳이라도 염정(鹽井, 소금물을 얻을 수 있는 우물)이 있는 지방에서는 이를 퍼내어 염전에서 졸이거나 솥에서 끓여 소금을 석출시켰다. 중국 사천성 등에는 이미 오래 전부터 염수를 끌어 담을 수 있는 대나무통과 이들을 염정에 내렸다가 지상으로 끌어올릴 수 있는 기중기를 이용해, 지하의 수백 미터 이상 되는 깊이의 염정에서 소금물을 퍼내는 기술을 발전시켜왔다. 이렇게 끌어올린 소금물을 가마솥에서 졸여 소금을 만들어내는 기술은 아주 최근까지도 계속 진행되어온 중국의 전통적 기술이다. 실제 육상의 염정에서는 약 20% 정도의 농도를 가진 소금물도 얻을 수 있었다.

천연의 소금을 만들어내는 염전의 모습

:: 소금 광산

바다에서 멀리 떨어진 육상에 어떻게 소금이 많이 녹아 있는, 즉 염정이 만들어질 수 있었을까, 사실 더 어려운 문제는 어떤 방법으로 육상에 거대한 소금 광산들이 만들어졌을까 하는 것이었다.

오늘날도 페르시아 만의 삽카 지역(sabkha, 아랍어로 salt marsh, 또는 coastal sand flat을 부르는 용어)에서는 자연적으로 암염이 형성되고 있다. 증발이 활발한 지역에서 바닷물이 졸아 암염이 만들어지는 것이 분명한데, 문제의 핵심은 이때 만들어지는 염들의 양이 그리 많지 않아 수백 미터가 넘는 두꺼운 소금 광산을 만들기에는 역부족이라는 점이었다.

이런 문제에 대한 궁극적인 답은 역시 바다의 탐구를 통해서 얻어지게 되는데, 이것은 탄성파 탐사(seismic survey)라는 학문의 발전과 깊은 연관을 가진다.

:: 탄성파로 들여다보는 퇴적물

1912년 발생한 타이타닉호 사건이 계기가 되어 발전한 음향측심(echo sounding) 기술(물속에서 1초에 약 1,500m를 진행할 수 있는 음파가 해저면에 닿았다가 배로 되돌아오는 시간을 재어 수심을 알아내는 방법)의 발전은 바다 속에 감추어져 있던 해저의 모습을 알아내고 궁극적으로는 판구조론의 확립에 중요한 역할을 했다. 제2차 세계대전 후에 파장이 좀 더 긴 음파를 사용하면 이 음파는 퇴적층 표면을 뚫고 들어가 더 깊은 곳의 단단한 바닥에서 반사해 되돌아오므로 오늘날 탄성파 탐사(seismic survey)라고 부르는 기술을 연구하면 퇴적층 내부의 구조를 알아낼 수 있으리라는 이론이 대두되었다. 이 기술의 성공 여부에는 적절한 에너지원을 찾는 것이 관건이었으며, 1950년대에 이르러 많은 시도 끝에 에어건(airgun, 압축공기음원)이 최종 적임자로 채택되었다.

:: 바다 속 깊이 소금 광산이 묻혀 있다

이런 탐사를 응용해 해저퇴적층을 조사하던 중 1954년 멕시코만(Gulf of Mexico) 심해저에 암염돔(salt dome)이 있을 것이라는 주장이 제기되었다. 암염돔이란 암염이 기둥 모양으로 나란히 배열되어 퇴적층 내에 돌출되어 있는 구조로서, 주위의 퇴적물에 비해 단단해서 석유나 천연 기체의 중요한 저장고 역할을 할 수 있다고 한다.

당시에도 연안에서는 석호가 말라붙으면서 이런 모습의 암염 구조가 만들어질 수 있다는 것이 알려져 있었으며, 멕시코 만 주위에서 이미 많이 발견되어 있었다. 그러나 깊은 심해에도 이런 구조가 있다는 것은 놀라운 것이었다. 엄청난 크기의 멕시코 만 전체가 과연 통째로 말라붙을 수가 있는 것일까? 당시의 많은 사람들이 이런 주장에 대해 회의적이었음은 물론이다.

앞에서 소개했던 DSDP(심해저 시추계획)이 놀라운 위력을 발휘하면서 또 하나의 개가를 이루게 된다. 1968년 8월 글로머 챌린저호가 멕시코만 3,600m 깊이의 해저 퇴적물 내에서 탄산염과 황산염을 회수하면서, 깊은 심해저 퇴적물 내에 암염층이 있다는 혁명적인 발견을 한 것이다.

:: 지중해는 한때 사막이었다

1969년 새로이 개발된 연속 탐사 관측 장비를 탑재한 미국 우즈홀 해양연구소 해양탐사선 체인(Chain)이 지브롤터 해협을 통과해 지중해 탐사를 시작하면서, 지중해 해저 퇴적층 내에 암염돔이 발견되었다는 소식을 전했다. DSDP가 다시 한 번 막강한 힘을 발휘할 수 있는 중요한 후보 지역으로 등장하였음은 물론이다.

2년 후인 1970년 지중해에서 수행된 DSDP Leg 13 탐사에서 지중해 서편 발레아르 분지에서 두께가 무려 1,800m에 이르는 대규모의 암염돔이 발견됐고, 1975년 수행된 Leg 42A에서는 이런 분포가 지중해 전역에 걸쳐 퍼져 있음을 확인할 수 있었다. 어떻게 지중해 깊은 바닷속의 퇴적물 내에 이런 두꺼운 암염층이 만들어진 것일까?

더욱 흥미로운 것은 이들 암염의 퇴적 모습이었다. 바닷물을 졸일 때 맨 처음 석출되는 탄산염이 맨 가장자리에, 그리고 두 번째로 석출되는 황산염이 그 안쪽으로 테를 이루며, 중앙에는 나중에 석출되는 소금이 퇴적되어 있었다. 만약 지중해에서 바닷물이 완전히 졸아붙는다면 마치 밑이 둥근 그릇(중국인의 요리용 팬 웍(wok) 모양)에 바닷물을 졸일 때 석출되는 염들이 보여줄 모양처럼 이런 모양

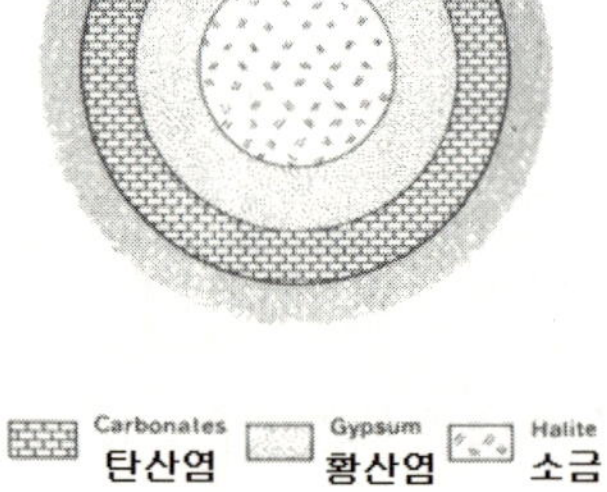

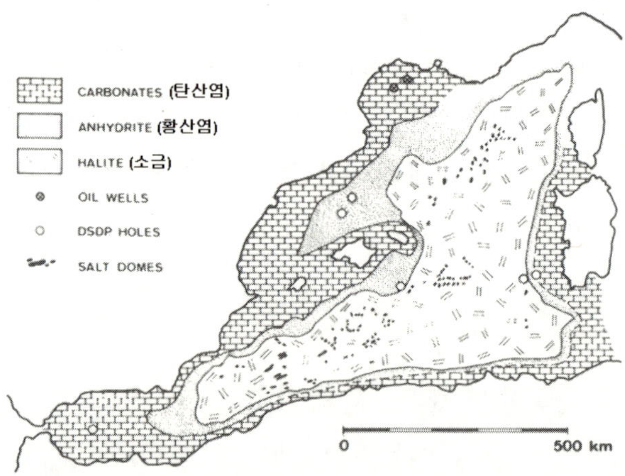

⬆ 지중해 해저에서 발견된 암염층의 분포 모습
⬅ 탄산염 · 황산염 및 소금의 분포 모습이 마치 둥근 중국식 팬(wok)에서 바닷물을 졸일 때 바닥에 만들어지는 소금찌꺼기들의 분포 모습과 매우 유사하다.

의 퇴적층이 만들어질 수 있다. 과학자들이 과거 한때 지중해의 바닷물이 완전히 졸아붙어 사막이 되었었다는 결정적 증거를 찾은 것이다.

이곳에는 적어도 약 100만km^3의 염(2.2×10^{15}t)이 있는 것으로 추정되며, 전세계 바닷물에 녹아 있는 염 전체의 약 4.6%가 이곳에서 암염으로 석출되었다는 것을 의미한다. 과연 이런 일이 일어날 수 있는 것일까?

:: 또 하나의 유레카!

지중해는 좋은 기후 때문에 유명한 휴양지들이 많이 있는 지역이다. 좋은 날씨 덕분에 강수에 비해 증발이 더욱 활발하다. 실제로 지중해의 해수면은 대서양에 비해 낮아, 대서양의 표층해수가 지중해로 밀려들어오며 반대로 표층해수의 밑으로 지중해에서 만들어진 고염분의 해수가 대서양으로 빠져나가고 있다. 제2차 세계대전 당시 잠수함들이 엔진을 끄고서도 이 해류를 이용해 지중해로 들락날락할 수 있었던 것은 바다를 아는 것이 전쟁에 얼마나 중요한지 잘 보여준 해전사의 중요한 일화이다.

만약 해수가 왕래하는 입구인 지브롤터 해협이 막혀 대서양 해수가 더 이상 지중해 내로 흘러들어올 수 없다면 지중해는 과잉 증발로 인해 계속 수면이 낮아져 결국 말라붙는 것 아닐까? 혹시 이런 과정을 통해 지중해 내의 암염층이 만들어진 것은 아닐까? 실제 퇴적된 염의 양을 보면 이렇게 말랐다가 다시 해수가 들어오고 이 해수가 다시 마르고 한 과정이 여러 번 반복되었어야 한다.

판구조론 이전의 지구과학자들에게 지브롤터 해협이 막힌다는 생각은 상상도 할 수 없는 불가능한 것이었다. 그러나 판구조론을 받아들인 과학자들에게 이는 너무나도 쉬운 일이었다. 지브롤터 해협은 근처의 알프스 산맥이 잘 말해주듯 바로 아프리카 지판과 유라시아 지판이 힘을 겨루는 경계에 있는 지역으로서(앞의 글에서 언급했던 네 번째 형태의 경계), 이곳에서 잠시 해협이 막히는 것은 전혀 어려운 일이 아니다. 지금부터 약 5~600백만 년 전인 미오세 말기에 실제로 해협이 막히면서 지중해 내에서 엄청난 양의 염이 석출되어 당시 바다의 염분에 위기를 초래했던 사건(Messenian Salinity Crisis)이 일어났었다.

마침내 거대한 암염광산이 육상에 만들어지는 방법을 알아낸 것이다. 이유는 잘 모르겠지만 요즈음 웰빙 시장의 진열장에는 세계 각지에서 생산된 암염들이 자리를 잡기 시작하고 있는데, 이런 암염광산은 먼 옛날 큰 내륙바다(지중해)가 지구조 운동으로 닫혀 말라붙으면서 형성됐던 것이다. 판구조론이 과학자들에게 선물한 또 하나의 '유레카'라 할 수 있다.

:: 변화하는 지구

1) 초대륙 판게아

지구과학의 여러 부문에서 엄청난 혁명적 변화를 일으킨 판구조론의 자연스러운 결론은 지구가 끊임없이 모습을 바꿔왔으며 앞으로도 그 모습을 계속 바꾸리라는 것이다. 여기서 매우 흥미로운 질문이 하나 제기된다.

'지구는 도대체 언제쯤부터 오늘날과 비슷한 모습을 갖추게 되었을까?'

지금부터 약 2억 4천만 년 전(페름기)에 이르면 현재의 대륙들이 그 대체적인 모습을 드러낸 것 같다. 당시는 물론 이들이 하나의 거대한 대륙으로 서로 모여 있었다. 바로 베게너가 생각했던 초대륙 판게아(Pangea)이다. 2억 4천만 년은 우리 사람들로 보면 엄청나게 긴 시간이지만, 지구의 나이 45억 년으로 보면 불과 5% 정도밖에 되지 않는 극히 짧은 기간이다. 이때를 시작으로 초대륙 판게아가 여러 개의 작은 대륙으로 쪼개져 이동하고 서로 충돌하면서 꾸준히 모습을 바꾸어 오늘에 이른 것이다.

2) 거대한 충돌

지난 2억 4천만 년 중 초기의 약 1억 8천만 년에 해당하는 긴 중생대 시절은 기후가 지금보다 더 따뜻했으며, 공룡이 지구를 지배하는 파충류의 시대였다. 그러다가 지금부터 약 6천5백만 년 전 어느 날 큰 사건이 발생했다. 직경 10km 정도의 거대한 운석이 지구에 충돌한 것이다. 이 파국적인 사건으로 파충류의 시대는 종말을 고하며 포유류의 시대인 신생대가 새로이 시작된다.

당시 우리 지구의 모습은 오늘날과 비교해 꽤 다른 모습을 하고 있었다. 유라시아 대륙에 아직 인도의 모습이 보이지 않았으며, 그 자리에 테티스 바다가 자리를 잡고 있었다. 호주가 아직 남극 대륙과 그대로 붙어 있었고, 지구의 지붕이라 불리는 티베트 고원과 알프스 산맥의 모습이 보이지 않았다.

그렇지만 그 이후로 지구는 여러 가지 급격한 변화를 겪으며 오늘의 모습을 가지게 되는데, 이들 모두가 불과 지구 나이의 1.8%밖에 되지 않는 6백5백만 년 사이에 일어난 일이다. 이 기간 동안에 일어났던 중요한 몇 사건들을 더듬어 살피면서 우리 아름다운 지구의 특징을 정리해보기로 하자.

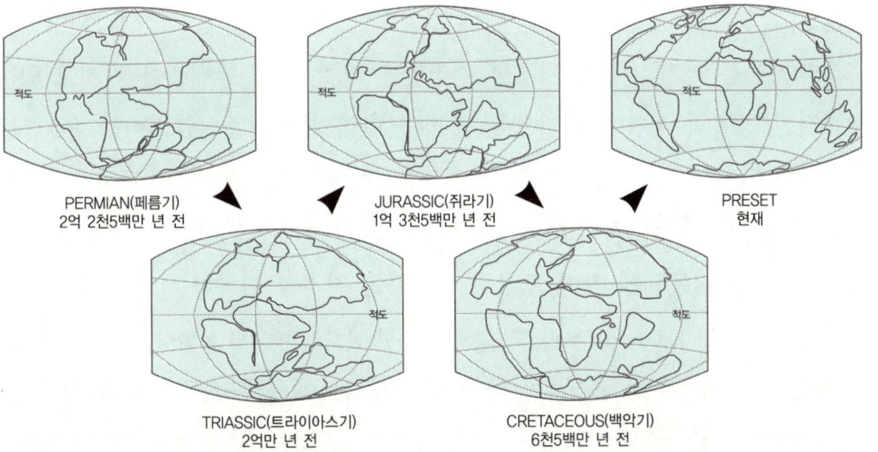

약 2억 3천만 년 전인 페름기부터 지금까지 초대륙 판게아가 쪼개지면서 끊임없이 변화해온 지구의 모습.

3) 남극 대륙의 독립

약 5천5백만 년 전부터 서서히 이루어지기 시작한 남극 대륙의 고립은 오늘의 지구를 만들어가는 과정에서 일어난 매우 중요한 변화의 하나다. 함께 붙어 있던 인도(!), 오스트레일리아 및 아메리카 대륙이 이들과의 경계에 새로 만들어지는 해저 산맥을 사이에 두고 분리되면서 남극 대륙은 하나의 고립된 대륙으로 바뀌었다.

이런 지형 변화는 신생대 시기의 포유류의 이동 및 진화에 큰 영향을 미쳤다. 그러나 아마 가장 중요한 것은 지구의 기후에 미친 영향일 것이다. 이는 남극 주위를 도는 '차가운 남극순환류(AACC, AntArctic Circumpolar Current)의 형성'과 관련된 것이다.

남극의 찬 해수는 그 이전에는 인접 대륙들이 장애물 역할을 하여 북쪽으로 흘러가 인도양과 태평양 및 대서양 저위도에 있는 더운 물과 섞인 후에 다시 남쪽으로 흘러올 수 있었다. 이 때문에 극지방은 얼음이 없는 비교적 온난한 기후를 유지했다. 그러나 새로 형성된 남극순환류는 남극 대륙을 더운 해수로부터 차단시켜 남극을 점점 춥게 만들고 이곳에 영구적인 빙모를 형성시켰다. 이것은 물론 지구 전체의 기후를 낮추는 데에도 현저한 기여를 한 것으로 생각된다.

과학자들은 과거 지구의 기후를 추적할 수 있는 여러 방법들을 가지고 있다. 대표적인 방법의 하나가 바다생물 골격의 화석의 산소동위원소비를 온도계로 이용하는 것이다. 산소의 99% 이상을 차지하는 산소동위원소, O-16과 적은 양으로 존재하는 산소동위원소인 O-17, O-18 사이의 동위원소비가 물리화학반응이 일어날 때 온도에 따라 조금씩 변화하는 원리를 이용하는 방법이다. 이것은 해롤드 유레이(Harold Urey, 중수소를 발견한 공로로 1934년 노벨상 수상)의 혜안에서 발전한 고기후추적 온도계이다. 이들 자료는 에오세-올리고세의 경계에서 바닷물의 온도가 급격히 감소하는 것을 보여주고 있는데, 이것은 남극순환류가 형성되기 시작한 때와 시기적으로 아주 가깝게 일치하고 있다.

이 남극순환류가 지구의 기후에 미치는 중요성에 대해서는 뒤의 '21장 바다를 알면 기후가 보인다'에서 더욱 자세히 살펴보기로 하자.

4) 지구의 지붕 티베트 고원의 형성

오늘날의 지구 모습으로 가는 또 하나의 결정적인 변화로 지구의 지붕 히말라야 산맥의 형성을 꼽을 수 있다. 판구조론은 산맥의 형성 과정을 명쾌히 설명해 줄 수 있었다. 테티스 바다가 서로 충돌하는 대륙들에 의해서 사라지며, 이 자리에 거대한 산맥이 만들어진 것이다.

인도 대륙이 남극 대륙에서 떨어져 나와 연 10cm 이상의 빠른 속도로 북상하여 유라시아 대륙과 충돌하기 시작한 것은 약 5천5백만 년 전의 일이다. 오늘날 인도의 서북부 지역에서부터 충돌을 시작해 대륙이 반시계 방향으로 서서히 회전하면서 테티스 바다가 닫히기 시작했다. 약 4천5백만 년 전에 이르면 인도와 유라시아 대륙 사이에 육로가 충분히 형성된 것으로 보인다. 이때부터 인도에 다양한 대륙의 포유류들이 출현하고 있음이 이를 말해주고 있다. 그러나 히말라야 산맥이 융기하기 시작한 것은 이보다 훨씬 뒤의 일이다.

약 2천만 년 전이 되면 인더스 강, 갠지스 강 하구에 산맥이 풍화된 퇴적물들이 나타나기 시작하는 것으로 보아 이때 활발한 융기작용이 시작된 것으로 보이며, 약 400만 년 전에 이르러 히말라야 산맥이 형성되면서 융기작용이 대개 마무리된 것으로 여겨진다.

지금까지도 계속되는 두 대륙의 압축은 이 지역에 엄청난 영향을 미쳐왔다. 지진이 많은 지역이 될 수밖에 없었으며, 시베리아 남부에 있는 세계 최대 담수호 바이칼 호도 아시아 대륙이 압박을 받으며 인도의 진행 방향에서 벗어나기 위해 회전하면서 생성된 것으로 보이는 열곡에 자리 잡고 있다. 그러나 더욱 중요한 변화는 거대한 땅덩이로 인해 바람의 흐름이 바뀌면서 이 지역에 몬순(계절풍) 기후가 시작된 것이다. 지구가 오늘날의 모습을 갖추는 중요한 사건이었다.

5) 만류(Gulf Stream) : 파나마 지협이 닫히다

과거의 기후 자료들을 잘 살펴보면 지금부터 약 300만 년에서 400만 년 사이에 급격한 기후 변화가 있었던 것 같다. 이때 지구상에 무슨 일이 일어난 것일까? 과학자들은 이때가 바로 파나마 지협이 형성되면서 남 · 북 아메리카 대륙이 서로 연결되는 시기와 일치하고 있다는 것에 주목하고 있다.

파나마 지협이 만들어지기 이전은 대서양의 적도류가 그대로 태평양으로 진입했다. 그러나 새로 생긴 파나마 지협이 이를 막으면서, 이제는 따뜻한 적도지방의 해수가 북아메리카 대륙의 동안을 따라 북진을 시작한 것이다. 이렇게 멕시코 만류가 만들어지면서 북송되기 시작한 더운 해류는 지구의 기후에 큰 변화를 야기했다.

평소 지리 공부에 약했던 저자가 영국이 그렇게 높은 위도에 있다는 것을 처음으로 느낀 것은 10여 년 전 처음으로 영국을 방문하면서부터였다. 지도를 펼쳐놓고 보면 영국 런던의 위도가 우리나라 근처로는 캄차카 반도의 위도와 거의 비슷하다. 그러나 독자들 중에 캄차카 반도와는 달리 온통 얼음으로 뒤덮여 있는 런던의 모습을 본 사람은 아무도 없을 것이다.

더운 멕시코 만류가 북상하면서 동토의 땅 유럽을 따뜻하게 덥히면서 오늘날과 같은 따뜻한 유럽을 만들기 시작한 것이다. 바다가 우리 지구 기후에 얼마나 중요한지를 보여주는 또 하나의 예이다. 지구가 오늘날의 지구의 모습에 가까워진 시간을 꼽는다면 아마 이 파나마 지협의 형성을 가장 중요한 사건의 하나로 꼽아야 할 것 같다. 우리 지구는 지금부터 약 300만 년 전에 이르러서야 오늘날의 지구와 비슷한 모습을 갖춘 것이다. 이를 뒷받침해주는 또 하나의 기후 특성이 있다.

6) 반복되는 빙하기

오늘날의 지구 기후가 보여주는 중요한 특징의 하나는 약 10여만 년을 주기

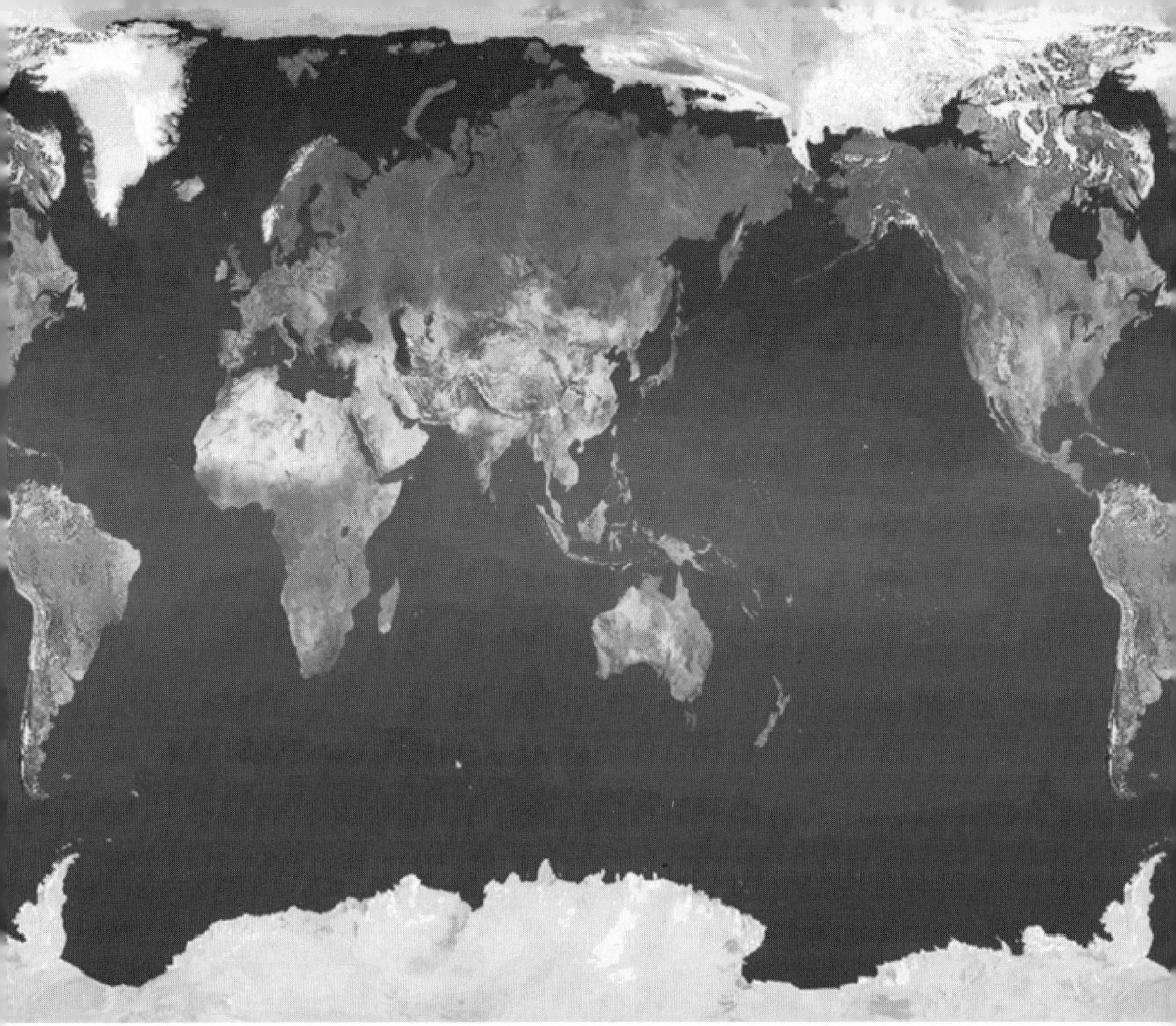

오늘날 상공에서 지구를 보며 찍은 사진들을 조합해 만들어낸 아름다운 지구의 모습

로 추운 빙하기와 더운 간빙기를 반복하고 있다는 것이다. 퇴적물에 차곡차곡 쌓인 화석생물들의 동위원소 자료들은 적어도 지난 300여만 년 동안 지구가 이런 반복을 계속해온 것을 보여주고 있다.

이와 같은 반복적인 기후 변화의 원인으로 유고슬라비아의 밀란코비치(Milutin Milanković)가 제안한 이론이 있다. 이것은 태양을 회전하는 지구 공전궤도의 이심률 변화, 지구 자전축의 기울기 변화, 지구 자전에 의한 축차운동 등 천문 변수의 주기적 변화로 인해 태양에서 지구가 받는 복사에너지가 주기적으로 변하는 데 기인해 지구 기후가 변화한다는 것이다.

그런데 왜 약 300만여 년 전 지구상에 빙하기가 나타나기 시작했는지를 설명하는 것은 쉬운 일이 아니다. 일부 과학자들은 파나마 지협의 형성을 시작으로 더운 바닷물이 고위도 지방으로 이동하며 지구가 따뜻해지면서 물의 순환과정이 바뀌고, 이런 과정에서 빙하기가 시작된 것은 아닌지 의심의 눈길을 주고 있다.

:: 아름다운 지구

우리가 살고 있는 지구는 오랜 세월에 걸쳐 그 모습을 바꾸며 오늘에 이르렀다. 지구의 모습이 바뀌면서 바다의 흐름이 바뀌고 또한 공기의 흐름이 바뀌면서 오늘날의 지구가 만들어진 것이다. 분명한 것은 오늘날 우리들이 편하게 살고 있는 지구의 모습이 갖추어진 것이 지구 나이로 보면 극히 최근의 일이라는 것이다. 우리는 지난 2억 년 동안 지구가 바뀌어온 모습을 살펴보았는데 오늘의 지구 모습이 가장 아름답다. 바로 이렇게 살기 좋은 지구가 만들어지고 나서야 지구상에 인류가 태어났다는 것은 음미해볼 가치가 있는 꽤 중요한 일이다.

이렇기에 우리는 지구를 아끼고 가꾸며 더욱 열심히 살아야 하는 것은 아닐까?

앞으로 이런 아름다운 지구가 가진 비밀을 하나하나 밝히면서 지구를 더욱 이해해온 인류의 여정을 노벨상 수상자와 함께 걸어가 보기로 하자. 제일 먼저 살펴보려는 주제는 바로 지구의 나이를 알아내는 여정이다.

Part 2

지구의 나이를 찾아서

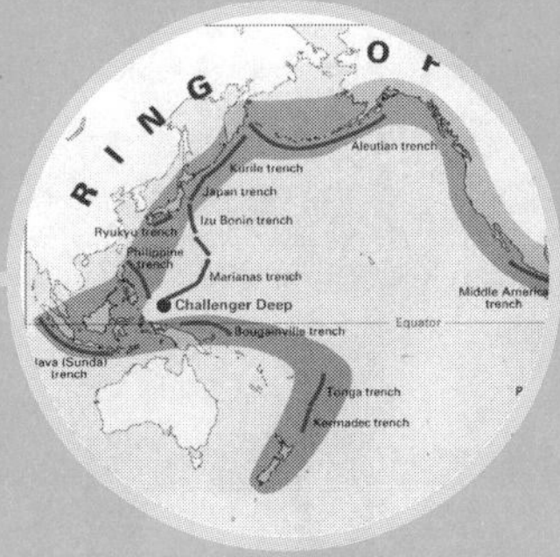

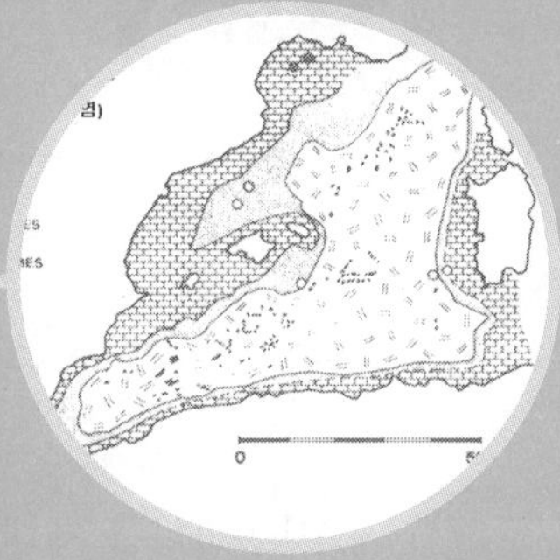

5

젊은 지구? vs. 늙은 지구?

러더퍼드 (Ernest Rutherford, 1871~1937)

1908년 노벨화학상 수상
"for his investigations into the disintegration of the elements, and the chemistry of radioactive substances"
(원소의 붕괴 과정 및 방사능물질의 화학에 관한 연구)

:: '지구 화학자' 러더퍼드

자연과학을 제대로 공부한 사람에게 러더퍼드가 누구인지를 물으면, "러더퍼드는 원자 질량의 대부분이 밀집해 있는 원자핵이 원자 내의 극히 작은 공간 속에 존재한다는 것을 처음으로 밝힌 물리학자"라고 대답할 것이다. 이 발견은 러더퍼드의 아주 중요한 업적이므로 훌륭한 답변으로 생각된다.

러더퍼드는 1908년에 노벨상을 수상했다. 러더퍼드는 어떤 종류의 노벨상을 받았을까. 아마 대부분의 사람들이 노벨물리학상이라 답을 하지 않을까? 이런 연구는 물리학자들이 하는 연구로 생각되었기 때문일 것이다.

그런데 답이 이렇게 너무 당연한 것이었다면 이런 질문을 계속하지는 않았을 것이다. 사실 러더퍼드는 앞에서 이야기했던 유명한 연구를 하기 이전인 1908년에 이미 노벨화학상을 수상했다. 앞으로 여러 차례에 걸쳐 더욱 찬찬히 살펴볼 우리의 주제 '방사성물질'의 성질을 연구한 공로가 인정된 것이었다.

더욱이 러더퍼드는 방사능 연구를 통해 당시 많은 과학자들 사이에 심각한 논쟁이 되고 있었던 '지구의 나이'를 밝힐 수 있는 결정적인 과학적 방법을 처음으로 제시하면서 이 논쟁의 종지부를 찍은 중요한 지구과학자이기도 하다.

:: 식어가는 지구

지구의 나이가 약 46억 년이라는 것은 오늘날 모든 일반인들의 상식이 되었다. 그러나 러더퍼드가 활동을 시작하던 20세기 초, 그러니까 지금부터 100여 년 전 과학자들 사이에 이 문제를 놓고 격렬한 논쟁이 벌어지고 있었다. 그것은 열역학이라는 이름의 단단한 이론으로 무장하고 약 3천만 년 정도밖에 안 된다는 '젊은 지구'를 주장한 물리학자들과, 그래도 최소 1억 년 정도는 되어야 하지 않겠느냐고 조심스러운 주장을 펼치던 지질학자와 생물학자들 사이에 있었던 심각한 논쟁이었다.

자연을 살피는 과학자들이 경험을 통해 자연스럽게 법칙으로 받아들이게 된 중요한 자연현상의 하나는 '자연에서 일어나는 모든 반응은 자연스러운 방향을 가지고 있다'는 것이다. 물은 자연스럽게 높은 곳에서 낮은 곳으로 흐르며, 더운 물체는 자연스레 식게 마련이다. 19세기에 들어서 바로 이런 경험을 토대로 하여 만들어진 중요한 법칙이 바로 열역학 제2법칙이다.

물리학자들은 태초에 지구가 뜨거운 용암으로 되었다가 식어 오늘날에 이른 것이라고 생각했다. 그러면 지구가 현재와 같이 식기 위해서는 어느 정도 시간이 필요할까? 바로 물리학자들이 지구의 나이를 계산하는 방법으로 착안한 것으로서, 그 시작은 뉴턴 시대로까지 거슬러 올라갈 수 있다.

이런 생각을 더욱 구체적으로 발전시켜본 과학자의 한 사람으로 프랑스의 조르쥬 뷔퐁(Georges-Louis Leclerc, Comte de Buffon)이 있다. 36권에 이르는 방대한 자연사에 관한 박물지(후에 8권이 추가됨) Histoire naturelle, générale et particulière로 특히 유명한 그는 1778년 발간한 책에서 지구의 나이를 약 7만 5천년으로 추정했다. 그 스스로도 좀 짧은 것 같다고 여겼지만 이는 잘못된 가정에서 출발한 것이었으니 어쩔 수 없는 일이었다. 지금으로부터 불과 230여 년 전 사람들이 가지고 있던 지구에 관한 생각으로, 지금으로 보면 매우 충격적이다.

:: 켈빈 경의 등장

이런 개념으로 지구의 나이를 추정하는 방법을 완성시킨 대표적인 과학자는 북아일랜드 출신의 윌리엄 톰슨(William Thomson)이었다. 10세 때 이미 글라스고대학교에 입학이 허락된 천재로, 1845년 케임브리지대학교를 졸업하고 다음해 약관 22세에 글래스고대학교의 교수가 되었다. 켈빈 경(Lord Kelvin)으로 일반에게 더 잘 알려져 있는 그는 1899년 퇴임 때까지 전기, 자기, 조석 이론 등 다양한 분야에서 업적을 쌓은 사람이다. 열역학의 확립에 중요한 기여를 한 당대의 대과학자로서 열에 관한 연구가 자연스럽게 그를 지구의 나이에 관심을 갖도록 만든 것 같다.

켈빈은 지구가 형성되었을 때의 온도가 오늘날 화산에서 분출되는 용암의 온도(섭씨 약 1,100도) 정도로 생각하고, 암석들의 열전도도(열전도율)를 추정해 지구와 같은 물체가 서서히 식어가는 과정을 조사했다. 당시 산업혁명과 함께 석탄 채광을 위해 지하 깊이까지 파내려간 광산의 갱도에서 지구의 온도 기울기를 관찰할 수 있었다. 이러한 추정을 바탕으로 뜨거웠던 지구가 현재 관찰되는 온도 기울기에 이르기까지 식는데 필요한 시간을 구하려고했다. 켈빈은 이렇게 구해지는 시간이 지질학자들이나 생물학자들이 고려해볼 수 있는 지구 나이의 최대라고 생각했다. 명쾌한 이론에 비해 실제로 지구에 적용하는 것은 참 힘든 일로서, 많은 오차를 포함할 수 있지만 켈빈이 처음으로 얻은 지구의 나이는 약 1억 년 정도였다.

:: 지구과학자들의 생각

1억 년이라는 값이 당시의 학문적 대가인 켈빈이 완벽한 물리학적 방법으로 접근해 얻은 지구의 나이였다는 이유일지도 모르지만, 당시의 지질학자 또는 생물학자들이 나름대로 얻어보려고 시도한 여러 추정치들이 이 값의 근처에 머무르고 있었다는 것은 매우 흥미롭다.

지질학자들이 지구의 나이를 추정해보려고 한 방법은 바로 제임스 허턴(James Hutton)이 1784년 제시한 '동일과정의 법칙' 에 근거하고 있다. '현재는 과거의 열쇠' 라고도 표현되는 이 법칙은 오늘날 지구상에서 관측되는 여러 지질 과정들이 과거에도 꾸준히 진행되어왔다는 것이다. 특히 육상에서 관측되는 두꺼운 퇴적층 역시 오늘날 바다에 조금씩 쌓여가는 퇴적물이 충분한 시간 동안 지속되면 만들어질 수 있다는 생각으로 1억 년 정도는 그나마 받아들일 수 있는 시간으로 여겨진 것이다.

바닷물은 왜 짠가 하는 궁금증이 지구의 나이 추정에 이용되기도 했다. 1670년경 '해양학의 아버지' 라고도 불리는 영국의 로버트 보일(Robert Boyle)이 바닷물이 짜게 되는 원인을 적은 양이기는 하지만 강물을 통해 바다로 염들이 운반되고 있음을 밝힌 것에 근거를 두고 있다. 아일랜드의 졸리(John Jolly)는 이 생각을 응용해 1899년 바다의 나이, 즉 지구의 나이를 약 9천만 년으로 추정했다.

:: '젊은 지구론' 과 '늙은 지구론' 의 대결

그런데 여기에 문제가 생긴 것이다. 1880년경 젊은 학자들이 암석의 열전도율을 더욱 정밀히 측정하여 지구의 나이를 약 2천5백만 년 정도로 새로이 추정했다. 그리고 켈빈이 이 새로운 결과에 대해 손을 들어주었다.

지질학자들에게 이 수치는 너무 짧게 여겨졌다. 육상에서 관측되는 퇴적층이 쌓여가는 시간을 추정해보았을 때 1억 년 정도는 그나마 받아들일 수 있는 시간이었지만, 2천5백만 년은 주위의 두꺼운 퇴적층을 설명하기에 너무 짧은 시간이었다.

특히 젊은 지구에 대해 회의를 가졌던 또 다른 분야의 과학자로 진화론을 주장한 찰스 다윈(Charles Darwin)을 들 수 있다. 지구상에서 진화의 과정이 진행되어 사람까지 오는데 3천만 년은 너무도 짧은 시간으로 여겨진 것이다.

그러나 당대의 거장인 켈빈(Kelvin)을 앞세운 물리학자들이 열역학이라는 이론적 근거를 가지고 주장하는 젊은 지구에 대해 감히 반대 의견을 내는 것은 엄두도 못 낼 일이었음은 말할 것도 없다.

이런 상황에서 방사능이라는 새 도구를 가지고 지구의 나이가 길어야 한다는 '늙은 지구' 를 편드는 물리학자 러더퍼드가 혜성처럼 나타난 것이다.

러더퍼드가 어떤 근거에서 늙은 지구의 편을 든 것일까? 이를 이해하기 위해서는 러더퍼드가 밝혀낸 방사능의 성질을 조금 살펴야 할 것 같다.

:: 천연의 모래시계

러더퍼드가 밝힌 중요한 방사능의 성질은 '방사능원소는 외부 온도나 압력의 변화에 상관없이 일정한 속도로 붕괴하며, 이 붕괴 속도는 방사능원소의 질량(원자 수)에 비례한다.' 즉, 방사성 붕괴반응이 반응의 모습으로 보아 '1차 반응'의 형태 $-dN/dt = \lambda N$을 따른다는 것이었다.

이것은 방사능 붕괴반응이 수학적으로는 지수함수로 표현되며, 바로 이런 성질로 인해 방사성원소들은 각각 특유의 반감기를 가지게 된다. 즉, 각 방사성물질은 그 양이 반으로 줄어드는 데 걸리는 시간이 최초의 양에 상관없이 일정하다는 것이다. 다시 말하면 방사성물질들은 그들 자신의 일정한 반감기를 가지는 것이다.

이러한 방사능 붕괴의 특징으로부터 반감기를 아는 방사능원소의 부모(parent) 원자와 방사능 붕괴로 만들어진 딸(daughter) 원자의 개수를 측정하면, 이들 자료로부터 얼마 동안 방사능 붕괴가 일어나고 있었는지를 계산할 수 있다. 방사능은 바로 자연 속에서 절대시간을 알아낼 수 있는 시계를 간직하고 있었던 것이다.

러더퍼드가 방사능 연구에서 이룬 또 하나의 중요한 업적은 방사선이 크게 세 종류로 구별될 수 있음을 알아낸 것이다. 러더퍼드는 이들에 각각 α선, β선, 그리

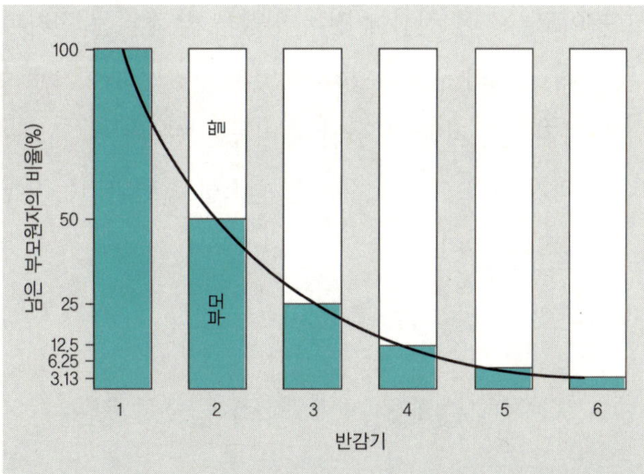

⬆ 방사능동위원소의 응용을 상징적으로 보여주는 모래시계. 방사능 원소의 반감기를 이용해 모래시계같이 어떤 시간을 기점으로 한 '경과 시간'을 알아낼 수 있다.
➡ 방사능 붕괴에 따라 시간이 경과하면서 부모원자가 변하는 모습을 보여주는 모식도. 반감기가 경과됨에 따라 부모의 양이 1/2씩 줄어드는 지수함수적인 감소 모습을 보여주고 있다.

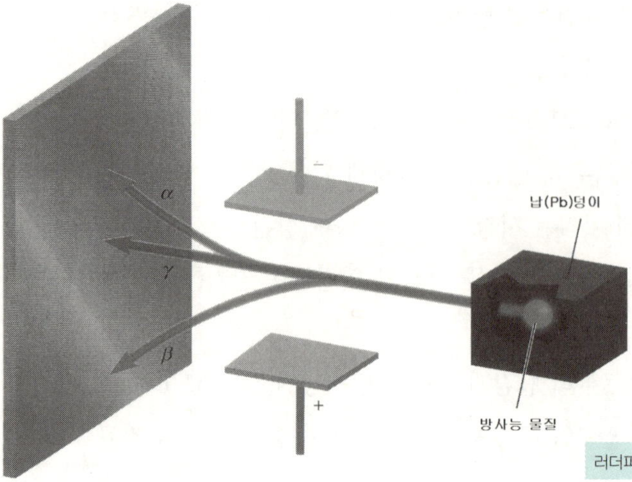

러더퍼드(1871~1937)가 밝힌 α, β, γ의 세 종류의 방사선

고 γ선이라는 이름을 붙였는데, 방사선에 전기장을 걸어 방사선이 이런 세 가지 종류로 나눠지는 것을 발견한 것이다.

더욱이 α선은 바로 헬륨 핵의 흐름이며, β선은 몇 년 전 톰슨이 발견한 전자의 흐름이고, γ선은 전장에 전혀 영향을 받지 않는 전자파임을 밝혀냈다. 당시는 물론 아직 원자의 구조가 밝혀져 있지 않았던 때이므로 이들 방사성 붕괴의 의미가 분명하지 않았지만, 오늘날 우리들은 방사선을 내면서 일어나는 원소들의 방사성 붕괴가 바로 이들이 새로운 원소들로 변환되는 연금술이 이루어지고 있는 현장임을 알고 있다.

:: 지구에 존재하는 태양의 원소 : 헬륨

러더퍼드는 실제로 어떤 방사성물질을 이용해 지구의 나이를 추정했을까? 이것은 바로 우리들이 잘 아는 우라늄 광물인데, 우라늄(더 정확하게는 우라늄-238)의

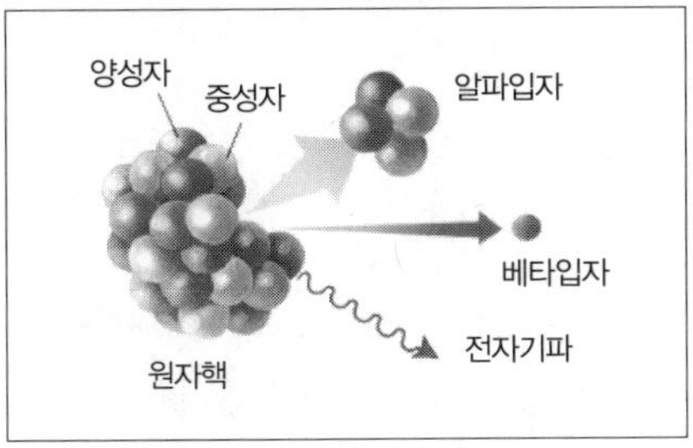

방사능 붕괴를 통해서 원자핵에서 일어나는 현상을 보이는 모식도

반감기는 약 45억 년으로 지구의 나이에 매우 가까운 값이다.

우라늄 광물이 형성되기 전 고온으로 녹아 있을 때는 헬륨을 포함하는 모든 기체는 공기 중으로 다 사라져버린다. 그러나 일단 식어 광물이 되고 나면 그때부터는 우라늄이 붕괴되면서 방출되는 모든 α입자(헬륨, helium)는 그 속에 갇히게 되므로, 헬륨의 양은 고온이었다가 식어 광물이 된 때로부터 경과된 시간을 알려줄 수 있게 되는 것이다.

마침 당시는 우라늄 광물 속에 헬륨이 존재하고 있음을 처음 발견한 램지(Ramsey)가 이들 광물 속의 헬륨에 대해 연구를 한창 진행하고 있던 때였다(램지는 이런 연구로 1904년 노벨화학상을 수상했다). 본래 헬륨은 1868년 프랑스의 천문학자 장센(Pierre Janssen, 1824~1907)이 인도에서 일식을 관측하던 중 태양으로부터 나오는 매우 밝은 노란빛의 스펙트럼을 관측하고 이를 태양에만 있는 원소로 생각하여 태양의 신 헬리오스(Helios)의 이름을 따 헬륨으로 명명한 원소이다. 그런데 헬륨이 지구상의 우라늄 광물 속에도 있다는 것을 램지가 발견하고, 우라늄 광물속의 헬륨의 양을 측정하고 있었던 것이다.

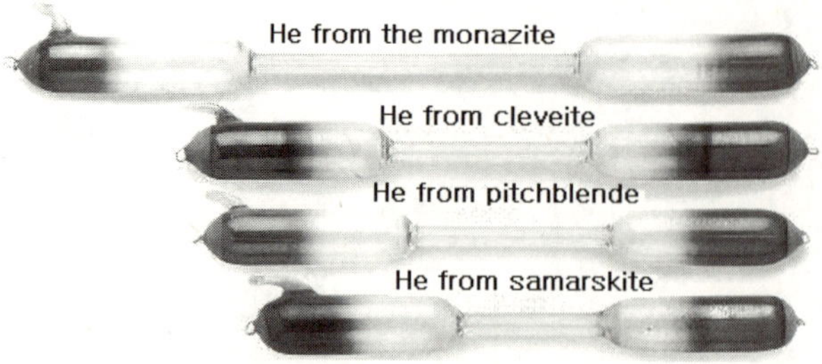

램지가 우라늄 광물에서 추출한 헬륨을 담은 유리관. 러더퍼드는 이 시료에 우라늄-헬륨의 모래시계를 응용해 지구의 나이가 당시의 주장에 비해 꽤 길다는 것을 처음으로 밝혔다.

:: '늙은 지구론'의 승리

헬륨이 우라늄이 붕괴하면서 방출하는 알파 입자임을 알아 낸 러더퍼드는 램지의 자료를 이용해 우라늄 광물의 연대를 추정할 수 있었으며, 이들 광물의 절대연도는 놀랍게도 10억 년에서 15억 년의 긴 시간을 보여주었다. 물론 이 값은 지구의 나이가 가져야 할 최솟값이며, 켈빈의 추정이 잘못 되었음을 분명히 보여주고 있었다.

러더퍼드가 확인한 또 하나의 방사성 붕괴의 성질은 이런 과정에서 열이 발생하는 것으로, 켈빈이 생각했던 또 하나의 중요한 가정이 무너진 것이다.

러더퍼드가 톰슨에 이어 영국 케임브리지의 캐빈디쉬연구소장을 맡기에 앞서 1904년 왕립학술회원 800여 명의 관중 앞에서 강연을 하게 되었을 때의 이야기를 회고하면서 쓴 글은 당시의 흥미로운 상황을 잘 전해주고 있다. 켈빈의 결정적 오류가 공식적으로 그렇지만 지혜롭게 지적된 강연이었다.

[중략] 약간 어두웠던 강연장으로 들어섰을 때 관중 속에 켈빈 경이 와 있는 것을 보고, 지구의 나이를 다루는 내 강연의 종반 부분에서 문제가 있을 것임을 직감하였습니다. 왜냐하면 내 결론은 그의 것과 대치되는 것이기 때문입니다. 그러나 강연이 진행되는 동안 다행스럽게도 켈빈은 졸고 있었습니다. 그런데 이제 강연의

중요한 부분에 도달하자 이 늙은 분이 몸을 곧추 세우고 눈을 바로 뜨면서 나에게 악의에 찬 눈짓을 보내는 것을 볼 수 있었습니다.

이때 나에게 한 영감이 떠올라 다음과 같이 말을 이어갔습니다. 켈빈 경은 어떤 다른 종류의 새로운 열원이 발견되지 않을 경우에 지구의 나이가 가질 수 있는 한계를 설정하였습니다. 이러한 생각은 바로 오늘밤 우리들이 생각해보려는 라듐(Radium)을 예언적으로 언급하고 있는 것입니다.

이 소리를 듣자 늙은 켈빈은 웃음이 담긴 시선을 내게 던지는 것이었습니다.

러더퍼드의 연구 결과가 처음부터 지질학자들에게 흔쾌히 받아들여진 것은 아니었다. 자신만만하고 오만했던 켈빈에게서 받은 상처가 쉽게 잊혀지지 않은 상태에서 러더퍼드 역시 또 한 사람의 오만한 물리학자일지 모른다는 의구심이 있었기 때문이었을 것으로 생각된다.

그러나 이어지는 연구를 통해 지질학자들이 서서히 러더퍼드의 연구 방법을 받아들이게 된 것은 물론이다. 지구의 나이가 45억 년으로 밝혀진 것은 이로부터 50여 년이 지난 1950년대의 일이며 많은 연구자들의 노력을 필요로 했다. 이런 50여 년의 역정을 통해 많은 노벨상 수상자들의 노력이 중요한 기여를 했던 것은 말할 것도 없다. 뒤에서 이와 관련되어 진행된 이야기를 서서히 살펴보려고 한다. 우선 우리 이야기의 주제인 방사능이 발견되는 계기가 마련되었던 흥분의 1895년으로 되돌아가 보자.

상자글

지구 나이 찾기

지구가 언제 태어났을까 하는 문제는 처음에는 과학이 아니라 종교의 영역에서 깊은 관심을 가지고 있었던 질문이다. 윤회론과 같이 엄청나게 길다는 것밖에는 답을 하기 어려운 종교도 있었겠지만, 기독교 문화권에서는 지구가 기원전 4000년경 태어났다는 것을 신빙성 있는 답으로 오랫동안 여겨져 왔다.

가장 대표적인 것이 1650년 아일랜드 대주교 제임스 어셔(James Ussher, 1581~1656)가 창세기에 기록된 연대기로부터 계산한 지구는 기원전 '4004년 10월 22일 저녁'에 태어났다는 결론이다.

어셔의 계산이 대표적으로 흔히 인용되는 것은 1701년 당시 윈체스터 사원의 주교이었던 윌리엄 로이드(William Lloyd)가 발간한 성경에 이 연도를 쓰기 시작한 데에서 연유된 것으로 생각된다.

⬆성경을 이용해 지구의 나이 계산을 성공시킨 것으로 잘 알려져 있는 아일랜드의 대주교 제임스 어셔

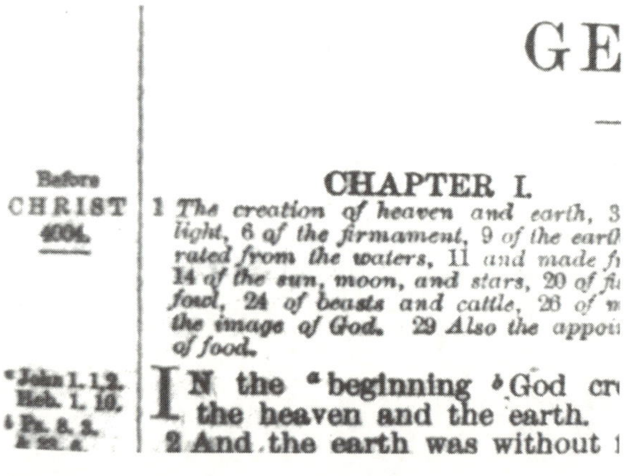

GE

Before CHRIST 4004.

CHAPTER I.

1 *The creation of heaven and earth,* 3 *light,* 6 *of the firmament,* 9 *of the earth rated from the waters,* 11 *and made fr* 14 *of the sun, moon, and stars,* 20 *of fi fowl,* 24 *of beasts and cattle,* 26 *of m the image of God.* 29 *Also the appoi of food.*

IN the a beginning b God cr the heaven and the earth.
2 And the earth was without

⬆기원전 4004년 지구 탄생이라는 어셔의 연대기를 채택하여 1701년 발간된 성경

심지어 행성의 운동법칙으로 유명한 케플러(Johannes Kepler, 1571~1630) 역시 지구는 기원전 3993년에 태어났다는 주장을 한 것을 보면, 성경이 지구를 이해하는 정보의 원천이라는 생각이 당시 사회에 얼마나 뿌리 깊이 박혀 있었는지를 잘 보여주고 있다.

그러나 17, 18세기 유럽에 계몽사상이 펼쳐지면서 정치 · 경제 · 사회 · 문화 등 여러 방면의 변혁과 함께 논리적이고 실증적인 사고가 확산된다. 자연을 객관적으로 보려는 사람들이 늘어나면서 '젊은 지구'라는 개념으로 우리 주위를 이해하려고 할 때 여러 가지 심각한 문제들이 만들어지는 것을 깨닫기 시작한 것이다. 왜 그랬을까?

태양의 에너지

지구의 나이를 추정하는 배경에는 태양이 있었다. 당시 발전된 열역학적 개념, 특히 '자연에서 일어나는 모든 반응들이 자연스러운 방향을 가지고 있다'는 관점에서 볼 때 과학자들을 특히 궁금하게 한 질문이 하나 있었던 것이다.

"태양이 계속 그 뜨거움을 유지할 수 있게 하는 에너지원은 과연 무엇일까?"

이 질문은 20세기에 이르러 태양을 계속 불타게 만드는 '핵에너지'가 밝혀지기 전까지는 참으로 답하기 어려운 난제로, 이에 대해서는 별의 탄생을 다룬 이야기에서 자세히 다룰 예정이다. 어쨌든 이 질문은 무척 오래된 것으로 기원전 400년경 그리스의 아낙사고라스는 뜨거운 철로 된 태양을 주장했다. 빅토리아 시대는 심지어 태양이 벌겋게 달아오른 석탄에 의해 에너지를 공급받고 있다고 생각한 사람들도 있었다.

그러나 19세기에 이르면서 물리학자들을 중심으로 본격적인 과학적 논의가 시작되었다. 예를 들어 헬름홀츠는 태양이 형성될 때 많은 물질들이 수축하면서 열에너지로 변환된 중력에너지가 바로 태양의 에너지 공급원이 될 수 있을 것으로 생각했다. 문제는 이런 방법으로는 아무리 해도 태양의 수명이 수천만 년 정도밖에 되지 못할 것으로 추정된다는 것이었다.

용암이 식어 만들어진 지구

이런 연장선상에서 물리학자들은 지구의 나이를 추정해보기 시작했다. 지구도 태양과 마찬가지로 태초의 뜨거운 암석덩이였다가 서서히 식어 오늘날에 이른 것이라면, 지구가 현재와 같이 식기 위해서는 어느 정도의 시간이 필요할까?

쇳덩어리가 식을 때 크기가 클수록 점점 더 시간이 걸리는 사실에 기초하여, 뉴턴은 지구 크기만한 쇳덩어리가 식으려면 적어도 5만 년 정도가 걸릴 것으로 예상했다.

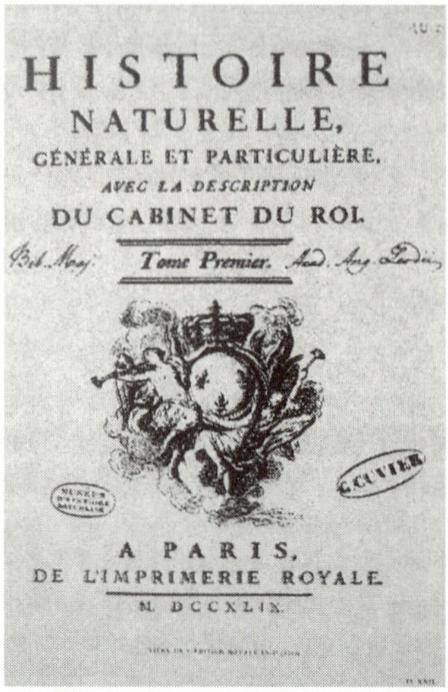
HISTOIRE NATURELLE, GÉNÉRALE ET PARTICULIÈRE, AVEC LA DESCRIPTION DU CABINET DU ROI.

Tome Premier.

A PARIS, DE L'IMPRIMERIE ROYALE.

M. DCCXLIX.

뷔퐁이 저술한 36권에 이르는 대작 《박물지》의 표지. 1778년 발간된 제20권 《자연의 생성순서》에서 뷔퐁은 지구의 나이를 약 7만 5천 년으로 추정했다.

구체적 실험 자료를 동원하여 이를 체계적으로 연구한 사람으로 프랑스의 뷔퐁을 꼽을 수 있다. 뷔퐁의 본래 이름은 르클레르이며 대학에서 법학을 공부하기도 하였지만, 독학으로 의학 · 식물학 · 수학 등을 공부하며 다양한 분야에 연구 성과를 남긴 과학자이다. 당시 알려진 자연과학의 내용을 50권의 책에 담겠다는 야망으로 1749년부터 1788년 세상을 떠날 때까지 일생의 많은 시간을 바쳐 《박물지》로 알려져 있는 36권의 책을 발간한 대단한 저술가이며, 이러한 노력으로 1772년 뷔퐁 백작이라는 작위가 수여되었다. 그중 유명한 것이 1778년 발간된 제20권 《자연의 생성순서》인데 지구의 역사를 단계적으로 7개의 시기로 나누어 설명했으며, 각 단계의 기간을 식어가는 지구의 개념에서 이해해 보고자 한 것이다.

뷔퐁은 자신이 운영하던 제철소 공장에서 크기가 다른 10개의 쇳덩어리 구를 제작하고, 이들이 가열되었다가 식는 과정을 관찰했다. 그리고 이들 자료로부터 지구와 같은 크기의 쇳덩어리가 식는 데 96,670년이 걸리며, 암석으로 된 지구는 약 7만 5천년 정도가 걸릴 것으로 추정했다.

뷔퐁 자신도 이 값은 너무 짧은 것 같다고 여겼으며, 이는 물론 잘못된 가정에서 출발해 추정한 것이므로 당연한 것이었다. 그렇더라도 구체적 실험 방법을 도입하였으며 적어도 6천년 정도의 젊은 지구라는 생각에서 분명히 벗어나게 한 것은 그의 중요한 업적으로 평가받을 만하다.

'젊은 지구론'과 '늙은 지구론'의 대결

이런 개념의 지구 나이를 추정 법을 완성시킨 대표적인 과학자가 북아일랜드 출신의 윌리엄 톰슨이었다. 1862년 약 2천만 년에서 4억 년 정도에 이른다는 결론을 내리기는 하였지만, 켈빈이 이렇게 해서 처음으로 얻은 지구의 나이는 약 1억 년 정도이었다.

1880년경이 되면서 젊은 학자들이 암석의 열전도율을 더욱 정밀히 측정하여 지구의 나이를 약 2천5백만 년 정도로 새로이 추정했다. 그런데 이 새로운 결과에 대해 켈빈이 지지 의사를 밝히고, 지구가 장구한 시간에 걸쳐 지질 과정의 역사를 반복해왔다는 생각은 적절하지 않다고 주장한 것이다. 그렇지만 지구를 직접 살피고 공부해온 지질학자들에게 이 숫자는 너무 짧게 여겨진 것은 물론이며, 다윈에게도 3천만 년은 너무도 짧은 시간으로 여겨진 것이다.

이때 열역학과 대결할 수 있는 방사능이라는 든든한 이론으로 무장한 새 물리학자 리더퍼드가 등장하여 '늙은 지구' 편을 들기 시작한 것이다.

6

X선의 발견

뢴트겐 (Wilhelm Konrad Röntgen, 1845~1923)

1901년 노벨물리학상 수상

"in recognition of the extraordinary services he has rendered by the discovery of the remarkable rays subsequently named after him"

(그의 이름이 붙어 있는 놀라운 방사선의 발견)

많은 사람들은 1895년을 근대과학이 본격적으로 시작되는 분수령이 된 시기라고 이야기한다. 그 배경에는 뢴트겐의 X선 발견이 있다. 뢴트겐은 독일 출생의 물리학자로 뷔르츠부르크대학교에서 물리학 교수로 재직하고 있으면서 음극선에 관한 연구를 하다가 우연히 X선을 발견하게 된다.

1895년 뢴트겐은 검은 종이로 완전히 둘러싼 크룩스관으로 음극선 실험을 할 때, 우연히 그 근처에 있던 시안화백금바륨을 칠한 널빤지가 형광을 내는 사실을 발견하고 방전관으로부터 알 수 없는 선이 나옴을 확인했다. 이 선이 가지고 있는 가장 큰 특징은 여러 물질에 대해 놀랄 만한 투과력을 가지고 있었다.

:: 1895년

몇 년 전 핵에너지의 시대와 인류가 우주로 발을 뻗기 시작한 20세기를 보내고 새 천년을 맞으면서, 전세계적으로 벌어진 각양의 요란한 잔치와 주위에서 물밀 듯이 들이닥치는 여러 정보들을 보면서 새 천년은 분명히 무엇인가 과거와는 엄청나게 다른 새 세상이 될 것 같은 기분이 들었던 것이 사실이다.

우리 생활의 곳곳에 속속들이 파고들어와 우리 생활을 바꾸어주던 컴퓨터가 Y2K라는 모습으로 새 천년을 맞이하는 우리들의 마음을 졸이게 하였던 것을 시작으로, 아마 우주 또는 사이버로 시작하는 더 많은 용어들이 우리들의 일상생활 속으로 파고들어오는 어떤 세상으로 가게 될 것이다.

그런데 20세기를 맞이했던 지금으로부터 100여 년 전은 과연 어떠했을까? 우리 이야기의 주제인 노벨상으로 보면 노벨상이 새로이 제정되기 직전의 상황이다. 시계를 되돌려 당시로 돌아가보면 그때에도 다가올 20세기에 가면 새로운 과학이 놀라울 정도로 꽃필 것을 예견해주는 흥미로운 발견에 흥분하고 있었던 것을 알 수 있게 된다. 1895년 뢴트겐의 X선 발견을 시작으로 1896년 베크렐의 방사선 발견, 그리고 이를 잇는 1897년 톰슨에 의한 전자의 발견 등을 새 세기를 준비하는 중요한 사건으로 꼽을 수 있다.

반양성자를 발견한 연구로 1959년 노벨 물리학상을 수상한 세그레(Segré, 이태리 출신의 과학자로서 당시 미국 버클리대학교의 교수)는 《X선에서 쿼크까지》라는 저서에서 당시의 상황을 생생하게 기술하고 있다. 세그레와 함께 100여 년 전으로 돌아가 새 세기를 맞이하던 당시의 모습을 살피고 지금과 한번 비교해보는 것도 재미있을 것이다.

1895년은 〈타임(Time)〉지가 지난 20세기의 인물로 선정한 아인슈타인은 아직 알려져 있지도 않았고 당시의 기준에 비추어서는 공부도 그리 잘하지 못하는 16살의 학생이었던 시절이다.

1895년경 사용되었던 전화기의 모형

비행기는 물론 없었으며(라이트 형제가 처음으로 비행에 성공한 것이 1903년 10월 17일이다), 전지를 필요로 하는 원시적인 전화가 막 시작될 즈음이었다. 전기는 거의 없었으며 자동차도 아직 없었다. 이것은 2년 뒤 런던의 박람회에서 요란한 소리와 함께 시속 20km로 달리는 자동차가 선보인 것을 러더퍼드가 모친에게 보낸 편지에서 알 수 있다. 당시에 중요한 교통수단은 말이 끄는 마차였다. 물론 이때도 교통사고가 없었던 것은 아니다. 말의 제어가 갑자기 불가능해졌을 때 사고가 나곤 했으며, 1906년 4월 19일에 아깝게도 이런 사고로 퀴리 부인의 남편이었던 피에르 퀴리가 사망하게 된다. 자동차가 없어서 매연이 없었던 것은 사실이나 당시도 말똥가루가 오늘날의 매연을 일부 대신했던 것으로 보인다.

:: 물리학 실험실

물리학과 화학이 크게 구별되지 않았던 당시 실험실의 규모는 지금과 비교하면 정말 형편없는 초라한 모습임에 놀라지 않을 수 없는데, 당시의 모습을 미루어 짐작해볼 수 있는 몇 가지의 중요한 필수 연구 장비들이 있다.

첫째는 축전지이다. 1800년 볼타(Alessandro Volta, 1745~1827)가 왕립협회에 발표한 논문에서 아연과 구리판 등으로 구성된 전지를 처음으로 제시한 이후, 전기를 내는 장치는 실험실의 매우 중요한 필수품으로 되어 있었다. 당시의 표준화된 전지는 분젠전지라고 불리는 것이었는데 흑연과 아말감이 입혀진 아연, 그리고 황산과 질산으로 구성된 1.95V전지이며 구성 성분으로 미루어볼 때 그 관리가 만만치 않았을 것으로 상상이 된다.

둘째는 고전압을 만들며 긴 불꽃방전을 일으킬 수 있는 룸코르프(Ruhmkorff)

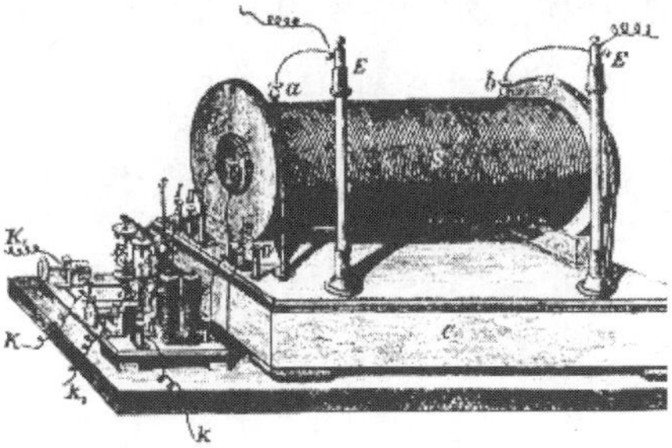

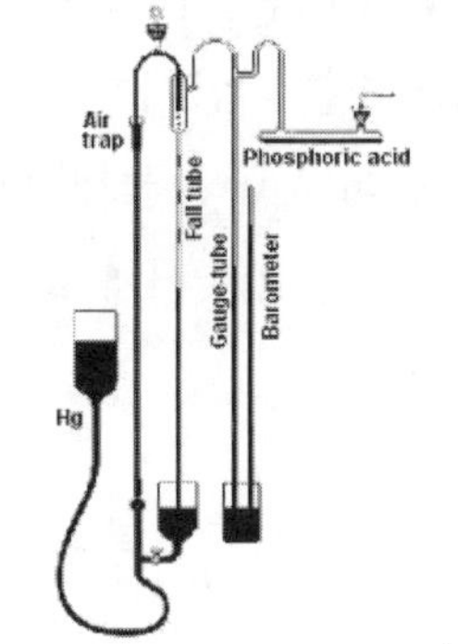

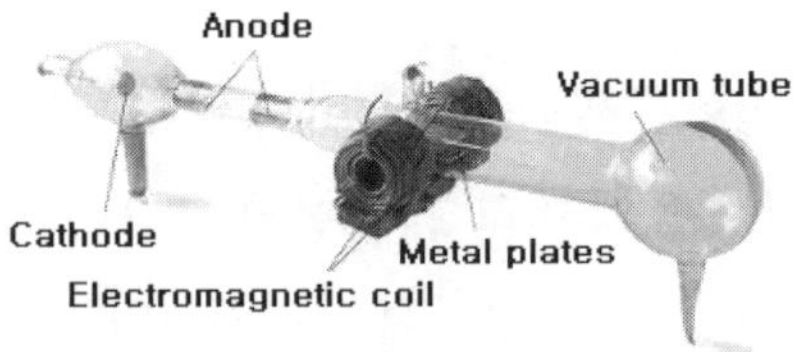

⬅(위) 19세기말 물리 · 화학 실험실의 가장 중요한 필수 장비의 하나였던 룸코르프 유도코일
⬆당시 빼놓을 수 없었던 중요한 장비인 진공장치. 수은을 오르내리며 공기를 조금씩 밀봉한 관에서 빼어내는 지루한 방법을 이용했다.
⬅1897년에 톰슨이 전자 발견 실험에 이용했던 음극선 장치

유도코일이었다. 원통형 철심에 절연시킨 두 개의 코일을 감은 것이다. 1차 코일은 굵은 전선으로 두서너 번 감고 2차 코일은 몇 마일이나 되는 가느다란 선을 수 없이 감은 것이다. 1차 코일에 전지로부터 전류를 흘려주며 스위치를 되풀이하여 차단시켜 1차 전류를 변화시키면, 이에 따라 2차 코일에 전류가 유도되어 두 단자에 전위차가 만들어지는 장치였다. 런던의 왕립학회에 보관되어 있는 그 당시의 큰 룸코르프 코일의 2차 코일의 길이는 무려 450km나 되며 1m 이상이나 되는 긴 불꽃을 튀겼다고 전해진다. 1895년 뢴트겐이 사용한 코일도 직경 20cm, 길이 50cm의 대형으로 1차 코일의 전류도 약 20A(암페어) 정도의 것이었다.

그리고 셋째는 성공적인 실험을 위해 아주 중요했던 진공펌프였다. 당시 최상의 진공을 얻기 위해 사용됐던 수은 진공펌프를 보면, 왼쪽에 있는 그릇 속의 수은이 관(fall tube) 속으로 한 방울씩 떨어지면서 공기를 한 방울 한 방울씩 유리기구 밖으로 밀어내어 진공을 만들어내는 장치였다. 진공을 필요로 하는 관

은 인산을 담은 건조그릇의 오른쪽으로 연결되며, 중앙에는 진공의 정도를 재기 위해 수은 기압계가 붙어 있었다. 물론 진공을 얻기 위해서는 수은 그릇을 손으로 꽤 여러 번 오르내려야 했으며, 이런 실험을 위해서 조교들이 수행하여야 했을 고된 수고가 쉽게 상상이 된다.

:: X선의 놀라운 투과력

X선이 가지고 있는 가장 큰 특징인 놀랄 만한 투과력을 시험하기 위해 뢴트겐은 검은 종이 외에도 책, 카드, 목판, 알루미늄 등의 여러 가지 물체를 방전관과 형광판 사이에 놓아보았다. 특히 방전관과 형광판 사이에 손을 집어넣었을 때, 손가락뼈의 영상을 볼 수 있었는데 생각해보면 정말로 굉장한 일이었을 것이다. 정체를 알 수 없는 선의 존재를 손가락뼈의 영상을 통해 확인할 수 있었기 때문이다.

물질에 대한 투과력 이외에도 이 이상한 선은 음극선과는 달리 전기장이나 자기장에서 전혀 진로가 휘어지지 않았고, 거울이나 렌즈에도 쉽게 반사되거나 굴절되지 않는 특징을 보였다. 이렇게 그 정체를 알 수 없다는 이유로 이 선을 X선이라고 명명했다.

1895년이 거의 저물어가던 무렵 X선을 발견한 뢴트겐은 12월 28일 뷔르츠부르크 물리학-의학협회에 「하나의 새로운 종류의 방사선에 관하여」라는 제목으로 X선 발견을 발표하는 논문을 제출했다. 그리고 며칠 뒤인 1896년 1월 1일 인쇄된 논문 초고가 반지를 낀 그의 부인의 손을 찍은 X선 사진과 함께 유럽 각지의 동료들에게 재빨리 배포되었다. 물체를 투시할 수 있는 능력을 가지고 있는 X선에 관한 믿을 수 없는 소식은 전 과학계에 큰 소동이 일어나게 했다.

뢴트겐은 즉시 많은 강연에 초대를 받게 되지만, 대부분 거절했으나 한 번의 예외가 있었다. 바로 황제가 이를 보고 싶어 했던 것이다. 1896년 1월 13일 황제 앞에서의 시연을 앞두고 뢴트겐이 한 고민을 보면 재미있다.

"황제께서 행운이 있으시면 좋겠습니다. 왜냐하면 이 관은 쉽게 깨질 수 있는 데다가 만약 새것을 만들어 이를 진공으로 만들려면 족히 나흘은 걸리기 때문입니다."

진공을 만드는 것이 얼마나 어려웠던 것인지를 잘 보여주는 대목이다. 다행스럽게도 황제 앞에서의 시범은 무사히 잘 끝났고 뢴트겐은 만찬과 훈장을 받았다.

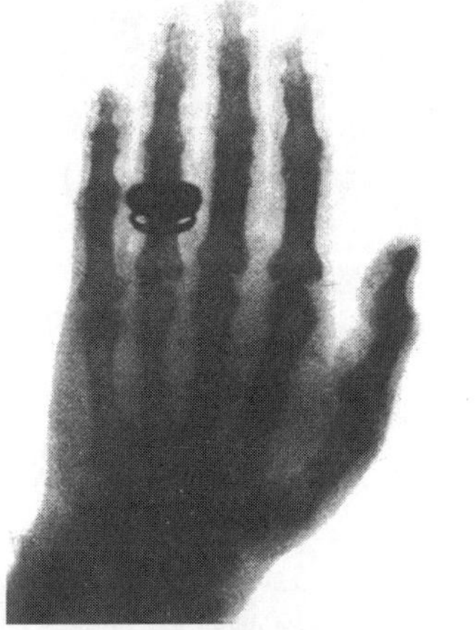

뢴트겐이 X선 발견을 알리는 논문과 함께 소개하였던, 뢴트겐 부인의 손을 찍은 X선 사진

이와 유사한 시범이 30년 후 이탈리아에서도 일어났다. 여왕이 물리학과 교수에게 시연을 요청해온 것이다. 이 학과의 잔키라는 나이 많은 실험조수가 수은 펌프로 관을 배기시키는데 하룻밤을 꼬박 새우며 뜬눈으로 노심초사했지만, 시연은 다행히 성공적으로 끝났다고 한다.

이 같은 놀라움을 안겨준 X선은 발견 후 그 응용성이 즉각적으로 인정됐으며, 오늘날까지도 의학계를 포함한 다양한 방면에서 중요하게 응용되고 있다. 1901년 시작된 노벨상 수상의 제1회 노벨상 수상자로 뢴트겐이 선정된 것은 전혀 놀라운 일이 아니었다.

뢴트겐이 사람을 해부하지도 않은 채 살아 있는 사람의 뼈를 볼 수 있었다는 소문은 초기에는 대중들에게 터무니없는 두려움과 오해를 불러 일으켰던 것이 사실이다. 그러나 X선이 물질을 투과하는 성질은 재빨리 의료 및 공업 기술 방면에 응용되었다. X선을 흡수하는 정도는 물질에 따라 다르며, 밀도가 높은 물질일수록 X선은 투과하기 어렵다. 이 때문에 X선을 조사한 물질의 뒤쪽에 형광판 또는 사진 필름을 놓으면, 물체 내부의 밀도의 변화에 대응하는 농담의 그늘이 찍히며, 이를 통해 물체(또는 생체)의 내부조직 상태를 알 수 있다. X선 진단, X

새로운 뢴트겐 사진기
"여기보세요, 농부아저씨"

뢴트겐의 발견이 일반에게 받아들여진 정황을 보여주는 당시의 삽화

선에 의한 물체의 비파괴검사 등은 X선의 이러한 성질을 이용한 것이다. 인체의 외부에서 골절을 조사하든지 폐결핵의 상태를 알 수 있는 등 의학 진단에 이용되는 의학용 X선 사진, 또는 주물이나 용접 부분 등의 내부의 균열이나 흠의 유무를 검사하는 공업용 X선 사진 등은 대표적인 X선 투과 사진들이다.

:: 많은 노벨상 수상자를 배출시킨 X선 연구

X선의 정체를 알아내기 위한 많은 노력이 뒤따랐지만, 1910년대에 들어서야 비로소 X선이 10~11m 정도의 파장을 가진 전자기파라는 생각이 대두되기 시작했다. 이 파장의 길이가 당시 정확하게 알려져 있었던 것은 아니지만 결정들 속에 배열되어 있는 원자들 사이의 거리와 비슷하다는 것이 이해된 것이다. 결정 내의 원자들의 규칙적인 배열을 이용해 X선의 간섭현상을 일으키는 슬릿으로 이용할 수 있으리란 기발한 생각이 시도된 것은 물론이다.

1912년 폰 라우에(Max von Laue, 1879~1960)는 황화아연의 결정에 X선을 쬐여 그의 예상대로 사진 필름 위에 간섭현상으로 인한 반점군이 나오는 것을 확인하여 X선이 파장이 극히 짧은 전자기파라는 것을 밝혔다. 물론 이 반점군의 형태는 원자들의 배열 상태에 따라 다른 모양을 가지게 될 것이 분명하므로 따라서 이를 역으로 이용하여 X선의 회절현상을 조사함으로써 결정 내의 원자들의 배열되어 있는 내부 구조를 계산해낼 수 있다는 것을 의미했다. 이렇게 'X선 회절'이라는 중요한 연구 분야가 탄생하며 라우에는 이런 공로로 1914년 노벨물리학상을 수상한다. 이 분야를 더욱 발전시켜 결정 구조 결정에 응용시킨 대표적 사람으로 영국의 브래그 부자, 아버지 헨리 브래그(Sir William Henry Bragg, 1862~1942)와 아들 로렌스 브래그(Sir William Lawrence Bragg, 1890~1971)가 있으며, 이들은 1915년 부자가 함께 노벨물리학상을 받는 영예를 가졌다.

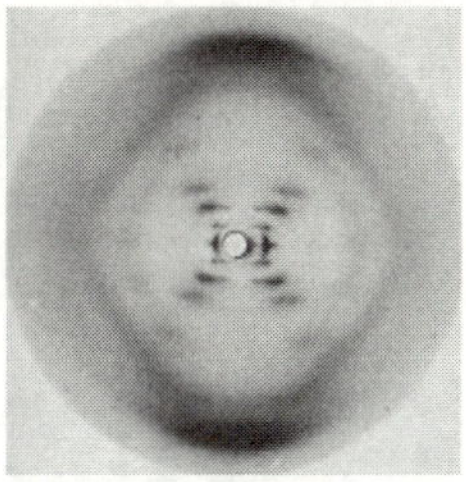

영국 케임브리지대학교 킹스 컬리지(King's College)에서 DNA의 구조를 연구하던 프랭클린이 1952년 5월 초에 얻은 X-ray 사진. 이 사진은 왓슨과 크릭이 DNA의 3차원 구조를 밝히는 데 있어서 결정적인 역할을 했다.

오늘날 분자생물학이라는 놀라운 새 학문 영역을 탄생시키는 기원이 되는 왓슨(James D. Watson)과 크릭(Francis H. C. Crick)의 DNA 구조 결정도 1952년 5월 프랭클린(Rosalind Franklin)이 얻은 B형 DNA 결정의 X선 회절사진이 없었다면 불가능한 일이었다.

왓슨과 크릭이 DNA 모형을 발표한 논문이 1953년 4월 〈네이처(Nature)〉지에 게재될 때 이와 나란히 프랭클린과 고슬링의 X선 회절 자료가 발표되었다. 왓슨과 크릭은 9년 뒤인 1962년 윌킨스(Maurice Wilkins)와 함께 노벨생리의학상을 수상하게 된다(1950년대 DNA 구조가 밝혀지기까지 당시 영국 캐빈디쉬연구소(Cavendish Laboratory)에 있었던 왓슨과 크릭, 미국 칼텍의 폴링, 그리고 주위의 여러 연구자들 사이에 얽혀진 숨 막히고 흥미진진한 뒷이야기는 왓슨이 저술한 《이중나선(The double helix)》에 잘 기술되어 있다). 그리고 바로 같은 해 노벨화학상은 X선을 이용해 헤모글로빈과 미오글로빈 단백질의 입체구조를 밝힌 페루츠(Max Peruz)와 켄드루(John Kendrew)에게

1953년 봄 영국 캐빈디쉬 실험실에서 연구하던 왓슨과 크릭이 DNA의 이중나선 구조를 처음으로 밝히고 그들이 제작한 모형 앞에서 찍은 사진. 크릭이 들고 있는 계산자는 사진사 브라운(A. C. Barrington Brown)이 제안한 것이라고 전해진다.

수상됐다. 도로시 호지킨(Dorothy Mary C. Hodgkin)도 X선을 이용해 생리활성물질인 비타민 B12의 구조를 밝힌 연구로 1964년 노벨화학상을 수상했으며, 더 나아가 1988년 노벨화학상을 수상한 미첼(Hartmut Michel)과 후버(Robert Huber)는 박테리아에서 광합성이 일어나는 반응 중심 부분의 단백질구조를 밝히는 데 성공했다.

X선의 스펙트럼을 측정하는 부분도 원자를 연구하는 데 아주 중요한 기여를 한 것은 물론이다. 제1차 세계대전에 참전해 전사했기 때문에 애석하게도 노벨상을 수상하지 못한 모즐리(Henny Moseley)는 바로 X선의 성질을 이용해 원자번호를 정의할 수 있었으며, 오늘날 우리들이 사용하는 원자번호에 기초한 주기율표의 확립에 결정적인 기여를 했다. 당시까지도 원자량이 주기율표를 만드는 중요한 기준이었으며, 중간에 어떤 원소들이 빠져 있는지를 아는 것이 결코 쉬운 문제가 아니었다.

:: 지구 연구에도 중요한 X선

X선의 투과력은 우리 지구를 이해하는 데에도 매우 중요하게 응용된다. 가까이는 바다 밑의 구조에서 멀리는 우주를 들여다보는 중요한 도구를 제공한다.

해저에 쌓여 있는 퇴적물의 분석은 현재 바다에서 일어나고 있는 과정을 이해하는 데 중요할 뿐 아니라, 과거의 바다에서 어떤 일들이 있었는지를 알 수 있게 해주는 중요한 열쇠 역할을 한다. 또한 미래의 바다 환경과 지구 환경 변화에서의 바다의 역할을 예측할 수 있는 단서를 제공하기도 한다.

우선 바다에서 해양 퇴적물을 채취하기 위해서는 특수하게 제작된 시료 채취기가 필요하며 그중의 하나가 피스톤 시추기(piston corer)이다. 이것은 퇴적물을 담을 수 있는 기다란 파이프와 무거운 추, 트리거 암(trigger arm), 그리고 피스톤으로 만들어져 있다. 트리거 암이 먼저 해저 표면에 닿으면 이어 본체 시추기가 퇴적물 위로 내려가고, 계속해서 해저 표면 아래로 뚫고 내려가면서 파이프 바닥에 있던 피스톤이 상부로 올라가, 마치 주사기로 물을 빨아들이는 것처럼 물을 많이 포함하고 있는 해양 퇴적물을 파이프 내로 채우는 장비이다.

해저에서 시료를 채취한 후 선상으로 회수되는 피스톤 시추장비(corer)의 모습

이런 시추 장비를 이용해 채취된 퇴적물 시료를 분석하기 위해 우선 퇴적물의 슬래브(slab)를 만들고 X선 기계를 이용해 X선 투과사진을 촬영한다. 해양에서 퇴적되는 퇴적물은 대체로 입자 크기가 매우 작아 그 퇴적 구조를 맨눈으로 알아보기가 매우 어렵다. 그러나 퇴적물의 X선 사진을 보면 맨눈으로는 볼 수 없는 퇴적물의 퇴적 구조를 확실하게 볼 수 있다. 이것은 해양학자들에게 매우 중요한 일인데, 왜냐하면 이러한 퇴적 구조들은 퇴적물들이 쌓였을 당시의 퇴적 조건과 과정에 관한 중요한 정보를 가지고 있기 때문이다.

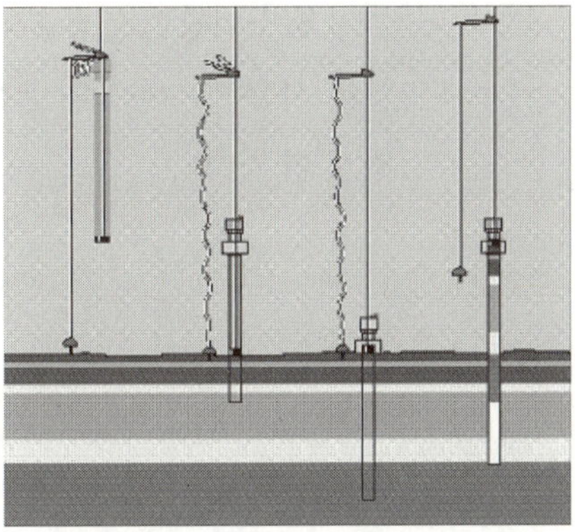

피스톤 시추장비가 작동되는 원리를 보여주는 그림

X선 탐지기가 하늘을 향했을 때 과학자들은 놀랍게도 초신성 폭발을 마지막으로 일생을 마치는 별이 도달하는 종착역의 하나인 중성자별을 발견할 수도 있었다. 1967년의 일이다. 이 연구가 1974년 휴이시의 노벨상물리학 수상으로 연결된 것은 말할 것도 없으며, 뒤에서 더 자세히 살펴보기로 한다.

:: 미래의 과학을 여는 실마리

무엇보다도 X선의 발견이 이끌어낸 매우 중요한 업적은 바로 방사능의 발견이었다. X선이 혹시 자신이 계속 연구해오던 인광현상과 관련되어 있는 것이 아닌지를 추적하는 과정에서, X선이 발견되고 몇 개월도 지나지 않은 1896년 봄 베크렐(Henri Becquerel)은 우라늄광으로부터 자연적인 방사선이 나오는 것을 발견한다. 이때는 앞에서 살펴보았던 뉴질랜드 출신의 러더퍼드가 '1851년 런던 박람회 장학금' 을 받게 되어 영국 케임브리지의 캐빈디쉬연구소에 톰슨의 연구학생으로 등장(1895년 9월)한 직후이다. 러더퍼드가 중요한 역할을 하며 이어진 방사능을 규명하는 연구로부터 20세기의 핵시대가 열리며, 그동안 수많은 사람들이 꿈꾸어왔던 연금술의 비밀이 밝혀진 것이다. 연금사들이 실패한 원인이 그들이 사용하던 불꽃의 온도가 연금술을 성공시키기에는 너무 낮았던 것을 이해하게 된 것이다.

7

방사능의 발견 (1)

앙리 베크렐 (Henri Becquerel, 1852~1908)

1903년 퀴리 부부와 함께 노벨물리학상 수상
"in recognition of the extraordinary services he has rendered by his discovery of spontaneous radioactivity"
(자연방사능의 발견)

:: 포앵카레

1896년 1월 1일 뢴트겐의 논문 초고가 반지를 낀 그의 부인의 손을 찍은 X선 사진과 함께 유럽 각지의 동료들에게 배포되었을 때, 이 소식을 들은 사람들 중 프랑스의 포앵카레(Henri Poincaré)가 포함되어 있었다.

포앵카레는 흔히 수학자로 알려져 있지만 기초적인 물리학 연구에도 큰 관심을 가지고 있던 과학자로서, 뢴트겐의 발견에 흥분했던 당시의 대표적인 과학자들 중의 한 사람이었을 것이다.

포앵카레는 1896년 1월 20일 자신이 회원이었던 과학아카데미의 주례회의에서 뢴트겐이 보내준 첫 X선 사진을 공개하고, 이 선이 아마 음극의 반대쪽인, 형광이 나오는 유리쪽으로부터 나오는 것 같다는 설명을 덧붙였다. 이 자리에 참석하였던 앙리 베크렐이 즉시 X선과 형광과의 관계를 생각하기 시작한 것은 물론이다.

베크렐은 다음날부터 형광물질들이 과연 X선을 내는지를 조사하기 시작하며, 이 실험은 채 몇 주일도 지나지 않아 방사능의 발견으로 이어지게 된다.

:: 자연사박물관의 교수 가문 베크렐가(家)

앙리 베크렐은 당대의 저명한 물리학자였던 에드몽 베크렐(1820~1891)을 아버지, 앙투안 세자르 베크렐(1788~1878)을 할아버지로 둔 명망 있는 물리학자 가문에서 태어났다. 할아버지 세자르는 에콜 폴리테크닉을 졸업한 1기 장교였다. 1810~1812년의 스페인에서 있었던 전쟁에도 참여했으나 전선에서의 부상 등으로 건강이 좋지 않아 1815년 나폴레옹의 실각 후 군을 떠나는데, 물리학에 관심을 가졌던 세자르는 그 후 파리의 자연사박물관의 물리학 교수가 되고 나중에는 관장까지 되었다.

그런데 이 박물관의 교수직은 일종의 세습직으로 되어 있어 4대에 걸쳐 앙리 베크렐의 아들 장에게까지 계승된다. 4대에 걸쳐 교수직을 계승했다는 것은 오늘날 관점에서 보면 도저히 있을 수도 없는(?) 놀라운 일이다.

집안의 전통을 따라 앙리 베크렐도 에콜 폴리테크닉에서 공부했다. 그리고 1895년 뢴트겐이 X선을 발견했을 때, 앙리는 토목국 기사장을 거쳐 박물관의 아버지 에드몽을 계승하고 또한 에콜 폴리테크닉의 교수로 인광과 형광에 대한 연구를 계속하고 있었다.

에콜 폴리테크닉은 나폴레옹 시절 세워진 프랑스 최고의 엘리트 과학교육기관으로서, 여러 해 동안 프랑스를 위해 기술, 과학 그리고 군사 분야의 전문가를 수없이 배출했다. 따라서 프랑스에서 과학자나 기술자 또는 군인으로 경력을 쌓기 위해서는 이 학교 출신을 가리키는 '폴리테크니시앙' 이어야 한다는 조건이 있었다. 피에르 퀴리가 처음에 곤경에 처했던 것도 한편으로는 폴리테크닉 출신이 아니었기 때문이라고 전해진다.

:: 형광현상

베크렐가의 전통은 인광과 형광에 관한 연구였다. 어떤 물질이 햇빛 등의 자극을 받을 때 발광하는 현상을 형광이라고 부르며, 이러한 햇빛과 같은 자극이 없어지더라도 계속해서 발광을 하면 이를 인광이라고 부른다. 우리나라에서 예로부터 알려져 있는 고목(古木)의 도깨비불은 인광의 대표적인 예이다. 앙리의 아버지 에드몽은 우라늄의 전문가였다. 따라서 우라늄광으로부터 방사능을 발견한 것은 어쩌면 앙리의 운명이었는지도 모르며 사실 그도 그렇게 말하곤 했다.

"형광을 충분히 강하게 방출하는 물질이라면 형광의 원인이 무엇이건 간에 X선을 방출할 수 있는 것이 아닐까?" 포앵카레가 1896년 1월 30일 뢴트겐의 연구를 프랑스 과학지 〈Revue generale des Sciences〉에 소개하면서 제기한 질문이었다. 베크렐의 실험은 이 질문에 본격적으로 답을 해보려는 작업으로 시작된 것이다.

베크렐은 아버지가 연구에 사용했던 형광물질인 우라늄염을 사용해 실험을 시작했다. 하루 종일 햇볕에 쪼이더라도 빛이 들어갈 수 없게끔 두꺼운 검은 종이로 싼 사진 건판 위에 형광물질을 올려놓고 이 전체를 햇빛에 노출시켜보았다. 그러자 현상한 사진 건판에는 이 형광물질의 그림자가 음화로 나타나고 있었다.

베크렐은 '이 우라늄염이 햇빛에 의해 형광을 내는 동안 X선을 동시에 방출하고, 이 X선이 햇빛이 투과하지 못하는 종이를 투과해 들어가 사진 건판을 감광시켰다' 는 그릇된 결론을 내리며 그 결과를 2월 24일 과학원에 보고했다. 그러나 이 잘못된 결론은 곧 행운(?)의 사건을 통해 수정된다. 즉, 뜻하지 않게 구름 낀 파리의 나쁜 날씨가 아주 중요한 한몫을 담당한 것이다.

:: 나쁜 날씨가 준 뜻밖의 선물

베크렐이 실험을 계속 수행하려던 2월 26일과 27일은 공교롭게도 파리의 날씨가 나빠서 햇빛이 없었기 때문에, 장시간 햇빛을 필요로 하는 이 실험을 결국 포기할 수밖에 없었다. 종이로 싼 사진 건판 위에 우라늄 화합물을 놓아둔 채 모든 것을 서랍 속에 넣어둘 수밖에 없었던 것이다. 물론 햇빛이 없었기에 희미한 그림자밖에는 나올 수 없을 것으로 예상하고 며칠 후 3월 1일 사진 건판을 현상한 베크렐은 그의 예상을 전혀 뒤엎는 결과를 보게 된다. 매우 진한 그림자가 사진 건판에 나타난 것이다.

베크렐은 햇빛이 없는 어둠 속에서도 우라늄 염에 의해서 사진 건판을 현상시키는 빛이 나오는 새로운 현상을 발견한 것이다. 이 사실은 곧 과학원에 보고된다.

이어 3월 9일에는 우라늄 염에서 나오는 빛이 종이로 싸여 있는 사진 건판을 검게 만들 뿐만 아니라 주위의 기체를 전리시켜 도체를 만드는 것도 발견한다. 어떤 시료가 이런 성질을 가지고 있는지의 여부는 전리작용을 측정함으로써 쉽게 판별할 수 있는 것이다. 이런 측정에 사용되는 기구는 금박 검전기라고 불리는 소박한 장치였다.

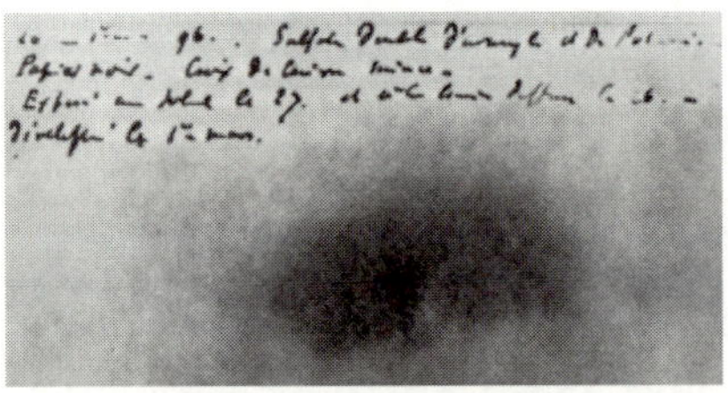

베크렐이 1896년 2월 26일 우라늄광 밑에 놓았던 필름으로 찍은 최초의 방사선 사진

사실 베크렐선(방사선)의 발견은 실로 엄청난 파급효과를 가지고 있었으나, 그 당시는 X선의 발견이 일으켰던 것과 같은 흥분을 전혀 일으킬 수가 없었다. X선의 흥분이 아직도 과학계를 이끌어가고 있었기 때문이다. 방사선의 중요성이 주목을 받

기까지는 퀴리 부부가 본격적으로 이에 대한 연구 대열에 참여하기까지 약 2년의 시간을 더 필요로 하게 된다.

:: 방사능(Radioactivity)

베크렐은 이 기이한 현상이 우라늄 광물들만이 가지고 있는 특별한 성질이라고 생각했다. 따라서 베크렐은 이에 관한 연구에 열심이었으나 시료를 우라늄으로 국한시키고 있었다. 이에 대해 그는 나중에 다음과 같이 이야기 한다.

"새 방사선이 우라늄에서 발견되었기 때문에 더 큰 활성이 다른 물체에서 나타나리라 생각되지 않았습니다. 그래서 다른 물질에서도 이런 현상이 있는지를 찾아 이를 일반화하는 것보다는 그 빛의 본성을 이해하기 위한 물리학적 연구가 더 급한 것으로 생각되었습니다."

이런 현상이 우라늄만이 아니라 원자들이 가지는 일반적 성질임이 밝혀지기 위해서는 1903년 베크렐과 함께 노벨물리학상을 탄 퀴리 부부의 역할을 필요로 했다. 방사성물질의 양은 방사능 강도, 즉 단위시간에 일어나는 방사능 붕괴의 횟수, 다시 말하면 단위시간 동안 붕괴로 인해 방출되는 방사선의 개수로 나타내는데, 오늘날 방사능의 세기를 표현하는 단위에 방사성의 발견에 기여한 과학자들의 이름이 적절히 기념되는 것은 자연스러워 보인다.

방사능이라는 용어를 처음으로 제안하였으며 방사능이 가진 일반적인 성질을 규명하는 데 중요한 기여를 한 퀴리 부인을 기념해 처음에는 퀴리(Ci)라는 단위를 사용했으며, 1퀴리는 퀴리 부인이 발견한 새로운 원소 라듐 1g이 가지고 있는 방사능의 양이다. 방사능물질을 다루는 사람들 사이에서는 지금도 이 단위가 계속 사용되고 있다. 그러나 MKS계에서는 금번 이야기의 주인공인 베크렐을 기념해 방사능의 기본 단위로 베크렐(Bq, Becquerel)을 사용한다. 즉 1베크렐은 1초에 한

번 방사능 붕괴를 하여 이로 인해 1개의 방사선이 방출되는 방사능의 양에 해당한다. 1퀴리는 3.7×10^{10}베크렐이나 되는 엄청나게 센 방사능이다.

:: 모래시계 : 신비한 방사능

방사능은 발견 초기에는 참으로 이해하기 어려운 신비로운 현상이었다. 이러한 발견이 지구과학에 미친 영향으로 방사능이 보인 두 가지 특성을 들 수 있다.

그 하나는 지구가 그 내부에 과거에 전혀 생각하지 못했던 열의 공급원을 가지고 있다는 것이다. 즉, 방사능과 함께 열이 발생하는 것을 발견한 것이다. 또 하나는 이들 방사성 원소들이 일정한 기간을 지나면 방사능이 반으로 줄어드는 반감기를 가지고 있다는 것이다. 그런데 이 반감기는 이들 방사성 원소들이 가지고 있는 일종의 모래시계와 같은 것이다.

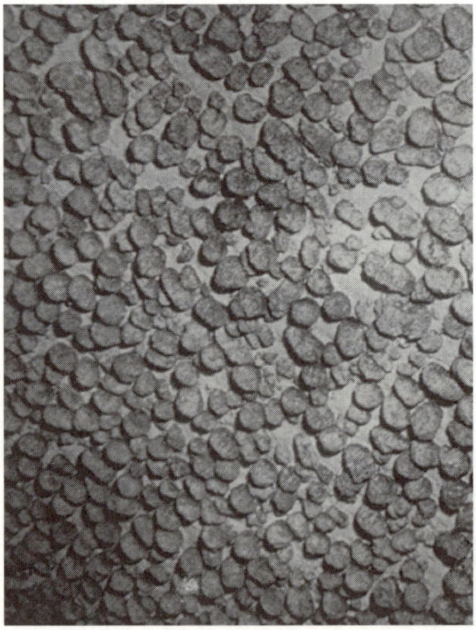

태평양 해저에 많이 발달되어 있는 망간단괴의 모습

러더퍼드는 바로 이런 성질을 이용해 우라늄 광물의 연대를 측정했고, 이 결과를 통해 지구가 늙은 지구인 것을 증명할 수 있었던 것이다.

오늘날 지구과학에서 관심을 가지고 있는 많은 자연현상들과 관련된 시간의 정보를 얻을 수 있는 것은 모두 적절한 반감기를 가진 방사능을 이용했다. 예를 들어 우리들이 신문 등에서 많이 보고 있는 태평양의 망간단괴들은 얼마나 빠른 속도로 자라고 있을까? 베크렐이 열심히 연구했던 우라늄이 이를 알아내는 중요한 모래시계의 하나이다. 망간단괴 내에 포함되어 있는 우라늄의 분포 모습을 통해 과학자들은 이들이 100만 년에 수 밀리미터 정도의 매우 느린 속도로 자란 것을 알고 있다. 우리 손에 잡힐 만한 크기의 망간단괴가 이렇게 자라나기까지는 수백만 년 이상의 시간이 필요했던 것이다.

오늘날 망간단괴를 깊은 바다 속에서 캐어내어 단괴 속에 포함되어 있는 유용한 금속들을 이용하려는 논의가 활발하다. 그렇지만 본격적으로 이를 이용하기 시작하면 기껏해야 수십 년도 안 되어 대부분을 소비돼버릴지도 모른다. 이런 망간단괴들이 만들어지기까지 자연은 수백만 년이라는 장구한 역사를 거치면서 우리들을 위해(?) 바다 밑에서 이를 준비해왔다는 것을 음미하며 자연에 대하여 감사하는 마음을 조금은 가져야 하지 않을까?

:: 이어지는 연구들

물론 방사능의 발견이 이런 새로운 응용으로 이어진 것은 초창기에 방사능이 보여주었던 여러 가지 수수께끼 같은 현상이 이해된 이후이다. 방사능이 이해되기 위해서는 방사능 자체뿐만 아니라 또한 원자의 구조에 대한 규명이 이루어져야 했다.

물론 이를 위해서는 많은 연구자들의 노력을 필요로 했다. 우리의 귀에 익은 톰슨, 러더퍼드, 소디, 애스턴, 보어, 모즐리, 퀴리 부부의 딸과 사위였던 졸리오 부부 등의 연구자들을 열거할 수 있으며, 방사능의 본격적인 응용에는 드 헤베시, 유레이, 리비 등의 과학자들이 중요한 기여를 하게 된다.

물론 이들의 대부분이 노벨상을 수상한 것은 말할 필요도 없다. 앞으로 이들 한분 한분의 업적과 연구 결과를 살피면서 방사능의 발견의 비밀과 이것이 지구과학의 학문적 발전에 기여한 여러 일들을 살펴볼 생각이다. 우선 베크렐이 발견했던 이상한 우라늄의 성질을 방사능으로까지 확장시키는 중요한 연구를 이룬 퀴리 부부의 이야기로 들어가 우리들의 지구 여행을 계속해보자.

8

방사능의 발견 (2)

피에르 퀴리 (Pierre Curie, 1859~1906)

1903년 베크렐과 함께 노벨물리학상 수상
"in recognition of the extraordinary services they have rendered by their joint researches on the radiation phenomena discovered by Professor Henri Becquerel"
(베크렐이 발견한 방사현상의 공동연구)

마리 퀴리 (Marie Curie, 1867~1934)

1903년 베크렐과 함께 노벨물리학상 수상
1911년 노벨화학상 수상
"in recognition of her services to the advancement of chemistry by the discovery of the elements radium and polonium, by the isolation of radium and the study of the nature and compounds of this remarkable element"
(폴로늄, 라듐의 발견과 분리 및 이들 원소의 특성연구)

:: 피에르와 마리 퀴리 부부

퀴리 부인이 마리아 스클로도브스카라는 이름의 24세 폴란드 출신 처녀로 물리학을 공부하기 위해 파리로 유학을 온 것은 뢴트겐이 X선을 발견하기 4년 전인 1891년의 일이다. 그리고 곧 이학부에 등록하여 물리학 · 화학 · 수학 등의 강의를 수강한다.

1894년 파리를 방문했던 폴란드의 물리학자 코발스키는 마리아 스클로도브스카를 피에르 퀴리에게 소개했다. 당시 마리아보다 8살 위였던 35살의 피에르 퀴리는 24세 때부터 파리의 물리학 및 화학학교의 실험실 주임으로 임명되어 있었으며 이미 피에조 압전기압 등에 관한 연구 등을 통해 꽤 명성을 얻고 있던 때이다. 이들은 이듬해 1895년 7월 결혼하게 되는데, 뢴트겐이 X선을 발견하기 몇 개월 전의 일이다. 조국 폴란드에 대한 사랑이 극진했던 마리아의 마음도 결국 피에르의 사람을 감동시키는 글솜씨에 부드러워지고 말았다고 한다.

이들의 신혼여행은 프랑스 시골로의 자전거 여행이었으며(혼수품을 마련할 돈으로 대신 구입한 자전거였다), 이후에도 심신을 풀어야 될 일이 있을 때는 종종 자전거 여행을 했다.

결혼을 했을 때 퀴리 부인은 이미 박사학위 자격시험에 합격하였고 첫딸 이렌느가 태어난 1897년 가을 박사학위 제목을 정해야 할 때가 되었다. 남편 피에르는 베크렐이 발견한 '새로운 현상'에 관한 연구를 수행하면 좋겠다는 조언을 하여 퀴리 부인의 본격적인 연구가 시작된 것이다.

:: 방사능(Radioactivity)

처음에는 베크렐이 수행했던 실험을 되풀이해보는 것이었다. 남편 피에르가 방사능을 검출할 수 있는 새로운 검전기를 제작해 퀴리 부인의 연구를 도와준 것은 물론이다. 이 현상을 더욱 정확히 측정하기 위해 피에르가 고안한 검전기를 베크렐의 금박검전기 대신 이용한 것이다. 그림에 보인 이 장치는 B에 놓여 있는 방사성물질에서 나오는 방사선에 의해 전리된 공기 중의 전기량을 측정하는 것이다. 전리작용에 의해 일종의 콘덴서(축전기)인 AB에 만들어지는 전위와 무게에 의해 만들어지는 피에조 전기의 전위가 같게 되는 점을 찾아 이를 전위계 E로 측정하는 것이다.

이러한 검전기를 이용하여 우라늄이 내는 방사선의 강도는 화합물 속에 들어 있는 우라늄의 양에만 비례하며, 이 우라늄이 우라늄 금속이든, 염화물 또는 산화물이든 우라늄의 화학적인 형태에는 전혀 무관하다는 베크렐의 발견을 증명한다. 즉, 방사선의 방출이 원자적 성질에만 따른다는 베크렐의 발견을 확인한 것이다.

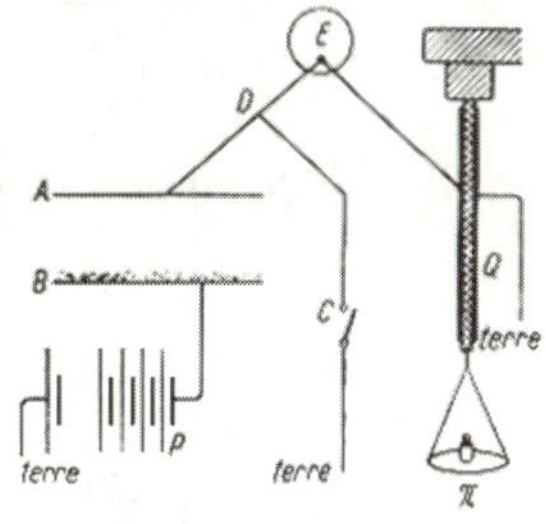

피에르 퀴리가 피에조 압전위를 이용해 고안한 방사능 측정용 검전기

이어 퀴리 부인은 당시 알려져 있는 모든 원소에 대해 이런 실험을 해본 결과 토륨(Th, Thorium)에서도 우라늄과 비슷한 방사선을 내는 것을 발견했다. 즉 자연방사선을 내는 물질이 우라늄만이 아닌 것을 알게 되었으며, 퀴리 부인은 이 현상을 '방사능(radioactivity)' 이라고 부르기로 제안했다.

:: 피치블랜드의 비밀?

퀴리 부인은 단순한 우라늄이나 토륨의 화합물을 넘어 자연의 광물들을 조사해보는데, 이를 통해 우라늄과 토륨을 포함하는 광물들도 방사성임을 확인하게 되었다. 그러나 놀라운 것은 일부 광물들은 예외적으로 이들에 포함되어 있는 우라늄이나 토륨의 양에 비해 적어도 수 배 높은 방사능을 보인다는 것이었다. 특히 피치블랜드라는 우라늄광이 우라늄 함유량으로부터 예상되는 방사능보다 더 높은 방사능을 보이는 것에 주목하고, 새로운 방사성원소가 존재함을 시사한다는 바른 결론을 내린다.

퀴리 부인은 또 다른 실험을 통해 이런 생각을 더욱 확신하게 된다. Chalcolyte라는 특수한 우라늄 광물이 땅속에서 막 채취되었을 때 강한 방사능을 띠고 있는 것을 알았다. 그러나 실험실에서 이를 정제해 보았을 때 정제된

Chalcolyte는 자연 상태의 광물에 비해 방사능이 줄어들어 있었다. 이는 자연광물에 방사능이 높은 새로운 물질이 있음을 분명히 말해주는 것이었다. 퀴리 부인은 이상의 내용을 1898년 4월 12일 과학원에 첫 번째 보고서로 발표했다.

:: 새 원소 폴로늄과 라듐의 발견

새 방사성물질을 찾아내는 것은 실로 숨바꼭질과 같은 일이었다. 퀴리 부인이 이용할 수 있었던 유일한 방법은 우라늄 광물을 녹인 후에 표준광물 분석 방법에 따라 분리시켜가며 어느 쪽이 보다 더 높은 방사능을 띠고 있는지를 확인해 이를 추적해나가는 것이었다. 퀴리 부인은 곧 이 일에 착수하며 남편 피에르에게 힘을 합쳐줄 것을 제의했다. 이때부터 퀴리 부부는 함께 피치블랜드에 매달려 높은 방사능을 가진 방사성물질의 농축 작업에 들어가게 되며, 이들의 공동 연구는 피에르가 불의의 사고로 세상을 떠나는 1906년 4월까지 계속된다.

1톤이 넘는 피치블랜드를 처리해 얻은 극히 적은 찌꺼기 속에서 아주 고도로 농축된 강력한 방사성물질을 확인한 이들은, 이 결과를 1898년 7월 공동 명의로 과학원에 발표하면서 이를 마리의 조국 폴란드의 이름을 따라 폴로늄(Po, Polonium)이라 명명했다. 또한 이들은 폴로늄의 방사능이 반감기라고 불리게 되는 일정한 시간이 지나면 방사능이 자연히 반으로 감소해 사라져버리는 것도 발견했다. 반감기는 물론 방사성물질에 따라 다른데 폴로늄의 중요한 동위원소인 Po-210의 반감기는 138일이다.

퀴리 부부가 이용한 물질 분리 방법은 이미 표준화된 광물 분석법이었다. 폴로늄은 산 용액 속에서 녹지 않는 황화물 계열에서 찾아낸 물질이었다. 그런데 또한 바륨(Ba, Barium) 계열에도 방사능이 있는 것을 찾아내게 된다. 바륨 계열은 주기율표의 2족에 속하는 칼슘 · 스트론튬 · 바륨 등의 원소를 말한다. 바륨에서 방사능물질을 분리하는 것이 쉽지 않았으나, 결국 분별 결정 방법을 이용하여 분리에 성공했다. 이 원소를 라듐(Ra, Radium)이라 명명하고 1898년 9월 세 번째 논문에서 이를 발표했다.

퀴리 부인은 방사능 연구를 시작한 뒤 1년 남짓한 사이에 베크렐이 발견한 방사능이 일반적인 현상임을 밝히며, 우라늄보다도 더 강력한 방사능을 가지는 두 원소를 발견해 방사능 연구의 새 지평을 연다.

이러한 발견은 중요한 협력자들의 도움이 없이는 불가능한 일이었다. 화학자 베몽(G. Bemont)은 비가 새기도 하고 냄새를 뽑아낼 수 있는 후드(hood) 등이 갖추어진 것은 아니었지만 퀴리 부부가 일할 수 있는 실험실을 마련하는 데 힘이 되었다. 또한 비엔나의 유명한 지질학자이었던 수스(Eduard Suess) 교수는 1톤이나 되는 피치블랜드 광물의 찌꺼기를 퀴리 부부에게 기증했다. 이것은 당시의 유일한 우라늄 광산이었던 체코슬로바키아의 요아힘스탈(Joachimstal)에서 산출되는 광물에서 우라늄을 추출하고 남은 아무도 쓰지 않는 찌꺼기였다. 그렇지만 퀴리 부부는 이 속에 새로운 방사성원소가 있는 것을 알고 있었던 것이다.

:: 첫 번째 노벨상 수상

약 2년 후인 1900년에 퀴리 부부는 상당한 양의 라듐을 손에 넣을 수 있게 된다. 보통의 바륨은 원자량이 137인데 방사능을 많이 보이는 부분의 시료는 원자량이 이미 174로 높아져 있었다.

이 해에 파리에서 개최된 국제물리학회에서 퀴리 부부는 「새로운 방사성물질과 이들이 방출하는 방사선」이라는 제목의 논문으로 방사능의 검출법, 이들이 분자적인 성질이 아니라 원자적 성질을 가진다는 것, 새로운 방사성 원소인 폴로늄과 라듐, 그리고 이들의 친구였던 드비에르느(Andre Debierne)가 발견한 악티늄 등의 광학스펙트럼, 방사선의 효과 등에 대해 발표했다.

이들은 아울러 폴로늄이 방사선을 낼 때 열도 함께 방출하는 사실을 보고하는데, 이것 또한 당시 물리학자들에게는 풀 수 없는 의문의 하나였다. 이 회의에서 베크렐도 물론 방출되는 방사선을 중심으로 하는 논문을 발표했다.

특히 라듐은 우라늄에 비해 훨씬 강한(약 300만 배) 방사능을 가진다는 점에서 중요한 것이었다. 이 발견은 방사성물질에 대한 학계의 관심을 불러일으켜 새 방사성원소를 탐구하는 계기를 만들었으며, 이러한 업적으로 1903년 퀴리 부부는 베크렐과 함께 노벨물리학상을 공동으로 수상한다.

:: 두 번째 노벨상 수상

그러나 원자량이 226인 순수한 라듐을 얻기 위해 퀴리 부인은 앞으로 1910년까지 12년이라는 시간의 노력을 더 들여야 했다. 1906년 남편이 교통사고로 갑자기 세상을 떠난 후 퀴리 부인은 1904년부터 피에르가 맡아오던 소르본대학교 이학부(理學部) 교수 자리를 잇게 되었다. 이로서 퀴리 부인은 최초의 소르본대학교 여성 교수가 된다. 이후 단독으로 방사성물질을 계속 연구해 1907년 보다 정밀한 라듐의 원자량 측정에 성공하고, 1910년에는 금속 라듐의 분리에도 성공했다.

퀴리 부인은 그 동안 라듐연구소 건립에도 노력하였는데, 이것은 그 후 파스퇴르실험소와 퀴리실험소가 되었고 그녀는 퀴리실험소 소장으로서 프랑스의 과학 연구에 공헌했다. 그리고 1911년에는 라듐과 폴로늄을 발견한 업적으로 노벨화학상을 받게 된다.

:: 특허를 거부한 퀴리 부인

1911년은 제1차 솔베이 회의가 열린 해인데, 퀴리 부인은 여기에 참석했던 아인슈타인을 만나보고 아인슈타인이 스위스의 취리히대학교에 교수로 취직할 때 추천장을 써주기도 했다.

제1차 세계대전이 일어났을 때, 야전병원에 꼭 있어야 할 방사선 의료기구가 없는 것에 매우 분개한 퀴리 부인은 개인적으로 X선 장치를 갖춘 의료봉사대를 조직하여 차를 몰고 전선을 다녔다. 이때 조수로 당시 18살의 딸 이렌느를 함께 데리고 다녔는데, 이렌느는 나중에 퀴리 부인의 실험실에서 조수로 일하던 졸리오와 결혼했다. 졸리오-퀴리 부부는 1934년 최초로 인공방사능을 발견하여 이들 부부 역시 1935년 노벨화학상을 수상하게 된다.

노벨상의 수상으로 인하여 퀴리 부부는 유명인사가 되는데, 1904년 뉴욕 상류사회의 잡지의 하나였던 Vanity Fair에 실린 라듐을 들고 있는 이들 부부의 삽화는 이를 잘 말해주고 있다. 그렇지만 퀴리 부인은 저널리스트 또는 일반 대중에 노출되는 것을 지극히 꺼린 과학자였다. 유일한 예외로 미국의 여성 저널리스트인 멜로니(W. D. Meloney)와 전후에 가졌던 인터뷰이다. 미국에서 라듐 시료를 제공해주겠다는 약속과 함께 이루어진 것이다. 이를 계기로 1921년 미국을

제1차 세계대전 당시 X선 의료장치를 갖춘 차를 직접 운전하여 전선을 다니면서 부상병 치료를 돕던 퀴리 부인

방문하게 되는데, 이때 미국의 하딩 대통령은 미국의 부인들이 모금한 자금으로 구입한 라듐을 그녀에게 선물한다.

퀴리 부인은 라듐의 상업적 이용 가능성을 알고 있었지만 이 분리 방법을 특허 내는 것을 반대했다. 퀴리 부인의 실험실에는 라듐이 별로 많지 못했던 것이 사실이다. 따라서 이를 미국의 부인들이 도와준 것이다.

1934년 이미 사경을 헤매고 있던 퀴리 부인은 딸 이렌느와 사위 졸리오가 인공방사능을 발견했다는 소식을 듣고 "이제 옛날 우리 실험실의 영광을 다시 되찾았다"고 기뻐했다고 전해지며 같은 달 퀴리 부인은 세상을 떠난다. 퀴리 부인이 백혈병으로 사망한 지 61년 만인 1995년 4월 20일 남편 피에르 퀴리와 함께 여성으로는 사상 처음으로 역대 위인들이 안장되어 있는 파리 팡테옹 사원으로 이장되었다.

방사능이 가지는 특히 중요한 성질은 이들이 생물학적인 조직에 영향을 미칠 수 있다는 것이다. 이 일을 제일 먼저 피부로 느낀 사람은 베크렐이었다고 전해진다. 베크렐은 퀴리 부부가 분리해준 라듐을 주머니에 넣고 다니다가 이로 인해 화상을 입은 최초의 사람이 된다. 퀴리 부부 역시 이로 인해 많은 고통을 받은 것이 사실이다. 그러나 이 새로운 물질이 종양 등을 억제하는 데 유용할 것이라는 생각이 나오게 되고 실제로 약 1950년대까지도 라듐은 암을 치료하는 데 사용되었다.

:: 소중한 천연 모래시계

이렇게 발견된 방사능의 비밀을 밝혀내는 과정에 러더퍼드가 참여해 방사능이 바로 지구의 나이를 밝힐 수 있는 모래시계라는 것을 알아내고, 지구의 나이가 적어도 10억 년 이상의 늙은 나이를 가지고 있다는 것을 밝혀 물리학자들과 지구과학자들 사이에 치열하게 진행되고 있었던 경기에서 지질학자들의 손을 들어준 것이다.

그러나 러더퍼드가 열어놓은 길이 최종적으로 46억 년으로까지 이어지기 위해서는 여러 발전이 있었어야 하며, 이 중에 가장 중요한 것이 바로 '동위원소'의 발견일 것으로 여겨진다. 다음에는 동위원소라는 개념을 발전시킨 연구로 노벨상을 받은 소디의 이야기로 넘어가보자.

9

동위원소의 발견

소디 (Frederick Soddy, 1877~1956)

1921년 노벨물리학상 수상
"for his contributions to our knowledge of the chemistry of radioactive substances, and his investigations into the origin and nature of isotopes"
(동위원소의 기원 및 특성에 관한 연구)

애스턴 (Francis William Aston, 1877~1945)

1922년 노벨화학상 수상
"for his discovery, by means of his mass spectrograph, of isotopes, in a large number of non-radioactive elements, and for his enunciation of the whole-number rule"
(질량분석기를 응용한 동위원소의 발견)

:: 부족한 2%

20세기에 들어오면서 러더퍼드가 우라늄과 헬륨을 이용해 지구의 나이를 추정하는 정량적 기초를 확립한 비슷한 시기에 '우라늄-헬륨 모래시계' 이외에 '우라늄-납'을 이용한 연대 추정 방법의 가능성이 제시되었다.

납은 자연계에서 안정된 동위원소를 갖는 원소들 중 가장 원자번호가 높은 원소이다. 1907년 미국 예일대학교의 볼트우드(Betram Boltwood)는 우라늄의 방사성 붕괴에 수반되는 원소들의 변환에 대해 관심을 갖고 우라늄 광물에 대한 체계적 화학 분석을 수행하면서 특히 '납(Pb)'이 많이 존재하는 것을 확인했다.

볼트우드는 이 결과로부터 '우라늄의 최종 붕괴 산물이 납인 것 같다'는 가설을 세우고 러더퍼드와 상의한 결과 '우라늄-납의 모래시계'를 만들어보기로 한 것이다.

여러 지질학자들의 도움 아래 지질학적 시대가 서로 다른 43개 광물들의 연대를 추정한 결과 '우라늄-납 모래시계'가 타당성을 가지고 있음을 확인할 수 있었다. 또한 이들의 연대가 2억~22억 년에 이르는 다양한 값이지만, 물리학자들의 추정값에 비해 '지구가 훨씬 더 늙었다'는 것을 분명히 보여주고 있었다.

이런 결과들이 발표되면서 방사능의 응용법에 관심을 가진 지질학자들이 서서히 나타나기 시작했으며, 특히 영국 에딘버러대학교의 지질학 교수였던 홈즈는 '우라늄-납 모래시계' 연구에 일생을 바친 대표적인 지질학자이다. 마침내 1927년 그가 제시한 지구의 나이는 약 30억 년에까지 이르게 되었다. 그러나 이 나이가 최종적으로 46억 년으로 정착되기 위해서는 동위원소라는 새로운 개념을 응용한 방사능 연구를 더욱 필요로 했다.

:: 동위원소

동위원소(isotope)란 1910년 러더퍼드와 함께 방사능 연구를 수행했던 영국의 소디가 방사선을 방출하는 원소 중에는 화학적인 성질은 같으나 질량이 다른 원소들이 있어야 한다는 것을 발견하고 이들을 가리키기 위해 처음으로 제안한 용어이다.

원자번호, 즉 원자핵 속에 있는 양성자의 수가 같아서 화학적인 성질이 같고 주기율표상에서도 같은 자리(동위)에 있게 되지만, 핵 내의 중성자의 수가 달라 물리적 성질, 즉 무게가 다른 원자들을 가리키는 용어이다. 이때 이미 자연에서 확인된 방사성원소의 개수가 주기율표에서 채 발견되지 않고 남아 있던 빈칸의 개수보다 훨씬 많았다. 따라서 소디는 방사성원소들에서 동위원소의 존재를 인정하지 않을 수 없었던 것이다. 동위라는 것은 동일한 위치, 즉 주기율표에서 같은 위치에 들어간다는 뜻으로 영어 이름인 isotope의 iso는 '같다', 그리고 tope은 '위치'라는 의미를 가진다.

소디는 처음으로 동위원소가 방사능원소들만의 특징이라고 생각했으나, 1913년 톰슨은 방사성 동위원소가 아닌 원소에서도 동위원소를 발견했다. 톰슨은 네온가스를 전리시켜 전자를 발견했던 것과 같은 실험으로 질량과 전하비를 측정해 네온에는 전자를 잃고 이온화된 수소 질량 20배의 네온과 22배의 네온 두 종류가 있는 것을 발견한 것이다. 그리고 질량 20배의 네온이 90%, 22배의 네온이 10% 존재하여 당시 네온에 대해 이미 알려져 있던 원자량 20.2를 설명할 수 있게 되었다. 일부 원소들에 있어서 원자량이 수소 질량의 정수배로 잘 떨어지지 않는 이유를 바로 동위원소의 존재로 이해하게 된 것이다.

그리고 애스턴(Francis William Aston)이 톰슨의 방법을 개량하여 만든 동위원소들을 구별할 수 있는 질량분석기를 발명하면서 동위원소를 이용한 연구에 급속도로 박차를 가하게 되었다. 애스턴은 화학을 전공한 후 톰슨이 네온의 동위원소를 발견할 때 캐빈디쉬연구소에서 톰슨과 함께 연구를 했고, 제1차 세계대전이 끝난 후 1918년 다시 캐빈디쉬연구소로 돌아와 동위원소들을 분리해낼 수 있는 정밀한 기구를 제작한 것이다.

소디는 이 연구로 1921년에 노벨화학상을, 그리고 애스턴은 이듬해 1922년에 노벨화학상을 수상했다.

:: 맥길대학교의 러더퍼드

소디가 방사능의 연구에 관심을 갖게 된 것은 그가 영국에서의 대학 공부를 마치고 1900년 교수직을 구하려고 캐나다를 방문했다가, 당시 러더퍼드가 연구하고 있던 맥길대학교 화학과에서 실험조교 자리를 얻으면서부터였다.

당시 우라늄, 토륨 및 라듐의 방사능 성질을 연구하던 러더퍼드는 이들에게서 기체가 방출되는 것을 확인하고, 이 기체의 정체를 밝히는 연구를 도와줄 화학자를 필요로 하고 있던 참이었다. 젊은 소디에게 절호의 기회이었음은 물론이다. 이때의 연구 결과로 라듐이 방사성 붕괴를 하면서 방출하는 기체가 바로 헬륨인 것도 알아냈다.

1903년 봄, 런던대학교의 램지와 공동 연구를 하기 위해 캐나다의 맥길을 떠나 다시 영국으로 돌아오려던 즈음 소디는 우연히 지나치던 거리의 상점에서 라듐 20gr을 살 수 있었다. 램지와 라듐이 방출하는 기체의 분광선을 서둘러 조사하여 라듐이 헬륨 기체를 방출함을 확인할 수 있었다. 소디는 이 헬륨이 입자와 관련되어 있다는 결론을 내리는데, 이는 러더퍼드에 의해서 분명히 증명됨을 이미 살펴보았다.

이런 연구를 통해 방사능이 실제로 연금술이 일어나고 있는 현장이며, 자연계에는 우라늄에서 시작해서 납으로 끝나는 방사능 붕괴계열과 토륨에서 납으로 끝나는 방사능 붕괴계열의 두 가지의 방사능 붕괴계열이 존재하는 것 같다는 결론을 내릴 수 있었다.

:: 동위원소의 모래시계

동위원소 개념이 자리를 잡고 방사능 붕괴계열을 서서히 이해하면서 알게 된 사실을 정리해보면 아래와 같다.

- 우라늄에는 우라늄 238(U-238)과 우라늄 235(U-235) 두 종류의 동위원소가 자연계에 각각 99.3%, 0.7%로 존재한다.
- U-238은 반감기가 약 45억 년인 동위원소로 최종적으로 납 206(Pb-206)으로 변환된다.
- U-235는 반감기 약 7억 년의 동위원소로 최종적으로 납 207(Pb-207)로 변환된다.

즉, 우라늄에서 납으로 가는 붕괴 과정에는 U-238에서 Pb-206으로 가는 붕괴계열과 U-235에서 시작하여 Pb-207로 가는 붕괴계열의 두 가지가 있음을 이해하게 된 것이다. 이로서 U-238/Pb-206, U-235/Pb-207 및 Pb-206/Pb-207을 이용하는 '독립적'인 세 개의 모래시계를 한 시료에 대해 동시에 적용할 수 있는 가능성이 열린 것이다.

또한 자연계에는 반감기 140억 년의 토륨 232(Th-232)가 붕괴하면서 만들어내는 납 208(Pb-208)로 가는 붕괴계열이 있음을 알게 되었으며, Th-232/Pb-208을 이용한 모래시계도 가능할 수 있게 되었다.

1936년경 하버드대학교에서 박사후연구과정을 수행하던 니어(Nier)의 모습

1936~1937년 하버드대학교에서 박사후연구원으로 연구를 하던 니어(Nier)는 30여 년 전 볼트우드가 시도했던 우라늄-납의 연대 측정 방법에 서서히 밝혀지기 시작한 동위원소 개념을 도입해 우라늄/납 동위원소 모래시계를 이용하는 새로운 연대 측정을 시도해보았다.

여러 우라늄 광물에 대한 우라늄과 납의 동위원소를 측정해본 결과, 대부분의 경우 세 가지 독립적인 모래시계들이 같은 결과를 주었으며 가장 오래된 것으로는 약 20억 년이었다. 지구의 나이가 최소한 20억 년은 되어야 함을 확인한 것이다.

특히 제2차 세계대전이 끝나고 니어의 방법이 스위스의 하우터만 등 여러 과학자들에 의해 다시 시도되면서 지구의 나이는 약 30억 년 정도에까지 이르렀다. 그러나 그 이상의 진전을 볼 수가 없었다.

:: 새로운 돌파구

1950년대에 이르러 미국 칼텍(Caltech)의 클레어 패터슨(Clair Patterson)이 작은 양의 납 시료를 가지고도 동위원소를 정확히 측정할 수 있는 방법을 개발하면서 획기적인 돌파구가 마련되었다.

우라늄이나 납 광물이 아닌 '일반 암석'에 포함되어 있는 납의 동위원소비를 측정해 연대를 측정할 수 있게 된 것이다.

사실은 방사성 동위원소법이 발견되기 이전에도 지질학자들은 이미 오랫동안 화석을 이용해 이들이 포함되어 있는 퇴적암들 사이의 '상대적인 연령'을 결정할 수 있었다. 동시대에 살았던 생물들은 동일한 모양의 화석을 남긴다는 원칙을 이용해, 서로 떨어진 다른 두 곳의 퇴적층의 상대적인 시간관계를 정할 수 있는 원리이다.

그러나 이제는 화석이 존재하지 않아 상대적 지질 연대 측정에는 전혀 이용할 수 없었던 화성암의 절대연령을 측정할 수 있는 방법을 찾아낸 것이다. 용융된 상태의 화강암이 식으면서 그 내부에 지르콘과 같이 우라늄이 많이 함유된 광물에는 납이 거의 포함되어 있지 않다. 그러나 시간이 경과되면서 우라늄이 붕괴된 결과로 만들어지는 납의 동위원소들이 광물 내에 축적되므로 우라늄과 납의 양을 통해 화강암이 식은 후 경과된 시간을 알아낼 수 있게 된 것이다.

퇴적암의 대표적 예에 속하는 미국 그랜드캐니언 전경

퇴적암 속에 들어 있는 화석들

그러나 이런 획기적인 암석 연대 결정 방법으로도 지구의 나이를 알아내기 위해서는 몇 가지 극복해야 할 장벽이 있었다.

:: 마지막 허들 : 원시조성

우선 지구가 태어날 때 만들어진 화성암이 지금까지 지상에 그대로 남아 있을 수 있을까 하는 질문이 있다. 그러나 이보다 더 근본적인 심각한 문제가 있었다.

자연계는 우라늄과 토륨의 방사능 붕괴로 만들어지는 여러 종류의 납 동위원소들(Pb-206, Pb-207, Pb-208) 이외에도, 이와 상관없이 태양계가 태어날 당초부터 존재하여 지금까지 그대로 남아 있는 안정동위원소인 납 204(Pb-204)이 존재하고 있는 것이 알려져 있다.

그렇다면 여기서 당연히 제시되는 질문은 지구가 탄생될 당시에 Pb-206, Pb-207 및 Pb-208도 마찬가지로 어느 정도 존재하지 않았을까 하는 것이었다. 바로 납 동위원소들의 원시조성(primordial component)에 관한 문제이다.

이런 납의 원시조성을 정확히 알지 못하면 앞서 논의했던 여러 동위원소 모래시계들은 근본적인 문제를 안게 된다. 과학자들이 측정하는 납의 동위원소 값은 원시조성과 방사능 붕괴에 의해 만들어진 성분을 모두 합한 값이지만, 모래시계는 단지 방사능 붕괴에 의한 납의 동위원소들과 부모 동위원소들 사이의 양적 관계를 다루고 있기 때문이다.

:: 외계에서 온 손님

1953년 패터슨은 바로 이 납의 원시조성을 알아낼 수 있는 열쇠를 발견한다.

캐니언 디아블로(Canyon Diablo) 운석 시료

이 발견에 결정적인 조언을 해주었던 사람은 바로 중수소의 발견으로 1934년 노벨화학상을 수상한 시카고대학교의 유레이(Urey)였다. 유레이의 조언에 따라 패터슨은 외계에서 온 아주 특별한 암석인 운석들의 나이를 측정해보기 시작했는데, 이들 가운데 우라늄을 거의 함유하지 않은 (즉, 방사성 붕괴로 생성된 납의 오염을 거의 무시할 수 있는) 운석을 발견한 것이다. 바로 미국 애리조나 주에서 발견된 캐니언 디아블로(Canyon Diablo) 철운석이었다.

캐니언 디아블로 운석은 지금부터 약 5만 년 전 지구에 충돌한 운석이다. 당시의 충돌의 증거가 현재 미국 애리조나 주에 직경 약 1.2km, 깊이 약 150m의 깊은 운석 크레이터(meteor crater)로 남아 있다. 이곳에서 발견된 캐니언 디아블로 운석은 지금까지 알려진 모든 운석들 중에 가장 작은 납 동위원소의 비를 보여주는 시료이다. 바로 지구상에서의 방사능 붕괴에 영향을 받지 않은 '납 동위원소의 원시조성비'(primordial lead isotope ratio)를 과학자들에게 알려줄 수 있는 시료였다.

:: U–Pb isochron curve(아이소크론 곡선, 등시곡선)

우라늄 광물의 납 동위원소비가 광물이 만들어진 후 시간에 따라 어떤 모습으로 변할지에 대해서는 이미 홈즈–하우터만스(Holmes–Houtermans) 모형이 제안되어 있었다. 문제는 납 동위원소의 원시조성비를 알지 못하는 것이었다. 패터슨은 바로 이 캐니언 디아블로 운석에서 측정된 납의 동위원소비를 지구의 '납 동위원소 원시조성비'로 간주해 우라늄 광물들의 납 동위원소 측정 결과를 검했다. 그 결과도 이 자료들은 모두 U–Pb isochron이라 부르는 하나의 진화 곡선

미국 애리조나 주에 위치한 미티오르 크레이터(Meteor Crater). 캐니언 디아블로 운석에 의해서 약 5만 년 전에 만들어진 운석 구덩이이다.

상에 놓인다는 것을 확인했다. 그리고 이 곡선으로부터 광물들의 연대를 결정할 수 있었는데, 많은 운석들이 45.5억 년의 나이를 보여준다.

U–Pb isochron의 중요한 점은 동일한 연령을 가진 시료들이 그림에서 일직선상에 놓인다는 것이다. 패터슨은 지구 표면 물질을 대표하는 조성을 가졌다고 여겨지는 퇴적물들이 운석과 마찬가지로 45.5억 년의 나이를 가지는 운석 시료들을 연결하는 직선상에 놓이는 것을 확인할 수 있었다. 이로서 패터슨은 운석이나 지구가 모두 지금부터 45.5억 년 전에 형성되었으며, 바로 이 시기가 태양계에서 모든 행성들이 태어난 시기라는 결론을 내렸다.

1956년의 일이다. 이로서 러더퍼드가 약 50여 년 전 처음으로 그 가능성을 제시한 뒤, 그동안 많은 연구자들이 추구했던 지구의 나이에 대한 확실한 근거가 확립된 것이다.

:: 여러 모래시계들

이어 암석의 나이를 측정하는 유용한 다른 모래시계들이 많이 개발되었다. 특히 유용하게 응용된 모래시계에 반감기가 488억 년인 루비듐 87(Rb-87) 및 그 방사능 붕괴 산물인 스트론튬 87(Sr-87)을 이용하는 루비듐스트론튬(Rb-Sr,

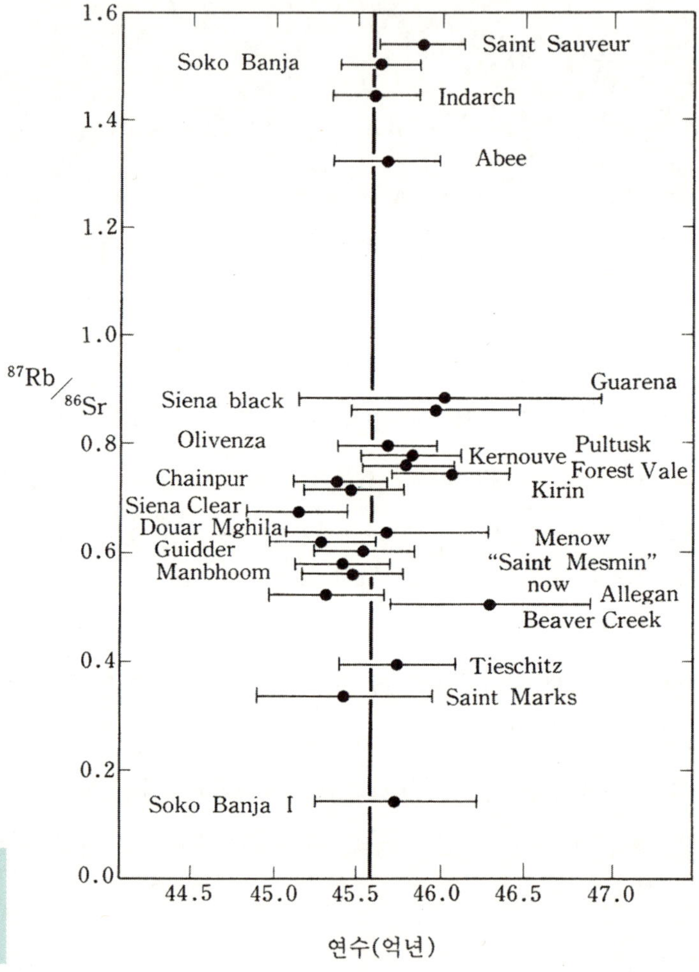

Rb-Sr 모래시계에 의해 측정된 많은 운석들의 연대. 거의 대부분의 시료들이 45.6억 년 근처에 모여 있는 것을 보여준다.

rubidium–strontium)법이 있다. 이 모래시계도 앞의 납–우라늄 모래시계와 마찬가지로 '스트론튬의 원시조성'을 알아야 하는 어려움을 가지고 있다. 그러나 하나의 암석이나 운석 속에 포함되어 있는 여러 광물들을 분리해 이들을 각각 분석하여 도시해 보면, 이들 자료들이 하나의 직선상에 모이며 이 직선의 기울기로부터 시료의 나이를 알 수 있었다. Rb–Sr isochron 법으로 알려져 있는 방법을 이용해 많은 운석들의 나이가 측정되었음은 물론이다.

이렇게 Rb–Sr isochron 법을 응용해 분석된 많은 운석 자료들은 태양계의 평균 연령이 45.6억 년인 것을 분명히 보여주었고 이 자료들은 앞서 패터슨이 내린 태양계의 연령에 관한 결론을 더욱 확실히 뒷받침해주었다.

이를 최종적으로 확인하는 연구가 사람들이 달에 발을 디딘 후에 이루어지는데, 이 이야기는 중수소를 발견한 업적으로 1934년 노벨화학상을 수상한 유레이를 소개한 글 '10장 달이 찍어준 종지부'에서 더 계속해보자.

10

달이 찍어준 종지부

유레이 (Harold Clayton Urey, 1893~1981)

1934년 노벨화학상 수상
"for his discovery of heavy hydrogen"
(중수소의 발견)

1893년 미국 인디애나 주에서 태어난 유레이는 대학에서 동물학을 공부했으나 이후 물리화학으로 관심을 바꾸었고, 1981년 87세의 나이로 세상을 떠나기까지 특히 지구과학의 많은 분야에 큰 영향을 끼친 과학자이다.

유레이는 화학, 천문학, 천체물리학, 지질학, 지구물리학, 생물학 등 다양한 분야에 깊은 흥미를 가지고 많은 업적을 이루어 이들 분야의 학문적 발전에 많은 영향력을 끼쳤다. 그에게 노벨상을 안겨준 중수소(deuterium)의 발견을 위시해 동위원소 화학, 동위원소의 분리, 동위원소 지질학 및 우주화학 등의 분야에서 이룩한 그의 연구는 새로운 학문의 분야를 열어준 중요한 연구들이다.

(저자의 지도교수였던 크레익(Harmon Craig) 교수가 바로 시카고대학교의 유레이 교수 아래서 박사학위를 받은 제자였으므로 저자도 학문적 가계로 우겨보면 유레이 교수의 손자의 한 사람이라는 것은 저자만이 간직하고 있는 조그마한 자부심이다.)

:: 운석을 연구해야 한다

앞 장(9장 동위원소의 발견)에서 살펴본 대로 지구의 나이를 결정하는 과정에서 필수적으로 알아야 할 납의 원시조성을 찾으려고 고민하는 패터슨에게 운석을 연구해보도록 조언한 사람은 유레이였다. 그리고 패터슨은 바로 그렇게 찾던 시료를 디아블로 운석에서 발견한 것이었다. 패터슨은 이 운석의 납 동위원소 조성을 원시조성 값으로 이용해 마침내 지구의 나이, 더 정확하게는 우리 태양계의 나이가 45.6억 년(45~46억 년)이 됨을 알아낼 수 있었던 것이다.

패터슨이 이렇게 얻은 46억 년이라는 지구 나이에 최종적으로 마침표를 찍어준 것이 바로 달이다. 유레이가 지구의 이해를 위한 달 탐사의 중요성을 역설하고 이의 성사를 위해 노력한 과학자였음은 물론이다.

아폴로 11호 우주인이 1969년에 달 표면의 토양에 남긴 인류의 첫 발자국

달 표면의 암석 시료를 채취하고 있는 우주인 해리슨 슈미트의 모습

:: 지구 나이에 종지부를 찍은 달

1969년 7월 21일 달 표면에 처음으로 사람의 발자국을 남긴 아폴로 11호를

시작으로, 여섯 차례의 달 탐사에서 우주인들은 385kg이나 되는 많은 양의 귀중한 달 시료를 지구로 가지고 올 수 있었다. 달 암석의 연대를 직접 측정할 수 있는 달의 시료를 지구과학자들이 손에 넣을 수 있게 된 것이었다.

달에서 가지고 온 시료에 대해 조심스런 연령측정을 수행한 결과 많은 시료들이 운석과 마찬가지로 46억 년에 가까운 값을 보여주었다. 이런 결과는 태양계의 나이가 약 46억 년이 된다는 패터슨의 결론을 더욱 뒷받침해주는 것이었다. 즉, 지구상에서 찾은 시료들을 통해 추정한 우리 지구, 즉 태양계의 나이가 객관적으로 승인받을 수 있게 된 것이다.

지구의 나이 46억 년은 운석과 달의 시료를 통해 얻은 태양계의 나이이며, 우리 태양계에 있는 모든 행성들은 다 함께 탄생한 것이다. 지구의 나이를 알기 위한 그동안의 많은 노력에 최종적으로 마침표를 찍을 수 있게 된 것이다.

이렇게 운석에서 찾아지는 나이를 왜 우리 지구상의 암석들에서는 찾을 수가 없을까? 지구는 동적인(dynamic) 행성으로서 지난 46억 년 동안 끊임없이 지구조 운동을 하면서 옛 암석이 파괴되고 새로운 암석이 만들어지는 과정을 되풀이해 왔기 때문이다.

:: 달 보기

달 탐사를 통해 알게 된 매우 흥미롭지만 한편으로는 역설적이기도 한 사실은, 태양계가 형성되던 시절의 달은 우리 태양계의 한 식구로 함께 태어난 것이 아니라는 사실이었다. 그렇다면 달은 어떻게 우리 태양계의 한 식구가 된 것일까?

달에 관해 처음으로 과학적 접근을 한 것은 그리스 사람들이었던 것으로 여겨진다. 기원전 3세기경 아리스타르쿠스(Aristarchus)는 월식 때 달에 비친 지구의 모습을 이용해 지구에서 달까지의 거리를 지구 반지름의 약 60배 정도로 추정했는데, 실제 거리가 55배에서 63배 인 것과 견주어 보면 매우 놀라운 추정이다.

이후 전기 작가였던 플루타르크(Plutarch)는 달에 사람들이 살고 있다고 믿었고, 어둡게 보이는 부분은 바다(maria), 밝은 부분은 육지(terrae)라고 불렀는데, 오늘날까지 이런 믿음의 흔적이 지명에 그대로 남아 있다.

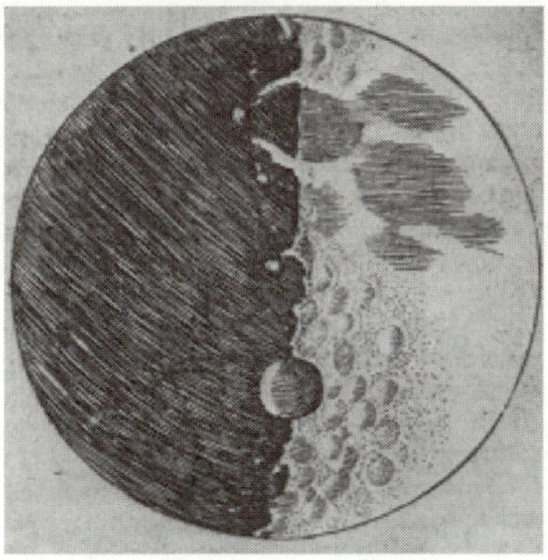

1610년 갈릴레오가 인류 처음으로 망원경을 하늘로 향한 후 달을 관찰하고 그린 모습. 심한 고저의 불규칙한 모습은 완벽한 천상의 모습을 믿던 당시의 우주관을 흔드는 중요한 관측 결과였다.

그러나 달에 대한 근대적 관찰은 1610년 망원경을 하늘로 향했던 갈릴레오에 의해 시작되었다. 갈릴레오는 어두운 부분이 실제로는 넓은 평원이며, 밝은 부분은 고저가 심한 산악지대임을 밝혔다. 완벽한 구형의 달이라고 여겼던 당시의 생각과는 달리, 표면이 매우 불규칙한 모양을 하고 있다는 사실은 그가 지동설을 받아들이는 데 중요한 일조를 하였음은 물론이다.

:: 달 탄생의 비밀

17세기 초 데카르트가 달은 지구에 포획되어 만들어진 것 같다는 생각을 발표했지만, 달의 기원을 찾아가는 여정의 시발점이라 할 수 있는 중요한 계기를 제시한 것은, 17세기 말 자신의 이름이 붙어 있는 혜성의 주기성을 발견한 핼리(Edmund Halley, 1656~1742)이다.

지구와 행성의 운동, 그리고 지구 주위의 달의 운동이 정확히 기계적으로 케플러의 법칙이 적용되는 것이라면, 달이 차고 기우는 것과 태양과 달이 만들어 내는 조석현상은 매우 규칙적이어야 하며, 과거와 미래의 일식과 월식 등도 정해진 시간에 정해진 지역에서만 관찰된다는 것이다. 그런데 이들이 정말로 정확히 규칙적일까? 핼리는 과거의 일식과 월식에 관한 옛 문서들을 조사했을 때, 시대가 지나면서 차이가 커져서 달의 궤도 운동속도가 약 100년에 10초 정도 빨라진다는 것을 확인했다.

그 원인은 핼리의 발견 이후 100여 년이 지나 프랑스의 천문학자 테라니에 의해 밝혀졌다. 조수간만을 수반하는 해수의 움직임이 만들어내는 마찰이 지구 자전운동에 제동을 걸어 지구의 자전 속도를 조금씩 느리게 한다. 그 결과로 달의 궤도운동 속도가 조금씩 빨라지고, 이 결과로 달은 매해 수 센티미터씩 지구로부터 멀어지고 있다(1969년 아폴로 12호가 비행 중 달에 설치한 반사경은 매년 4cm씩 지구에서 멀어지고 있는 달의 모습을 실제로 확인시켜주었다).

1) 지구에서 떨어져나간 달?

이런 변화를 시간에 따라 반대로 되감으면 지구가 탄생할 때 달이 어디에 있었는지, 즉 달의 기원을 알 수 있게 되지 않을까?

1878년 달의 기원에 관한 이러한 최초의 과학적 접근 방법이 영국의 조지 다윈(George Howard Darwin)에 의해 시도되었다. 그는 《종의 기원》을 쓴 찰스 다윈(Charles Darwin)의 아들이다. 그는 지구 역사의 초창기에는 달과 지구가 훨씬 가까이 있었고 지구의 자전 속도도 더욱 빨라질 것으로 계산을 통해 예상했다. 혹시 빠른 속도로 운동하던 지구에서 원심력으로 달이 떨어져나온 것은 아닐까? 이런 질문으로 탄생한 것이 달의 '분열설' 이다.

이어 1882년 지질학자 오스먼드 피셔(Osmond Fisher)는 달이 떨어져나간 후의 흔적이 태평양이라고 발표했다. 복잡한 태평양의 해저 지형이 알려져 있지 않았던 시절에나 상상해볼 수 있었던 재미있는 일화이다. 그러나 이 분열설은 20세기에 와서도 꽤 널리 받아들여졌었다.

2) 지구에 포획된 달?

물론 다른 생각을 제시한 학자들도 있기는 했다. 1909년 미국의 천문학자 토마스 시(Thomas Jefferson Jackson See)는 지구 주위를 다니던 하나의 작은 행성이 지구의 중력에 끌려 달이 되었다는 '포획설'을 제시했다.

1950년대 컴퓨터의 발전과 함께 천문학에도 수치계산법이 도입되면서 미국의 골드라이크 등이 수행한 달 궤도의 진화에 관한 정량적 계산 결과를 보면, 조석 에너지의 소산 메커니즘이 아직 잘 알려지지 않고 있던 시기이기는 하지만 달이 때때로 지구 중력권에 접근해오다가 잡힌 것이 더 어울리는 것 같아 '포획설'을 더욱 지지하기도 했다.

한편 로쉬(Edouard Roche) 등은 지구가 만들어질 때 달이 함께 만들어졌다는 '동시집적설'을 제안하기도 했다.

3) 달의 탄생 : 지구가 겪은 최대의 충돌 사건

달의 기원에 관해 오늘날 많은 사람들이 납득할 만한 이론이 정립된 것은 1969년 사람들이 달에 첫발을 디디면서 달의 관측을 수행한 이후의 일이다.

1970년대 중반 등장한 '충돌설'에 의하면, 지구가 생긴 지 얼마 되지 않은 시기에 화성 정도 크기의 물체가 지구와 충돌하면서 달이 탄생했다는 것이다. 그리고 이 주장은 1984년 달의 기원을 밝히기 위해 열렸던 회의를 계기로 본격적으로 자리를 굳히기 시작한다.

샌디아 국립연구소(SNL)의 킵(M. E. Kipp)과 애리조나대학교의 멜로스(H. J. Melos)는 당시의 충돌을 재현하는 컴퓨터 모의실험 연구를 통해 충돌설의 타당성을 더욱 확인시켜주기도 했다.

:: 달은 달이 아니다

사실 달에 관한 또 하나의 중요한 사실은 '달은 달이 아니다'라는 것이다. '달

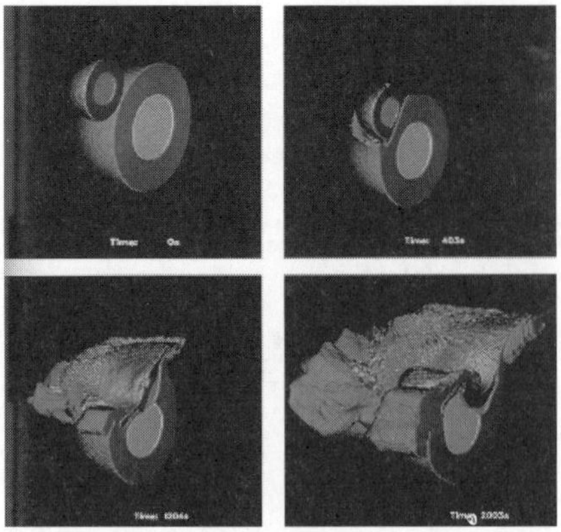

킵(Kipp)과 멜로스(Melos)가 컴퓨터를 이용해 모사한 충돌 모습. 과학자들은 이런 거대한 충돌의 결과로 달이 형성된 것으로 추정하고 있다.

은 지구의 위성(달)이 아니다' 라고 하면 이 말의 의미가 좀 더 분명해질 것이다.

달이 위성이기 위한 가장 중요한 요인으로 과학자들은 모행성과의 거리를 꼽으며, 달이 달이기 위한 어떤 한계가 있다고 믿고 있다. 그 이유의 하나가 1848년 로쉬가 제시한 것으로 로쉬의 한계(Roche Limit)이다. 로쉬의 한계는 하나의 물체가 접근하는 물체의 조석력에 의해 부서지지 않고 어느 정도까지 접근할 수 있는가를 알려주는 값이다.

행성과 위성이 같은 밀도를 가지면 로쉬의 한계는 행성 반지름의 2.446배에 해당하는 거리이다. 로쉬의 한계를 가장 극적으로 보여준 것은 1993년 3월 슈메이커부부(Caroline and Eugine Shoemaker)와 레비(David Levy)에 의해 발견되어 '슈메이커-레비 9' 으로 명명된 혜성이 1994년 7월 목성의 로쉬의 한계 이내로 들어간 후 21개의 조각으로 쪼개져 이 핵들이 7월 16일부터 22일까지 목성에 연속적으로 충돌한 사건이다.

이와 반대의 한계는 아시모프(Asimov)가 제시한 것으로 TOW(Tug of War)라 부른다. 위성은 중력에 의해서 모행성 끌리지만 다른 한편으로는 태양에도 끌리며, TOW는 바로 이 두 힘이 균형을 이루는 거리를 가리킨다.

위성이 이 안에 있으면 모행성의 위성이 될 수 있으나, 이보다 멀어지면 태양의 영향권으로 들어가 행성에서 떨어져갈 수밖에 없다.

아시모프는 이 값이 행성과 태양의 질량 mp, ms, 그리고 행성 및 태양까지의 거리 dp, ds에 대해서 다음과 같은 식으로 표현됨을 보였다.

$TOW=(m_p/m_s) / (d_p/d_s)^2$

달이 달이기 위한 조건은 모행성과 달 사이의 거리가 로쉬의 한계보다 크며

TOW보다는 작은 값을 가지는 것이다. 수성이 달을 가지고 있지 않은 이유를 로쉬의 한계와 TOW의 개념으로 잘 설명할 수 있다.

우리 달의 경우를 살펴보면 지구의 로쉬의 한계는 15,600km이며 TOW는 46,400km이다. 그런데 지구와 달까지의 평균 거리는 무려 384,400km, 즉 TOW의 8배 이상이나 된다. 달(moon)은 달, 즉 지구의 위성(satellite)이 아닌 것이다.

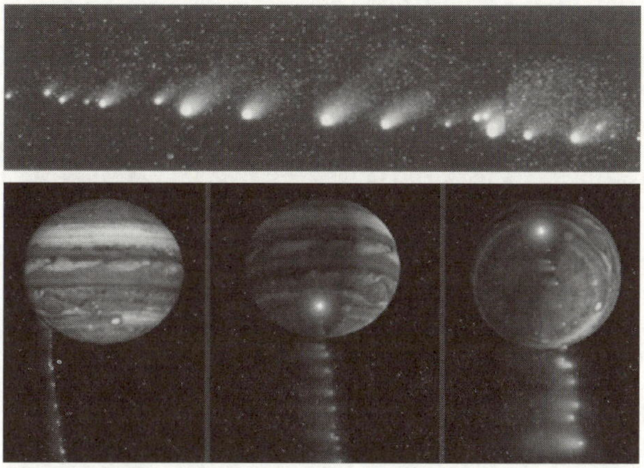

1994년 7월 목성의 로쉬의 한계 이내로 들어간 슈메이커-레비 9 혜성이 21개의 조각으로 쪼개져 차례로 목성에 충돌하는 모습을 보여주는 사진

:: 달은 지구의 동반자

달은 어떤 이유로 지구에서 떨어져나가지 않고 마치 지구의 달처럼 행동하는 것일까? 달은 강한 인력으로 인해 지구와 서로 단단히 묶여진 상태로 태양의 주위를 공전하고 있는 천체이다.

이런 사실은 우리들이 볼 수 있는 달 표면이 반쪽 부분밖에 안 된다는 것으로도 알 수 있다. 엄밀히 말하면 지구에서 볼 수 있는 달 표면은 반보다는 조금 더 되는 59% 정도이다. 그 이유는 칭동(libration)이라 부르는 달의 상하좌우 진동 때문이다. 1747년 요한네스 헤벨리우스(Johannes Hevelius, 1611~1687)가 만든 달 지리서 《월면도(月面圖, Selenographia)》에 보면 칭동을 보여주는 그림이 설명되어 있다.

인류가 달의 가려진 뒷모습을 처음으로 볼 수 있었던 것은 1959년에 와서의 일이다. 구소련의 루나 3호가 달 궤도를 공전하면서 처음으로 달 뒷면의 70%를

1747년 헤벨리우스가 달의 지리서 *Selenographia*에 들어 있는 달의 칭동 그림. 달의 상하좌우 진동으로 인한 칭동 현상으로 실제 지구상에서는 달 표면의 59% 정도를 볼 수 있다.

촬영하는 데 성공한다. 지구에서 가장 가까운 천체이면서도 아주 최근에 와서야 전체 모습을 볼 수 있었던 것이다.

:: 달 없는 지구는 지구가 아니다

달이 없는 지구의 모습을 한번 상상해보자. '지구에 달이 없다면 우리 지구는 어떤 모습을 하고 있을까?'

물론 밤을 밝혀줄 빛이 없다는 것이 큰 아쉬움일 것이다. 그러나 지구에는 이보다 더 심각한 문제가 있을 수 있다. 그중의 하나가, 달이 없었다면 지구의 조석이 지금의 3분의 1밖에 되지 않았을 것이다. 그 결과는 무엇일까?

계산에 의하면 아마 지구의 자전 시간이 6~8시간 정도밖에 되지 않았을 것인데, 우리 사람들이 과연 이런 지구의 자전 시간에 적합한 생명체로 진화할 수 있었을까?

다행스럽게도 우리 태양계가 46억 년 전에 탄생한 후 얼마 되지 않아 우리 지구가 거대한 충돌을 겪으면서, 그 결과로 고마운 달이 탄생해 우리 태양계의 한 식구로 지금까지 지구와 함께 살아온 것이다.

요즈음 운석의 충돌이 지구에 심각한 문제를 일으키지는 않을까 하는 염려 가운데 여러 과학자들이 운석 감시활동(meteorite watch)을 하고 있다. 그러나 달의 탄생에 필수적이었던 이런 충돌이 그 이후에도 지구가 지금까지 진화하는 과정에서 때때로 매우 중요한 역할을 한 것으로 믿고 있다. 아마 그중 가장 중요한 것이 앞에서도('4장 아름다운 지구') 잠시 살펴보았던 지금부터 약 6,500만 년 전에 멕시코의 유카탄 반도에서 있었던 충돌일 것이다. 반경 10km 정도의 운석이 충돌한 것으로 생각되는 사건이 일어난 시기는 지구 달력에서 중생대와 신생대를 구별하는 K-T 경계에 해당한다. 바로 이때를 경계로 파충류가 지구를 지배하던 중생대는 막을 내리고 포유류의 시대가 열리게 된 것이다. 공룡이 멸망한 시기에 해당하는 또 다른 충돌 사건에 대해서는 '29장 지구달력 : 멸종의 역사' 에서 좀 더 자세히 이야기하기로 하자.

:: 생명의 행성

약 46억 년 전 우리 태양계가 형성되며 지구가 탄생했다. 그리고 얼마 지나지 않아 우리 지구에 매우 중요한 달이 탄생했다. 여기서 흥미로운 것은 같은 시기에 시작된 우리 태양계의 여러 행성들 중 왜 유독 지구만이 생명의 행성으로 진화하게 되었을까 하는 것이다.

지구가 어떻게 이런 행운을 가지게 되었을까? 앞으로 계속되는 지구 여행을 통해서 이 문제의 답을 찾아가보기로 하자.

상자글

달의 특징

지구로부터의 평균 거리 : 0.00257AU(0.384×10^6km)

이심률 : 0.0549

궤도 경사 : 5.13°

평균 속도 : 1.023km/s

지구공전(sidereal) 주기 : 27.32일

회합 주기 : 29.53일

자전(rotational) 주기 : 27.32일

자전축의 기울기 : 6.67°

적도 반경 : 1,738km(지구×0.2725)

편평도 : 0

질량(지구=1) : 0.0123

비중 : 3.34

적도 중력(지구=1) : 0.17

탈출 속도 : 2.38km/s

태양광의 세기(지구=1) : 1

반사도 : 0.07

표면 온도 : −145℃~105℃

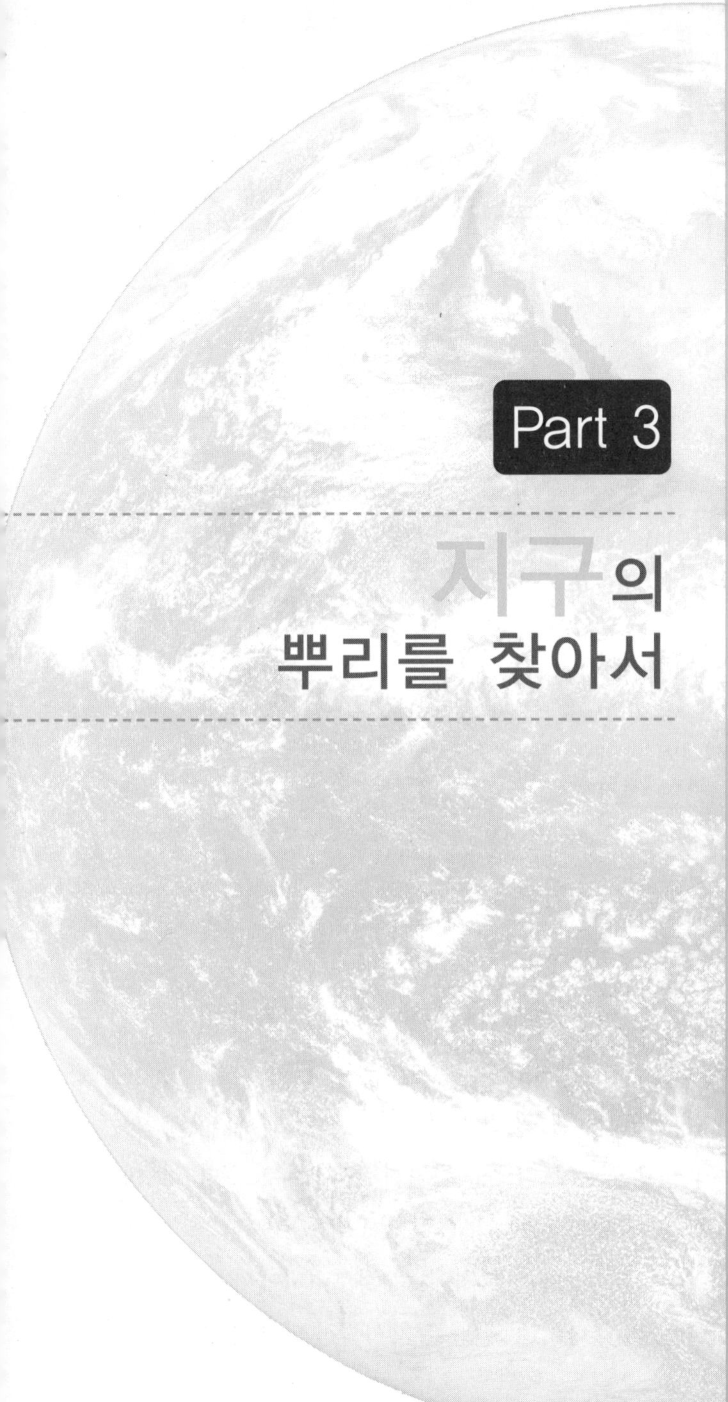

Part 3

지구의 뿌리를 찾아서

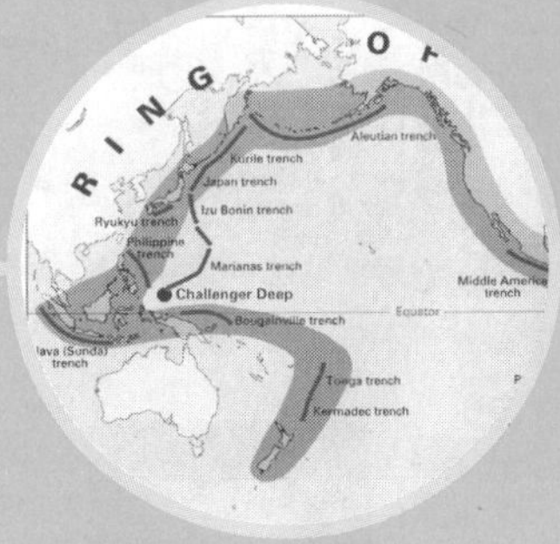

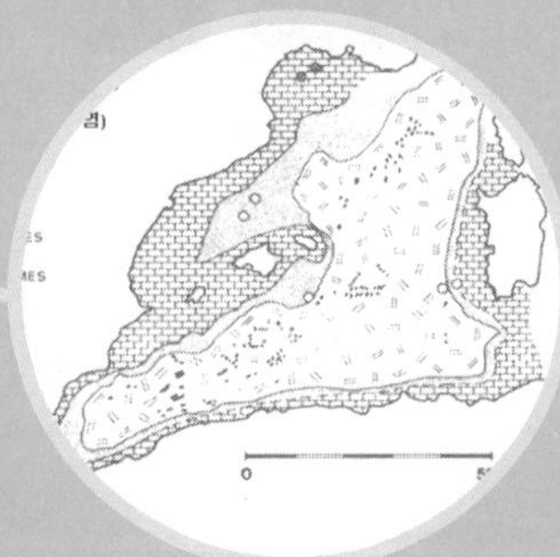

11 우주를 이루고 있는 원소들

보어 (Niels Henrik David Bohr, 1885~1962)

1922년 노벨물리학상 수상
"for his services in the investigation of the structure of atoms and of the radiation emanating from them"
(원자의 구조 및 원자들이 방출하는 방사선의 연구)

우리는 어디에서 온 것일까?

:: 여정을 시작하면서

우리 지구의 뿌리를 찾아보려는 이번 여행 역시 다른 많은 연구들과 마찬가지로 그 기원을 뉴턴으로까지 거슬러 올라가야 한다. 사람들이 많이 떠올리는 뉴턴(Isaac Newton, 1642~1727)은 떨어지는 사과를 보며 앉아 있는 모습과 함께, 창을 통해 들어온 햇빛이 손에 들고 있는 프리즘을 통과하면서 빨주노초파남보의 무지개 색으로 나누어지는 것을 바라보고 있는 모습일 것이다.

가시광선은 파장이 극히 짧은 감마선에서 파장이 수 킬로미터에까지 달하는 라디오파 등 다양한 전자파들 중의 하나이며, 뉴턴은 가시광선 영역에 해당하는 전자파들의 스펙트럼을 알아냈다. 그는 1672년에 《빛과 색의 신이론(新理論)》이라는 연구서를 발표하면서, 우리가 투명하게 느끼는 백색의 빛이 실제로는 여러 가지 단색광들의 모임이라는 것을 프리즘을 통과한 무지개 빛깔의 스펙트럼으로 보여주었다.

:: 프라운호퍼선(Fraunhofer line)

뉴턴의 발견 이후 태양의 스펙트럼은 많은 과학자들의 연구대상이 되었고 그 연구는 특별히 두 가지 방향에서 자연과학, 특히 지구과학의 발전에 엄청나게 기여했다.

그 하나는 파장에 따른 에너지 양의 분포를 살피는 복사곡선의 연구를 통해 이룩한 것이며, 또 하나는 스펙트럼에서 발견되는 검은 줄의 비밀을 밝히는 과정에서 이루어낸 성과이다. 복사곡선에 관한 연구는 뒤에 다시 자세히 이야기하기로 하고, 여기서는 스펙트럼에서 발견된 검은 줄의 비밀부터 살펴보기로 하자.

1802년 영국의 울러스턴(Wollaston)은 태양의 스펙트럼을 조사하는 가운데 특이한 점으로 곳곳에 여러 개의 어두운 선이 관측되는 것을 처음으로 발견했다.

약 10여 년 후인 1814년 렌즈 제작의 명수였던 독일 뮌헨의 프라운호퍼(Joseph von Fraunhofer)가 프리즘 앞에 볼록렌즈를 놓고 프리즘으로 분리된 빛을 망원경으로 확대해본 결과 500여 개의 어두운 선이 있는 것을 관찰할 수 있었다. 오늘날 이들 선을 그의 이름을 따서 프라운호퍼선이라고 부른다.

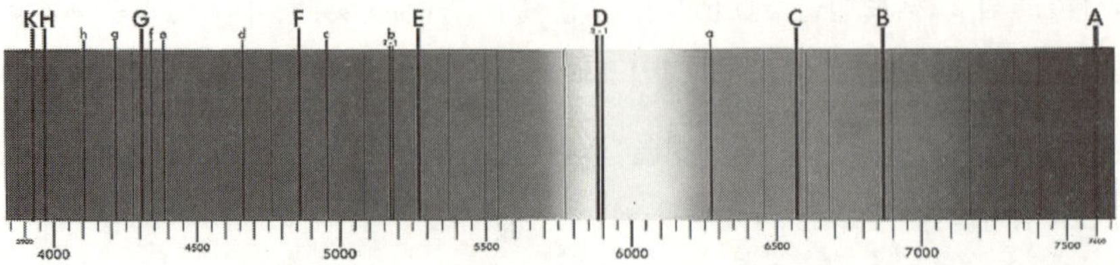

19세기 초 프라운호퍼가 태양의 스펙트럼에서 발견한 많은 검은 선들. 500여 개의 선을 발견하고 자신의 이름을 붙였다. 오늘날 이 선들을 흔히 '프라운호퍼선'이라고 부른다.

:: 원소들의 지문

프라운호퍼 자신도 이런 선들이 원소들과 관련이 있으리라고 생각하고 있었다. 더욱이 1822년 영국의 천문학자 허셜(Frederick William Herschel)이 프라운호퍼 분광기를 이용해 어떤 물질을 불꽃에서 반응시키면 뚜렷한 선이 나타나는 것을 발견했다.

그러나 프라운호퍼선의 의미는 1860년 어느 특정 원소마다 같은 위치에서 원소의 방출 스펙트럼과 흡수 스펙트럼이 나타나는 것을 알아낸 분젠과 키르히호프의 연구를 통해 분명히 밝혀졌다.

이 분석법의 기원은 1659년까지 거슬러갈 수 있다. 독일 르네상스의 화학자였던 글라우버(Johann Rudolf Glauber, 1604~1668)는 금속염의 용액을 불꽃에 태울 때 나타나는 특별한 색깔이 용액 속에 있는 금속의 특성을 암시한다고 생각했다. 이렇게 금속이 각각의 고유한 색을 내는 이유는 금속이 불꽃으로부터 에너지를 흡수하면서 들뜬 상태로 되었다가 다시 정상으로 돌아가면서 에너지를 빛으로 내기 때문이다.

그러나 분광분석법의 시조로 보통 19세기 중엽 독일 하이델베르크대학교의 화학교수였던 분젠(Robert Bunsen, 1811~1899)을 꼽는다. 분젠은 마침 하이델베르크 시에 들어오기 시작한 도시가스를 이용할 수 있는 분젠버너를 고안하고, 불꽃을 이용한 여러 실험을 하는 동안 금속염마다 특이한 불꽃의 색을 내는 것을 알게 되었다. 1859년 그는 같은 대학의 절친한 친구였던 물리학자 키르히호프(Gustav Robert Kirchhoff, 1824~1887)의 제안에 따라 불꽃의 빛을 분해할 수 있는 프리즘과 2개의 낡은 망원경을 이용한 최초의 분광기(Spectroscope)도 만들었다. 그리고 이를 이용해서 각 원소들마다 특유한 파장에서 선으로 나타내는 빛을 발견한 것이다. 불꽃반응의 경우는 어두운 배경에 빛이 선으로 나타나는 방출 스펙트럼이고 프라운호퍼선은 무지개 배경에 어두운 선이 나타나는 흡수 스펙트럼의 차이일 뿐, 이 선들은 원소들만의 특유한 성질로서 흔히 원소의 지문이라고도 불린다.

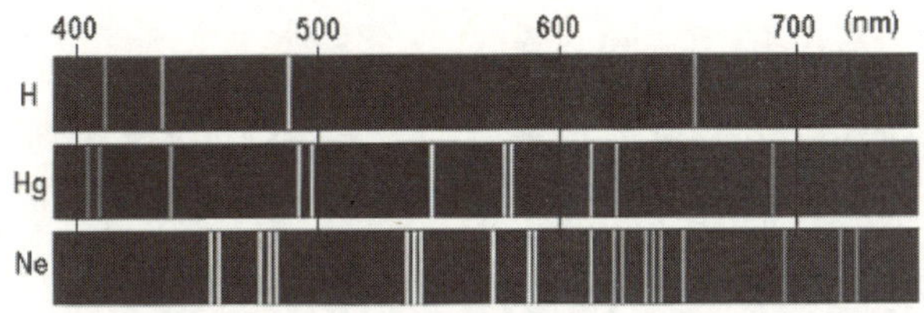

몇 원소들의 흡수선 스펙트럼 모습

이 흡수 및 방출 스펙트럼의 연구는 그 이후 많은 새로운 원소의 발견에 결정적인 역할을 했고, 실제로 이들 자신도 근무지였던 하이델베르크 주위의 온천물에서 새로운 원소 루비듐과 세슘을 발견했다.

원소들이 왜 각 원소 특유의 지문을 가지게 되는지를 이해해가는 과정에서, 보어가 만들어낸 새로운 원자모형이 결정적인 계기를 마련해주었다.

:: 수소의 발머계열(Balmer series) 스펙트럼

1885년 스위스의 수학자 발머(Johann Jakob Balmer)는 가시광선 영역에 있는 수소원자의 선스펙트럼을 조사하는 중에 656.28nm(1nm=10^{-9}m), 486.13nm, 434.05nm, 410.17nm 등 4개의 파장의 진동수를 모두 간단한 수열로 표시할 수 있다는 것을 알아냈다.

이를 발머계열의 수소 원자 스펙트럼이라고 부르는데, 파장을 λ로 표시하면 이들은 모두 $1/\lambda = R(1/2^2 - 1/m^2)$이라는 간단한 식으로 나타낼 수 있다. 이 식을 리드베리식이라 부르는데, 여기서 R은 리드베리 상수로 $109737.3cm^{-1}$의 값을 가지며, m은 3, 4, 5,…인 정수이다.

보어에게 노벨상의 수상을 안겨준 그의 원자모형은 리드베리의 상수를 전자의 전하, 질량 등의 값을 이용해서 유도해낼 수 있게 한 것이다.

:: 닐스 보어

보어는 1885년 10월 7일 덴마크의 코펜하겐에서 태어났다. 이 해는 후일 보어가 개발한 원자모형으로 이를 멋있게 설명한 수소의 스펙트럼에 관한 놀라운 주기법칙인 발머계열이 발견된 해이기도 하다.

1903년 코펜하겐대학교에서 물리학 공부를 시작한 보어는 1907년 물의 표면장력에 관한 논문으로 덴마크 왕립 과학 및 인문 아카데미에서 금메달을 받는 등 학창시절부터 물리학 분야에서 탁월성을 나타내기 시작했으며, 코펜하겐대학교에서 당시 문제가 되고 있었던 금속 내의 전자이론에 대해 연구를 시작해 1911년 논문 「금속의 전자론(電子論)」으로 박사학위를 받았다.

전자를 발견한 톰슨(Joseph John Thomson, 1856~1940)의 열광적 숭배자였던 보어는 1911년 톰슨과 함께 물리학을 논의하기 위해서 박사 연구장학생으로 케임브리지로 갔다. 톰슨은 보어를 친절하게 맞이해주기는 했지만, 그의 서투른 영어 실력과 톰슨의 무관심으로 케임브리지에서 톰슨과 함께 연구를 하고 싶었던 자신의 소망을 이룰 수 없게 되었다.

할 수 없이 보어는 맨체스터에 있던 러더퍼드와 함께 연구를 하게 되었고, 이

것이 그의 연구에 중요한 인연이 되어 1912년 코펜하겐대학교에 강사 자리를 얻어 귀국한 후 원자모형 연구에 착수했다. 1913년 러더퍼드의 모형에 플랑크의 양자(量子)가설을 적용해 새로운 원자모형을 세우고 이를 이용해 수소의 스펙트럼 계열을 설명하는 데 성공했다.

:: 새로운 원자의 모형을 찾아서

19세기 말부터 과학자들은 원소의 주기율적 성질을 설명하기 위해 다양한 원자 구조의 모형을 개발했다. 1903년 5월 도쿄대학교에서 열린 도쿄수학물리학회에서 나가오카 한타로(長岡半太郎, 1865~1950)는 토성 원자모형을 발표했다. 하지만 양전하가 중앙에 있고 그 주위를 전자들이 고리 모양으로 돌고 있는 이 토성 원자모형은 역학적 불안정성 때문에 나오자마자 심한 비판에 부딪혀 폐기될 수밖에 없었다. 전하를 가진 전자가 원자 내에서 궤도운동을 한다면 전파를 발생하게 마련이며, 결국 순식간에 에너지를 잃고 핵으로 떨어지고 말게 된다.

19세기 말부터 다양한 형태의 원자모형을 고안하고 있던 톰슨은 이 토성 원자모형이 지니는 불안정성을 극복하기 위해 이와는 다른 새로운 원자모형을 찾아나갔다. 그는 우선 양전하가 원자 전체에 걸쳐 있고 전자들이 양전하 안과 밖으로 돌아다니며 돌고 있는 원자모형을 제안했다. 흔히 건포도모형이라고 부르는 이 톰슨의 원자모형은 토성 원자모형에 비해 역학적인 안정성을 확보할 수 있다는 장점이 있었다.

그러나 1911년 러더퍼드(Ernest Rutherford, 1871~1937)가 섬광계수기를 이용한 알파입자 산란실험을 통해 핵의 존재를 확인하면서, 톰슨의 모형과는 다른 소위 러더퍼드 원자모형을 제안했다. 러더퍼드 원자모형은 한타로의 토성 원자모형을 다시 부활시킨 것으로, 이 모형이 지니고 있던 가장 커다란 문제점인 역학적

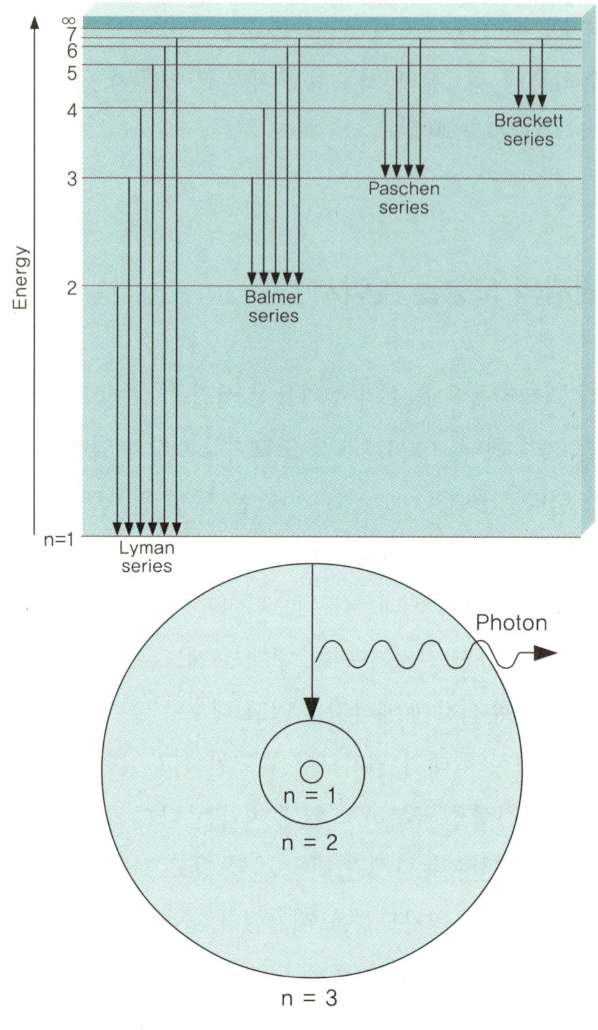

보어의 원자모형과 수소의 선스펙트럼을 설명하는 모식도

인 불안정성 문제를 피할 수 없었다.

하지만 보어가 등장하면서 러더퍼드 모형의 역학적인 불안정성을 극복하기 위한 정상상태 개념과 양자화된 궤도를 가정하는 새로운 원자모형을 발전시킨 것이다.

:: 보어의 원자모형

보어의 원자모형은 톰슨의 모형을 부정하는 것임에도 불구하고, 기본적으로는 톰슨의 연구계획과 밀접한 연관을 가지고 있었다. 당시 톰슨은 멘델레예프(Dmitri Ivanovich Mendeleev, 1834~1907)의 주기율표에서 보여주는 화학원소의 주기적 성질을 설명할 수 있는 모형을 찾고 있었다. 톰슨을 열렬히 숭배하던 보어도 톰슨을 따라 화학원소의 주기율적 성질을 설명하려고 노력하던 중, 1913년 초 우연히 발머계열에 관한 식을 알게 된 것이다. 그리고 이를 바탕으로 매우 형식적이고도 실용적인 입장에서 원자 내의 전자들은 양자화된 특별한 에너지를 가진 궤도만이 허용된다는 것을 근간으로 하는 자신의 원자모형을 제안했던 것이다.

보어의 원자론은 고전전자기학적 논의와 새로운 양자론적 논의가 서로 혼합된 것으로서 훗날 현대 물리학의 한 축을 이루는 양자상태 개념과 파울리의 배타원리 출현에 결정적인 역할을 했으며, 원소의 주기율표에 대한 현대적인 이해를 하는 데 초석이 된 이론이었다.

뒤에 좀머펠트(Arnold Sommerfeld)에 의해 보완되어 흔히 보어-좀머펠트 이론이라고도 불리는 이 고전 양자론은 1922년 보어에게 노벨상을 안겨주었다. 그러나 고전양자론은 노벨상 수상 직후인 1923년부터 위기를 맞기 시작했으며, 1925년 하이젠베르크(Werner Karl Heisenberg)의 행렬역학과 1926년 슈뢰딩거(Erwin Schrodinger)의 파동역학에 의해 대체될 때까지 한 시대를 풍미했던 과도기적 이론이었다.

그럼에도 불구하고 보어의 모형이 매우 성공적이었던 것은 바로 수소원자의 발머계열 스펙트럼을 설명할 수 있었기 때문이다.

:: 우리 태양계를 구성하는 원소들

오늘날 과학자들은 태양계를 구성하는 원소들, 더 크게는 우주를 구성하는 원소들의 분포 모습에 대해 꽤 자신 있게 이야기할 수 있게 되었다. 태양에서 오는 복사스펙트럼에서 관측되는 프라운호퍼선들이 바로 태양을 구성하고 있는 원소들이 보여주는 지문이며, 이 선들을 각각의 원소와 대응시켜가면서 태양을 만들고 있는 원소 분포를 알 수 있게 된다.

태양(helios)의 어원을 가진 헬륨도 태양 관측을 통해 처음 발견된 원소로서 우라늄 광물 속에서 발견되고 이를 통해 우라늄 광물의 나이를 측정하는 데, 러더퍼드가 처음으로 성공한 것은 이미 앞에서 살펴보았다.

태양계를 구성하는 원소들의 분포 모습을 한번 살펴보자.

가장 눈에 띄는 것은 수소와 헬륨이 가장 많은 부분을 차지하지만, 자연계에 존재하는 90여 원소가 다 한몫을 하고 있는 것이다.

이들 원소 분포의 중요한 것을 정리해보자.

1) 수소와 헬륨이 개수비 약 10:1로서 주종을 이룬다.

2) 원자번호가 증가함에 따라 그 존재비가 현저히 감소한다.

3) 감소 경향에는 지그재그의 모습을 보여주는 경향이 있다.

4) 반감기가 비교적 짧은 동위원소들만을 가진 Tc(테크네튬) 및 포르메튬은 오늘날 태양계 내에는 존재하지 않는다. 예를 들면, Tc−97($\tau_{1/2}$=260만 년), Tc−98($\tau_{1/2}$=420만 년).

5) 안정한 동위원소를 가지는 원소는 비스무스(Bi)에서 그치고, 반감기가 매우 긴 방사성 동위원소인 토륨, 우라늄으로 이어지며, 그 중간은 붕괴계열의 반

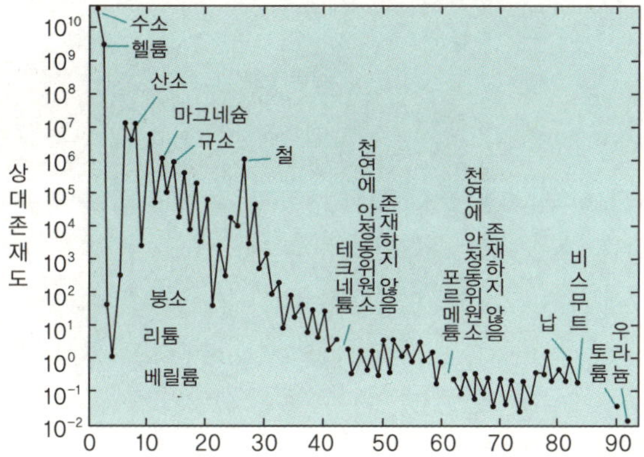

태양을 구성하는 원소들의 분포 모습. 규소 100만 원자에 대한 상대적인 존재비를 표시한 것이며, 존재비에 엄청난 차이가 있어 10의 제곱을 이용해 도시하고 있다. 원자번호가 증가함에 따라 존재비가 급격하게 줄어들고 있다.

감기가 비교적 짧은 원소들이 차지하고 있다.

6) 철은 인접한 다른 원소들에 비해 그 존재비가 현저히 크다.

7) 붕소, 리튬, 베릴륨 등은 그 존재비가 현저히 적다.

이것은 앞으로 우리의 기원을 찾아가려고 할 때 살펴가야 할 중요한 조건들이다.

:: 하늘에서 온 선물 : 아옌데 운석

그런데 태양의 복사에너지의 스펙트럼을 연구해 얻은 결과가 정말로 태양계 더 나아가서는 우주를 대표할 수 있는 분포의 모습일까?

1969년 2월 8일 과학자들은 하늘에서 뜻밖의 선물을 얻었다. 바로 아옌데(Allende) 운석이라고 불리는 운석이 멕시코 치우아우아(Chihuahua)에 떨어진 것이다. 이 아옌데 운석은 운석을 연구하는 과학자들이 탄소질 운석이라 부르는 탄소를 많이 함유한 운석들의 대표격인 운석이다. 태양계가 형성될 초기의 정보

1969년 멕시코에 떨어진 우주의 선물 아옌데 운석. 태양계 초기의 모습을 알려준 중요한 운석이다.

를 많은 부분 그대로 간직하고 있는 아옌데 운석과 같은 이런 탄소질 운석들의 성분 원소를 분석해본 결과, 일부 휘발성 원소들을 제외한 많은 원소들의 성분비가 태양의 복사에너지 스펙트럼을 분석해 얻은 결과와 너무도 잘 일치하는 것을 알 수 있었다. 태양을 조사해 얻은 정보들이 태양계를 대변하는 중요한 정보임을 다시 한 번 확인시켜준 것이다.

:: 우리들의 뿌리 찾기

이렇게 해서 알게 된 우리 태양계와 더 나아가서 우주는 어떻게 생겨난 것일까? 지금의 우리를 있게 하기 위해 일어났던 과거의 사건들을 하나하나 살펴가는 우리의 뿌리 찾기 여정 또한 인류가 오랜 노력을 통해 걸어온 길이며, 특히 지난 100여 년간 놀라운 발전을 하면서 많은 노벨상 수상자를 배출시켰다.

우선 지금부터 약 140억 년 전 있었던 우주의 시작인 빅뱅의 시간으로 돌아가 뿌리 찾기 여정을 시작해보기로 하자.

12
빅뱅으로 시작한 우주 (1)

펜지아스 (Arno Allan Penzias, 1933~)

1978년 노벨물리학상 수상
"for their discovery of cosmic microwave background radiation"
(우주의 마이크로파 배경복사의 발견)

윌슨 (Robert Woodrow Wilson, 1936~)

1978년 노벨물리학상 수상
"for their discovery of cosmic microwave background radiation"
(우주의 마이크로파 배경복사의 발견)

:: 나팔 모양의 안테나

1960년대 초 벨연구소의 젊은 라디오 천문학자였던 펜지아스와 윌슨은 나팔 모양의 거대한 마이크로파 안테나를 이용해 최초의 통신위성 에코 1호(Telstar)를 추적하고 있었다. 그러나 그들은 지속적으로 들려오는 배경 잡음에 골머리를 썩었다. 실패로 끝나긴 했지만 잡음 제거에 혹시 도움이 되지나 않을까 해서 안테나에 둥지를 틀고 있던 비둘기 한 쌍을 몰아낸 유명한 일화도 얽혀 있다.

이들이 연구하고 있던 7cm 정도의 파장은 우주로부터 오는 신호로는 그다지 중요성이 없는 것으로 여겨지던 영역이었지만, 조심스러운 연구를 통해 결국 이 잡음이 우주의 모든 방향에서 사시사철 변함없이 일정하게 지구로 들어오고 있는 절대온도 약 3도의 복사에너지의 일부라는 것이 밝혀지게 된다. 이 사실은 빅뱅의 결정적 증거로 자리 잡게 되었으며, 이들에게 1978년 노벨물리학 수상의 영예를 안겨주었다.

'우주배경복사관측' 으로도 불리는 이 관측이 왜 그렇게도 중요한 것이었을까?

:: 태초에 빛이 있어라 : 차가운 빛(la luce fredda : the cold light)

빅뱅이론에 의하면 빅뱅 후 30만 년이 되는 시기는 매우 중요한 의미를 가진다. 에너지가 한 곳에 집중되어 있던 빅뱅 당시 우주의 온도는 엄청나게 높았을 것이지만, 이때가 되면 우주의 온도가 약 3천도로 낮아지게 된다. 우주가 3천도로 식었다는 것은 어떤 의미가 있는 것일까?

이보다 높은 온도에서는 운동에너지가 너무 커서 원자 내에 잡아둘 수 없었던 전자들이 마침내 원자 내에 붙잡혀 중성의 수소와 헬륨 원자로 된다. 이로서 그 이전에는 플라즈마 상태에서 전자와의 충돌로 인하여 빠져나올 수 없었던 광자(光子, photon)가 비로소 빛으로 나올 수 있게 된다. 물질과 빛이 분리되면서 갑자기 우주에 '빛' 이 생긴 것이다.

물론 이때 우주로 나온 빛은 3천도에 해당하는 복사에너지였다. 이후 약 140억 년간 우주가 팽창하는 동안 우주가 식어 지금에 와서는 약 3도 정도의 복사에너지로 되었다는 것이 빅뱅이론의 중요한 결론이다. 이 3도 정도의 복사에너지를 이들이 감지한 것이다.

이 발견이 강력하게 뒤를 밀어주고 있는 빅뱅이론이 탄생하기까지의 우리 뿌리 찾기 여정의 기원을 찾아가면 그리스의 철학자에게로까지 거슬러 올라간다. 문제의 시작은 우리가 매일 겪고 보고 있는 물체의 낙하운동, 즉 지구로 떨어질 수밖에 없는 모든 물체의 운동이다.

티코 브라헤가 생각했던 어정쩡한 천체모형. 다른 행성들은 태양 주위를 돌지만, 태양과 달은 여전히 지구 주위를 돌고 있는 모형이다. 1651년 발간된 리치올리(Giovanni Battista Riccioli)의 서적에 그려진 삽화에서도 아직 브라헤의 모형이 코페르니쿠스의 모형보다 무게가 더 실려 있는 것을 볼 수 있다.

:: 물체의 낙하운동

아리스토텔레스가 품었던 질문은 '왜 물체는 운동을 계속하는가?' 하는 것이었다. 이런 관점에서 그는 우주의 중심인 지구로 물체가 낙하하는 것은 자연스러운 일이라는 '의지론적 우주관'을 주장했다. 천동설의 자연스러운 귀결이다.

지동설이 확립되기 시작하면서 대두된 자연스러운 질문은 '왜 행성들이 우주의 중심인 태양으로 끌려가지 않고 자신의 궤도에서 질서정연한 운동을 지속하고 있는 것일까?' 하는 것이었다. 티코 브라헤(Tycho Brahe)가 지구를 중심으로 하는 어정쩡한 우주모형을 세운 이유에는 이런 질문이 도사리고 있었다.

갈릴레오는 이 질문에 대해 전혀 새로운 입장을 내세웠다. 즉, '왜 물체는 운동을 계속하는가?'에서 '물체는 왜 운동을 멈추는가?' 하는 질문으로 관점을 바꾼 것이다. 갈릴레오는 외부의 힘을 받지 않는 물체는 일정한 속도로 직선을 따라 운동을 계속한다고 생각했다. 움직이는 물체가 정지하는 이유는 바로 마찰이라는 힘이 작용하기 때문이며, 만약 마찰이 없다면 물체는 영구히 운동을 계속할 것이라 생각한 것이다. 이런 관성(inertia)의 개념은 뉴턴에 의해서 운동 제1법칙의 형태로 모습을 갖추게 된다.

우주 중심의 자리를 잃어버린 지구에서 일어나는 낙하운동은 갈릴레오를 거쳐 결국 '모든 물체 사이에는 끄는 힘이 작용한다'는 만유인력의 법칙으로 자연스럽게 그 모습을 바꾸게 된다. 물론 이를 이룬 사람은 갈릴레오 서거 1년 후인 1642년 영국에서 태어난 뉴턴이었다.

:: 뉴턴의 《프린키피아(Principia)》

1665년 케임브리지대학교를 졸업한 뉴턴은 그 전해부터 런던에서 창궐하기 시작한 전염병 때문에 고향으로 돌아와 1667년 봄 대학이 다시 문을 열 때까지 18개월을 고향에서 보내고 있었다.

1666년 5월 16일, 정원 벤치에 앉아 달이 지구의 주위를 계속 돌 수밖에 없도록 만드는 물리학적 법칙은 무엇일까를 생각하고 있던 뉴턴의 눈앞에 사과나무에서 사과 하나가 떨어졌다. 바로 이때 달이 제자리를 지키며 공전을 계속하는 원리를 깨닫게 되었다는 일화는 너무도 유명하다.

사과를 떨어뜨리는 지구의 힘이 만약 같은 방법으로 달에 미치지 않는다면, 달은 지금의 궤도를 계속 유지하지 못하고 지구에서 달아나버리고 마는 것은 아닐까? 뉴턴은 물체들 사이에 작용하는 힘을 세 가지 법칙으로 정리했다.

첫 번째 제1법칙은 갈릴레오가 생각했던 관성의 문제를 정리한 것이다. "정지하고 있는 물체 또는 일정한 속도로 직선운동을 하고 있는 물체는 외부에서 힘이 가해지지 않는 한 정지한 상태 또는 등속의 직선운동을 계속한다." 이런 물체의 운동 상태를 바꾸려면 외부에서 힘이 필요한 것은 물론이다.

두 번째의 제2법칙은 물체에 힘을 가하면 속도가 변하는데, 속도가 변화하는 비율, 즉 가속도는 주어진 힘에 비례한다는 것이다. 물론 일정한 속도의 변화를 만들어내기 위해서는 무거운 물체에는 이에 비례해서 더 많은 힘을 주어야 한다.

f=ma(f, 힘 ; m, 질량 ; a, 가속도)

이를 수학적으로 표시한 공식(위)은 천체의 운동을 성공적으로 기술하는 기본식이 되었을 뿐만 아니라, 어쩌면 지구 중력이라는 힘에 항상 지배를 받으면서 생활할 수밖에 없는 우리 인류의 생활을 지배해온 가장 중요한 공식일지도 모른다.

나머지 또 하나의 중요한 법칙, 즉 제3법칙은 모든 작용에 대해 크기는 같으나 방향은 서로 반대인 반작용이 있다는 것으로서, 우리 모두가 땅을 디디며 생활할 수 있음을 설명하는 법칙이다.

뉴턴은 이렇게 힘의 작용을 수식화하고 "우주 내에 있는 모든 물체는 자신 이외의 모든 물체들과 그들의 질량에 비례하며, 그들 사이의 거리의 제곱에 반비례하는 힘으로 서로 끌어당기고 있다"는 만류인력의 법칙(law of universal gravitation)을 세웠다. 그리고 행성이 직선을 따라 운동을 계속하려는 경향이 있다는 것과 이러한 인력을 고려하면 케플러가 이미 발견한 타원궤도가 만들어지는 행성의 운동을 증명할 수 있었다.

1667년 다시 케임브리지대학교로 돌아가 루카스 교수(Lucasian Professorship)직을 맡게 된 뉴턴은 1687년 마침내 이런 내용들을 《자연철학의 수학적 원리》 일명 《프린키피아》라는 제목으로 출판했다.

라틴어로 씌어진 이 책의 제1부는 빈 공간에서 운동하는 물체의 역학, 제2부는 저항이 있는 경우의 운동, 그리고 제3부는 태양계 전체의 구조와 행성의 운동을 다룬 대작으로 과학 발전의 큰 획을 긋는 대업적이었다.

:: 무한히 큰 우주?

기존의 천동설에 의하면 모든 항성들은 행성 바깥의 여덟 번째 구에 들어 있었다. 따라서 우주의 크기는 어쩔 수 없이 제한될 수밖에 없었다. 그러나 지동설이 확립되면서 지구가 태양 주위를 도는 운동을 하는 것이 이해되었을 때, 밤하늘의 별들(항성)의 위치가 변하지 않는다는 것은 이들이 지구로부터 엄청나게 멀리 떨어져 있다는 것을 의미하는 것이었다.

이로서 연주시차라는 개념이 탄생하는데, 즉 가까이 있는 별의 위치는 공전궤도상의 지구의 위치에 따라 먼 곳에 있는 별에 대해 상대적인 위치가 변한다는 것이다. 아직 망원경도 없었던 당시의 능력으로 별들의 위치가 상대적으로 변하는 이런 연주시차를 관측하는 것이 불가능했던 브라헤가 지동설을 받아들일 수 없었던 연유이기도 하며, 실제로 연주시차가 처음으로 관측된 것은 먼 후일인 1838년에 와서의 일이다.

"그렇다면 별들이 사는 우주는 도대체 얼마나 큰 것일까?"

뉴턴의 중력이론은 천체의 운동을 명쾌히 설명해주는 답이었지만, 이 중력이론은 뉴턴에게 큰 고민을 안겨주었다. 뉴턴은 자신의 중력이론에 근거해볼 때 우주가 유한하다면 그 우주는 붕괴할 수밖에 없다. 따라서 뉴턴은 "우주에는 중심도 없으며, 경계도 없고, 모든 방향으로 일정하고 무한대의 크기를 가진다"는 우주관을 가질 수밖에 없었다. 그러나 이런 무한한 우주는 또 나름대로의 심각한 문제를 가지고 있었으며 이를 흔히 '올버스의 역설' 이라고 부른다.

:: "밤하늘은 왜 어두울까?" : 올버스의 역설

소박해 보이는 이 질문은 우주가 어떤 모양을 가졌을까를 추구하는 과학자들을 무척 고민하게 만들었던 아주 근본적인 질문이다. 케플러, 핼리와 같은 유명한 과학자들이 이 문제를 논하는 글을 남겼는데, 흔히는 1826년 이 문제를 지적한 독일의 천문학자 올버스(Heinrich Wilhelm Matias Olbers)의 이름을 따 '올버스의 역설' 이라고 부른다.

"만약 우주가 무한하다면 그 속에 있는 무수한 별들로 인해 밤하늘이 결코 어두울 수가 없다"는 논리적 모순 때문이다.

이에 대한 자연스런 해결 방법은 우주가 유한하다는 것이었다. 그런데 어떻게 유한한 우주와 무한한 우주가 공존할 수 있을까? 바로 뉴턴이 믿었던 무한한 우주가 가진 딜레마였다.

:: 허블이 부른 유레카

허블(Edwin Powell Hubble)이 윌슨산에 등장한 1920년 당시에도 우리 은하인 은하수(Milky Way)가 아마 우주의 끝일 것이라는 생각이 지배적이었다.

대학시절에는 인기 있는 권투선수이자 농구선수였으며, 로즈 장학생으로 옥스퍼드대학교에서 법학을 공부하다가 그만두고 천문학을 공부하러 이곳으로 온 허블이었다. 1917년 설립된 윌슨산 천문대에는 헤일이 1908년부터 10년이나 걸려 1917년 11월에 완성한, 20세기 경이로운 공학기술의 완성품으로 꼽히는 무게 100톤, 구경 2.5m(100인치)의 반사망원경이 설치되어 있었다. 허블은 이 망원경을 이용해 당시 누구도 볼 수 없었던 깊은 은하 속을 관측할 수 있었다.

허블은 위스콘신 주의 여키스 천문대에서 수행하던 박사학위 논문의 주제로

1917년 설립된 윌슨산의 천문대. 무게 100톤, 구경 2.5m의 반사망원경이 설치된 20세기 경이로운 공학품의 하나로 꼽힌다.

영국 멋쟁이인 스포츠용 의복 차림의 에드윈 허블. 1923년 윌슨산 천문대에서 찍은 사진이다.

성운(nebulare, '안개' 또는 '증기' 라는 뜻을 가진 라틴어에서 유래함)이라고 불리는, 당시 설명되지 않고 있는 수만 개의 희미한 빛의 무리에 대한 연구를 하고 있었다. 당시의 다른 과학자들이 별로 중요시하지 않던 이 현상을 공부하기 위해 이곳의 망원경으로 4년 동안 수천 장의 성운 사진을 찍던 허블은, 이들 흐릿한 빛의 구름들이 사실은 셀 수 없이 많은 별들이 모여 있는 것임을 알게 되었고 마침내 1923년 10월 6일 생애 최고의 사진을 찍게 된다.

안드로메다자리의 성운(M31)에 초점을 맞추고 사진을 찍어가던 허블은 '세페이드 변광성' 이라고 알려져 있는 특별한 천체의 모습을 찍게 된 것이다. 당시 허블의 흥분은 슬라이드에 그가 적어놓은 "VAR!"에 잘 나타나 있다. VAR은 변광성(variable star)이란 뜻이며 느낌표는 바로 '유레카' 를 뜻하는 것이었다.

허블은 변광성의 발견에 왜 그렇게 흥분했을까? 그것은 바로 이 별까지의 거리를 추정할 수 있는 방법을 찾았기 때문이었다. 허블이 관측한 안드로메다 성운의 별들은 놀랍게도 93만 광년이었다. 지름이 10만 광년밖에 되지 않는 우리 은하수를 훨씬 넘는 먼 곳에 있는 별들이었다. 이 값은 후에 220만 광년으로 수정된다. 우주의 중심이 은하수 너머 더 깊은 우주로 옮겨가는 중요한 발견이었고, 우리 생명의 원천인 태양은 광대한 우주의 해변에 널려 있는 한 알의 모래에 불과한 것이었다.

:: 빨강치우침(적색편이) : 팽창하는 우주

허블의 관심은 먼 은하를 공부하는 데 집중되고, 이런 허블 앞에 마련되어 있던 직경 2.5m의 헤일 망원경은 최선의 장비였다. 그는 다양한 모습의 은하를 관찰하는 가운데 은하들이 외형 모습에 따라 약 30% 정도의 타원형의 은하, 60% 정도의 나선형 은하, 그리고 10% 정도의 불규칙한 모양의 세 종류로 구별될 수 있음을 확인하고 이에 기초한 은하 체계를 만들었다. 이를 허블의 소리굽쇠 도표라고 부른다.

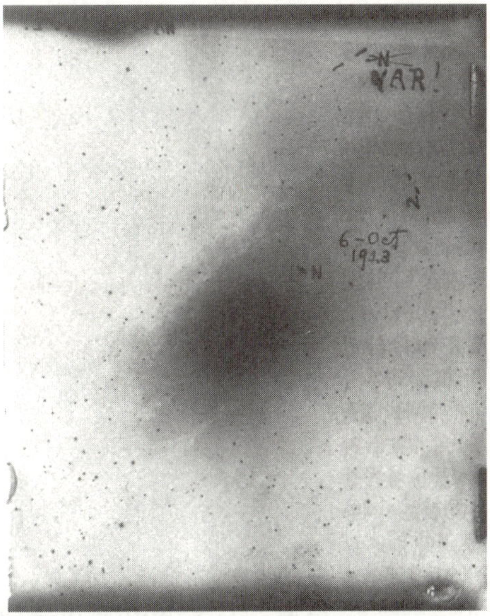

허블이 1923년 10월 6일 밤 안드로메다 성운에서 찍은 사진. 허블은 이 사진을 분석하다가 변광성을 발견하고 흥분하여 사진에 "VAR!"라고 주를 달아놓았다. 허블은 변광성 잣대를 이용하여 안드로메다 성운이 우리 은하수 너머 멀리 있는 별개의 새로운 은하라는 중요한 발견을 하게 되는데, 우주의 크기가 한없이 넓어지는 중요한 전기를 마련해주는 발견이었다.

허블은 조수 휴메이슨(Humason)과 함께 은하의 거리와 은하의 움직임에 어떤 관계가 있는지를 살피고 있었는데, 6년 동안 자료를 모아가는 과정에서 놀랍게도 "멀리 떨어진 은하일수록 더 빠른 속도로 우리에게서 멀어진다"는 사실을 발견했다. 어떻게 은하가 후퇴하는

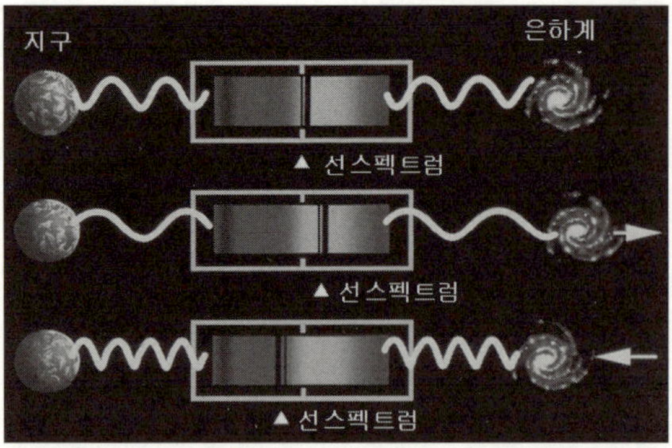

은하의 이동에 따라 선스펙트럼이 변하는 모습을 보여주는 모식도

것을 알 수 있었을까?

과학자들이 별이나 은하가 후퇴하는 것을 발견한 것은 도플러효과라고 부르는 현상을 이용해서이다. 도플러효과란 관측자에 가까이 접근하는 물체가 내는 소리는 파장이 짧아지고, 관측자로부터 멀어지는 물체의 소리는 파장이 길어지는 현상을 말한다.

1912년 미국의 천문학자 슬라이퍼(V. M. Slipher)는 애리조나 주 플래그스태프에 있는 로웰천문대에서 나선 성운으로 알려진 천체들을 관찰하다가 별빛의 스펙트럼들이 긴 파장 쪽으로 약간 옮겨진 것을 발견했는데, 이를 빨강치우침(赤色偏移)이라고 부른다. 그런데 허블은 멀리 있는 은하계에서 나오는 별빛들이 모두 빨강치우침을 하고 있으며, 이런 도플러 이동 속도가 은하의 거리에 비례할 뿐만 아니라 우주의 어느 방향을 보나 같은 결과로 관측되는 것이었다.

1929년 허블이 발표한 이 놀라운 관계식은 샌디지(Allan Sandage)와 동료들에 의하여 훨씬 멀리 있는 은하들에게까지 확장된다는 사실이 입증되었다. 오늘날 '허블의 법칙' 으로 알려져 있는 중요한 법칙이다.

허블의 법칙은 $cz=v=Hd$라는 식으로 표현되는데, 여기서 c는 광속도, z는 적색 이동, v는 후퇴 속도, d는 은하의 거리이며, H는 허블 상수로 불리는 비례 상수이다.

후퇴 속도는 거리에 비례한다는 허블의 법칙은 과학자들에게 궁극적으로 먼 은하까지의 거리를 잴 수 있는 새로운 '우주의 잣대' 를 제공해주었다.

허블의 상수를 알고 있을 때, 측정된 적색편이 z에 광속도 c를 곱하고 허블상수로 나누면 바로 은하까지의 거리가 나오는 것이다($d=cz/H$).

:: 진화하는 우주?

1929년 발표된 허블의 법칙은 많은 흥분을 자아내기도 했지만, 다른 한편으로는 많은 사람들을 곤혹스럽게 만드는 것이기도 했다.

"팽창하는 우주는 시작 [중략] 그리고 끝이 있어야 하는데. 우주가 진화하다니?"

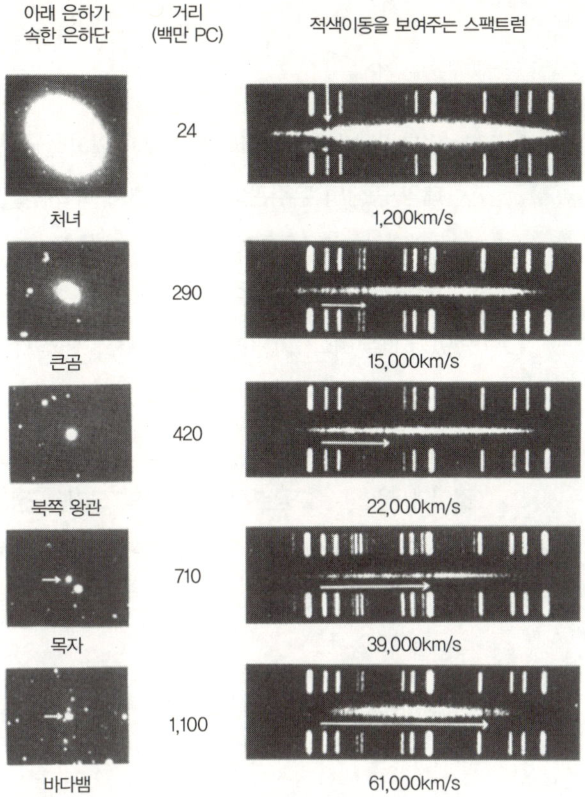

여러 성운이 보여주는 빨강치우침(적색편이). 허블은 이로부터 계산된 은하의 후퇴 속도가 거리에 비례하며 우주의 모든 방향에서 같은 것을 발견했다.

상자글

저 별은 얼마나 멀리 떨어져 있을까?

멀고 먼 별까지의 거리를 어떻게 알아낼 수 있을까?

태양 중심의 우주관이 성립되면서 과학자들은 연주시차라는 방법을 이용해 멀리 있는 별들까지의 거리를 측정할 수 있다고 생각했다.

브라헤가 태양 중심의 모형에 의심을 품었던 주된 이유도 연주시차를 실제 관측할 수 없었기 때문이다. 망원경도 없던 시절, 연주시차의 관측이 불가능하다는 것을 이해할 수 없었다.

오늘날 각의 크기를 측정하는 방법은 고대 메소포타미아에서 사용하던 방법을 따른 것이다. 원을 360등분하여 1도(°)의 크기가 정해지며, 1도는 다시 60분(′), 그리고 1분은 다시 60초(″)로 나누어지는 각도측정법이다. 시차 π를 초(″) 단위, 거리 d를 파섹(pc) 단위로 하면 $\pi=1/d$로 표시되며, 즉 1초⇔1pc=206,265AU=3.086×10^{16}m=3.26광년에 해당한다.

'시차법'은 물론 실제 크기를 측정하는 방법은 아니다. 같은 시차라도 더 깊은 곳을 들여다보면 더 큰 크기의 물체를 보는 것이 된다. 예로 팔을 뻗쳐 하늘을 바라다볼 때 손가락 하나가 약 2도의 시차를 만든다.

이 정도면 근처의 나무의 작은 가지 하나 정도를 가릴 수 있을 정도이지만 멀리 있는 달이라면 네 개나 한번에 가릴 수 있는 정도의 시차이다.

1838년에 와서야 연주시차법을 이용한 별까지의 거리 측정이 마침내 성공한다. 1809년 26세의 나이로 독일 쾨니히스베르크 국립천문대의 초대대장으로 임명되었던 베셀이 백조자리의 61번 별, 61Cygni의 연주시차가 0.3136초임을 발표한 것이다. 61Cygni는 3.4파섹(11.2광년) 떨어져 있었으며, 지구에서 태양까지의 거리의 무려 60만 배나 되는 먼 거리였다. 우주가 태양계보다 훨씬 크다는 것이 분명해지고, 태양 중심의 코페르니쿠스 태양계 모형이 반론 없이 입증된 것이다.

물론 이런 배경에는 18세기에 더욱 발전한 유리 제조기술과 함께 많은 천체 관측소가 건립된 것이 중요한 역할을 했다. 관측소의 핵심이었던 망원경의 발전이 필수적인 요소였음은 말할 것도 없다. 그러나 이런 연주시차법으로 들여다볼 수 있는 최대 거리는 100파섹 정도로 우리 은하의 중심까지의 거리 8,500파섹과 비교해볼 때 너무 미약한 거리이다.

여기에서 새로운 도약을 하는 데에는 신기술 사진술의 등장이 중요한 기여를 하게 된다. 이를 통해 과학자들은 우주의 한 곳을 반복해서 사진을 찍어 시간에 따라 어떤 변화가 있는지를 조사할 수 있게 된 것이다.

사진술은 북반구 과학자들이 실험실 내에서 남반구의 하늘을 관측할 수 있게 하였으며, 페루에 천문대를 가지고 있던 하버드대학교는 이런 방면에서 선도적 역할을 한 곳이었다. 당시 시대적 상황에서 망원경에 직접 접근할 수 없었던 여성 연구자들의 몫이 바로 이런 사진자료를 판독하는 일이었으며, 이들 여성 연구자들 중의 한 사람으로 리비트(Henrietta Leavit)가 있었다.

리비트는 1908~1912년에 걸쳐 남반구에서만 보이는 두 개의 작은 은하인 소마젤란 성운의 사진들을 이용해 천체들의 상대적 밝기를 조사하는 가운데 주기적으로 밝기가 어두워졌다가 다시 밝아지는 변광성을 약 2,400개나 찾아냈다.

20세기 초 하버드대학교 천문대에서 연구하던 리비트

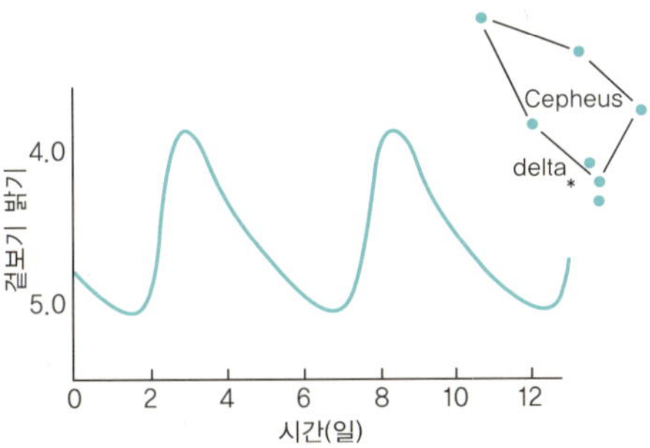

세페이드 변광성이 일정한 주기로 밝기가 변하는 모습을 보여주는 도표. 리비트는 세페이드 변광성의 주기가 별의 밝기에 관련되어 있다는 것을 발견하고, 변광성을 이용해 별까지의 거리를 측정할 수 있는 중요한 잣대를 제시했다.

이런 변광성들을 1784년 당시 19살의 나이로 이런 현상을 처음 발견한 영국의 존 굿릭이 세페우스자리 델타별을 따서 붙인 이름인 '세페이드 변광성'이라 부른다.

리비트는 이 변광성들이 지구에서 같은 거리(우주의 관점에서 볼 때)에 있으리라는 바른 가정 아래 변광성들은 겉보기 밝기가 밝을수록 주기가 길다는 사실을 밝혔다.

이 주기-광도 관계는 별까지의 거리와는 상관없는 것으로, 가까이 있는 세페이드 변광성이 어떤 특정 주기와 밝기를 가지고 있다면 먼 곳에 있는 같은 주기의 변광성도 같은 밝기를 가지리란 것을 의미하는 것이다.

이런 중요성을 인식한 새플리는 기준점을 알아내어 별의 광도(절대등급)를 구하는 노력을 했으며, 이런 연구를 통해 절대밝기와 실제로 관측되는 밝기를 비교함으로서 별들이 얼마나 멀리 떨어져 있는지를 계산할 수 있게 했다.

변광성의 발견은 연주시차의 한계를 넘어 더 깊은 우주로 들어갈 수 있는 '우주의 잣대'를 과학자들에게 제공한 것이다. 바로 이런 배경 가운데 허블은 안드로메다 성운에서 변광성을 발견하고 '유레카'라고 환호할 수 있었다.

13
빅뱅으로 시작한 우주 (2)

매서 (John C. Mather, 1946~)

2006년 노벨물리학상 수상
"for their discovery of the blackbody form and anisotropy of the cosmic microwave background radiation"
(우주의 마이크로파 배경복사의 흑체복사형 및 비등방성의 발견)

스무트 (George F. Smoot, 1945~)

2006년 노벨물리학상 수상
"for their discovery of the blackbody form and anisotropy of the cosmic microwave background radiation"
(우주의 마이크로파 배경복사의 흑체복사형 및 비등방성의 발견)

:: 아인슈타인의 후회 : 우주상수

1929년 멀리 떨어진 은하일수록 더 빠른 속도로 우리에게서 멀어지며 우주가 팽창한다는 허블 법칙의 발견은 많은 흥분을 자아낸 쾌거였지만 다른 한편으로는 많은 사람들을 당혹스럽게 만들었다. 허블의 발견이 제기한 곤혹스러운 질문은 바로 우주의 기원에 관한 문제였다.

"팽창하는 과정을 지금부터 만일 역으로 되돌릴 수 있다면 어느 순간 시작한 시점까지 돌아갈 수 있는 것은 아닐까?"

1905년 특수상대성이론을 발표해 시간과 공간이 절대적이 아니라는 것을 보인 아인슈타인은 이어 1915년 일반상대성이론을 발표하여, 중력을 힘이 아닌 시공간의 기하학으로 해석할 수 있음을 보였다. 그러나 이 이론이 우주에 적용되었을 때 그가 선호하던 정적인 우주를 얻을 수 없었다. 정적인 우주에 대한 강한 믿음을 가지고 있던 아인슈타인은 이른바 우주상수(cosmological constant)라는 것을 자신의 방정식에 도입시켜, 자신의 이론이 정적인 우주와 모순이 되지 않도록 수정했다. 시공의 가장 기본적인 구조를 만들고 있는 '반중력'(antigravity)이라는 새로운 힘을 도입시킨 것이다. 나중에 팽창하는 우주론이 자리를 잡아 가자 '우주상수의 삽입'이 그의 일생에 가장 치명적인 과오라고 후회했다.

아인슈타인과 그 외의 많은 물리학자들이 정적인 우주관을 지키기 위해 여러 궁리를 하는 동안 러시아의 수학자이며 물리학자인 알렉산드르 프리드만(Alexander Friedman)은 우주가 정적이지 않을 수 있음을 추적해갔다. 그리고 허블이 이를 발견하기 이전인 1922년 프리드만은 우주가 어느 방향에서나 똑같은 모습을 하고 있고, 우리가 우주 공간 어디에서 우주를 관측하더라도 같은 모습을 볼 수 있다는 두 가지의 간단한 가정을 하면 우주가 정적일 수 없으며 팽창해야 한다는 것을 보여주었다.

:: 빅뱅이 있었다고?

우주의 팽창이라는 것을 더 이상 부인하기 어렵게 되자 이를 인정하면서도 우주의 역사를 설명하는 서로 다른 대표적인 두 개의 이론이 대립되었다.

그중 하나가 1940년대에 러시아 출신의 가모브(George Gamow)가 주도적인 역할을 하면서 프리드만의 모형을 기원으로 발전시킨 뜨거운 빅뱅(hot big bang model) 모형이다. 가모브는 우주의 팽창이 시작되는 지점에는 우주의 모든 질량과 에너지가 한 점에 모여 엄청나게 밀도가 높은 에너지의 수프 상태로 있다가 급격히 폭발하며 팽창한다고 주장했다. 물론 우주가 팽창할수록 그 속에 들어 있는 물질이나 복사의 온도는 내려간다(우주의 크기가 두 배로 늘어날 때 온도는 그 절반으로 떨어짐).

1948년 가모브는 논문 발표를 통해 빅뱅의 이론을 주장했다. 풍부한 유머감각의 소유자로 알려져 있던 가모브는 당시 핵물리학자인 한스 베테(Hans Albrecht Bethe, 1967년 노벨물리학상 수상)를 설득해 논문의 공저자 이름을 그의 학생이었던 랠프 알퍼와 함께 "알퍼, 베테, 가모브"로 나열하여, 우주의 기원을 다룬 논문 저자의 이름을 그리스 알파벳의 알파(α), 베타(β), 감마(γ)와 비슷하게 했다고 한다.

이런 빅뱅이론에 대해 강하게 반발한 대표적 천문학자로 영국의 프레드 호일, 골드, 본디 등이 있다. 호일은 1950년대에 정상 상태의 우주모형을 들고 나와 빅뱅이론에 맞섰다. 팽창하는 우주에서 은하들이 서로 멀어질 때 그 간격에 지속

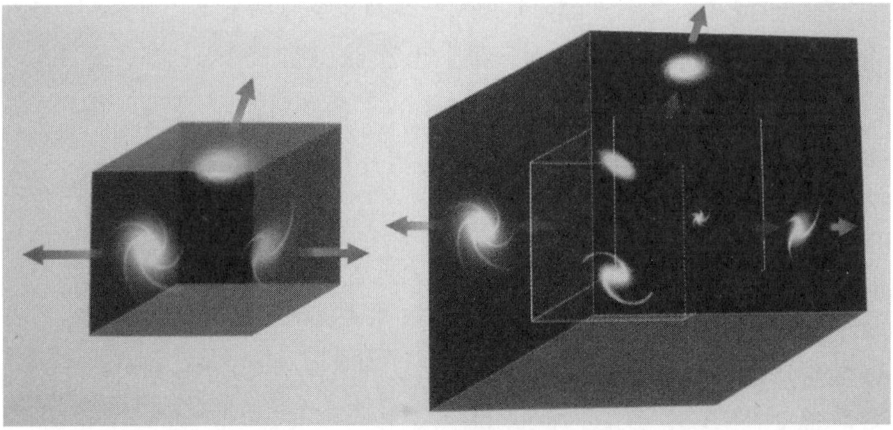

호일이 생각했던 정상우주의 모형. 빅뱅의 모형이 얼마나 당시 정통적인 천문학자들에게 받아들이기 어려운 생각이었는지를 보여주는 하나의 단면이다.

적으로 생성되는 새로운 물질들 속에서 새로운 은하가 계속 형성된다는 이론이었다. 우주의 시작점을 굳이 정하지 않아도 되는 이론이다.

빅뱅이라는 용어도 실은 영국의 BBC 방송프로그램에 나왔던 호일이 빅뱅이론을 비웃으면서 "그럼 태초에 빅뱅이 있었다는 말인가?"라고 던진 말이 그대로 굳어진 것이다.

:: 팽창의 흔적을 찾아라

1965년 이런 논쟁에 종지부를 찍을 중요한 발견이 이루어진 것을 앞의 글에서 이미 살폈다. 사실 이것 역시 가모브가 빅뱅모형에서 이미 예측했던 것이지만 그만 잊혀지고 만 것이었다. 높은 에너지 밀도를 가졌던 우주가 팽창하면서 식었다면, 그 에너지의 잔재가 남아 있을 것이며 그 에너지는 대부분 전파 영역에서 검출될 수 있을 것이라는 예측이었다.

1960년대 초 프린스턴대학교의 디키가 이끌던 연구팀은 이를 증명하기 위해 마이크로파 검출 장치를 만들었다. 그리고 이제 완성된 복사계를 지붕으로 끌어올리던 날이었다. 불과 30마일 정도밖에 안 떨어진 벨연구소에서 도움을 요청하는 전화가 걸려왔다. 펜지아스와 윌슨으로부터 온 것이었다. 이들의 연구 결과를 들은 디키가 팀 동료들에게 다음과 같은 말을 했다고 전해진다.

"여보게들, 우리가 한 발 늦었네."

거대한 마이크로파 안테나를 이용해 최초의 통신위성 에코 1호(Telstar)를 추적하고 있었던 벨연구소의 젊은 라디오 천문학자 펜지아스와 윌슨의 연구를 가리킨 것이었다. 이 배경복사의 발견은 사람들로 하여금 빅뱅이론을 받아들이지 않을 수 없게 만든 매우 중요한 것이었다.

재미있는 사실은 펜지아스와 윌슨 자신은 개인적으로는 정상 우주론을 지지하는 쪽에 있었다는 것이며, 이들은 노벨상 역사상 가장 운이 좋았던 과학자들로 꼽힌다.

:: COBE(Cosmic Background Explorer)

1973년 버클리 캘리포니아대학교의 리처드 교수팀은 기구를 띄우고 여러 파장에서 마이크로파 배경복사를 관측한 결과 정확히 3K(더 정확히는 2.726K)의 흑체가 방출하는 복사 스펙트럼을 관측할 수 있었다.

흑체 복사 곡선이란 일정한 온도의 흑체가 방출하는 에너지를 파장에 따라 도시한 곡선으로서, 19세기 말 연속적인 에너지의 개념을 믿고 있던 당시의 과학자들에게 큰 애를 먹인 문제였다. 이 문제는 결국 에너지의 양자화를 가정한 플랑크에 의해서 해결되며 20세기 양자과학의 문을 여는 중요한 전기를 마련하게

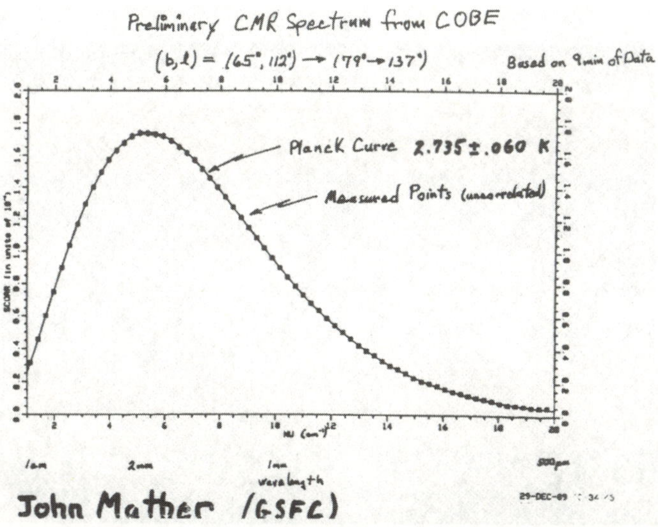

2006년 노벨물리학상을 수상한 매서가 COBE 위성의 자료를 분석해 얻은 배경복사 자료. 2.735K의 플랑크 흑체복사곡선을 잘 만들어내고 있다.

된다. 이에 대해서는 다음에 플랑크의 연구를 이야기하면서 더 자세히 살펴볼 예정이다.

1989년 NASA는 인공위성 COBE를 우주로 보내 마이크로파를 주축으로 하는 우주의 배경 복사에너지를 관측했다. 그 결과는 물론 우주에 빅뱅이 있었다는 것을 분명히 지지하고 있다. 빅뱅 이후 30만 년 정도 지난 후의 우주가 가졌을 모습을 보여주는 사진을 얻을 수 있었던 것이다. 바로 2006년 나사의 매서와 버클리 캘리포니아대학교의 스무트에게 노벨상물리학상의 수상의 영광을 안겨주는 중요한 연구였다.

흥미로운 것은 COBE 위성이 약 100만 분의 30도 정도의 온도의 요동, 즉 미약한 밀도의 요동이 있는 것을 발견한 것이다. 온도가 낮은 부분은 약간 밀도가 높은 것을 의미한다. NASA는 2001년 WMAP(The Wilkinson Microwave Anisotropy Probe)를 발사해 COBE보다도 더 정밀한 자료를 얻을 수 있었다. 이것은 이런 모습의 우주에서 빅뱅 후 10억 년도 채 지나지 않은 시간에 어떻게 은하가 진화되

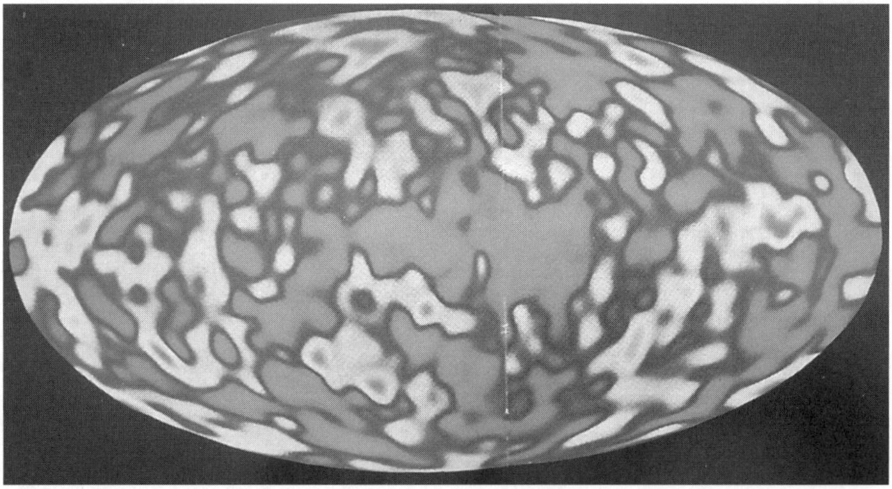

COBE 위성이 온도 3K의 배경복사 내에서 발견한 약 0.00003K도 정도의 요동 모습. 과학자들은 바로 이런 곳들이 후일 은하계가 탄생하게 된 장소로 여기고 있다.

었는지를 밝히는 귀중한 단서가 될 것이며, 앞으로의 천문학이 풀어나가야 할 소중한 과제의 하나이다.

아쉬운 것은 정작 빅뱅이론을 처음으로 제창한 가모브는 노벨상을 수상하지 못했다는 점이다. 노벨상을 받지 못한 이유로는 50년대 이후 가모브는 빅뱅이론에 많은 관심을 두지 않았던 데다가 1956년 콜로라도대학교로 옮긴 후 학문적으로 거의 고립된 생활을 한 부분이 있기는 했다. 그러나 주위의 많은 사람들은 그가 엄청난 주벽으로 자신의 위치를 물리학의 공동체에서 스스로 몰락시킨 데도 원인이 있었을 것이라고 여기고 있다.

과학 분야에서 노벨상 수상자가 탄생했으면 좋겠다는 것은 우리 모두의 염원이다. 얼마 전 한국에 좋은 인상을 가지는 노벨상 수상자들을 많이 확보하여 한국 과학자의 노벨상 수상을 앞당겨보자는 이야기가 항간에 많이 떠돌았다. 더구나 국가적으로 재원을 들여가면서 이런 노력을 하려고 한다는 소문이 들리곤 했는데, 가모브의 예를 보면 이런 수고(?)가 일리가 있어 보이기도 한다. 그러나 엄정한 과학의 세계에서는 우수하고 정직한 과학적 업적을 통해서만 진정한 친구들을 만들 수 있다는 엄연하고 냉정한 사실을 우리 사회가 더욱 인식하고 존중할 때, 이것이 바로 한국 과학자들의 노벨상 수상을 앞당길 수 있는 바른 길이라는 생각을 떨쳐버릴 수가 없다.

:: 거대한 팽창(Inflation)

빅뱅이론은 미국의 물리학자 구스(Alan Guth)의 연구를 통해 한 단계 더욱 발전된 모습을 띠게 된다. 1970년대에도 빅뱅이론을 수정하는 몇 가지 유사한 이론들이 제시되기는 했으나, 1981년 구스는 이를 정리하는 거대 팽창우주(Inflationary Universe)라는 이론을 제시했다. 그 뒤에 러시아의 린데(Linde) 등에 의

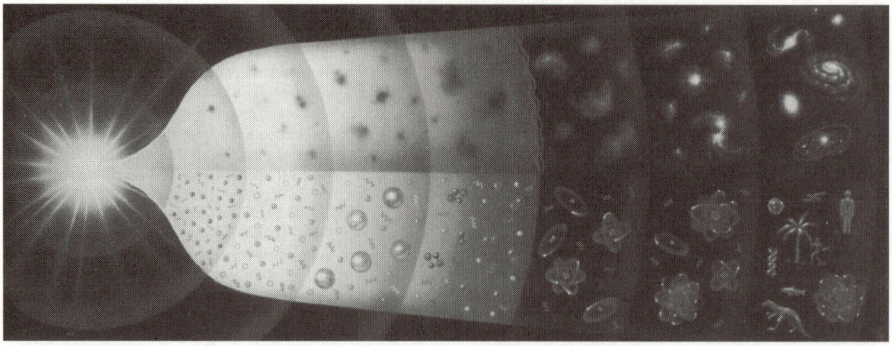

빅뱅에서 시작하여 거대한 팽창을 거친 후 오늘날의 모습까지 우주가 진화해온 모습을 보여주는 그림

해 더 보완된 이 이론에 의하면 우주는 빅뱅 후 10^{-35}초에서 10^{-32}초의 눈 깜짝할 사이에 1,050배 정도의 크기로 팽창했다.

빅뱅 이후 가장 격렬했던 초기 3분간 일어났던 일들이 많은 연구를 통해 상당히 밝혀졌는데, 중요한 연구 결과는 하나로 되어 있던 우주를 지배하는 네 가지의 힘이 각각 분리되면서 우주의 모든 물질들이 형성되는 기반이 만들어진 시간이라는 점이다.

:: 우주를 지배하는 네 가지 힘

이 네 가지 힘이란 중력, 전자기력, 강한 핵력과 약한 핵력을 말한다. 서로 상관이 없어 보이는 현상이 사실은 하나의 힘으로 설명될 수 있음을 알게 되는데, 대표적인 예로 중력을 들 수 있다. 중력이란 뉴턴이 사과가 떨어지는 운동과 지구를 도는 달의 운동을 함께 설명할 수 있다는 것을 이해하면서 알게 된 힘이다.

전자기력도 19세기 중엽 맥스웰이 전기와 자기가 전하들 사이의 전자기적 상호작용의 양면이라는 것을 밝히면서 하나로 통일된 힘이다.

20세기에 들어 원자핵에 대한 연구가 시작되면서 두 가지의 새로운 힘이 발견되었다. 강한 핵력과 약한 핵력이다. 이 두 힘은 중력이나 전자기력과는 달리 핵의 직경 또는 이보다 더 작은 거리 내에서만 작용하는 힘이다.

강한 핵력은 핵을 하나로 묶어주는 역할을 하는 힘이다. 작용거리가 약 10^{-15}m(이 거리를 1fermi라 부른다) 정도로 극히 짧기 때문에 심지어는 어떤 분자 내의 다른 핵들 사이에서도 사실상 아무 영향력을 끼치지 못하는 힘이다. 그러나 이 힘은 매우 강하므로 일단 두 개의 양성자를 충분히 가까워지게 밀어붙이면 전기적인 반발력보다도 약 100배 정도 더 큰 강한 핵력이 이들 사이에 작용하게 된다. 실제로 강한 핵력 덕분에 100여 개의 양성자가 전기적 반발력에 맞서 원자핵으로 뭉쳐질 수 있다.

반면 약한 핵력은 방사성 베타붕괴 때와 같이 자유 중성자가 붕괴할 때 중요하게 작용하는, 더 일반적으로는 뉴트리노를 수반하는 반응의 원인이 되는 힘이다. 베타붕괴는 핵 내에서 중성자가 양성자로 바뀌며 핵 외로 전자와 뉴트리노를 방출하는 방사성 붕괴이며, 이 붕괴를 통해서 원자번호가 하나 큰 새로운 원소가 만들어진다는 점이다. 이 힘은 그 이름이 암시하는 대로 전자기적 힘의 약 1천만분의 1정도밖에 되지 않는다.

어쨌든 이런 네 가지의 힘이 빅뱅이 시작되는 순간에는 하나였다가 빅뱅이 진행되면서 각각 분리가 되기 시작했다는 것이다.

:: 빅뱅의 시나리오

빅뱅이론의 방정식은 빅뱅 이후 10^{-43}초('플랑크 시간' 이라고 부른다) 이후에서만 의미를 가진다. 그 이전 시간에는 우리들이 알고 있는 물리학 법칙들이 의미가 없기 때문이다. '플랑크 시간' 이 경과한 후의 우주 온도를 약 10^{32}K 정도로 대략 추정하고 있는데, 이때는 엄청난 온도로 인해 매우 약한 중력(예를 들어 수소원자에서 전자와 양성자 사이의 중력은 전자기력의 10^{-19}배로 약하다)도 다른 어떤 힘들과 같은 정도로 강해질 수 있다. 이 때문에 빅뱅 후 플랑크 시간이 경과한 후 처음으로 중력이 다른 힘들로부터 분리되었다.

이어 빅뱅 후 '10^{-35}초에서 10^{-32}초 사이'의 눈 깜짝할 시간에 구스가 지적한 대로 놀라운 대팽창이 일어나면서 우주는 테니스공 정도의 크기로 커졌다. 이때 강한 핵력과 약한 핵력이 분리되며 우주에 처음으로 기본 입자들이 생겨나기 시작했다. 이렇게 만들어진 미립자들에는 물질의 가장 기본 단위인 쿼크·전자·뉴트리노가 광자와 함께 뒤섞여 있었다.

물론 입자들이 만들어질 때 반입자들이 함께 만들어졌으며, 이를 통해 우주 전체가 전기적으로 중성이라는 조건이 만족되었다. 이들 입자들이 서로 끊임없이 상호작용을 하고, 입자와 반입자가 만나면 서로 소멸되면서 빛에너지로 변했다. 반대로 광자가 물질-반물질로 분해되는 일도 반복되었다. 이렇게 입자·반입자와 광자들은 끊임없이 소멸, 생성 과정을 반복했다.

이때 만일 정확히 같은 양의 입자와 반입자가 만들어졌다면, 이들 입자와 반입자가 서로 반응하여 소멸하면서 아마 우리 우주는 빛만이 가득 찬 공허한 우주가 되어버렸을지도 모른다. 그러나 다행스럽게도 반입자에 비해 입자의 비중이 조금 높아 약 10억 개의 반입자에 대해서 1개 정도의 입자를 더 만들어내었다.

10억 개의 입자와 10억 개의 반입자가 10억 개의 광자를 만들어내면서 소멸할 때 바로 1개의 입자가 살아남은 것이다!

'빅뱅 후 10^{-10}초' 정도가 지나면 우주 팽창으로 온도가 약 10^{15}도 정도로 되어 쿼크들 세 개가 서로 합쳐지면서 우리에게 좀 더 익숙한 입자들인 양성자와 중성자를 만들기 시작한다. 물론 이들을 하나로 묶어주는 힘은 우주 팽창을 하면서 이미 분리된 강한 핵력이다.

'빅뱅 후 약 1초'가 되면 우주의 온도는 10^{10}도 이하로 되고, 양성자와 중성자가 강한 핵력에 의해 결합하면서 수소, 헬륨, 그리고 중수소, 리튬 등의 원자핵이 만들어진다.

그리고 우주의 나이가 '3분'을 경과하여 30만 년에 도달할 때 까지는 더 이상 별 특별한 일이 일어나지 않다가, 마침내 '30만 년' 후 온도가 3천 도로 식어 전자들이 원자핵과 결합하여 원자가 형성되고 복사가 분리되면서 우주가 투명해지고 빛이 있게 된 것이다. 이제 과학자들은 지금 3도 정도로 식어진 그때의 잔재인 배경복사를 관측할 수 있게 된 것이다.

:: 빅뱅의 지지자들

소립자물리학 연구들이 놀라운 발전을 하면서 만들어낸 또 하나의 놀라운 사실은 우주를 이루는 원소의 분포를 잘 설명하고 있다는 것이다.

빅뱅이론의 중요한 결론의 하나가 우주에서의 수소(^{1}H, 양성자)와 헬륨(^{4}He)의 질량비가 3대 1, 입자수의 비로 하면 10대 1 정도 되는 비율이 되어야 한다는 것이다. 이 계산 결과는 은하와 우주 공간에서의 실제 관측 결과와 잘 일치한다. 더구나 양이 매우 적은 ^{3}He, ^{7}Li 등이 각각 ^{4}He의 1만 분의 1, 10억 분의 1 정도의 값을 가질 것이라는 이론적 예상 값들도 관측 결과와 잘 일치하고 있다.

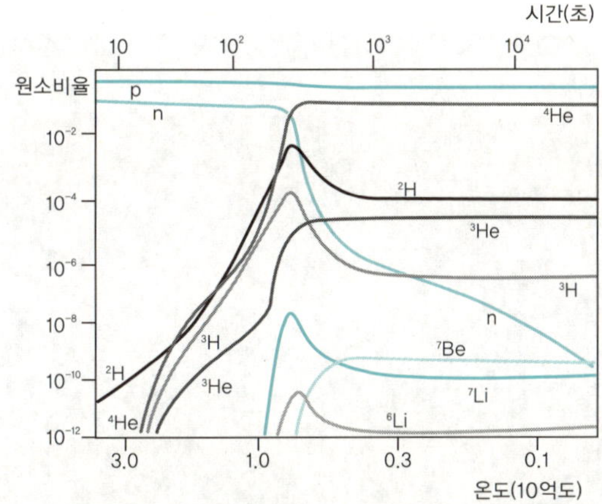

소립자물리학 연구를 통해 예측한 빅뱅 이후 원소들의 분포 모습. 입자 수의 비로 10대 1인 수소와 헬륨의 비율을 비롯하여 He-3, Li 등 여러 원소들의 분포 비율을 잘 재현하고 있어 빅뱅이론의 타당성을 더욱 높여주고 있다.

약한 핵력과 전자기력을 통일시키

는 이론에 기여한 공로로 1979년 노벨물리학상을 수상한 미국 하버드대학교의 와인버그(Steven Weinberg, 1933~)는 그의 유명한 저서 《최초의 3분》에서, 현대의 우주론이 이런 원소들의 비를 정량적으로 설명할 수 있게 되었다는 것을 '감동적' 이라고까지 표현하고 있다. 최초의 3분까지 거슬러 올라갈 수 있는 우주의 역사에 대해서 우리가 무엇인가를 확실히 이해하고 있는 것 같다는 확신을 주는 강력한 증거라는 것이다.

:: 우리의 뿌리 찾기

우리 지구는 140여 억 광년이나 되는 대우주의 작고 작은 한 행성임을 알고 있다. 지구는 우리 지구가 속해 있는 은하수와 같은 은하가 수억 개씩 모여 은하단(cluster)을 만들고, 은하단들이 모여서 초은하단(supercluster)을 만들며, 다시 초은하단들이 모여 만들어진 거대한 우주 속의 하나의 작은 행성이다. 그래도 우리 지구는 어쩌면 그 우주 속에 유일하게 '생명이 있는 복 받은 축복의 행성일지도 모르지만!'

태양계로부터 시작해 은하수를 거쳐 은하군, 은하단, 초은하단에 이르기까지의 거대한 우주의 모습을 보여주는 그림

그런데 수소와 헬륨으로 시작된 우주에서 어떻게 이런 많은 은하와 별, 더구나 우리 지구를 이루는 많은 원소들이 태어난 것일까? 이를 찾아간 과학자들의 역정(歷程) 또한 긴 시간 동안의 여정으로 지난 100여 년 동안 별을 살피며 알게 된 귀중한 개가라 할 수 있다.

14

별의 비밀

빈 (Wilhelm Wien, 1864~1928)

1911년 노벨물리학상 수상
"for his discoveries regarding the laws governing the radiation of heat"
(열복사를 지배하는 법칙의 발견)

플랑크 (Max Karl Ernst Ludwig Planck, 1858~1947)

1918년 노벨물리학상 수상
"in recognition of the services he rendered to the advancement of Physics by his discovery of energy quanta"
(에너지의 양자화 발견)

:: 우리 별 태양은 얼마나 뜨거울까?

오늘날 우리들은 태양 표면의 온도가 약 6천도라고 알고 있다. 그런데 멀리 떨어져 있어 쉽게 잴 수도 없는 높은 태양 표면의 온도를 어떻게 알 수 있었을까?

우리에게 익숙한 하나의 빛은 물체가 뜨거워지면서 발생하는 열복사(熱輻射)와 관련된 빛이다. 전열선에 전류를 흘리면 처음에는 열이 나오다가 점점 고온이

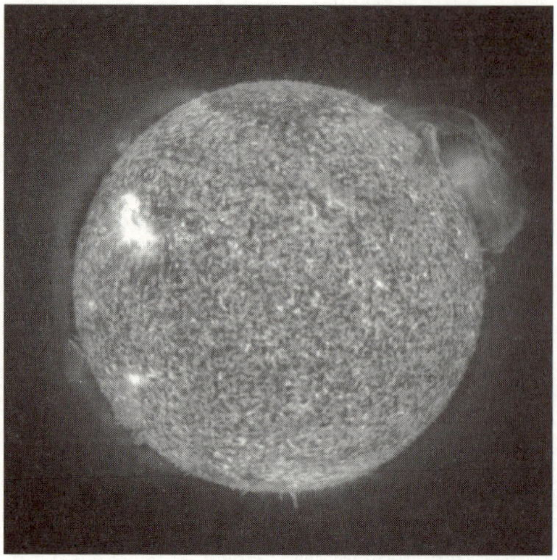
우리 별 태양의 모습

되면 열과 함께 적색을 거쳐 백색으로 변하며 열과 함께 빛을 내는 현상이다.

열복사 문제는 19세기 학자들이 매우 큰 관심을 가졌던 문제의 하나다. 당시의 산업혁명과 함께 발전한 철강산업에서 매우 뜨거운 용광로의 온도를 측정하는 문제 등은 실질적인 산업사회를 반영한 것이었다.

물질이 온도에 따라 다양한 빛을 내는 열복사에 관한 연구는 그때는 상상하지도 못했던 자연과학 내의 많은 영역의 발전에 기여하게 되며, 빈(Wilhelm Wien)과 플랑크(Max Planck)는 이와 관련된 연구 업적으로 1911년과 1918년에 각각 노벨물리학상을 수상했다.

:: 흑체복사(Blackbody Radiation)

열복사에 관한 연구에서 과학자들은 흑체복사에 특별한 관심을 가졌다. 대부분의 물체는 어느 특정한 영역에서 빛을 흡수하고 방출한다. 예를 들어 빨강 장미꽃은 파랑색 쪽의 빛을 흡수하기 때문에 흡수되지 않고 반사되어 나오는 나머지의 빛 때문에 우리는 빨갛게 느낀다. 석탄, 숯과 같은 흑체는 모든 진동수의 빛을 흡수하고 재방출하는 이상적인 흑체에 비교적 가까운 물질이다. 흑체복사에 대한 연구가 어려웠던 점은 자연계에 완전한 흑체가 존재하지 않는다는 것이었지만, 이런 어려움은 1895년 빈과 루머(Lummer)가 발표한 완벽한 흑체를 만들 수 있는 원리 덕분에 극복되었다. 속이 빈 구에 뚫려 있는 작은 구멍을 통해 밖으로 나오는 복사는 구 내부 벽과 같은 온도를 갖는 완벽한 흑체복사와 같은 행동을 한다는 것이다. 이 원리에 입각해 만들어진 장치들을 이용해 흑체복사에 관한 많은 연구가 실질적으로 이루어지게 된다.

우리 지구의 기후를 이해하는 데 절대적으로 유용한 슈테판볼츠만법칙이 정확히 입증될 수 있었던 것도 이 덕분이다. 이 법칙은 흑체의 온도와 이 흑체가 방출하는 열량 사이의 관계를 나타내는 식으로, 흑체가 단위면적을 통해 단위시간당 방출하는 총에너지 W는 절대온도 T의 4제곱에 비례한다는 중요한 법칙이다.

$W=\sigma T^4$. 여기서 σ는 슈테판볼츠만 상수로 알려져 있는 $5.67051\times10^{-8}\ Wm^{-2}K^{-4}$의 값을 가지는 비례상수이다.

:: 우리 별 태양의 표면 온도는 6천도!

흑체가 내는 복사에너지는 파장에 따라 강도가 다른 여러 파장의 빛을 포함하고 있으며 이들의 형태는 흑체의 온도에 따라 변하는 것으로 알려져 있었다. 이러한 복사의 스펙트럼은 해결되지 않은 중요한 과제였는데, 1886년 랭글리(Samuel P. Langley)는 이 문제 해결의 실마리가 되는 중요한 연구결과를 발표했다. 즉, 복사는 어느 특정한 파장에서 최댓값을 가지며, 최대복사를 갖는 파장은 온도가 높아질수록 파장이 점점 짧은 쪽으로 이동해 간다는 것이다.

1893년 빈은 간단한 법칙, 즉 빈의 변위법칙(Wien' s law of displacement)을 이론적으로 풀어내게 된다. 이것은 흑체의 온도 T(단위 K. Kelvin 온도)와 복사스펙트럼에서 최대의 복사를 내는 파장 λ_{max}(㎛ 단위)가 λ_{max}(㎛)≒3000/T로 표시되는 간단한 법칙이다.

빈의 법칙을 이용하면 약 6,000K의 표면 온도를 가지는 태양은 파장 0.5㎛를 최댓값으로 갖는 가시광선을 복사스펙트럼으로 방출하며, 약 300K를 가지는 지구는 파장 10㎛를 최대로 갖는 적외선의 복사스펙트럼을 방출한다는 것을 쉽게 이해할 수 있다.

더욱이 여기에 슈테판볼츠만법칙을 응용하면, 지구를 덮고 있는 대기 중의 온실기체가 적절히 작용하는 기후시스템을 잘 이해할 수 있다. 이런 상호작용 가운데 지구는 생물들이 살기에 적절한 기후환경을 갖게 되는 것에 대해서는 뒤에 더 자세히 살펴보기로 하자.

빈의 법칙은 사람들이 처음으로 태양 표면의 온도를 알도록 하는 중요한 과학적 개가이었으며, 멀리 떨어져 있는 많은 별들의 표면 온도를 추정할 수 있게 되어 훗날 별의 비밀을 밝혀내는 연구에 큰 기여를 하게 된다. 빈은 이런 열복사에 관한 업적으로 1911년 노벨물리학상을 수상한 것이다.

:: 자외선 파탄

이번 이야기의 또 다른 주인공인 플랑크로 옮겨가 보자. 그는 이미 앞서 소개한 플랑크상수(Planck's constant) h로 우리의 귀에 익숙한 사람이다. 앞에서 플랑크상수는 양자론의 기초가 되는 매우 중요한 상수라는 것과 플랑크 시간에 대해 살펴보았다.

1858년 독일의 킬(Kiel)에서 태어난 플랑크는 베를린대학교에서 헬름홀츠와 키르히호프의 강의를 들었으며, 열역학에 심취해 이를 체계화하는 데 공헌했다. 뮌헨대학교와 킬대학교를 거쳐, 1889년 키르히호프의 후임으로 베를린대학교로 옮겼으며, 나중에는 1928년 대학을 물러날 때까지 베를린대학교의 총장직도 맡았었다. 플랑크는 위대한 과학자로서뿐 아니라 피아노 연주에도 재능이 있어 한때는 음악을 일생의 진로로 생각했었다고도 전해진다.

나치정권이 들어선 후에도 플랑크는 독일에 남아 유태인 억압 등 정부의 여러 정책에 공개적으로 반대 의사를 밝혔다. 이 때문에 매우 어려운 시절을 보냈고 아들 하나가 1944년 불발한 히틀러 암살 계획에 가담한 이유로 처형되는 아픔을 겪기도 했다.

플랑크가 베를린대학교로 자리를 옮기던 당시 학계의 화젯거리의 하나는 앞에서 살핀 흑체복사에 관한 것이었다. 복사스펙트럼과 유사한 모습을 보이는 기체의 분자 속도와 그 속도를 가지는 분자의 수에 관한 분포 모습을 맥스웰(Maxwell)이 통계적 방법을 도입해 성공적으로 유도하자, 영국의 레일리(Rayleigh)와 진스(Jeans)는 흑체복사 스펙트럼 곡선을 유사한 통계적 방법으로 유도해 보았다. 물론 양극성 분자 모양의 진동자가 진동할 때 하나의 진동수를 가지기는 하지만, 이때의 에너지는 진폭에 따라 변하므로 진동자의 에너지는 연속적으로 변할 수 있다는 생각에 기초한 것이었다.

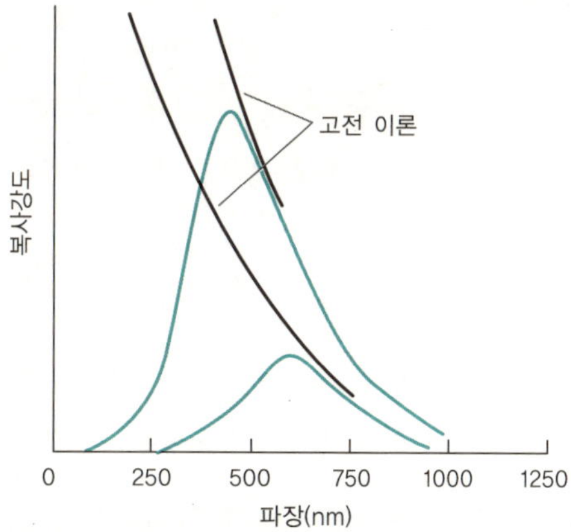

흑체 스펙트럼과 '자외선 파탄'으로 알려져 있었던 당시의 복사이론의 예상 곡선. 에너지가 연속이라는 가정에 기초했을 때 복사곡선의 짧은 파장(자외선) 부분을 설명할 수가 없었다.

그런데 긴 파장에서는 관측 결과와 비교적 유사한 모습이 얻어졌지만, 파장이 짧은 자외선 영역으로 가면 관측 결과와 같이 강도가 줄어드는 것이 아니라 오히려 더욱 커지는 것으로 나왔다. 당시의 물리학에 무엇인가 중대한 착오가 있다는 것을 분명히 보여주는 결과였다. 이 결과는 19세기를 마감해 가던 당시 '레일리-진스 파탄' 또는 '자외선 파탄'이라 불리던 학계의 난처한 문제의 하나였다.

:: 양자론의 태동

1899년 말 독일 물리학회의 한 모임에서 플랑크는 물리학의 새 시대를 열 중대한 발표를 했다. 즉, 흑체의 진동자가 가지는 에너지는 연속적이 아니며, 각 진동자의 에너지가 진동수에 비례하는, 즉 $h\nu$(h는 플랑크상수, ν는 진동자의 진동수)의 정수 배의 값만을 가진다는 '진동자 에너지의 양자화'를 가정하면 흑체복사스펙트럼을 잘 설명할 수 있음을 보였다. 이러한 플랑크의 가정은 에너지는 연속적이라고 믿고 있던 종래의 생각을 뒤엎는 혁명적인 것이었으므로, 플랑크 자신도 매우 조심스러워하던 양자화의 개념이었다.

이것은 12년 뒤인 1912년 아인슈타인에 의해 빛에너지의 양자화라는 개념으로 더욱 확장되었다. 광전효과는 1887년 헤르츠(Hertz)가 처음 관찰한 것으로 금속 표면에 빛을 쪼이면 전류가 발생하는 현상이다. 그런데 특이한 것은 파장이 다른 빛들을 어떤 금속에 쪼이면서 전류를 측정했을 때, 어느 특정한 파장보다 짧은 파장에 대해서만 전류가 발생하는 것이었다. 아인슈타인은 '빛에너지의 양자화'($E=h\nu=hc/\lambda$, c는 빛의 속도, λ와 ν는 빛의 파장과 진동수)를 가정해 이 현상을 설명할 수 있었고 그 업적으로 1921년에 노벨물리학상을 수상했다.

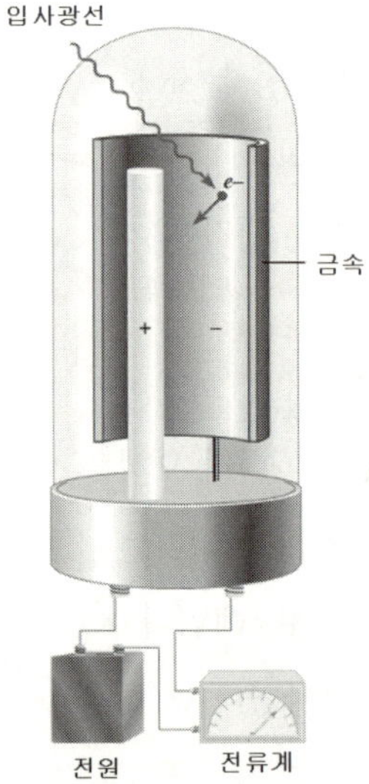

광전효과를 보여주는 그림. 일정한 값 이하의 짧은 파장의 빛을 금속 표면에 쏘이면 전류가 흐르는 현상으로, 빛에너지의 양자화 개념을 도입해 이 현상을 설명한 아인슈타인은 1921년 노벨물리학상을 수상했다.

이어 보어(Bohr)가 각 '운동량이 양자화' 되어 있는 원자의 구조를 제안해 원자가 흡수하거나 방출하는 에너지의 양자화를 설명하는 등(앞서 살펴본 대로 보어도 이 연구로 1922년 노벨물리학상을 수상) 후속 연구들에 의해 오늘날의 양자론으로 발전했다.

이 연구로 1918년 노벨물리학상을 수상한 플랑크는 양자론을 탄생시키는 효시로서 과학계에 아주 중요한 기여를 했지만, 이번 이야기에서는 플랑크가 성공적으로 유도할 수 있었던 흑체복사 곡선이 별의 비밀을 풀어가는 이야기를 해보기로 하자.

:: 밤하늘에 반짝이는 별들

밤하늘에 반짝이는 별들의 온도는 몇 도나 될까? 이런 문제에 대해 앞서 살펴본 빈의 변위법칙이 중요한 역할을 하지만 플랑크의 복사곡선은 더욱 정확히 답을 제공해줄 수 있다. 별에서 오는 복사스펙트럼을 조사하고 이를 설명할 수 있는 적절한 온도의 플랑크 곡선을 찾아내면 되는 것이다.

플랑크 곡선을 활용해 천문학자들은 별의 온도가 3만 도 이상 되는 것에서부터 3천도 이하로 다양하다는 것을 알 수 있었다. 천문학자들은 일찍이 별을 온도에 따라 3만 도 이상의 O형에서 온도가 낮아지는 차례대로 B, A, F, G, K, M형의 분광형으로 구분하고, 각 분광형은 0에서 9까지 다시 나누었다(이러한 연구에 주도적 역할을 했던 프린스턴대학교와 하버드대학교에는 항성계열 순서를 쉽게 외우려는 '**O**h **B**e **A** **F**ine **G**irl/**G**uy **K**iss **M**e' 라는 문장이 학생들에게 애용되었다고도 한다).

물론 위의 이름들이 이렇게 만들어진 것은 아니며, 별들의 스펙트럼 내에서 관측되는 흡수선 또는 띠들을 분류하면서 제안되기 시작했다. 20세기에 들어와 복사곡선이 이해되면서 이들 스펙트럼의 차이는 결국 별의 표면 온도에 따른 변화임을 알 수 있게 되었다.

별들의 스펙트럼에서 관찰되는 흡수선들은 우리 별 태양이 만들어내는 프라운호퍼선과 마찬가지로 별이 방출하는 복사 중 일부의 파장이 별의 대기 구성성분들에 의해 흡수되면서 만들어진 것이다. 이러한 흡수대를 연구함으로서 별의 성분에 대한 중요한 정보를 얻을 수 있음은 물론이며, 이 정보는 1943년 하버드대학교의 키난(Keenan)과 모간(Morgan)이 발간한 별들의 분광사진집에 체계적으

베텔기우스(초거성)

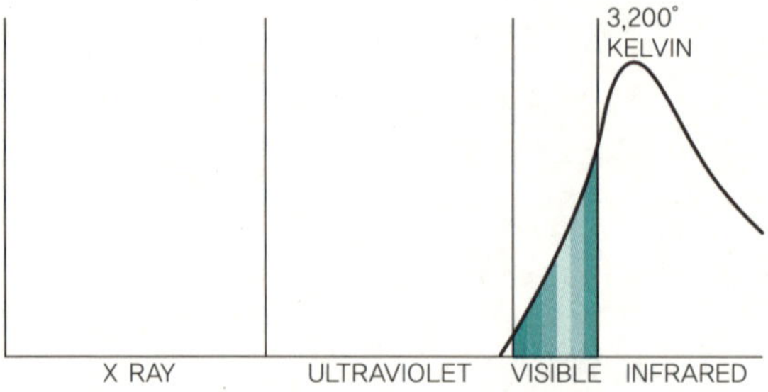

태양

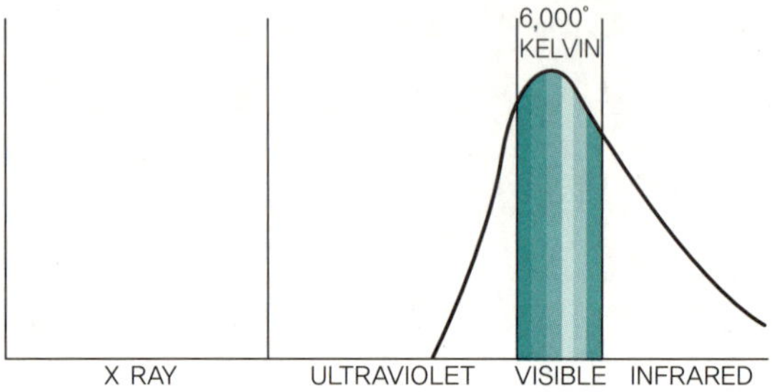

시리우스B

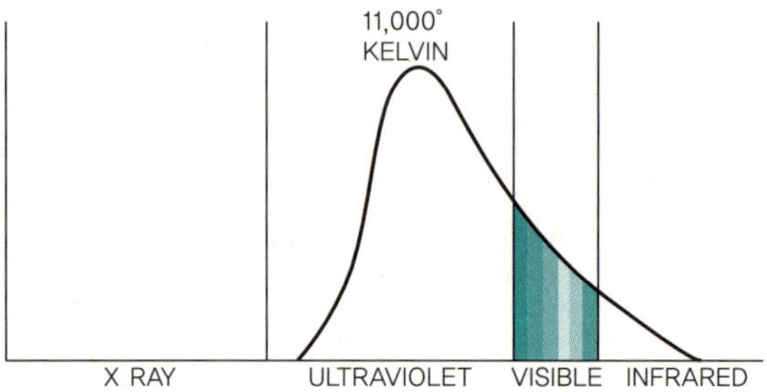

중성자별

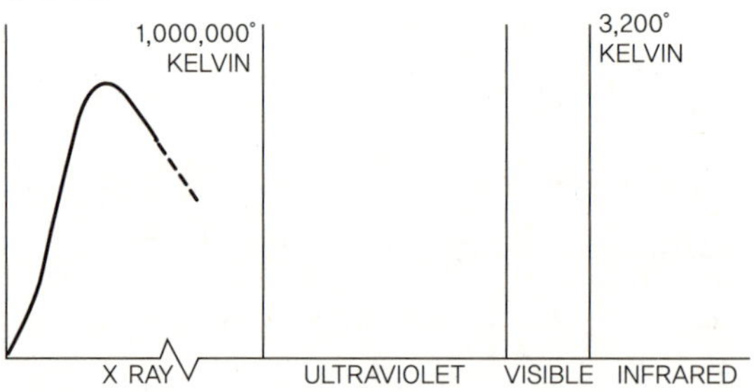

대표적인 몇 개의 별들의 스펙트럼과 이를 통해 알 수 있게 된 별들의 표면 온도

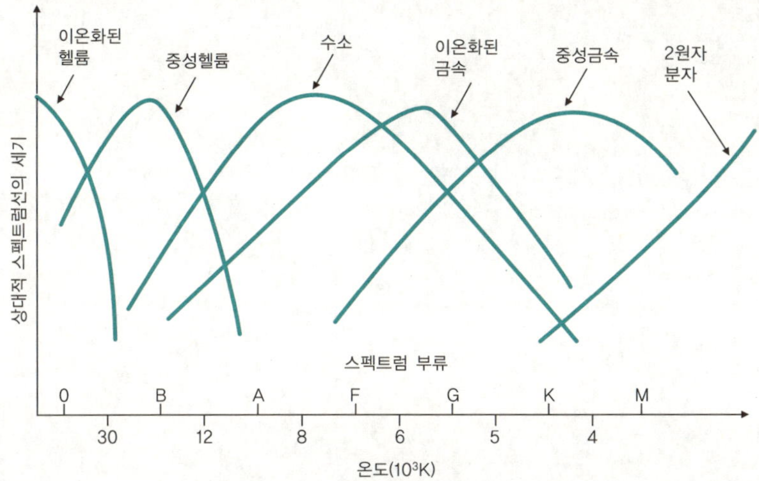

표면 온도에 따라 O, B, A, F, G, K, M형으로 분류한 별들의 흡수 스펙트럼을 조사하여 알게 된 주요 대기 성분들

로 집대성되어 있다.

:: 헤르츠슈프룽-러셀도(H-R도)

사람들은 별을 바라보면서 많은 것을 알고 싶어했다. 그중 하나는 별의 온도였고, 다른 하나는 이미 허블의 연구에서 살펴보았던, '하늘의 많은 별들은 우리에게서 얼마나 멀리 떨어져 있을까?' 하는 것이었다.

이에 더하여 궁금해 했던 것의 하나는 '별들이 실제로 얼마나 밝을까?' 하는 것이었다. 우리가 관측하는 별의 밝기는 겉보기 밝기로서 실제 별의 밝기와는 차이가 있기 때문이다.

그런데 별들까지의 거리를 정확하게 재는 방법을 알게 되면서 과학자들은 별들이 실제로 얼마나 밝게 빛나고 있는지를 알 수 있게 되었다. 우리가 관측하는

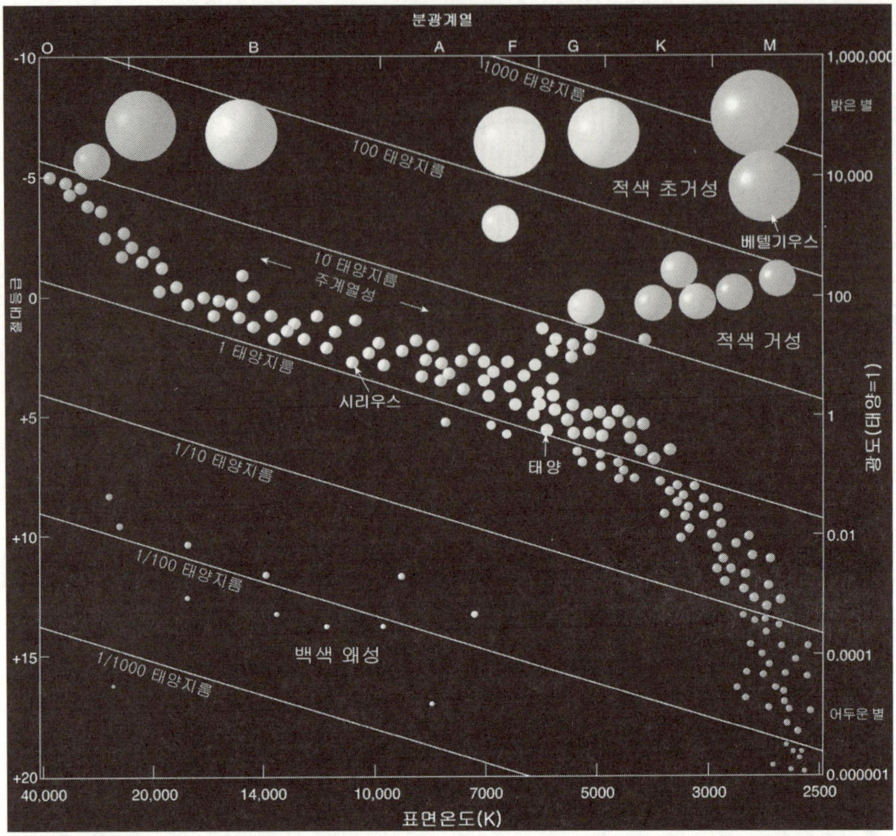

별의 H-R(헤르츠슈프룽-러셀)도. 별의 밝기와 표면 온도를 기준으로 하여 별을 도시해 보면 별들이 일정한 공간에만 분포되어 있음을 알 수 있다.

별의 '겉보기 밝기' 에 별까지의 거리를 고려하면, 이로부터 '진짜(절대) 밝기' 를 계산해낼 수 있다.

이런 방법으로 별의 표면 온도와 절대 밝기가 모여지기 시작하자 덴마크의 천문학자 헤르츠슈프룽(Hertzsprung)과 미국 프린스턴대학교의 러셀(Russel)은 별의 색깔(별의 표면 온도 또는 분광형)을 가로축으로 하고, 별의 절대 밝기를 세로축으로 하는 그림을 그려보았다. 헤르츠슈프룽-러셀도(흔히 H-R도)로 알려진 그림이다.

이 그림으로 과학자들은 별들이 어떤 특징을 가지고 분포되어 있는지 알게 된 것이다. 이제 H-R 도표가 말해주는 몇 가지 특징을 살펴보자.

- 별의 표면 온도는 약 2천도에서 4만 도 사이의 값을 보인다.
- 대부분의 별들은 온도가 높고 밝은 별과 온도가 낮고 어두운 별을 잇는 선상에 위치하고 있다(이 선상의 별들을 '주계열성' 이라고 부른다).
- 주계열성이 자리 잡은 곳 이외의 곳곳에 온도가 낮고 밝은 별들(적색거성), 온도가 높고 어두운 별들(백색왜성)이 산재되어 있다.

과학자들은 H-R 도표의 의미를 찾아가는 과정에서 별들도 우리와 마찬가지로 태어났다가 죽음에 이르러 사라지는 그들만의 일생이 있으며, 이 도표는 별이 태어나서 죽음에 이르기까지 그 일생 동안 거쳐가는 과정을 우리에게 보여주는 것을 이해하게 되었다.

:: 우리 별 태양도 언젠가는 죽는다

우리 별 태양과 비슷한 별의 일생을 살펴보면 가스와 먼지 상태의 성운에서 원시 별을 거쳐 '주계열성' 으로 탄생해 일생을 보내다가 나중에는 적색거성, 변광성의 단계를 거쳐 백색왜성, 그리고 결국 흑색왜성으로 변하면서 그 일생을 마친다.

H-R도는 앞으로 약 50억 년 후에 혹시 지상에 살고 있을지도 모를 생명들에게 안타깝게도 우리 태양도 적색거성을 거쳐 백색왜성으로 진화할 것을 보여주고 있다. H-R도에서 별들이 왜 주계열성에 가장 많이 나타나는 것일까? 별들이 그 일생의 대부분의 시간을 주계열성으로 보내기 때문이다.

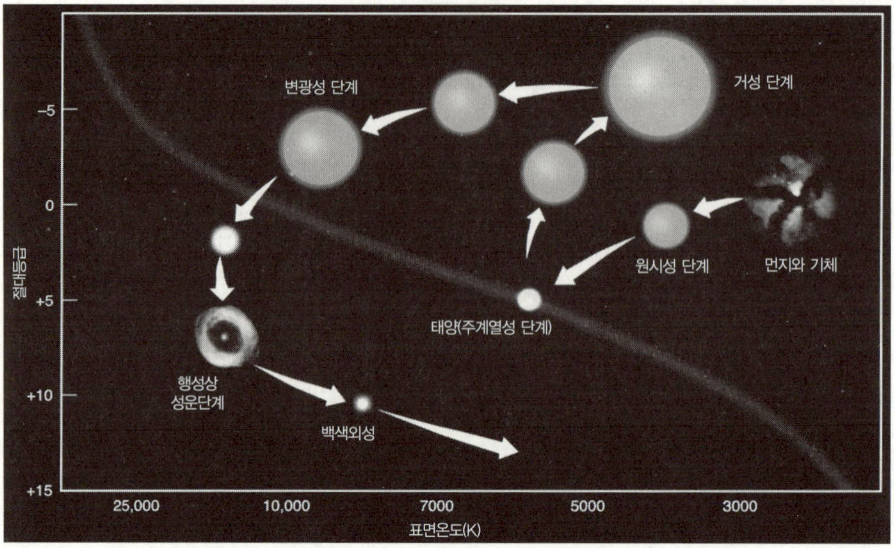

H-R도에서 살펴본 우리 별 태양의 진화 경로. 45억 년의 나이를 가진 태양이 앞으로 45억 년 이후에는 적색거성을 거쳐 궁극적으로 백색왜성으로 사라지게 될 운명의 길을 밟게 될 것을 예언하고 있다.

그러면 별은 어떻게 태어나서 일생을 시작하게 되는 것일까? 얼마 전(2005년) 세상을 떠난 베테는 별이 태어나 주계열성으로 살아갈 수 있는 에너지원을 밝힌 연구로 1967년 노벨물리학상을 받게 되었다. 다음 장에서 이에 대해 더 자세히 살펴보기로 하자.

15

별의 탄생과 진화

베테 (Hans Albrecht Bethe, 1906~2005)

1967년 노벨물리학상 수상

"for his contributions to the theory of nuclear reactions, especially his discoveries concerning the energy production in stars"

(별 내에서의 에너지원에 관한 발견)

찬드라세카르 (Subramanyan Chandrasekhar, 1910~1995)

1983년 노벨물리학상 수상

"for his theoretical studies of the physical processes of importance to the structure and evolution of the stars"

(별의 구조와 진화에 관련된 물리학적 과정에 관한 연구)

우리는 앞에서 빅뱅과 함께 수소와 헬륨으로 시작되는 우주를 살펴보았다. 이런 우주에서 어떻게 별이 탄생하는 것일까? 또 태어난 별이 빛을 내면서 계속 살아갈 수 있는 에너지원은 과연 무엇일까? 이런 문제들에 대한 답을 알게 된 것도 20세기에 이룬 놀라운 과학 업적의 하나이다.

이런 궁극적인 질문의 답을 밝힌 업적으로 1967년 베테가 노벨물리학상을 수상하게 된다.

:: 목표는 1천만 도

COBE위성이 밝혀준 것처럼 우주가 생성되고 수억 년의 시간이 흐른 후에도 우리 우주에는 수소와 헬륨의 구름이 완전히 고르게 퍼져 있지는 않았다. 고마운 중력이 힘을 발휘할 수 있는 여지가 생긴 것이다. 밀도가 높은 곳은 주위의 물질을 더 큰 중력의 힘으로 끌어당기기 때문에 자연히 밀도가 높은 곳으로 서서히 구름이 뭉치기 시작한다. 이렇게 뭉친 거대한 구름 속에서 별들이 생성되어 원시의 은하가 탄생하게 된다.

오늘날 우주 속을 깊이 들여다볼 수 있는 허블망원경에 의하면 빅뱅이 있은 후 약 10억 년도 채 지나지 않아 생성된 수백 개의 원시 은하, 일명 허블 심우주(HDF)의 모습을 볼 수 있다. 이런 구름덩이가 수축해 밀도가 충분히 높아져 발생한 열이 빛으로 빠져나갈 수 없게 되면 별의 내부는 온도가 올라가기 시작한다. 구름덩이의 중심부는 물론 더 이상 수축을 멈추지만 바깥 부분에서는 물질이 계속 쌓여가는 상태가 되어 마침내 원시성이 만들어지는 것이다.

이런 원시성에 물질이 쌓이면서 내부 온도가 올라가다가 어느 시점에 이르면 안팎의 온도 차가 너무 커져 대류가 일어나기 시작하는데, 이때 내부의 뜨거운 물질이 떠오르면서 표면이 밝아져 서서히 별의 모습을 드러내기 시작하게 된다. 별은 바로 주계열의 전 단계에 도달한 것이다.

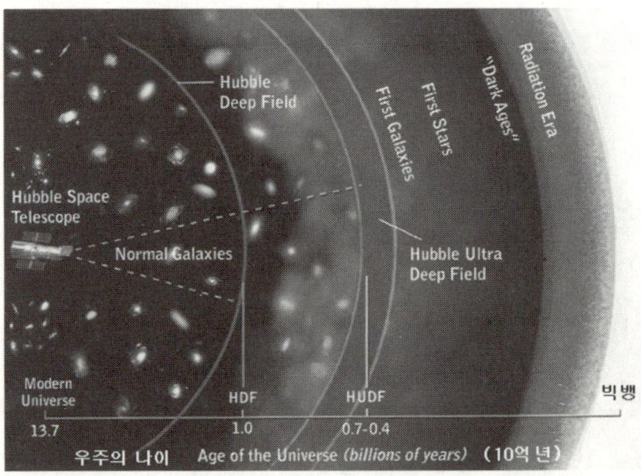

허블망원경으로 깊숙이 들여다본 원시 은하의 모식도

이윽고 별 내부 중심부가 수소의 핵융합 반응을 일으킬 수 있는 점화 온도인 약 1천만 도에 이르게 되면, 수소가 핵융합 반응을 시작하여 많은 빛을 내면서 하나의 별로 탄생하게 되며 주계열의 한자리를 차지하게 된다. 중력이 수소와 헬륨을 끌어 모아 수축시켜 핵융합을 할 수 있는 1천만 도의 온도까지 높이면 드디어 별이 탄생하게 되는 것이다. 그런데 별이 태어나는 데 절대적으로 필요한 수소의 핵융합에는 왜 이렇게 높은 온도가 필요한 것일까?

:: 강한 핵력의 막강한 힘

수소의 원자핵은 양성자이다. 이들은 양의 전하를 띠고 있기 때문에 서로 다가가면 강한 전기적 반발력이 작용해 부딪히기가 힘들다. 그러나 온도가 1천만 도에 이르면 양성자들의 운동에너지가 충분히 커져, 강한 전기적 반발력에도 불구하고 서로 부딪히기 시작하게 된다. 양성자들이 일단 부딪히게 되면 그 순간 핵자의 크기에서만 작용하는 강한 핵력에 의해 양성자들이 서로 들러붙어 중수소가 되고 중수소가 다시 충돌해 헬륨이 된다.

중성자와 양성자들이 강한 핵력에 의해 재배열하면서 더 단단히 묶여 헬륨원자핵으로 만들어질 때 여분의 에너지가 생성되는데, 바로 이 에너지를 이용하여 별이 살아갈 수 있게 되는 것이다. 물론 이 에너지가 수소폭탄의 파괴적인 폭발력을 만들기도 한다. 그러나 오늘날 핵융합 반응을 평화적으로 이용해 깨끗한 에너지를 만들려는 노력이 아직도 성공하지 못하는 이유는 1천만 도나 되는 안정된 극고온을 필요로 할 뿐만 아니라 이들 재료를 좁은 공간에 모아두어야 하기 때문이다.

:: $E=mc^2$

주계열성이란 수소가 타면서 에너지를 내고 있는 별들을 말한다. 별 내부에서 바로 우주에서 일어나는 가장 중요한 반응인 수소가 헬륨으로 변환하는 융합 반응이 일어나고 있는 것이다. 그런데 헬륨의 형성 과정은 몇 단계를 거친다.

첫 단계는 '수소가 중수소'로 되며, 두 번째 단계는 '중수소가 헬륨-3'으로, 마지막은 '두 개의 헬륨-3이 서로 반응하여 헬륨-4'가 만들어지는 단계이다.

별의 에너지원이 핵융합 반응이라는 사실은 1938년 베테와 바이즈체커에 의해서 밝혀졌는데, 네 개의 양성자가 들러붙어 하나의 헬륨 원자핵을 만들 때 발생하는 질량 결손 4.6×10^{-26}g(약 0.7%)이 아인슈타인이 유도한 에너지 변환 공식을 따라 에너지로 계속 공급되면서 별의 내부에서 계속 불을 붙일 수 있게 되는 것이다. 일단 점화가 시작된 주계열성들이 그 크기를 유지하는 것은 중력에 의한 수축 작용과 핵융합에 의한 폭발력이 서로 균형을 이루기 때문이다.

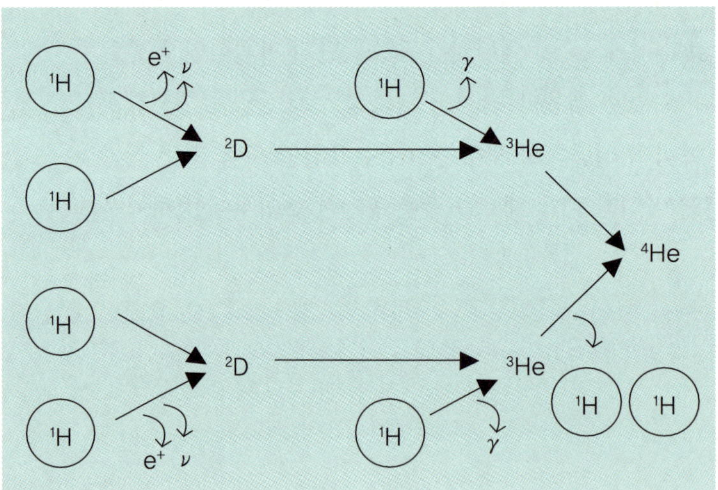

수소에서 중수소를 거쳐 헬륨으로 합성되는 핵융합반응의 모식도

:: 별이 별로 되기 위한 조건

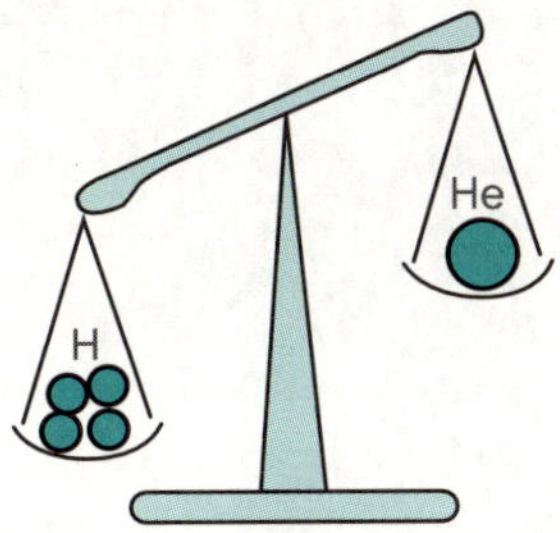

네 개의 수소원자로부터 융합된 헬륨의 질량이 당초의 네 수소원자의 질량에 비해 가벼운 것을 보여주는 그림. 이때 발생한 질량 결손이 아인슈타인의 상대성 이론에서 예측한 대로 핵융합할 때 발생하는 에너지원이 된다.

그런데 한곳으로 모여진 성간구름들은 모두 H-R도의 주계열성에 한자리를 차지하는 별로 태어날 수 있을까? H-R도의 X축의 범위가 약 2천 도에서 4만 도 정도의 값을 가지는 것은 이 질문에 대한 답이 '예'가 아니라는 것을 암시한다. 물론 정답은 '아니오'이다.

태양의 질량에 비해 0.08배(0.08M⊙)에 못 미치는 구름덩이들은 내부의 온도가 끝내 1천만 도에 이르지 못하고 다시 서서히 식어버리고 만다. 이렇게 실패한 별들을 별이라고 부르기는 이상하지만 이들을 갈색왜성(brown dwarf)이라고 부른다. 좀 작기는 하지만 목성도 이런 예가 될 수 있다.

반면 구름덩이의 질량이 태양의 약 100배 정도의 크기(100M⊙)를 넘으면 원시성의 온도와 밀도가 너무 높아져 격렬히 폭발하면서 붕괴하고 만다. 따라서 우리가 보는 별들은 모두 0.08M⊙(약 2,500도)에서 100M⊙(약 4만 도) 사이의 질량을 지니고 있다.

오늘날에는 우주공간에 설치한 허블망원경으로 우리 우주를 깊숙이 들여다볼 수 있다. 우리가 잘 아는 오리온 별자리의 중간에 별 세 개가 나란히 있고 그 왼쪽 아래에 오리온성운이 뿌옇게 빛난다. 이렇게 뿌옇게 빛나는 성운은 수소가 이온화되어 있는 구름이다. 그 주변에 중성의 구름이 많이 있는데, 가시광선으로는 잘 보이지 않지만 적외선으로 보면 젊고 푸른 별들이 많이 생겨 있는 것이 보인다.

별이 주계열에서 보내는 시간은 별의 질량이 크면 물론 융합 반응이 격렬해서 짧을 수밖에 없고, 반면 질량이 작으면 길어진다. 대개 주계열성들이 가지고 있는 수소의 약 10분의 1 정도가 이런 과정을 거치면서 내부에서 융합 반응을 지속할 수 있다. 우리 별 태양은 질량이 2×10^{33}g이고, 1초에 6×10^{14}g(6억 톤)의 수

말머리성운 사진. 오리온자리의 밝은 성운 지역에 있는 암흑성운

소를 태우고 있다. 이와 같은 근거로 태양이 자기 질량의 1할을 핵연료로 쓸 수 있다면, 태양은 총 3×10^{17}초, 즉 약 100억 년 동안 수소를 태우며 주계열성 구실을 할 수 있다. 그런데 태양은 이미 약 50억 년의 나이를 먹었으므로, 앞으로 남은 수명은 50억 년인 것을 알 수 있다.

이렇게 별의 중심부에서 수소가 계속 타들어가 융합 반응을 할 수 있는 수소가 고갈되면 어떤 일이 일어날까?

:: 적색거성

별이 이렇게 일생을 보내다보면 언젠가 별 중심부에는 핵융합의 연료가 되는 수소가 고갈되고 핵폐기물에 해당하는 헬륨만이 남을 것이다. 이때 별의 내부 구조를 그려보면 중심에 헬륨의 덩어리가 있고 그 둘레에 수소가 타고 있는 껍질, 즉 '수소 연소층'이 있으며, 이 층은 서서히 바깥으로 타 나가게 된다. 그렇다면 수소가 타서 남은 '헬륨층'은 어떻게 될까?

이곳에서는 더 이상 핵융합 반응이 일어나지 않으므로 공급되는 에너지가 없다. 그리고 바깥의 연소층이 밖으로 점점 번져감에 따라 그 크기가 점점 더 커진다. 그러다가 헬륨 중심부의 질량이 어느 한계(별 전체 질량의 약 10%)에 이르면 헬륨기체의 압력이 더 이상 자신의 중력을 견디지 못하고 갑자기 무너져 내리게 된다. 이때 중력에너지 때문에 무너져 내리는 헬륨의 중심부에서 물론 열이 발생하며 바깥의 수소 연소 껍질도 에너지를 받아 뜨거워진다.

이렇게 시작된 중력 수축으로 별 내부의 밀도가 커지고 온도는 다시 올라가고, 그 결과로 헬륨의 주위를 싸고 있는 수소의 온도가 일단 1천만 도 이상으로 올라가면 다시 한 번 격렬한 수소 융합을 시작하게 된다. 그리고 이때 생기는 엄청난 폭발력 때문에 별은 본래 크기의 100배 정도로 팽창하게 된다. 별의 중심부가 무너져 내리면서 오히려 바깥 부분을 팽창하게 만든 것이다. 이 때문에 별의 표면 온도가 떨어져 붉은색으로 변하게 된다.

팽창하는 별의 중심부와 외곽 부분의 온도 차이가 커지면 별 표면에서 대류가 일어나면서 내부의 에너지가 표면으로 쉽게 전달되어 별이 밝아진다. 바로 H-R도의 오른쪽 윗부분에 위치하고 있는 적색거성으로 진화하는 것이다. 오리온좌의 삼태성 아래위로 각각 큰 별이 하나씩 보이는데,

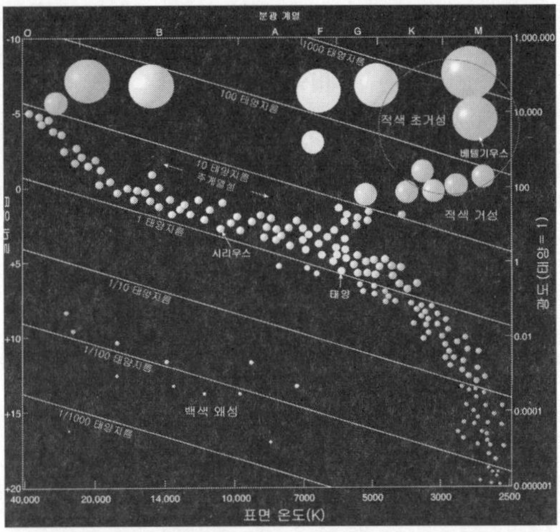

오리온자리에서 밝게 빛나고 있는 적색거성 베텔기우스

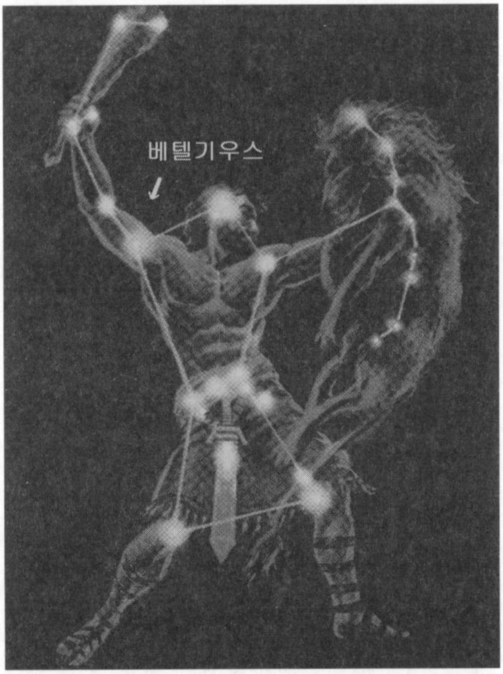

H-R도에서 적색거성 베텔기우스의 위치를 보여주는 그림

위쪽의 별을 자세히 보면 다른 별에 비해 좀 붉게 보인다. 이것이 적색거성 베텔기우스(Betelgeus)이다.

이런 변화가 일어나는 데 걸리는 시간은 별이 주계열성으로 있는 시간에 비해 현저히 짧기 때문에, 주계열성과 적색거성 사이의 중간 경로에는 별이 거의 관측되지 않는다.

:: 헬륨연소가 시작되다

적색거성의 중심부가 수축을 계속하면 별 내부의 온도가 다시 올라가고 내부의 헬륨 온도가 약 2억 도 정도가 되면, 헬륨과 헬륨 사이의 에너지 장벽이 깨지면서 헬륨의 융합 반응이 시작된다. 이로 인해 에너지가 발생하므로 별의 중심부는 붕괴를 멈추고 새로운 안정 상태에 이른다.

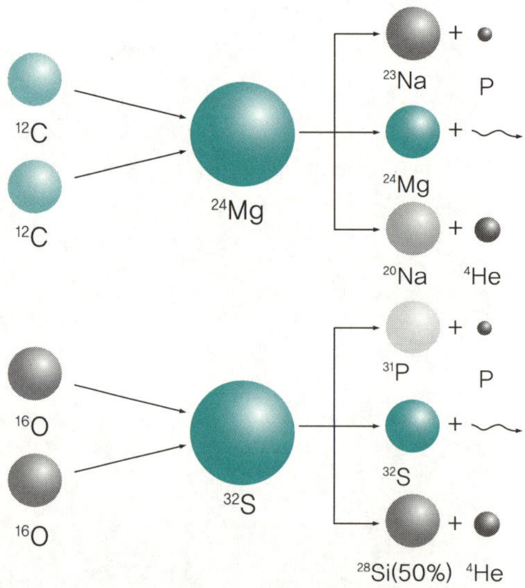

별들 내부에서 탄소, 산소에서 시작해 마그네슘, 황이 형성되는 과정을 보여주는 모식도

헬륨 두 개가 융합해 만들어지는 베릴륨-8의 원자핵은 반감기가 너무 짧아(10^{-16}초) 금방 붕괴하지만, 이들의 밀도가 너무 높아서 붕괴하기 전 또 하나의 헬륨과 만나면 탄소가 만들어진다. 또 탄소는 헬륨과 충돌해 산소-16이 되기도 한다. 이렇게 적색거성이 수축하면서 우리 생명에 절대적으로 필요한 탄소와 산소가 만들어지는 것이다.

별의 중심부에 탄소가 쌓이는 과정도 앞서 수소가 타서 헬륨이 쌓이는 과정과 비슷하다고 생각하면 된다. 탄소의 중심부도 덩치가 커지면 결국 자기 압력으로 중력을 버티지 못하고 무너져 내린다. 그러다가 내부 온도가 10억 도에 이르면 나트륨이나 네온과 같은 더 무거운 원소가 차례로 만들어진다.

이런 과정을 통해 큰 별 내부에서 탄소와 산소로부터 네온, 마그네슘, 황, 규소와 같은 무거운 원소들이 차례로 생기게 된다. 물론 각 단계마다 수축과 팽창을 반복하는 과정을 겪었으며, H-R도의 적색거성 자리에서 좌우로 왔다갔다 하는 여정을 되풀이하는 것이다.

따라서 적색거성의 내부에는 점차적으로 무거운 원소들이 합성되면서 바깥쪽에서 안쪽으로 양파처럼 헬륨, 탄소, 질소, 네온, 마그네슘 등 차례로 원소의 층이 생기게 된다. 별의 질량이 태양의 질량의 약 10배 이상이 되는 별들은 최종적으로 별의 내부가 철인 중심부를 여러 원소의 층들이 양파처럼 둘러싸는 모습이 되는 것이다.

:: 가장 안정한 철의 원자핵

이런 과정을 거치면서 만들어지는 융합 반응이 왜 철(Fe) 원자핵에서 그치고 마는 것일까? 그것은 철의 원자핵이 가장 안정하기 때문이다. 철의 원자핵에 이르기까지 일어나는 융합 반응은 무겁지만 더 안정된 핵으로 융합하면서 발생하는 질량 결손으로 인해 에너지가 계속 발생되기 때문에 지속적으로 반응이 일어날 수 있다. 그러나 철보다 무거운 원소들이 합성되기 위해서는 오히려 에너지를 필요로 하므로 지속적으로 반응이 진행될 수가 없는 것이다. 즉, 철보다 무거운 원소들은 오히려 핵분열을 해서 깨지면서 에너지를 방출한다. 우라늄이나 플루토늄의 원자폭탄이 핵의 분열반응을 이용하는 것도 바로 이 때문이다.

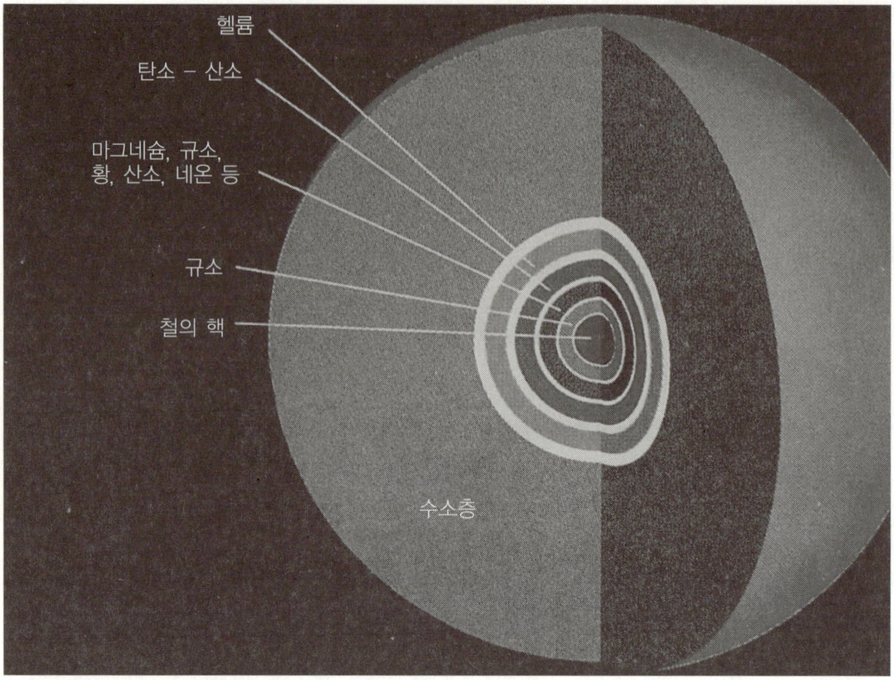

층상 구조를 가지고 있는 거성의 내부 모습. 최외각의 수소에서 시작해 헬륨, 탄소, 산소 등을 거쳐 철에까지 이르는 원소들의 층 구조를 가지고 있다.

이런 단계적 원소 합성이 일어난 적색 초거성들은 가장 바깥에 수소를 시작으로 단계적으로 헬륨에서 규소에 이르기까지 층을 이루며 중심에 철이 핵으로 자리를 잡고 있는 양파 모양의 내부 모습을 가지고 있다.

왜 빅뱅 시절에는 헬륨의 융합 반응이 일어나지 않았을까? 헬륨핵 셋이 만나 탄소의 핵으로 융합되기 위해서는 엄청나게 높은 농도의 헬륨핵과 함께 반응이 계속되기 위한 시간을 필요로 한다. 그런데 빠른 속도로 팽창하는 우주에서는 이런 조건을 도저히 만족시킬 수 없었던 것이다. 더욱이 이런 적색거성 내의 융합 반응도 무한히 지속될 수 없으며, 연료를 다 소진하면 결국 그 다음의 진화 과정을 거쳐야 한다. 적색거성이 앞으로 걸어가야 할 진로는 별의 크기, 즉 질량에 따라 크게 달라진다.

:: 파울리의 배타원리와 찬드라세카르의 한계

이 문제에 대해 처음으로 이론적 추론을 한 사람은 인도의 찬드라세카르였다. 1928년 18세의 나이로 영국으로 유학 가던 배 위에서 찬드라세카르가 생각했던 일인데, 1983년에 이르러서야 이 업적으로 노벨상을 받아 일명 '경로상' 이었다는 후문도 있었다. 어떤 별이 연료를 모두 태운 후 자체 중력을 지탱하면서 살아갈 수 있는 별의 크기는 어느 정도일까 하는 것이 찬드라세카르의 질문이었다.

우주의 모든 입자는 서로 같은 상태를 피하려는 성질(파울리의 배타원리 : 파울리는 이 업적으로 1945년에 노벨물리학상을 수상했다)을 가진 전자 · 양성자 · 중성자들로 되어 있다. 원자들이 서로 멀리 떨어져 있을 때는 원자를 이루는 전자들은 각자 제 나름대로의 에너지나 운동량을 가지고 원자 크기 정도의 공간 내에서 떠돌아다니고 있다. 그런데 별 중심부가 점점 압축되어 밀도가 10^6ton/m^3에 이르면 원자와 원자가 서로 닿아 전자들이 각자의 소속을 잃어버리고 떠돌아다니게 되며, 어느 한 원자 내에 있던 전자들은 상대편 원자 내에 있는 전자들과는 다른 상태를 취하기 위해 더 높은 에너지나 운동량을 가져야 한다. 별이 주계열성이나 적색거성 단계에서 열과 중력이 균형을 이루며 안정한 상태를 이루었던 것과 유사하게, 이제는 자체의 중력에 의한 인력과 배타원리에서 발생한 반발력이 서로 균형을 이루며 안정된 상태를 유지할 수 있을 것이다. 이와 같이 전자들의 양자역학적 반발력으로 중력에 의한 수축을 견디고 있는 별이 바로 백색왜성이다.

찬드라세카르가 깨달은 것은 이런 배타원리로 인한 반발력에 한계가 있다는 것이었다. 왜냐하면 전자의 속도가 빛의 속도를 넘어 더 빨라질 수 없기 때문이다. 찬드라세카르는 태양 질량의 약 1.4배 이하의 별은 이런 반발력으로 안정한 상태를 유지할 수 있으며, '백색왜성(white dwarf)' 이라는 최종 상태로 정착할 수 있음을 보였다. 백색왜성은 가장 밝은 별인 시리우스별(시리우스A)의 옆에서 1863년에 최초로 발견되었으며 시리우스B라고 명명되었다. 그리고 1914년 아담스

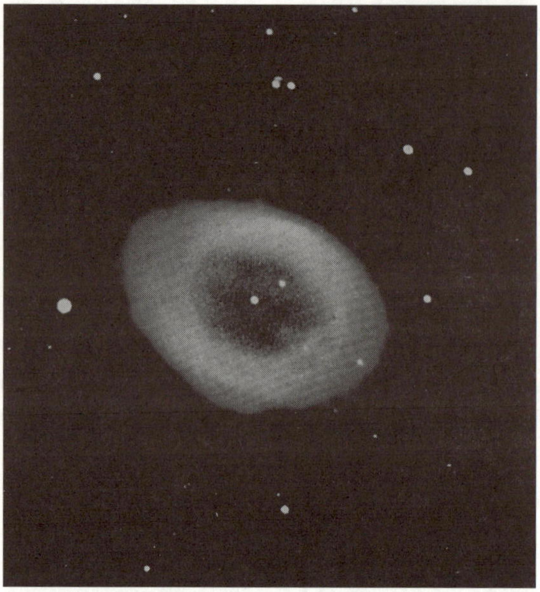

지구에서 약 4천광년 떨어진 거문고자리(M57) 고리성운(Ring Nebula). 중심의 밝은 부분은 백색왜성이고, 성운은 태양과 같은 별이 적색거성을 거쳐 백색왜성으로 붕괴할 때 별의 외피가 부풀어 오르면서 만들어진 것이며, 약 5만 년 후면 더 이상 보이지 않게 된다.

(W. S. Adams)는 시리우스B의 분광띠(스펙트럼)를 찍음으로써 질량은 태양 정도이지만 크기는 지구만하다는 놀라운 사실을 알게 되었다.

질량이 1.4M⊙ 이하로 반지름은 5천 km 정도이고, 부피 $1m^3$에 약 10^6톤의 질량이 들어 있는 백색왜성은 그 뒤로도 많이 발견되었으며, 가장 뜨거운 것은 표면 온도가 15만 도, 가장 차가운 것은 5천도 정도이다. 물론 이들은 서서히 식으면서 궁극적으로 우리의 시야에서 사라질 것이다.

그런데 찬드라세카르가 계산한 대로 1.4M⊙보다 더 큰 별들의 운명은 어떻게 될까?

16

별들의 장렬한 죽음

휴이시 (Antony Hewish, 1924~)

1974년 노벨물리학상 수상
"for their pioneering research in radio astrophysics: [……] Hewish for his decisive role in the discovery of pulsars"
(펄사의 발견에 끼친 그의 역할)

데이비스 (Raymond Davis Jr., 1914~2006)

2002년 노벨물리학상 수상
"for pioneering contributions to astrophysics, in particular for the detection of cosmic neutrinos"
(뉴트리노의 발견)

코시바 (Masatoshi Koshiba, 1926~)

2002년 노벨물리학상 수상
"for pioneering contributions to astrophysics, in particular for the detection of cosmic neutrinos"
(뉴트리노의 발견)

:: 객성(客星)

각 은하계에서 1세기에 한 번 정도 폭발하는 것으로 여겨지는 초신성 폭발의 기록은 동서양의 여러 곳에서 발견된다. 가장 오래된 기록은 서양에는 남아 있지 않고, 송나라 천문학자가 1054년 7월 4일 황소자리에서 발견하고 객성이라고 이름을 붙인 기록이다. 이날 이후 석달 동안 대낮에도 육안으로 볼 수 있었다고 기록되어 있다. 1967년 바로 이곳 게 성운(Crab Nebula)에서 뒤에 자세히 살펴볼 중성자별이 발견된다.

1572년 덴마크의 티코 브라헤도 카시오피아 자리에서 신성을 발견했다고 기록하고 있고, 1604년에는 케플러가 또 기록을 남기고 있다. 이런 관측은 그들이 영원 불변, 불멸의 천체에 대한 믿음에 기초한 천동설에서 지동설로 우주에 대한 관점을 바꾸어나가는 데 중요한 일조를 했음은 물론이다.

선조 37년 《조선왕조실록》에 객성으로 묘사되어 있는 1604년의 초신성 폭발 기록

케플러가 기록한 초신성의 폭발은 우리나라에도 선조 37년 《조선왕조실록》에 객성이라는 이름으로 기록이 남아 있으며, 10월 23일의 기록을 보면 "초저녁에 객성이 미수 10도 거극 110도 자리에 있었는데 목성보다 작고 황적색으로 흔들리고 있었다. 이른 새벽녘에는 안개가 끼었다" 라고 나와 있다.

가장 극적이었던 것은 물론 1987년에 발견된 초신성이다. 이 초신성 폭발은 우리 은하의 위성은하인 마젤란 대성운에서 일어난 가장 최근의 폭발이며, 이에 관련된 많은 관측이 이루어진 사건이었다. 마젤란 대성운은 마젤란 일행이 마침내 마젤란 해협을 통과하고 남태평양을 향해 하던 중 발견했기 때문에 그의 이름이 붙여졌다.

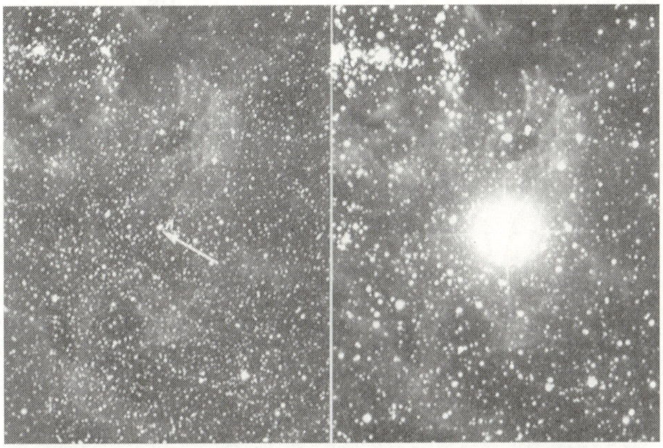

1987년 발견된 초신성 폭발 사진

초신성 폭발이 발견된 대마젤란 성운. 마젤란 일행이 마침내 마젤란 해협을 통과한 후 남태평양을 항해하면서 발견한 성운이었기 때문에 그의 이름이 붙어 있다.

:: 기다리고 기다리던 뉴트리노

특히 초신성 폭발 때 나오는 뉴트리노는 초미의 관심사였다. 당시 초신성 폭발 때 나오게 될 엄청난 양의 뉴트리노의 관찰을 위해 세계 여러 곳에서는 땅속 깊이 뉴트리노 검출 장치를 만들어놓고 이들을 기다리며 감시하고 있던 때였다. 이런 뉴트리노가 일본과 미국 오하이오 주에서 거의 동시에 발견됐으며, 몇 시간 후 남반구 칠레의 천문대에서 불과 15만 광년밖에 떨어져 있지 않은 대마젤란 성운에서 초신성이 관찰된 것이다. 이 업적으로 미국의 데이비스 2세(Raymond Davis Jr.)와 일본의 코시바(Masatoshi Koshiba)는 2002년에 노벨물리학상을 수상했다.

:: 별들은 죽을 수밖에 없다

어떻게 이런 적색 초거성들이 초신성으로 폭발할 수 있을까? 앞의 글에서 살펴본 찬드라세카르의 한계가 가지는 큰 함축적 의미는 이 한계보다 더 큰 별은 결국 자신의 무게를 더 이상 지탱하지 못하고 엄청난 밀도를 가지는 한 점으로 붕괴할 수밖에 없다는 것이다.

찬드라세카르는 1919년 개기일식 때 별빛이 태양 주위를 지나면서 중력에 의해 휘어진다는 것을 밝혀 아인슈타인의 일반상대성이론이 맞다는 것을 증명한 영국의 천문학자 에딩턴 경(Sir Arthur Eddington)의 제자였다. 그러나 에딩턴은 충격적인 찬드라세카르의 이론에 도저히 찬성할 수가 없었다. 그는 당시의 많은 과학자들처럼 "자연의 법칙은 터무니없이 별이 무너져 내리는 일이 일어나지 않도록 되어 있을 것이다"라고 주장했다.

에딩턴의 반대로 찬드라세카르는 이런 연구를 포기하고 대신 성단의 운동과 같은 다른 문제로 방향을 돌리도록 설득을 받았다. 이런 것들이 그의 노벨상 수상을 늦춘 원인이 아니었을까 하고 전해진다. 여담이지만 자신이 동양인으로 차별을 받은 것에 심한 상처를 받고 자녀조차 두지 않겠다고 작정했던 찬드라세카르이지만, 위스콘신 주의 여키스천문대에서 장시간 운전을 해가며 시카고대학교로 유학 온 중국의 리정다오(Tsung-Dao Lee)와 양전닝(Chen Ning Yang)을 교육시켜 1957년에 이들을 자신보다도 앞서 노벨상 수상자로 키워낸 것으로도 유명하다.

:: 찬드라세카르 한계보다 큰 별들의 진로

철 중심부가 붕괴되면서 물질이 더욱 압축되면 그 속을 떠돌던 전자들의 운동에너지도 충분히 커져 양성자와 결합하면서 중성자를 만든다. 그리고 밀도가 10^{13}ton/m^{3}에 이르면 물질은 충분히 압축되어 중성자와 중성자가 서로 닿게 될 정도가 된다. 이렇게 되면 중성자들의 운동에도 불확정성 원리가 적용되어 중성자들이 양자역학적인 반발력을 내게 된다. 그 결과로 급격히 무너져 내리던 별의 중심부가 마치 딱딱한 벽에 부딪힌 것처럼 붕괴를 멈추게 된다. 그러면 바깥에서 중심으로 떨어져 내려오던 물질이 축퇴된 중심에 부딪혀 튕겨 나가게 되는

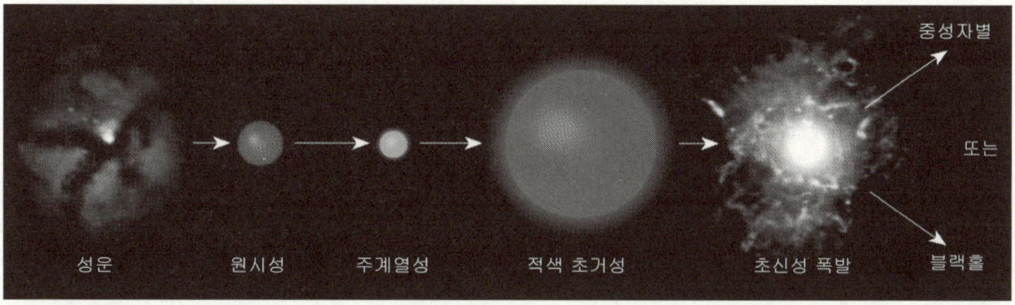

찬드라세카르 한계보다 큰 별들이 겪게 되는 진로를 보여주는 모식도

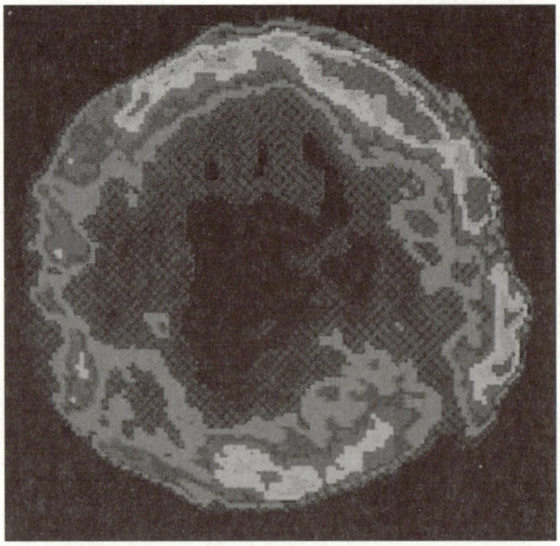

1572년 티고 브라헤가 관측했던 초신성 폭발의 잔해 모습. 강력한 라디오파를 방출하므로 중성자별이 발견되는 장소가 되었다.

데, 튕겨나간 물질들이 별의 외각부를 밀어 붙여 별이 터지게 되는데, 이것이 초신성이 폭발하는 현상이다.

자신이 내부에 가지고 있던 엄청난 양의 물질들을 우주로 쏟아 부으며 폭발한 초신성은 이후 어떻게 될까? 우리들에게는 마치 새로운 별이 태어나는 것으로 보여 '신성' 이라는 이름이 붙여져 있지만, 초신성은 실제로는 별이 장렬한 폭발과 함께 그 일생을 마치는 것이다.

과학자들은 초신성 폭발 이후 마지막으로 밟아가는 길 역시 이들의 크기에 따라 다른 것으로 생각하고 있다. 태양의 약 5배 이하인 초신성은 폭발 후 중성자별로, 질량이 태양의 5배 이상인 초신성은 폭발 후 블랙홀로 가면서 그 일생을 마친다. 즉, 중성자별이나 블랙홀은 별이 도달하는 일생의 마지막 종착역인 것이다.

:: 중성자별

찬드라세카르가 백색왜성의 가능성을 예견하던 거의 비슷한 시기에 러시아의 과학자 란다우(Lev Davidovich Landau)는 또 하나의 종착역 별을 예측했다. 전자가 아니라 중성자와 양성자 사이에 작용하는 배타원리의 반발력에 의해서 지탱되는 별로 이를 중성자별이라고 부른다. 그러나 이를 관측할 수 있는 방법은 없다고 여겼다.

1967년 케임브리지대학교의 대학원생이던 조슬린 벨(Jocelyn Bell)과 그녀의 지도교수였던 휴이시가 1054년 초신성 폭발이 있었다고 기록되어 있던 황소자리와 게자리 성운의 중심에서 매초 약 30번씩 강한 에너지를 내는 별을 발견한 것이다.

조슬린과 휴이시는 처음에는 너무나 일정한 주기 때문에 자신들이 은하 안의 외계 문명과 접촉한 것이라고 생각하고 흥분해 최초로 발견한 네 개의 전파원을 LGM(Little Green Man)1－4라고 불렀다. 그러나 이 천체들은 1초에 한 바퀴를 돌아도 깨어지지 않을 정도로 밀도가 아주 높고 빠른 속도로 자전하는 중성자별이라는 것을 깨달게 된 것이다. 이것이 바로 태양 질량의 약 5배 정도 되는 별들이 초신성 폭발 이후 중심에 남게 되는 중성자별이었다.

대개 10km의 지름을 가진 중성자별은 0.001초로부터 10초 사이의 주기로 매우 빠르게 회전하면서 라디오파를 내기 때문에 펄서(pulsar)라고도 부른다. 중성자별은 이들이 생성될 당시 별이 엄청나게 수축하기 때문에 자기장이 매우 강력해지는데, 중성자별 주변의 자기장에 갇힌 이온 물질들이 내는 세찬 전파가 중성자별이 돌 때마다 등대처럼 주기적으로 우리들에게 밀려오는 것이다.

펄서, 즉 중성자별은 자장을 가지고 있으며, 양성자와 전자를 가속시켜 두 개의 쌍둥이 전자파(라디오파)를 발생하게 만든다. 더욱이 중성자별은 엄청난 중력으로 주위의 물질들을 자신의 표면으로 끌어당기면서 뜨거워져 엄청난 양의 X

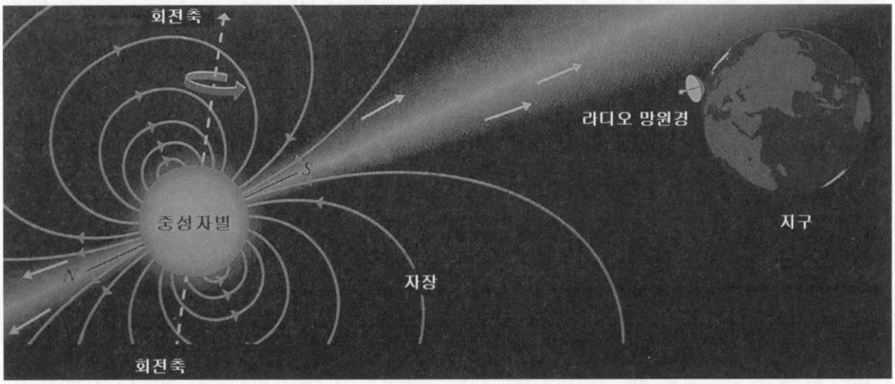

엄청나게 빠른 속도로 방출되는 전자들이 만들어내는 전자파를 보여주는 중성자별의 모식도

선을 방출하게 된다.

:: 거기 누가 있나요?

1972년 3월에 발사된 후 1983년 6월 14일 마침내 태양계를 떠난 파이오니어 10호에 실어 보낸 황금판(golden disc)에는 몇 가지 중요한 지구 정보가 들어 있었다. 이곳에도 펄서의 위치와 거리가 표기되어 있어 당시의 과학자들이 가졌던 흥분을 반영하고 있다.

- 양성자, 전자 스핀축 : 에너지 차, 21.1cm
- 14개의 펄서의 방향 및 주기(2진법)
- 여성의 모습 : 키=21.11cm×8

펄서가 발견된 7년 후인 1974년 벨의 지도교수인 휴이시(Antony Hewish)는 전파천문학을 개척한 공로로 노벨물리학상을 수상했다. 그러나 정작 중성자별을 발견한 벨은 노벨상 수상자의 대열에 끼지 못하는 아쉬움을 남겼다. 이에 대해는 지금까지도 많은 구설수가 있는데 그녀가 여성 때문이었는지, 벨이 이 분야의 연구를 계속하지 않았기 때문이었는지, 아니면 공로를 독차지하려던 휴이시의 욕심 때문이었는지는 확실치 않다.

중성자별은 또 다른 노벨상 수상자를 배출했다. 미국의 천문학자 헐스(Russel A. Hulse)와 그의 지도교수인 테일러(Joseph H. Taylor Jr.)는 주기가 0.001에 가까운 천체 PSR 1913+16의 두 중성자별의 펄서를 정밀하게 관측해 중력파를 추적하고 있었다. 중력파란 아인슈타인이 1916년 그의 중력이론을 세우면서 그 존재를 예언한 것이다. 중력은 전자기력에 비해 10^{36}배나 약하기 때문에 그 검출이

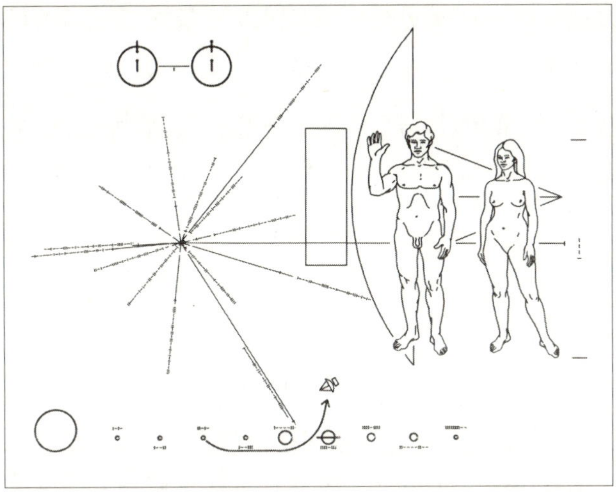

우주선 파이어니어(Pioneer) 10호와 11호에 실려 우주로 보내진 기념판. 지구를 소개하는 그림판에는 사람의 모습, 태양계의 모습, 파이어니어호의 비행 항정과 함께 중성자별들의 정보가 그려져 있다.

매우 어려운 난제였다.

8시간마다 서로 한 바퀴씩 공전을 하는 이들 두 중성자별은 회전운동으로 인한 중력파로 인해 에너지를 잃게 되며, 이론적으로 1년에 1만 분의 1초 정도로 공전주기가 느려지게 된다. 헐스와 테일러는 이 별을 세밀히 관측한 결과 4년 동안에 0.000414초만큼 공전주기가 길어지는 것을 알아냈다. 중력파의 존재를 간접적으로 발견한 이 연구는 1993년 이들에게 노벨물리학상을 안겨주었다.

헐스는 이 분야의 연구를 그만둔 지 오래였는데 헐스와 함께 수상하는 것이 아니면 상을 받지 않겠다는 테일러의 요구로 헐스에게도 상이 주어졌다고 한다. 중성자별과 관련되어 인심 좋은(?) 테일러와 인심 고약한(?) 휴이시가 보여준 대조적인 모습이다.

노벨상의 일화에는 이와 반대의 이야기도 전해진다. 1912년 노벨상위원회는 물리학 수상자로 우리가 잘 아는 에디슨(Thomas Edison)을 테슬라(Nikola Tesla)와 함께 지목하고 있었다. 전기의 실용화에 절대적으로 필요한 전류의 송전 방식에 직류냐 교류냐를 놓고 두 사람이 앙숙의 경쟁관계를 넘어 서로 원수지간으로까지 발전한 상태에서, 테슬라는 에디슨과는 절대로 노벨상을 공동으로 수상할 수 없다고 선언했다. 결국 1912년의 노벨물리학상은 해상의 부표 등대 등에 사용하는 자동 조명등을 발명한 달렌(Nils Gustaf Dalen)에게 돌아갔고, 이 두 사람에게는 다시는 노벨상의 기회가 돌아오지 않았다. 참으로 사연이 많은 노벨상이다.

:: 블랙홀(Black Hole)

질량이 태양보다 5배 이상 무거운 별들은 초신성 폭발 이후 그 운명이 어떻게 될까? 과학자들은 이들의 마지막 종착역이 아마 블랙홀일 것으로 믿고 있다. 블랙홀은 이들이 만들어내는 중력장이 너무 커서 심지어 빛까지도 빠져나올 수 없는 깊은 심연이다.

그런데 빛까지 빠져나오지 못하는 블랙홀을 과학자들은 어떠한 방법으로 그 존재를 알아낼 수 있을까? 블랙홀을 직접 볼 수는 없지만 과학자들은 블랙홀이 그 주위의 물체들에 미치는 중력의 효과를 통해서 블랙홀의 존재를 찾을 수 있다고 생각하고 있다.

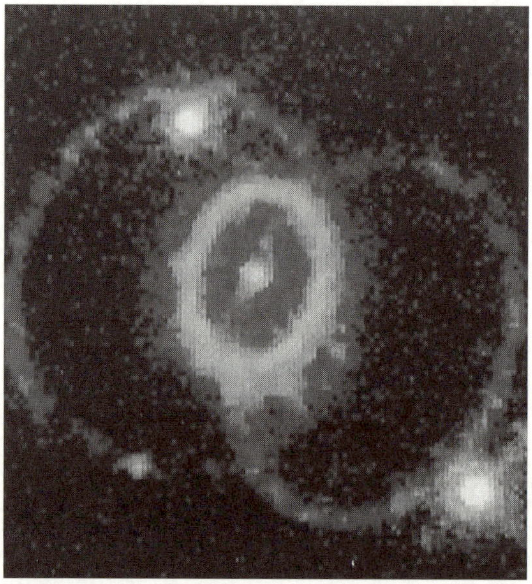

초신성 1987A의 폭발 모습

과학자들은 두 별이 중력으로 서로를 끌어당기며 서로의 주위를 도는 쌍성계를 많이 관측했다. 그런데 이중에는 눈에 보이는 하나의 별이 보이지 않는 어떤 동반성 주위를 도는 쌍성계들도 있다. 이렇게 보이지 않는 동반성이 바로 블랙홀이라고 단정 지을 수 있는 것은 물론 아니다. 너무 희미해서 보이지 않는 별일 수도 있기 때문이다.

광학망원경으로는 보이지 않지만 엄청난 양의 X선을 방출하면서 청색 초거성 주위를 회전하는 백조자리의 쌍성, 시그너스(Cygnus)가 바로 블랙홀인 것으로 과학자들은 믿고 있다. 별 표면에 있던 물질들이 떨어져나가 보이지 않는 동반성으로 빠져 들어가면서 나선운동을 하고, 이에 따라 매우 뜨거워지면서 X선을 방출하게 되는 것으로 여겨지는 것이다. 보이는 별의 관측궤도를 통해 추정한 이 보이지 않는 동반성의 최소 질량은 태양 질량의 약 6배 정도로서, 백색왜성이나 중성자별이 되기에는 너무 커 블랙홀이 분명할 것이라는 것이 과학자들의 예측이다. 태양의 5배 이상 되는 질량을 가지는 별들의 중력이 너무나 커져 지름이 3km 이하로 수축되어 10^{16}ton/m^3 이상의 밀도를 가지게 되면 빛도 끌어당기며, 일단 빨려 들어간 빛은 다시는 나오지 못하는 블랙홀이 되며, 이로서 일생의 마지막 종착역에 도달하는 것이다.

:: 우주로 퍼져나가는 원소들

적색거성을 거치는 동안 만들어진 철까지의 원소들은 초신성의 폭발과 함께 중성자별이나 블랙홀을 그 중심에 두고 초거성 밖으로 빠져나와 우주에 널리 퍼져나가게 된다. 그런데 철보다도 더 무거운 원소들은 언제 어떤 방법으로 만들어져 우리 태양계를 만들어낸 것일까? 다음 이야기에서 우라늄까지의 원소들이 만들어지는 과정을 찾아가는 우리의 여정을 계속하기로 하자.

17 자연의 연금술사 : 중성자

채드윅 (James Chadwick, 1891~1974)

1935년 노벨물리학상 수상
"for the discovery of the neutron"
(중성자 발견)

페르미 (Enrico Fermi, 1901~1954)

1938년 노벨물리학상 수상
"for his demonstrations of the existence of new radioactive elements produced by neutron irradiation, and for his related discovery of nuclear reactions brought about by slow neutrons"
(중성자 조사를 통한 새 방사성 원소의 생성)

파울러 (William Alfred Fowler, 1911~1995)

1983년 노벨물리학상 수상
"for his theoretical and experimental studies of the nuclear reactions of importance in the formation of the chemical elements in the universe"
(우주 내의 원소 형성에 중요한 핵반응의 이론 및 실험 연구)

:: 별은 태어나고 또 죽는다

우리 인간을 포함해 지상에 사는 모든 생물들은 태어났다가 결국은 죽어 다시 흙으로 돌아간다. 물론 살아 있는 동안 우리는 끊임없이 에너지를 필요로 하며 이 에너지의 원천은 궁극적으로 우리 별 태양이다. 생명체들은 에너지를 생활에 적절히 잘 이용하며 살다가, 몸을 구성하는 세포들이 그 기능을 상실하고 전체적인 조직의 기능이 와해되면 결국 죽음에 이르게 된다.

그런데 놀랍게도 옛 사람들이 당연히 영원하리라 믿었던, 영원할 것처럼 반짝이는 밤하늘의 별들도 우리와 마찬가지로 태어났다가 죽는 과정을 겪는다는 것을 알게 되었다. 지구보다 덩치가 수백만 배에서 수억 배에 이르는 거대한 별의 운명이 아주 작은 세계인 원자핵 안에서의 자연법칙에 의해 결정된다는 점이 좀 의아스럽기도 하다.

별의 생명을 지탱해주는 에너지는 핵융합 반응이었다. 별이 별이 되기 위해서는 별의 내부에서 수소가 헬륨으로 핵융합을 하는 천만 도의 불꽃이 켜져야 하므로 최소한 태양 질량의 0.08배 정도의 크기는 되어야 한다. 별의 크기에 따라 중력에너지가 별의 내부에 제공할 수 있는 내부의 온도가 정해지며, 궁극적으로 철의 합성에 이르는 별의 진화과정이 진행된다. 그러나 별들의 질량이 한정되어 핵융합에 쓰일 수 있는 원료가 제한되어 있으므로 별은 핵융합 반응을 영원히 지속시킬 수는 없다. 그러므로 별은 크기에 따라 결국에는 백색왜성, 중성자별 또는 블랙홀이 되면서 그 일생을 마친다.

우리는 별의 내부에서 수소가 헬륨으로 융합되는 맨 처음의 융합 반응을 에너지원으로 하는 주계열성 시절을 시작으로, 별의 크기에 따라 철까지의 원소가 만들어지는 융합 반응을 에너지원으로 하는 적색거성까지의 진화와 초신성 폭발로 장렬히 전사하는 별의 일생을 이야기했다. 그러나 태양계에는 철보다 더 무거운 우라늄에 이르기까지 많은 원소들이 존재하고 있다. 도대체 이들 원소들

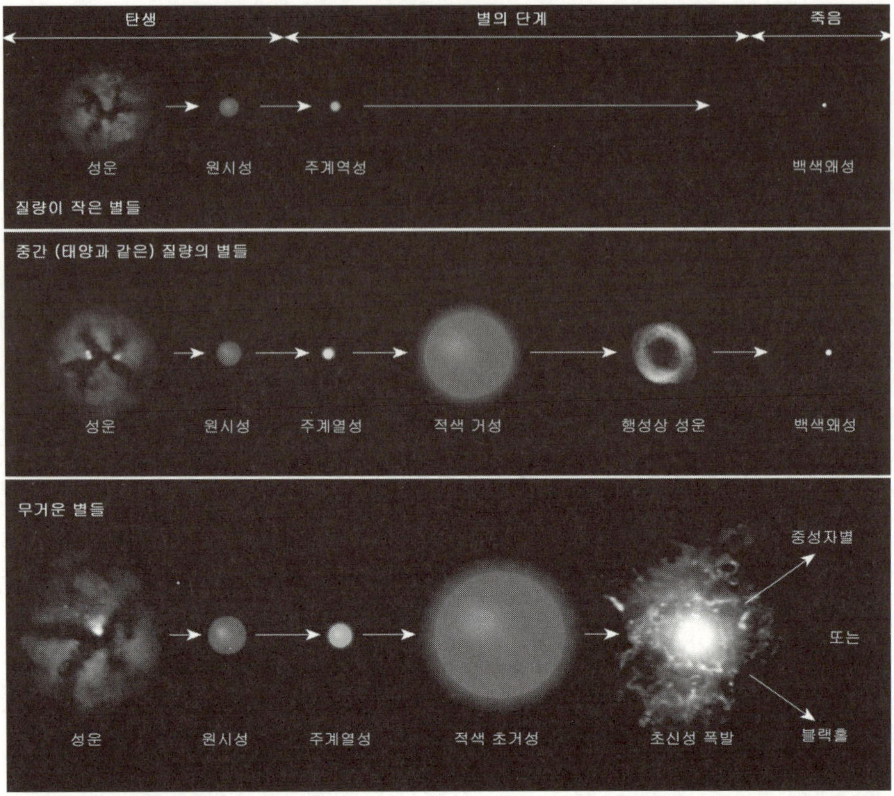

별들의 일생을 전체적으로 보여주는 모식도. 별의 크기에 따라 백색왜성, 중성자 및 블랙홀로 가는 각각의 경로를 보여주고 있다.

은 어떻게 만들어지는 것일까? 과학자들은 별이 일생을 마치는 거대한 초신성 폭발의 순간에 많은 양의 철보다 무거운 새 원소들이 만들어지며, 이런 연금술의 향연을 이루어내는 장본인이 바로 중성자라는 것을 밝혀냈다.

:: 원자는 도대체 무엇으로 만들어진 것일까?

원자의 질량, 즉 원자량은 원자핵과 그 바깥에 붙들려 있는 전자 질량의 합이다. 따라서 원자량은 원자핵의 질량과는 다르다. 그러나 전자의 질량이 핵에 비해 거의 무시할 수 있을 정도의 작은 값이므로 이 둘의 차이를 무시할 수 있는 것이다. 바로 1906년에 노벨물리학상을 수상한 톰슨이 이를 확인했다. 그런데 전자는 전기적으로 음성이고 원자 전체는 전기적으로 중성이므로 원자핵에는 전자와 같은 크기의 양전하가 있어야 한다.

이를 설명하기 위해 러더퍼드는 원자핵 내에 양전하를 띈 양성자가 있어야 한다고 가정을 했다. 양성자란 수소원자의 원자핵으로 수소원자에서 전자를 떼어낸 것이다. 그리고 1919년의 실험으로 이를 입증했다.

러더퍼드는 자연방사성 원소에서 방출되는 알파입자를 원자번호가 7, 질량수 14인 질소원자핵에 충돌시킨 결과, 질소의 원자핵이 산소와 수소의 원자핵으로 변화되는 것을 발견했다. 이 핵반응을 식으로 표현하면 다음과 같다.

$$^{14}_{7}N + \alpha(^{4}_{2}He) \rightarrow {}^{17}_{8}O + {}^{1}_{1}p$$

가속기가 아직 발달되지 못했던 시기에 자연 방사능은 중요한 천연 가속기 역할을 했으며, 사실 이 반응은 최초로 인공적으로 원자핵을 변환시킨 실험이다. 옛날부터 많은 사람들이 꿈꿔오던 연금술을 실현시킨 것이다.

러더퍼드의 실험은 가벼운 원자핵이 무거운 원자핵을 깨뜨릴 수 있다는 것을 보여준 것으로 장래 핵을 연구할 수 있는 방법을 알려준 중요한 실험이었다. 러더퍼드는 이때 생성된 수소원자핵을 양성자(proton, 양자라고도 부름)라고 이름을 붙였으며, 이 핵반응은 1924년 캐빈디쉬연구소의 블랙킷(Patrick Blackett)이 구름상자를 이용해 양성자의 비적을 촬영함으로써 확인되었다. 블랙킷은 윌슨의 안개상자의 개발과 이를 이용한 우주선의 연구로 1948년에 노벨물리학상을 수상했다.

∷ 핵의 구성요소 : 양성자와 전자?

러더퍼드는 이렇게 방출되는 양성자가 핵의 구성요소라고 여기고, 핵의 전하를 설명하기 위해 원자핵은 양성자와 전자의 결합으로 이루어져 있다고 가정했다. 예를 들어 $^{4}_{2}He$의 경우 헬륨 원자핵의 전하는 +2이고 질량은 양성자의 4배 정도이므로, 헬륨의 원자핵은 양성자 4개와 전자 2개가 결합되어 있다고 가정하면 헬륨 원자핵의 질량과 전하를 구할 수 있다.

실제로 방사성원소가 베타붕괴를 하면 전자를 방출하는데, 이 전자는 분명히 핵에서 방출되는 것이므로 전자가 핵의 구성요소의 하나로 볼 수 있는 당위성이 있다. 그러나 문제는 후에 하이젠베르크의 불확정성 원리(1932년 노벨물리학상 수상) 등을 기초로 하는 양자역학이 발전하면서, 원자핵이 양성자와 전자로 구성되어 있다는 것은 물리적으로 불가능함이 밝혀진 것이다. 이 모형이 맞는다면 핵 안에 있는 전자의 불확실 정도는 핵의 크기 정도일 것이므로 예상되는 운동량의 불확실도로부터 전자의 에너지를 구하면 약 10MeV 정도의 값이 예상된다. 그러나 이 값은 실제 베타붕괴에서 방출되는 전자의 에너지 2~3MeV에 비해 너무 엄청나게 큰 값이므로 전자가 원자핵 내에 존재한다는 것은 이론적으로 불가능했다.

더욱이 전자와 양성자는 각각 +/−1/2의 고유 각 운동량 값을 가진다. 예를 들어 $^{14}_{7}N$의 경우 러더퍼드의 모형에 의하면 질소원자핵은 양성자 14개와 전자 7개로 되어 있으므로, 질소원자핵의 각 운동량은 1/2의 홀수 배를 가질 수밖에 없다. 그러나 실제 관측되는 각 운동량은 정수의 값을 가지고 있다.

만약 전자가 핵의 구성요소가 아니라면 핵의 구성 입자는 무엇일까? 또 어떻게 베타붕괴를 하면서 핵에서 구성요소가 아닌 전자가 방출될 수 있을까? 이에 대한 해답은 결국 채드윅이 중성자를 발견하고, 페르미가 베타붕괴 이론을 세우면서 얻어진다.

:: 중성자의 발견

중성자의 발견도 물론 다른 연구와 마찬가지로 단번에 이루어진 것은 아니다. 1930년 보테(Walter Bothe)와 베커(Herbert Becker)는 폴로늄(Po-210)에서 방출되는 알파입자를 베릴륨(Be-9)에 쏘면, 입사된 알파선보다 에너지가 더 크며 투과력이 강한 방사선이 나온다는 것을 확인했다. 그러나 이 반응에서 나오는 방사선에 대해 더 자세한 연구를 계속하지 못했다. 베릴륨은 알파입자를 흡수하고 중성자를 잘 방출하는 원자핵으로서 요즈음도 중성자의 발생원으로 많이 사용된다. 베릴륨을 알파선을 방출하는 원소와 함께 두면 베릴륨이 알파입자를 흡수하면서 중성자를 방출하기 때문이다.

1931년 캐빈디쉬연구소의 채드윅도 이와 같은 실험을 하다가 이 방사선을 2cm 정도 두께의 납과 금속판에 통과시켜 보았다. 놀랍게도 베릴륨과 계측기 사이에 놓여 있던 금속판의 두께에 상관없이 계측기에서는 같은 양의 방사선이 관측되어, 이 방사선이 투과력이 매우 강하다는 것을 확인했다. 더욱이 이 방사선이 통과하는 길에 파라핀을 놓아 계측기에서 관측되는 방사선의 계수가 현저히 증가하는 사실을 확인했다.

채드윅은 이들 방사선의 비적을 조사해 이들이 양성자의 비적과 같다는 것을 확인하고, 베릴륨에서 나온 방사선이 파라핀과 상호 작용해 양성자를 방출한 것이라고 결론을 내렸다. 그리고 베릴륨에서 나온 방사선이 2cm 정도의 납을 쉽게 통과하는 것으로 보아, 이들은 전하가 없는 중성인 알맹이여야 한다는 결론을 내린 것이다. 바로 중성자가 발견된 중요한 실험으로 다음과 같은 식으로 표현할 수 있다.

$$^{9}_{4}Be + ^{4}_{2}He \rightarrow ^{12}_{6}C + ^{1}_{0}n$$

1931년 이와 비슷한 실험을 퀴리 부인의 사위인 졸리오와 딸 이렌느가 채드윅보다 먼저 수행했었다. 이 방사선을 수소를 많이 함유하고 있는 파라핀에 통과시키면 아주 큰 에너지를 가진 양성자가 방출되는 것도 확인했다. 그런데 이들은 이것을 에너지가 아주 큰 감마선으로 생각해 아깝게도 중성자 발견의 영광을 채드윅에게 넘겨주고 만 것이다. 이를 몹시 안타깝게 여기던 퀴리 부인은 1934년 이미 사경을 헤매고 있던 때에도 이렌느와 졸리오가 인공 방사능을 최초로 발견했다는 소식을 듣고 세상을 떠나기 직전 "이제 옛날 우리 실험실의 영광을 다시 되찾았다"고 기뻐했다고 전해진다(이렌느와 졸리오는 이 연구로 1935년에 노벨화학상을 수상했다).

:: 중성자 : 원자의 구성요소

물리학자들은 처음에는 1931년 채드윅에 의해 새로 발견된 중성자가 양성자와 전자의 결합체일 것이라고 생각했다. 그러나 1934년 채드윅과 골드하버가 중수소에 감마선을 쪼여 양성자와 중성자로 갈라내고, 이때 나오는 중성자의 질량을 측정해 양성자와 전자의 질량의 합보다 크다는 것을 확인함으로써 중성자가 하나의 독립된 입자로 인정받게 된 것이다. 이로써 원자를 구성하는 전자, 양성자 그리고 중성자가 마침내 알려지게 된 것이다.

중성자의 존재는 러더퍼드가 가정했던 원자핵 모형의 문제를 모두 해결해주었다. 중성자가 발견된 다음해인 1932년 하이젠베르크는 중성자가 핵의 구성요소이며 핵은 양성자와 중성자가 아주 좁은 범위에서만 작용하는 강한 핵력에 의해 결합되어 있다는 이론을 발표해, 자연계 내에 작용하는 새로운 힘, 즉 강한 핵력을 등장시켰다.

중성자는 이렇게 핵 내에서는 매우 안정하지만 핵 밖으로 방출되면 불안정하다. 중성자의 반감기는 약 15분 정도이며 붕괴해 양성자, 전자 그리고 중성미자가 된다.

:: 페르미가 밝힌 베타붕괴의 비밀

아직 설명되지 못한 베타붕괴, 즉 핵의 전자방출 현상은 1934년 페르미에 의해서 해결된다. 베타붕괴는 불안정한 원자핵이 베타입자(전자)를 방출하고 중성자와 양성자의 비율을 변화시켜 안정한 원자핵으로 변환되는 반응이다. 1934년 페르미는 핵 내에는 양성자와 중성자가 있으며, 베타붕괴는 중성자의 수가 양성자 수에 비해 많은 핵종에서 중성자가 양성자와 전자로 붕괴되는 순간 전자는 핵 밖으로 방출되는 반응이라는 제안을 했다. 이 변화를 다음과 같이 기술할 수 있다.

$^{1}_{0}n \rightarrow {}^{1}_{1}p + e + \nu$(중성미자)

따라서 전자는 핵의 구성요소가 아니더라도 핵에서 방출될 수 있으며, 이 이론을 통해 에너지 보존법칙, 각 운동량 보존법칙 등 그 당시까지 해결되지 않았던 많은 곤란한 문제들을 해결할 수 있었다. 또한 '베타반응의 중요한 점'은 핵 내에서 중성자가 하나 줄어들면 대신 양성자가 하나 늘어난다는 것이다. 즉, '원

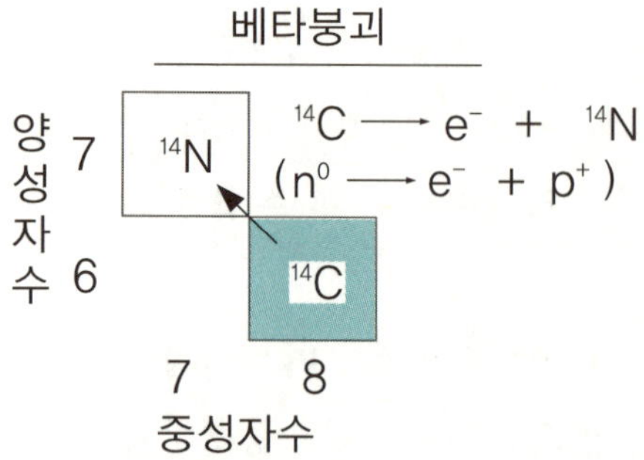

베타붕괴를 통해 탄소가 질소로 변환되는 과정을 보여주는 모식도. 베타붕괴는 한 원소가 원자번호가 하나 증가한 새로운 원소로 변환되는 중요한 원소 합성 과정이다.

자번호가 하나 증가한 새로운 원소가 만들어지는 것' 이다.

중성자는 핵물리학의 연구에 획기적인 변화를 가져왔다. 중성자가 전기적으로 중성이므로, 알파입자처럼 핵에 의한 전기적 반발력을 받지 않고 핵에 쉽게 접근시킬 수가 있어 핵을 알아볼 수 있는 아주 유용한 도구가 되기 때문이다.

이런 방법을 이용해 안정원소에 중성자를 조사시켜 여러 종류의 방사성 동위원소를 만들 수 있다. 이렇게 만들어지는 방사성 동위원소들의 방사선을 측정해 어떤 방사성 원소들이 생성되었는지를 조사하면 원래의 원소들의 정보를 구할 수 있다. 이것이 바로 오늘날 고체시료 중의 미량 금속을 정량하는 중요한 중성자방사화분석(Neutron Activation Analysis) 방법의 원리이다.

1934년 페르미는 중성자를 우라늄에 조사시켜 인공방사성원소를 만든 후 베타붕괴를 통해 초우라늄원소를 만들려는 시도를 했다. 페르미는 이런 실험을 통해 실제로 방사능원소를 만드는 데 성공하기는 했지만, 사실은 초우라늄원소가 만들어진 것이 아니라 우라늄원자핵이 방사능을 가진 작은 핵들로 분열된 것임이 1938년 그의 동료들인 한(Hahn), 마이트너(Meitner), 슈트라스만(Strassmann) 등에 의해서 밝혀진다. 어쨌든 이 실험은 많은 과학자들이 이와 유사한 연구를 하게 하는 중요한 견인 역할을 해 결국 핵분열 반응을 이해하는 연구로 이어지게 된다.

1938년 이탈리아의 무솔리니가 독일의 히틀러에 협력해 인종차별 정책을 펴기 시작하자, 유태인이었던 그의 부인 로라에게도 위험이 다가오는 것을 느낀 페르미는 그해 결정된 1938년 노벨상 수상을 위해 조국을 떠난다. 그 후 다시 이탈리아로 돌아가지 않고 결국 미국으로 망명해 연구 활동을 계속했으며, 미국 내에서 최초의 원자로를 건설하는 데 중요하게 기여했다.

:: 연금술사 : 중성자

전기를 띠고 있지 않은 중성자가 원자핵에 쉽게 접근하여 핵과 반응해 방사성 원소를 만들어낼 수 있고, 이렇게 생성된 방사성 원소들이 베타붕괴를 하여 원자번호가 하나 더 큰 새로운 원소로 변환될 수 있다는 것은 우주에서 철보다 무거운 원소들의 생성과정을 이해하는 핵심이 된다.

앞서 거대한 적색거성이 초신성으로 폭발할 때 많은 별들 내부에 생성되어 있던 철과 같은 무거운 원소들과 함께 많은 중성자들이 방출된다. 이때 중성자들이 무거운 원자핵에 붙잡히게 되는데 이런 과정을 중성자 포획(neutron capture)라고 부른다.

중성자 포획 과정을 통해 많은 불안정한 방사성 원자핵들이 만들어지면서, 이들이 베타붕괴를 하면 순간적으로 철보다 원자번호가 더 큰 무거운 원자핵들이 만들어질 수 있다. 이런 중성자 포획 및 이어지는 베타붕괴 과정을 거치면서 우라늄에까지 이르는 철보다 무거운 원소들이 만들어지는 것이다. 바로 중성자가 우주에서 철 이상의 무거운 원소를 만들어내는 연금술사 노릇을 하고 있는 것이다. 우라늄에서 이런 반응이 그치는 것은 우라늄보다 원자번호가 큰 원소들은 반감기가 너무 짧아 모두 붕괴해버리는 반면, 우라늄, 토륨 등에는 반감기가 매우 긴 동위원소들, 예를 들면 반감기 45억 년의 U-238, 7억 년의 U-235, 140억 년의 Th-232 등이 만들어지기 때문이다.

중성자 포획 과정은 s-과정(slow-process)과 r-과정(rapid-process)의 두 가지 방법으로 진행되는 것이 알려져 있다.

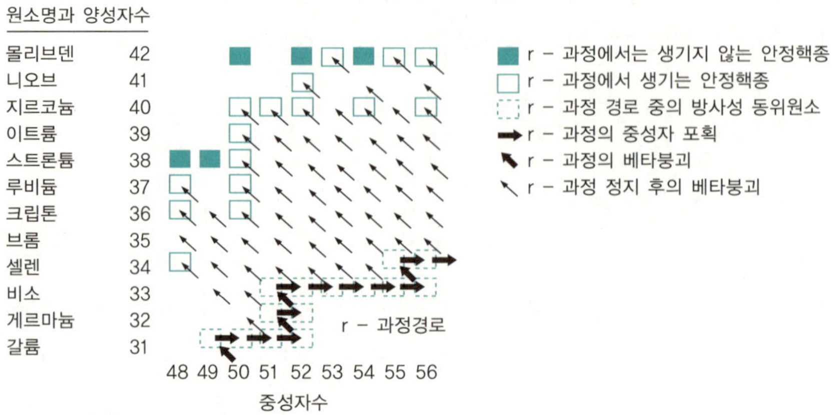

철보다 원자번호가 큰 원소들이 합성되는 중요한 과정인 s–과정(slow process)과 r–과정(rapid process)을 보여주는 모식도. s–과정은 그 이름대로 중성자 포획과정과 베타붕괴 과정이 천천히 한 단계씩 진행되면서 원자번호가 하나 큰 새로운 원소로 차례차례 변환되어가는 과정이며, r–과정은 중성자 포획과정이 우선 급격히 진행된 후 여러 방식의 베타붕괴가 동시에 일어나면서 새로운 원소들이 합성되는 과정이다.

s–과정은 표현대로 중성자 포획이 하나씩 느리게 일어나면서 베타붕괴를 하여 안정한 원자핵으로 찾아가는 과정이며, r–과정은 한번에 많은 양의 중성자가 포획된 후 이때 생성되는 여러 개의 불안정한 원자핵들이 동시에 베타붕괴를 하면서 각각 여러 개의 안정한 원자핵으로 찾아가는 과정이다.

:: 별에서 온 우리들

초기 우주에서 태어난 1세대 별에서는 거의 수소와 헬륨만이 관찰된다. 그러나 태양계에는 탄소, 산소, 철 등 무거운 원소가 많이 있는 것으로 보아 태양은 후세대 별임에 틀림없다. 별이 태어나서 사라지기까지 이런 여러 과정을 거치면서 우주에 원소들을 만들어내고 있었으며, 그런 과정 속에서 46억 년 전 우리 태양계가 우주의 한구석에 만들어지고 결국 우리가 그 속에서 만들어진 것이다.

근대과학이 밝혀낸 또 하나의 큰 업적은 우리들의 뿌리를 찾게 해준 것이다. 이런 과정에서 많은 노벨상 수상자가 탄생한 것은 물론이며, 그중에는 탄생의 비밀과 관련된 많은 반응들을 정밀한 관측을 통해 입증한 과학자의 한 사람으로 1983년 노벨물리학상을 수상한 미국의 파울러가 포함되어 있다.

Part 4

따뜻한 행성

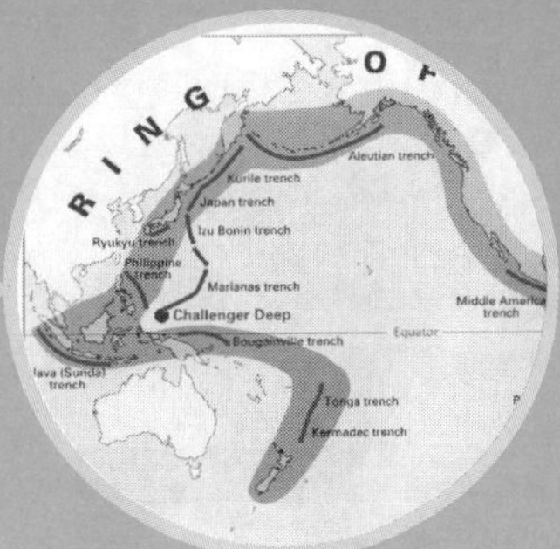
RING OF
Aleutian trench
Kurile trench
Japan trench
Izu Bonin trench
Ryukyu trench
Philippine trench
Marianas trench
Challenger Deep
Equator
Bougainville trench
Java (Sunda) trench
Tonga trench
Kermadec trench
Middle America trench

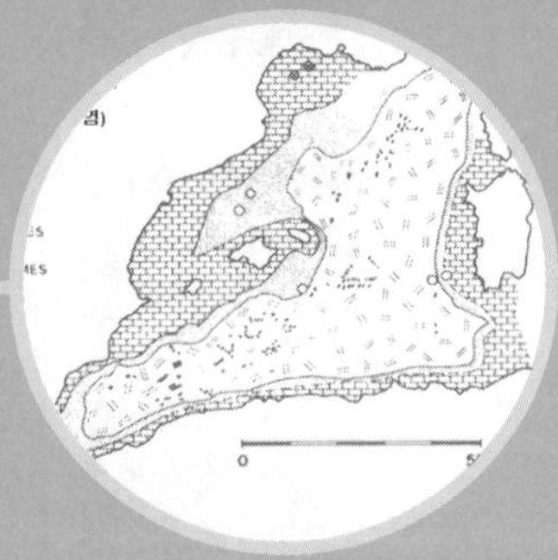

18

물의 행성

빈 (Wilhelm Wien, 1864~1928)

1911년 노벨물리학상 수상
"for his discoveries regarding the laws governing the radiation of heat"
(열복사를 지배하는 법칙의 발견)

플랑크 (Max Karl Ernst Ludwig Planck, 1858~1947)

1918년 노벨물리학상 수상
"in recognition of the services he rendered to the advancement of physics by his discovery of energy quanta"
(에너지의 양자화 발견)

우리의 뿌리를 찾아가는 과정에서 빈과 플랑크의 연구 업적을 이미 살펴보았다. 이번에는 이들의 복사 연구가 지구의 기후를 이해하는 데 끼친 중요한 업적을 살펴보기로 하자.

:: 온실효과가 있는 따뜻한 지구

지구를 생명의 행성으로 만든 가장 중요한 조건으로 지구가 적당히 따뜻한 기후를 가지고 있다는 것을 첫째로 꼽을 수 있을 것이다. 여기서 '적당한' 이란 표현은 물이 액체 상태로 존재하는 데 가장 적절한 온도를 가지는 행성이라는 뜻이다. 어떻게 해서 지구는 이런 온도를 가질 수 있게 된 것일까? 물론 이렇게 따뜻한 지구를 만드는 장본인은 지구의 역사를 통해 지금까지 '적절한 양의 에너지'를 지구에 보내주는 우리 별 태양이다.

빈의 변위법칙이 말해주는 대로 태양은 약 0.5㎛를 중심으로 하는 파장대에서 대부분의 에너지를 방출하는데, 이는 가시광선 스펙트럼의 노란색에서 주황색 영역에 해당한다. 태양에너지는 1초에 30만km의 속도로 우주공간을 여행하여 지구에 도달하며, 이 에너지는 지구의 표층과 서로 작용하는 가운데 지구로 전달된다. 태양의 복사에너지로 더워진 지구는 약 10㎛를 중심으로 하는 적외선 파장대의 복사에너지를 다시 우주로 방출한다. 이런 과정을 통해 궁극적으로 지구의 기후가 결정된다.

1827년 프랑스의 푸리에가 처음으로 명명한 '온실효과'의 개념을 보여주는 그림

그런데 여기에 문제가 있을 수 있다. 만약 지구가 우주로 다시 방출하는 복사에너지의 양이 지구가 받은 태양 복사에너지의 양과 동일한 값이 되도록 지구와 우주 사이에 단순한 복사에너지의 수지 균형이 이루어진다면, 지구는 생명이 살기 매우 힘든 255K(−18℃)의 꽁꽁 얼어붙은 행성이 될 수밖에

없다. 그러나 다행스럽게도 지구는 평균 288K(15℃)의 따뜻한 행성으로 유지되고 있다. 왜냐하면 지구 표면을 수십 킬로미터 두께의 대기가 따뜻한 담요 역할을 하면서 덮어주고 있기 때문이다. 이 사실을 처음으로 이해한 프랑스의 과학자 푸리에(Fourier)는 1827년 이를 '온실효과' 라고 명명했다.

:: 지구 탈출 속도

지구를 덮고 있다는 대기는 과연 무엇일까? 대기의 두께는 얼마나 될까? 얼핏 보면 쉬워 보이지만 막상 정확한 답을 말하려면 그리 쉽지 않은 질문이다. 우선 간단한 답을 찾아보자. 대기는 질소, 산소 등의 공기 분자들이 지구 가까이에 떠 있는 것이다. 공기 분자들은 왜 이렇게 지구 가까이에 떠 있는 것일까? 이유는 극히 간단하다. 이들 분자들이 지구를 아무리 떠나고 싶어도 그럴 수가 없기 때문이다.

지구상의 물체가 지구의 중력을 극복하고 지구를 탈출하기 위해서는 지구 탈출 속도인 초속 11.2km보다 더 빨라야 한다. 기체 분자들의 운동 속도는 기체의 온도와 기체 분자의 질량에 따라 결정되는데, 1856년 제임스 맥스웰(James Maxwell)은 통계역학적 방법으로 맥스웰 속도분포법칙, 즉 주어진 온도에서 분자들이 가져야 할 속도의 분포를 유도했다.

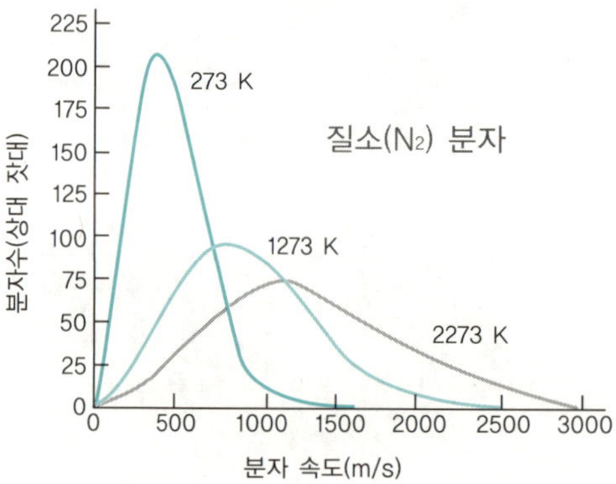

질소분자의 온도에 따른 속도의 분포곡선. 맥스웰이 성공적으로 분포곡선을 유도하였으므로 흔히 맥스웰 분포라고 부른다.

물론 속도가 넓게 퍼져 있지만 상온에서의 평균 속도가 적어도 0.5km/sec 정도는 되어 결코 느린 것은 아니다. 그렇지만 지구 탈출 속도에 비하면 그 값이 턱없이 부족하다. 현재 지구상에서 가장 가벼운 기체인 수소와 헬륨이 적은 양이기는 하지만 지금도 지구를 탈출하고 있으며, 이보다 더 무거운 기체들은 속도가 너무 느려 지구를 탈출하지 못하고 붙들려서 지구 대기의 구성원이 되어 있는 것이다.

:: 복사에너지의 수지표

지구에 대기가 있기 때문에 지구에 도달한 태양복사에너지가 지구와 반응하는 모양이 꽤 복잡해져버렸다. 지구의 여러 곳에서 인공위성으로 관측한 복사에너지의 유입량과 유출량의 자료를 기초로 과학자들이 만들어낸 에너지 수지 그림을 살펴보기로 하자. 그림의 숫자들은 지구에 도달한 태양복사에너지를 100으로 하고 각 과정의 에너지를 이에 대한 상대적인 크기로 나타낸 것이다. 실제로 100은 342w/m^2로서 태양이 지구 표면에 보내주는 에너지의 4분의 1에 해당하는 양이다.

우선 태양복사에너지가 지구와 상호작용을 하는 모습을 살펴보자. 총 유입량(100) 중 약 30%를 웃도는 양(31)은 우주로 반사되어 되돌아가버린다. 흔히 알베도(albedo)라고 부르는 양인데, 구름에 의한 반사가 약 22%, 지표면에서의 반사가 약 9%를 차지한다. 겨울에 스키를 즐기는 사람들의 얼굴이 검게 타는 것이 바로 햇볕을 반사하는 흰눈의 알베도 효과를 잘 보여주는 것이다. 또한 총유입량의 약 20% 정도는 대기에 흡수되는데(20), 성층권의 오존과 대류권에서의 구름 수증기 등이 바로 에너지를 흡수하는 주범이다. 그리고 남은 총 에너지의 49%가 지표면에 도달해(49) 지구를 데워준다.

이렇게 지표면에 흡수된 열량의 절반 정도는 숨은열(잠열)로 전환되는데, 이것이 바로 지표면에서 물이 수증기로 전환되는 과정에서 수증기에 흡수된 에너지이다(23). 잠열은 수증기가 구름으로 응결될 때 다시 대기 중으로 방출된다.

이외에 지표면이 흡수한 에너지는 대류나 난류를 통하거나(7), 지구가 방출하는 적외선의 복사에너지로 대기 중으로 전달된다. 특히 지구가 방출하는 복사에너지(114) 중 대부분이(95) 지구로 다시 되돌아오므로, 복사를 통해서 지구가 대기로 방출하는 에너지는 이들의 차이(19)뿐임을 알 수 있다.

에너지가 서로 작용하며 전달되는 과정을 잘 살피면, 우주와 대기, 그리고 지표면 모두가 에너지의 수급에서 정확히 균형을 이루고 있음을 알 수 있다. 우주는 100을 대기와 지표면에 주었다가 알베도로 31 그리고 대기복사로 69를 합하여 100(31+69)을 돌려받고, 대기는 우주와 지표면에서 57(20+7+23+102−95)을 받고 57(48+9)을 우주로 방출하며, 지구는 우주로부터 49를 받아 49(7+23+19)를 도로 내주어 모두 에너지 수지 균형을 이루고 있다.

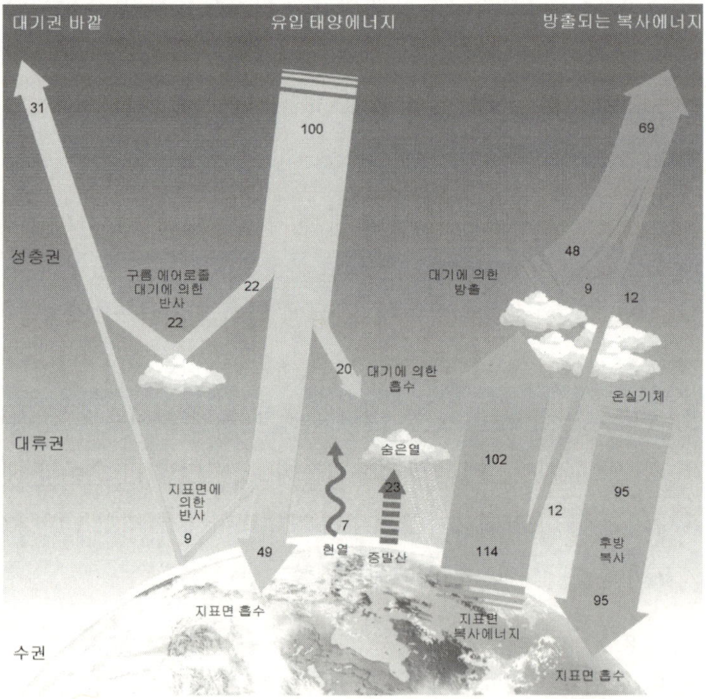

지구 대기시스템 내에서 평균적으로 이루어지고 있는 전지구적인 복사에너지 평형. 그림의 숫자는 태양복사에너지를 기준으로 한 각 해당 에너지의 백분율이다.

중요한 것은 지구가 114의 복사에너지를 대기 중으로 방출하는데, 에너지의 균형을 이루기 위해서 대기는 우주에 69만 내보내면 된다는 점이다. 그리고 이 두 값의 차이인 45(114-69)는 대기 중에 그대로 남아 지구를 데워주고 있다. 이것이 바로 온실효과인 것이다.

:: 온실기체

온실효과가 발견되고 얼마 되지 않은 1850년대 말에 이르면 대기를 이루는 질소나 산소는 온실효과를 내는 성분이 아니며, 지구를 따뜻하게 해주는 장본인

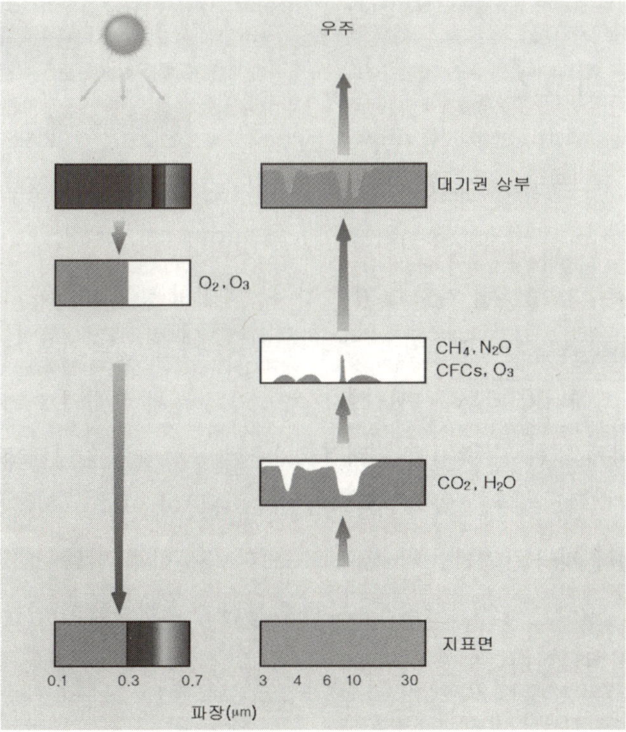

유입 태양에너지와 지구복사에너지를 흡수하는 대기 중 온실기체들의 흡수 스펙트럼. 산소, 오존 등에 의해 흡수되는 짧은 파장을 제외한 가시광선 영역의 태양에너지는 대기층을 통과하여 지표면에 도달하며 지표면을 따뜻하게 한다. 지구가 방출하는 복사에너지의 상당 부분은 수증기, 탄산가스(CO_2), 메탄가스(CH_4), 산화이질소(N_2O), CFC(프레온 등) 등에 의해서 흡수된다. 대기층에서 흡수되지 않은 지구복사에너지는 우주 공간으로 방출되면서 에너지의 평형을 이룬다. 온실기체의 역할로 온실기체들의 복사에너지 흡수로 인하여 지구는 이들이 없었을 때에 비해 약 33도 정도 더 따뜻하게 되었으며, 이를 온실효과라고 부른다.

들은 바로 대기 중의 미량성분들인 수증기(H_2O), 탄산가스(CO_2), 메탄(CH_4), 오존(O_3), 산화이질소(N_2O) 등이라는 것이 윌리엄 틴달(William Tyndall)에 의해 밝혀지게 된다. 이와 같은 미량의 기체 성분들이 지구복사에너지를 흡수하여 우주로 빠져나가는 것을 막아주는 덕분에 지구는 생명이 있는 따뜻한 행성이 될 수 있었던 것이다. 온실기체(greenhouse gas)라고 불리는 이 기체들은 지구를 지구답게 만드는 데 절대적으로 필요한 요소의 하나이다.

그러나 이런 온실기체들이 자신의 역할을 담당해 지구를 생명의 행성으로 만들기 위해서는 지구 자신이 태어날 때부터 가지고 있던 특별한 조건이 있었기 때문임은 물론이다. 과학자들은 태양계 내의 우리 형제들과는 달리 지구가 생명의 행성으로 진화할 수 있었던 중요한 조건으로 크게 두 가지를 꼽는다.

:: 생명의 행성으로의 조건

그 하나는 지구가 적절한 크기를 가지고 있다는 것이며, 또 다른 하나는 지구가 우리별 태양으로부터 적당한 거리에 위치하고 있다는 것이다.

적절한 크기를 가진 지구가 충분히 가지고 있는 방사능물질의 붕괴 과정에서 발생하는 에너지 덕분에 지구가 아직도 활발한 지구조운동을 하고 있는 것은 이미 살펴보았다. 사실 이런 에너지 덕분에 지금까지 갖고 있는 유체 상태의 외핵이 만들어내는 지구 자석에 의한 자장의 벽은 태양으로부터 무차별로 쏟아져오는 강한 우주선으로부터 우리 지구를 막아주는 중요한 방패막이 역할을 한다. 그리고 적당한 크기 덕분에 지구는 기체들의 평균 속도보다 충분히 큰 탈출 속도를 가지며, 온실기체를 포함하는 공기 분자들을 지구에 붙잡아 대기층을 형성할 수 있음을 이미 앞에서 살펴보았다.

:: 도를 넘은 온실효과

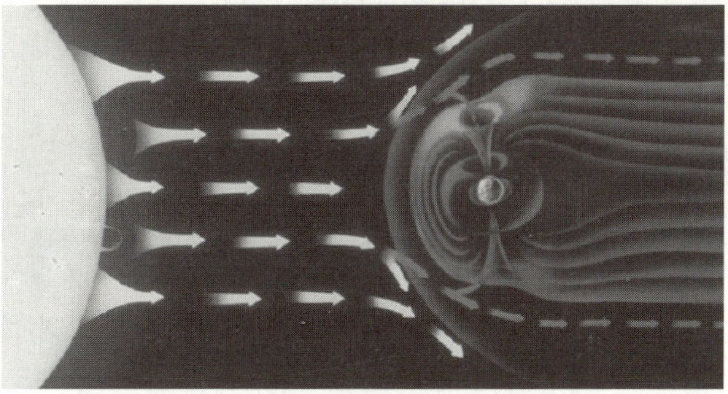

태양으로부터 오는 강력한 에너지 입자들의 차폐막 역할을 해주는 지구 자장. 극지방을 통해서만 일부의 입자들이 지구로 들어올 수 있으며, 오로라는 우주선이 공기 분자와 작용하면서 만들어내는 자연의 장관이다.

오늘날은 인공위성을 위시한 여러 측정 장치의 발전에 힘입어 우리와 이웃한 행성인 금성과 화성에 대해 꽤 많은 정보를 얻을 수 있게 되었다.

태양으로부터의 거리가 지구까지의 거리의 72%밖에 되지 않는 금성의 표면 온도는 무려 섭씨 465도나 된다. 금성의 반지름이 6,049km로서 반지름이 6,371km인 지구와 크기가 꽤 비슷하여, 우주탐험의 초기에 과학자들은 금성에 혹시 생명이 있지는 않을까 생각했다.

금성은 지구보다 태양에 더욱 가까울 뿐만 아니라 대기의 98%를 차지하는 탄산가스 덕분에 온실효과가 무려 465℃ 정도나 되는 뜨거운 행성으로 되고 만 것이다. 너무 뜨거운 행성에서는 탄산가스를 녹일 수 있는 물이 존재할 수 없으며, 많은 탄소를 비축하고 재생산할 수 있는 생명체들이 태어날 수 없다. 과학자들은 금성에서 일어난 엄청난 온실효과를 '도를 넘은 온실효과(runaway greenhouse effect)' 라고 부른다.

반대 경우의 예로 화성을 들 수 있는데, 화성은 태양과의 거리가 지구에 비하면 1.52배나 멀다. 뿐만 아니라 반지름이 3,390km로 크기가 지구에 비하면 꽤 작다. 탄산가스가 대기의 96% 이상을 차지하고는 있으나 대기의 층이 너무 얇아 약 3℃ 정도의 온실효과밖에 만들 수 없어, 결국 표면 온도 섭씨 −53도의 얼어붙은 행성이 될 수밖에 없었다. 그러나 화성에 적당한 온실기체를 인공적으로 만들어 생명체가 살 수 있는 행성으로 만들어본다는 일부 과학자들의 꿈이 언젠가 실현되는 날이 올 수 있을지도 모를 일이다.

:: 지구의 노력

지구는 탄생 초기의 이웃들에 비해 이미 생명의 행성이 될 수 있는 좋은 여건을 가지고 있었다. 그런데 이에 더하여 지구에서는 또한 지구 전체를 좀 더 생명이 살아가기에 좋은 여건으로 만들고자 자체적으로도 노력하고 있다. 바로 전지구적인 규모로 활발하게 움직이는 대기와 물이다. 여기에 드는 운동에너지는 어디에서 비롯되는 것일까? 역시 답은 태양에 있다.

우리는 앞에서 지구 전체로 볼 때 우주와 지구 사이에 에너지의 유출입이 정확히 균형을 이루고 있다는 것을 살펴보았다. 그러나 이것을 지구 내부에서 좀 더 자세히 살펴보면 위도에 따라서 엄청난 불균형이 있다.

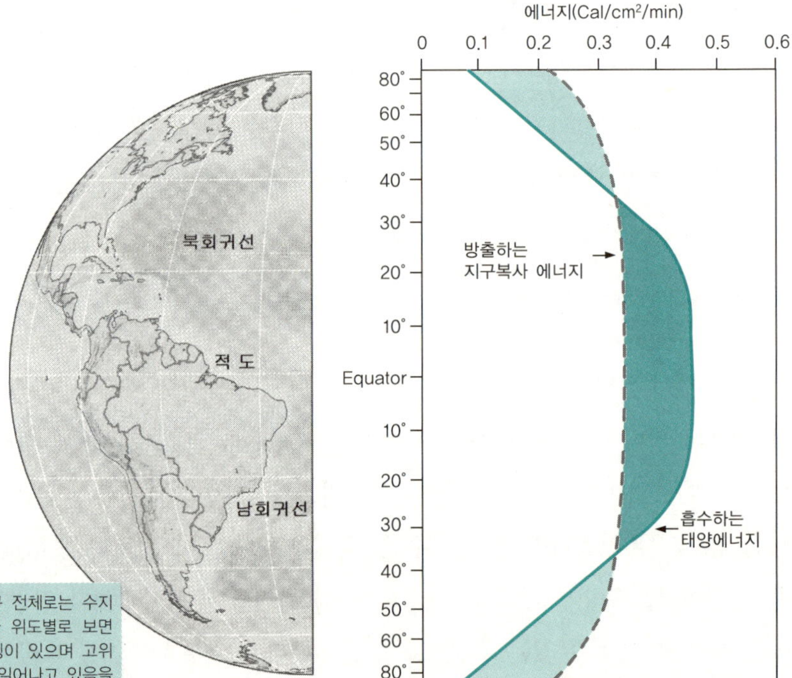

위도별 에너지 수지. 지구 전체로는 수지의 균형을 이루고 있으나 위도별로 보면 저위도에서는 에너지 과잉이 있으며 고위도에서는 에너지 부족이 일어나고 있음을 알 수 있다.

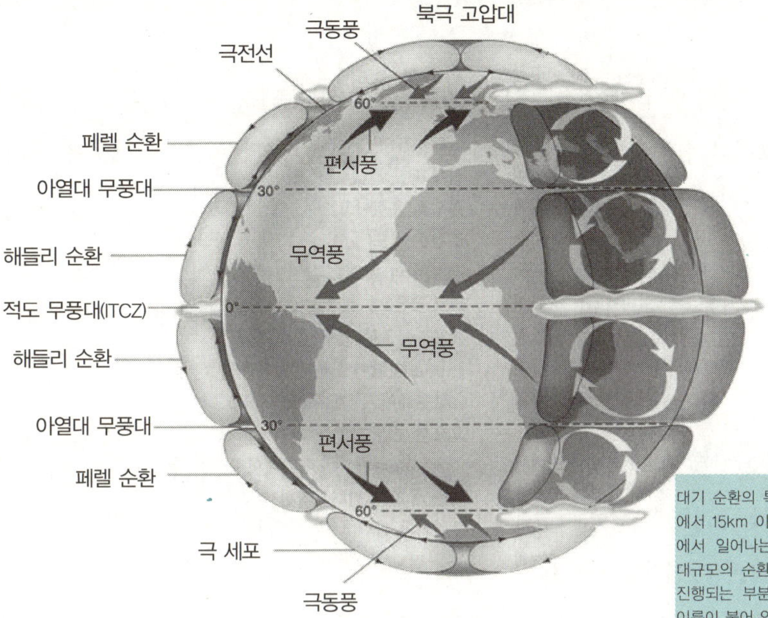

대기 순환의 특징을 보여주는 그림. 지상에서 15km 이상에 이르기까지 대류권 내에서 일어나는 해들리 순환과정과 같은 대규모의 순환과정이 있으며, 지표면에서 진행되는 부분에는 무역풍 · 편서풍 등의 이름이 붙어 있다.

지구로 유입되는 태양복사에너지 자체도 위도에 따라 차이가 나는 연유도 있기는 하지만, 열대나 아열대의 위도에서는 지표면에서 복사로 방출되는 것보다 더 많은 에너지를 태양으로부터 받고 있다. 물론 고위도 지역에서는 이와 반대로 방출하는 에너지에 비해 받는 에너지가 작은 부족 현상이 일어난다. 이를 지구 전체로 합치면 +, −가 균형을 이루지만, 지구 내에서는 위도에 따라 엄청난 에너지의 불균형이 있는 것이다. 이로 인해 일어나는 가장 일차적인 결과로 적도 부근의 공기는 더욱 가열되어 높은 고도까지 상승하게 된다. 바로 전지구적인 공기의 수직 · 수평 방향의 이동이 일어나게 되는 것이다. 1735년 이런 전지구적 규모의 대기 운동을 처음으로 기술했던 영국의 과학자 이름을 따서 해들리 순환(Hadley Circulation)이라고 부른다.

∷ 대기 대순환 : 해들리 순환

적도지방에서 상승한 공기는 극지방으로 이동하면서 우주로 복사하며 냉각된다. 그러다가 위도 약 30도에 이르면 밀도가 충분히 높아져 하강하게 된다. 공기가 하강하는 위도는 대개 날씨가 맑고 강수량이 적은 건조한 고기압의 특징을 가지고 있다. 옛날 무역상인들이 이 지역에서 바람이 약할 때 항해를 계속하기 위해 배를 가볍게 하려고 운반하던 말을 버리던 데서 비롯해 '말 위도(horse latitude)' 라는 이름이 붙어 있기도 하다. 세계의 많은 사막들이 이 위도에서 발견된다.

하강한 공기의 일부는 지표면을 따라 적도지방으로 이동하면서 이 지역에서 상승한 공기를 보상해주면서 하나의 순환을 완결시킨다. 바로 해들리 순환이 만들어지는 것이다.

지표면에서는 물론 위도를 가로질러 흐르는 공기는 지구의 자전 때문에 북반구에서는 오른쪽으로 남반구에서는 왼쪽으로 휘어지는데, 이렇게 1년 내내 강하게 불어대는 바람을 17세기의 바다 상인들이 무역풍이라고 불렀다. 유럽에서 미국으로 가는 뱃길에 아주 효과적인 바람이다.

말 위도보다 더 높은 위도에서도 비슷한 순환이 일어나, 저위도의 공기가 고위도로 이동하면서 불균형을 이루고 있는 복사에너지의 분포를 완화시키는 역할을 담당하고 있다.

이렇게 위도를 가로지르며 대순환운동을 하는 공기가 하는 또 다른 중요한 일은 바닷물을 순환시켜, 바다와 함께 지구 전역으로 태양의 복사열이 고르게 퍼지게 하는 역할을 하며 지구의 기후를 만들어내는 것이다.

19

표층해수의 움직임

난센 (Fridtjof Nansen, 1861~1930)

1922년 노벨평화상 수상
"Originator of 'Nansen passports' (for refugees)"
(러시아 난민을 위한 난센여권의 창시자)

:: 대양의 순환류

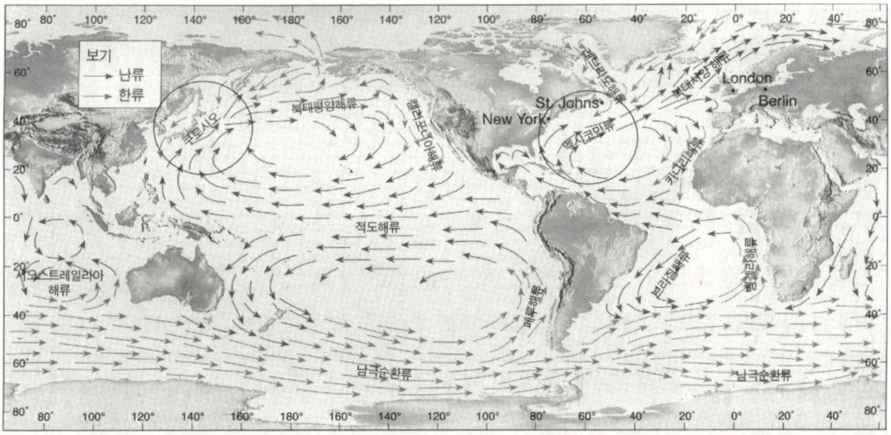

주요 표층 해류지도. 저위도에서 출발한 따뜻한 해수가 고위도로 이동하면서 위도에 따른 지구 에너지 수지의 불균형을 해소시키는 중요한 역할을 하고 있다.

벤자민 플랭클린이 영국과 미국 사이를 항해하는 선박에게 제작 · 배포한 해도. 멕시코만류와 이를 적절히 이용할 수 있는 안내까지 첨부되어 있다.

바람이 만들어내는 흐름은 흔히 해류로 알려져 있는 표층 바닷물의 운동이다. 해류의 모습을 보여주는 지도를 보면 눈에 띄는 특징이 나타나 있다. 태평양이나 대서양에 원을 그리는 커다란 순환류(gyre)들이 보인다. 북반구에서는 시계 방향으로, 남반구에서는 반시계 방향으로 흐르는 큰 원형의 흐름이다. 북반구에 있는 순환류의 서쪽 부분은 해류가 매우 강하며, 태평양 쪽은 쿠로시오, 대서양 쪽은 '바닷물의 강' 이라는 별명의 멕시코만류(Gulf Stream)라는 특별한 이름이 붙어 있다.

연을 이용한 번개 실험으로 잘 알려진 벤자민 프랭클린(Benjamin Franklin)이 우정장관으로 근무하던 시절, 유럽에서 미국으로 가는 편지 운송선이 멕시코만류를 잘못 만나면 수주일씩이나 시간이 더 걸렸다. 프랭클린은 멕시코만류를 보여주는 지도를 제작 · 배포해 운송선의 항로에 해류를 지혜롭게 이용하는 체신 정책을 세웠다. 그것은 해양의 지식이 우리 생활과 관련된 모습을 보여주는 대표적인 예이다.

이제 지구상에 부는 바람의 모습과 순환류의 모양을 한번 비교해보자. 지표면 바람의 대표적인 특징은 저위도 지역의 무역풍과 중위도의 편서풍이다. 그러나 이들의 방향과 순환류의 모습을 비교해볼 때 얼핏 보아 서로 직접적으로 연관이 있어 보이지 않는다. 어떻게 바람이 이런 순환류를 만들어내는 것일까?

:: 노벨평화상을 수상한 해양학자 난센

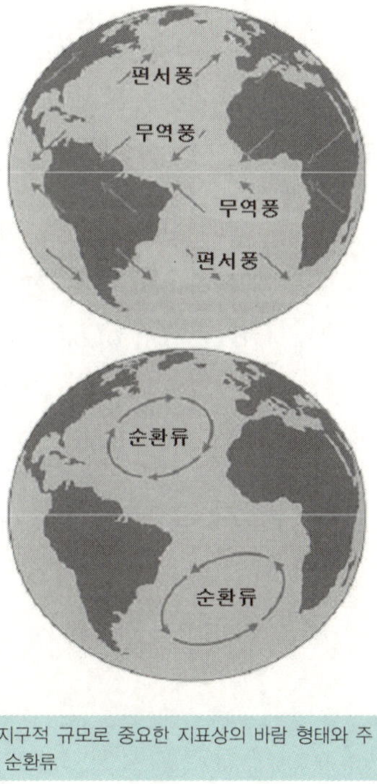

전지구적 규모로 중요한 지표상의 바람 형태와 주요 순환류

바람이 만들어내는 해수의 흐름을 이해하기 위해서는 1922년에 노벨평화상을 수상한 해양학자 난센(Fridtjof Nansen)의 이야기를 빼놓을 수 없다. 난센은 1861년 노르웨이의 크리스티아니아(현재의 오슬로)에서 태어났다. 그는 특히 극지의 탐험가로 유명하지만 후에는 국가를 대표하는 외교가로서도 많은 활약을 했다. 그는 1905년 노르웨이가 스웨덴으로부터 분리되는 데 중요한 역할을 했으며 1906년부터 1908년까지는 영국 주재 노르웨이 초대대사를 역임했다. 특히 1918년에는 국제연맹에 노르웨이 대표로 참석했으며, 제1차 세계대전 이후에는 러시아에 수감된 43만

여 명의 독일군 포로를 석방시켰다. 또한 난민 신분증명서인 '난센여권(Nansen Passport)'을 창안해 동유럽에서 방랑하는 러시아 난민의 귀환을 도와주었다. 이러한 인도주의적 노력으로 1922년 난센에게 노벨평화상이 수여된 것이다.

:: 북극해 탐험

난센의 북극해 탐험은 해양 동물 표본을 채취하기 위해 1882년 포경선을 타고 수행한 탐사가 첫 시작이었다. 하지만 그를 유명하게 만든 것은 당시 불가능한 것으로 알려져 있던 그린란드의 횡단을 1888년 여름 52일 간 썰매를 타고 다섯 사람의 동료들과 함께 성공적으로 이루어낸 것이다(저서 《그린란드 최초의 횡단》, 1890).

그린란드 탐사 중 특별히 난센의 관심을 끈 것은 시베리아에서 벌목된 나무들이 그린란드의 서안에서 발견된다는 것이었다. 이 당시는 북극이 육지로 되어 있는지 아니면 바다 위에 얼음이 덮여 있는지조차 아직 잘 알려져 있지 않던 시절이었다. 난센은 시베리아에서 떠내려온 벌목들이 서쪽으로 8,000km 이상이나 떨어진 그린란드의 동쪽에 모인다는 것에 주목했다. 난센은 북극이 큰 대양으로 되어 있으며, 북극의 해류가 거대한 얼음덩어리와 벌목들을 운반하고 있다는 결론을 내렸다. 그리고 이를 증명해 보이기 위해 그는 실로 대담한 계획을 세우게 된다. 즉, 배를 빙하에 얼어붙게 한 뒤 해류와 빙하의 움직임에 따라 함께 움직여가면서 북극에 도달해 보겠다는 것이었다.

:: 얼음에 갇혔던 '프람(Fram)호'

빙해는 극지방 바다의 항해에서 가공할 만한 존재이다. 항로가 얼음에 막혀 갇히면 얼마 되지 않아 팽창하는 얼음에 배가 견디다 못해 그만 박살나버리는 일이 한두 번이 아니기 때문이다. 1594년에서 1598년까지 세 차례에 걸쳐 바렌츠해, 노바야 젬랴, 스피츠 베르겐 등까지의 항로를 최초로 개척하고 이 해역의 포경산업을 열었던 바렌츠(Willem Barents) 역시 예상하지 못했던 얼음(빙해)에 배가 갇혀 망가지고 고생 속에 월동을 하다가 결국 1598년에 사망했다. 얼음의 치명적인 파괴 효과를 보여준 대표적인 예이다.

그러나 난센은 의도적으로 배를 얼음 속에 갇히게 만들어 얼음을 따라 움직여 보려는 계획을 세운 것이다. 난센은 이 목적에 알맞게 스코틀랜드의 건축가 아처와 함께 프람(Fram, 노르웨이어로 '앞으로' 라는 의미)이라 명명된 배를 설계 · 제작했다. 선체를 둥글게 하여 얼음의 압력이 가해지더라도 선체가 위로 들려지도록 만들어진 특수한 배였다. 당시의 많은 전문가들이 이 배를 놓고 혹독한 비평을 하기도 했지만, 난센은 '프람호' 를 이용해 계획했던 항해를 무사히 마쳤다.

여담이기는 하지만 비운의 스코트가 이끈 영국의 남극 탐험대를 한 달이나 앞질러 1911년 12월 14일에 최초로 남극점에 도달한 노르웨이의 아문센(Roald Amundsen)을 노르웨이에서 남극 로스해의 웨일스만까지 태워준 배도 바로 '프람호' 였다. 본래 난센의 후원 하에 북극해에서의 표류 탐험을 다시 시도할 계획이었던 아문센이었으나, 1909년 9월 쿡과 피어리가 북극을 정복했다는 경쟁적인 발표를 접

난센이 빙하에 갇혀 이동하면서 바람과 해류의 방향에 관한 관측을 수행하였던 연구선 프람호의 모습. 전력을 얻기 위해서 배에 설치했던 풍차의 모습이 보인다.

하고 목표를 남쪽으로 돌려 결국 남극에 최초로 도달한 탐험가가 된 것이다.

난센이 1893년부터 수행했던 그의 야심 찬 탐사에서 얼음에 갇힌 프람호가 1년 9개월 만인 1985년 3월 북위 84도 4분의 지점까지 전진했다. 그러나 더 이상 프람호의 북상이 어려움을 알게 된 난센은 배에서 내려 요한센만을 대동한 채 개가 끄는 썰매와 카약을 갈아타며 인류 사상 처음으로 북극점을 향해 달렸다. 4월 8일 당시 인간이 도달한 가장 북쪽 지점인 86도 14분까지 전진했으나 하루 30km 이상씩을 달려도 더 이상의 북상은 불가능했다. 그들을 태우고 있던 얼음

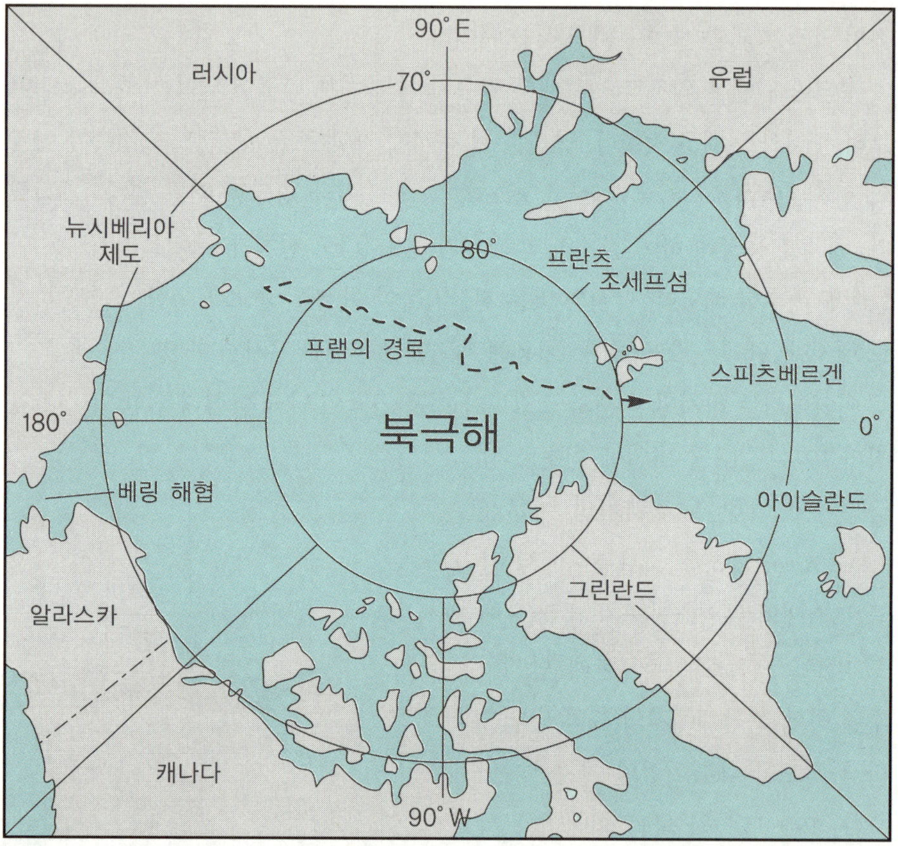

난센이 탑승했던 프램호의 항적

이 이미 서서히 남쪽으로 흐르기 시작했기 때문이었다. 결국 발길을 되돌린 두 사람은 인근 섬을 지나가던 영국 탐험대에 구조되어 귀환할 수 있었다. 그렇지만 이 두 사람의 북상 기록은 당시로는 최고의 기록이었으며, 귀환한 난센은 노르웨이의 영웅이 되었다.

:: 바람과 해류의 방향

난센은 프람호가 얼음에 갇혀 표류하고 있는 동안 표류 방향, 즉 해류의 방향과 바람의 방향을 계속 관측했다. 결과는 해류의 방향이 바람의 방향에 비해 항상 오른편으로 20도에서 40도 정도로 어긋나 있음을 보여주었다. 지구 자전의 효과 때문으로 여겨진 난센의 관측 결과는 항해 후 친구 비야크니스(Bjerknes) 교수의 제자 에크만(Otto Ekman)에 의해서 수식적으로 체계화된다. 바로 에크만 나선(Otto Ekman Spiral) 또는 에크만 수송(Ekman Transport)이란 이름이 붙어 있는 이론이다. 이 이론의 중요한 결론은 바람의 효과와 지구 자전의 효과가 결합되어 '바람이 부는 방향과 평균 90도의 방향으로 표층의 해수가 이동한다' 는 것이다. 1835년 지상에 있는 유체의 운동에 대한 지구의 자전 효과를 처음으로 밝힌 프랑스의 과학자 코리올리(Gaspard-Gustave Coriolis)의 이름을 따서 이를 코리올리 효과라고 부른다.

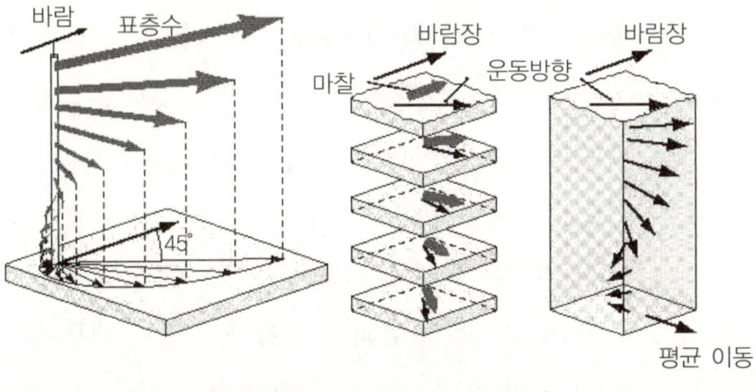

에크만 나선과 에크만 수송 개념 모식도. 지구 자전의 효과로 바람이 부는 방향과 수직인 방향으로 표층해수가 이동한다.

:: 대양의 중앙 부분이 부풀어 있다

오늘날은 인공위성을 통해 먼 상공에서 지구를 살필 수 있는 시대가 되었다. 인공위성을 이용해 해수면의 높이를 살펴보면, 태평양이나 대서양의 중위도 지역에는 고위도나 저위도에 비해 물이 더 높이 쌓여 있는 것을 보여준다. 어떻게 해서 중위도 지역에 물이 쌓이면서 수면이 높아질까? 이곳이 바로 에크만 수송이 작용하는 현장인 것이다. 바람 방향에 수직으로 작용하는 에크만 수송 이론에 의하면 무역풍은 북쪽으로, 또 편서풍은 남쪽으로 표층 해수를 움직이게 하여 무역풍과 편서풍의 사이에 있는 중심부에 물의 언덕을 형성할 수 있다. 이런 현상은 이미 1856년 미국의 해양학자 페렐(William Ferrel)이 예상했던 것인데, 해수면 측정을 목적으로 1978년 발사되어 잠시 동안 활동을 했던 인공위성 시샛(Seasat)이 대서양 멕시코만류의 바깥가장자리에서 안쪽가장자리를 향해 올라가는 1.4m 높이의 완만한 경사를 관측함으로써 실제로 증명되었다.

:: 순환류는 어떻게 만들어지는 것일까?

물의 언덕과 순환류의 관계는 요즈음 저녁 뉴스시간이면 나오는 기상안내 시간에 자주 보는 기상도와 바람에 관한 정보를 비교해보면 쉽게 이해될 수 있다. 기상도에는 고기압지역과 저기압지역을 나타내는 여러 등압선이 그려져 있다. 상식으로는 물론 고기압에서 저기압의 방향으로 바람이 불 것이 예상된다. 그러나 실제 바람은 이와는 90도 차이가 나는 등압선을 따라 불고 있다. 지구의 회전으로 인해 코리올리 효과가 작용하고 있기 때문이다. 물론 바람을 만드는 당초의 힘은 기압의 차이(기압경도력)이지만, 지구 자전의 코리올리 효과(전향력)가 함께 작용해 실제 바람은 기압경도력의 방향과 90도 다른 수직방향으로 부는 것이

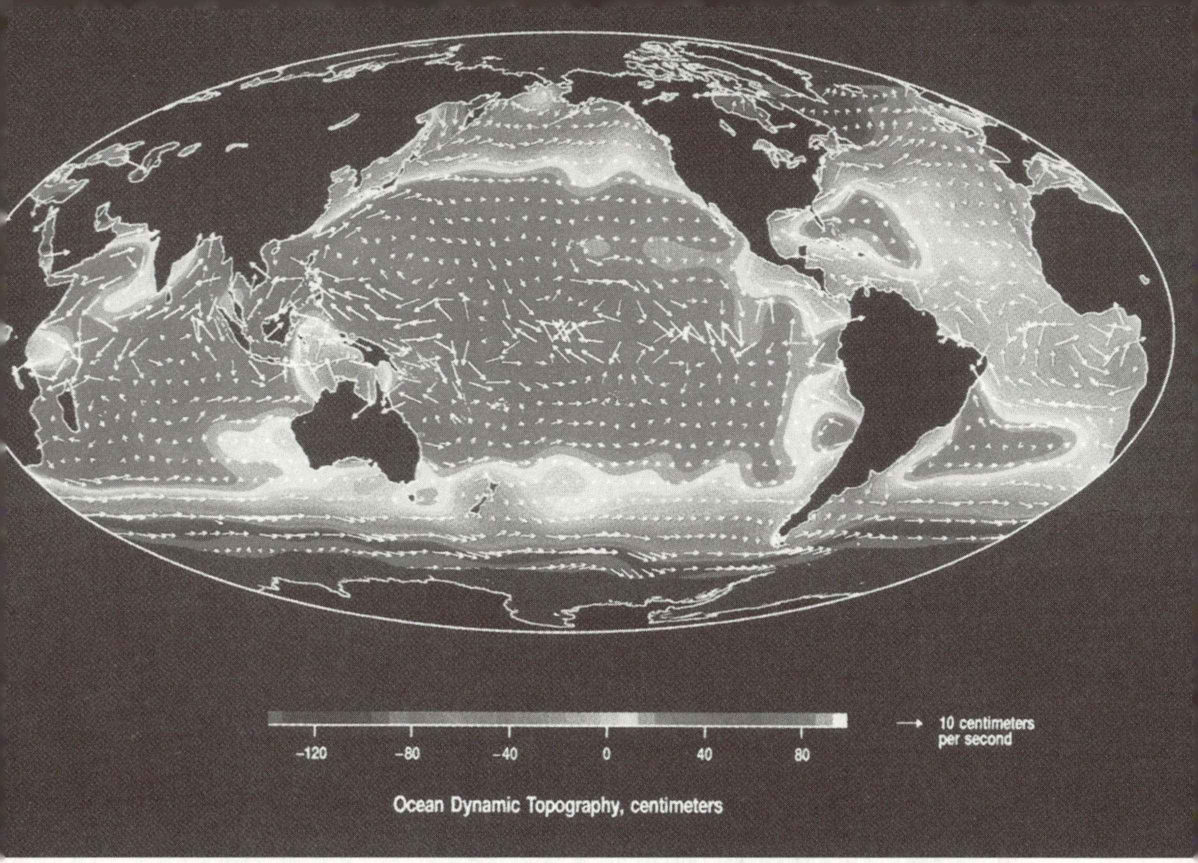

미국 NOAA 인공위성의 해수면 자료를 토대로 하여 얻은 전지구적 해수 순환 패턴

다. 이런 흐름을 지균풍(geostrophic wind)이라고 부른다.

중위도의 바다에 물의 언덕이 생기면서 대기 내에서 발생하는 고기압과 저기압에 유사한 상황이 만들어지고 있는 것을 알 수 있다. 물이 많이 쌓여 해수면이 높아진 곳에서 그 주위의 낮은 곳으로 물이 흘러가려는 중력의 힘이 작용할 것이 예상된다. 이것이 바로 대기 중의 기압경도력에 비교되는 부분이다. 여기에 코리올리 효과가 합세하여 바닷물은 90도 어긋난 방향으로 이동하면서 결국 하나의 거대한 순환류를 만들어내는 것이다.

:: 해류 : 지구 기후의 조절자

해류가 하는 역할들을 한번 살펴보자. 순환류가 하는 가장 중요한 역할은 위도를 가로지르며 해수를 섞는 것이다. 즉, 저위도에 있는 해수가 고위도 지방으로, 반대로 고위도의 해수가 저위도로 이동하는 것이다. 위도를 가로지르면서 이루어지고 있는 해류의 순환이 기후 조절의 주역을 담당하고 있는 것이다.

극 쪽을 향해 움직이는 더운 해수가 하는 조절작용은 잘 알려져 있다. 더운 멕시코만류의 연장인 북대서양해류는 영국과 서부 유럽의 많은 지역의 겨울철 기온을 그 위도에서 예상되는 온도보다 훨씬 더 높게 유지시켜 준다(영국의 위도는 뉴펀들랜드 주의 세인트존스보다도 더 북쪽에 위치하고 있다). 이 지역에 우세한 편서풍 덕분에 온도조절 기능은 내륙 안쪽으로도 깊숙이 전달된다. 예를 들어 베를린(북위 52도에 위치)의 1월 평균 기온은 이보다 12도나 남쪽에 위치한 뉴욕의 온도와 비슷하다. 앞의 글에서 살펴보았던 약 300만 년 전 이루어진 파나마지협의 닫힘의 소중함을 다시 한 번 상기해보아도 좋을 것 같다.

멕시코만류와 같이 겨울에 그 영향을 주로 느끼게 하는 난류와는 대조적으로, 한류의 영향은 적도나 중위도 지역의 여름에 가장 강하게 나타난다. 아프리카 연안의 벵겔라 해류나 페루 해류는 열대의 열을 조절하는 역할을 한다.

인접한 대륙의 기온에 영향을 미치는 것 이외에 한류는 또 다른 방법으로도 기후에 영향을 미친다. 예를 들어 대륙의 서쪽 해안을 따라 열대사막이 위치하고 있는 지역에서 한류는 매우 극적인 영향을 미친다. 중요한 예로 대양 서안의 사막에 페루와 칠레의 아타카마 사막, 남아프리카의 나미브 사막 등이 있다. 이 지역의 대기는 연안의 냉수가 그 위의 대기를 식혀주기 때문에 건조한 정도가 더욱 심해진다. 이런 일이 일어나면 대기가 더욱 안정해져 비구름을 형성하기 위해 필요한 대기의 수직운동은 더욱 일어나기 어려워진다. 더욱이 냉수의 존재로 지표면 대기의 온도가 이슬점(수증기가 액화하는 온도) 가까이 때로는 이슬점에 도달한다. 이 결과로 이 지역은 습도가 상대적으로 높고 안개가 매우 많이 끼는 특징을 지닌다. 따라서 열대지역의 모든 사막이 뜨겁고 습도가 낮으며 맑은 하늘을 가지고 있는 것은 아니다. 오히려 냉수대의 출현으로 몇몇 열대사막들은 비교적 서늘하고 때로는 안개가 덮이는 축축한 지역으로 변하게 된다.

지금까지 대기와 바닷물의 흐름이 지구 기후에 큰 영향을 미치는 것을 살펴보았다. 그런데 바다에는 또 하나의 흐름이 있으며, 이 또한 지구 기후에 엄청난 영향을 미친다. 바로 바다 속 깊은 곳에 바닷물이 흐르면서 저어지는 운동이다. 다음 글에서 이 깊은 바닷물의 순환에 대해서 살펴보기로 하자.

20

깊은 해수의 움직임

드 헤베시 (George de Hevesy, 1885~1966)

1943년 노벨화학상 수상
"for his work on the use of isotopes as tracers in the study of chemical processes"
(동위원소를 추적자로 이용한 화학 과정의 연구)

:: 차가운 심해수

지금부터 약 250여 년 전 심해수 흐름의 비밀을 밝히는 첫걸음을 딛는 중요한 사건이 일어났다. 1751년 영국의 노예 매매선 '핼리팩스 백작(Earl of Hallifax)호'의 선장 엘리스는 서아프리카로 가던 도중 갑판에서 몇 가지 측량을 실시했다. 뱃전에서 온도계가 부착된 뚜껑이 달린 해수 채취 물통을 줄에 매달아 바다로 내린 것이다.

표층에서 길어 올린 물의 온도는 섭씨 29도였는데, 주위의 뜨거운 대기온도와 같은 값이었다. 그러나 1,500m 깊이로 물통을 내려 채취한 물은 언제나 섭씨 12도를 넘지 않았다. 엘리스 선장은 올라오는 도중에 데워졌을 것을 감안할 때 심해의 온도는 더욱 낮을 것으로 추정했다. 호기심 때문에 얻어진 발견이었지만, 당시에는 과학적인 가치보다 찬물 목욕을 즐기거나 포도주를 식히는 데 더욱 유용하게 이용되었음은 물론이다.

이 발견은 과학적으로 매우 중요한 문제를 내포하고 있었다. 온대지역의 호수나 깊은 곳의 온도가 낮은 것은 추웠던 겨울의 잔재이다. 표층의 온도는 겨울에 매우 낮아졌다가 봄 · 여름이 되면서 더워지므로, 여름에 더운 표층수 아래 깊은 곳에 찬물이 존재하는 사실을 잘 설명할 수 있다. 문제는 엘리스 선장의 관측이 이러한 계절적 변화가 일어날 수 없는 상하의 열대지방에서 이루어졌다는 것이다.

1799년 대영제국의 과학자이며 정치가였던 톰프슨(Benjamin Thompson, 럼포드 백작)은 엘리스가 포도주를 식혔던 물은 한랭한 극지의 해역에서 흘러들어온 것이 분명할 것이라고 추측했다. 이러한 시사에도 불구하고 심해에서 무엇인가 움직이고 있으리라는 생각을 확인하기 위한 연구는 상당기간 진행되지 않았다. 그 이유 중 하나는 심해의 수온을 정확히 잴 수 있는 방법이 없었기 때문이다. 당시의 온도계는 수압 때문에 수은이 담겨져 있는 벌브가 압축되면서 수은이 축 속으로 밀려 올라가 온도계의 눈금을 높이게 되어 측정 오차를 크게 했기 때문이다.

:: 챌린저호가 측정한 깊은 바다의 온도

영국의 챌린저호가 세계의 대양을 탐사하기 시작한 1872년에는 심해의 압력을 견딜 수 있는 보호벽을 갖추고 있으면서 심해에 내린 온도계를 통과하는 해수의 최고와 최저의 온도를 정확히 측정할 수 있는 온도계가 이미 고안되어 있었다.

이런 온도계를 이용해 얻게 된 남대서양의 동서를 가로지르는 단면의 온도 분포는 약 400m(200패덤, fathom) 이하의 물 대부분이 섭씨 2~5도의 찬물임을 분명히 보여주었다. 또한 가장 낮은 온도를 보이는 해수는 남극의 주변 바다와 직접 인접한 해역에서 관측되었으므로, 깊은 바다의 찬물이 남극해에 그 기원을 두고 있음은 의심할 바가 없었다.

:: 메테오르호가 이룩한 해류 순환 연구

1925년 4월 16일 북독일의 빌헬름스하펜을 출항한 독일의 '메테오르호'는 해류 순환 연구를 주목적으로 한 최초의 해양탐사였다. 독일 해군에서 빌린 포함을 개조한 메테오르호는 채수기와 해수를 분석하기 위한 실험실 외에도, 온도계 및 심층수의 흐름에 영향을 미치는 해저 지형을 이해하기 위한 음향측심기 등이 잘 장비되어 있는 연구선이었다.

재정적인 어려움으로 전대양을 조사하려던 계획이 대서양으로 축소될 수밖에 없었지만, 2년의 탐사 기간 동안 대서양을 13회나 횡단하면서 여러 위도에서 수온과 염분을 관측해 9천 점 이상의 자료를 얻었다. 이런 탐사의 결과를 종합해 온도와 염분의 분포를 그려 본 결과, 과학자들은 대서양 깊은 바다에 흐르는 심해수의 전반적인 배치와 방향을 차츰 이해할 수 있게 되었다.

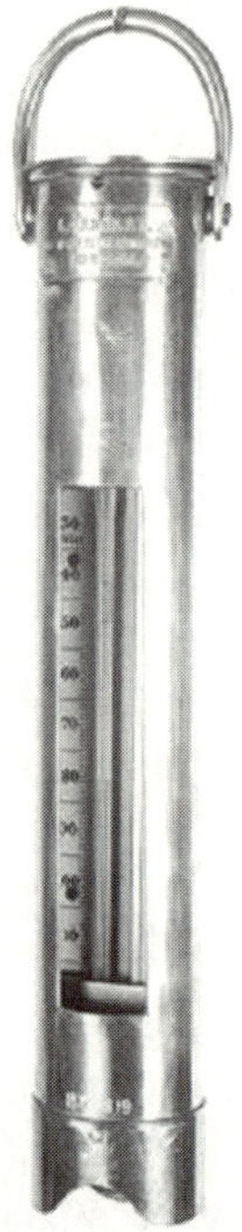

챌린저호 탐사에서 이용되었던 구리 케이스에 쌓여 수압으로부터 보호된 온도계. 수은이 도달된 말단의 위치에서 멈추는 부표에 의해서 최고와 최저의 온도가 기록될 수 있었다.

:: 염혀(염분의 혀) : 심해수의 흐름을 보여주는 증거

메테오르호를 시작으로 그 뒤를 이은 많은 해양 조사를 통해 대서양 · 태평양 및 인도양을 남북으로 가로지르는 단면에서의 염분과 온도의 분포 모습이 나타나기 시작했다. 이런 분포 모습을 통해 분명히 드러난 특징의 하나는 바로 이런 분포에 '혀' 모양이 보이는 것이었다.

대서양에 관찰된 '염분 혀(salinity tongue)'의 모습을 잘 살펴보면, 염혀가 해수표면으로 연결되어 있는 지역이 표층해수가 가라앉아 심해수를 만드는 지역이다. 그리고 이곳에서 가라앉아 만들

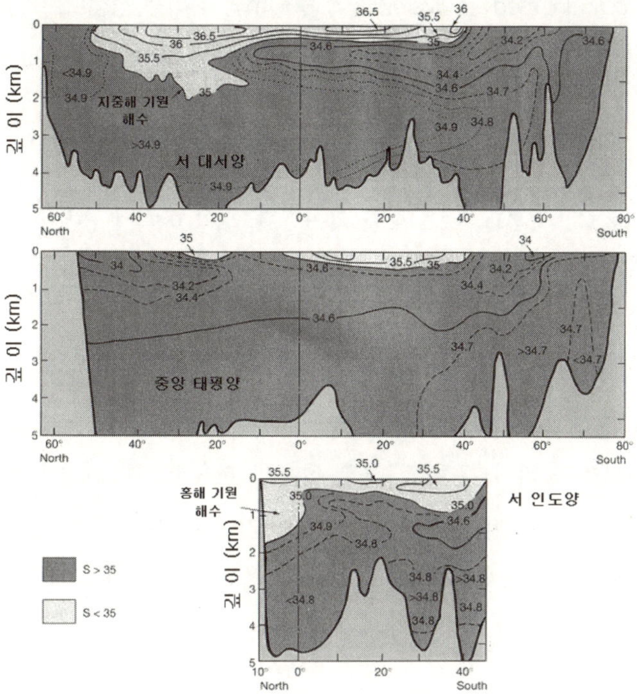

대서양 · 태평양 · 인도양의 남북을 가로지는 수직단면에서 보이는 염분의 분포 모습. 특히 북대서양 고위도에서 염분이 높은 해수가 깊은 수심까지 가라앉는 염혀의 구조가 잘 보인다.

어진 심해수가 이동하면서 염혀를 만들어내는 것도 알게 되었다.

과학자들은 염혀가 나타내고 있는 각각의 심해수에 적절한 이름을 붙여주었는데, 대서양의 염분과 수온 분포 단면을 보면서 이를 한번 살펴보기로 하자.

- 남극 저층수(AntArctic Bottom Water) : 남극해의 표층에서 가라앉기 시작해 저층까지 이르는 저온에 염분이 비교적 높은 해수
- 북대서양 심층수(North Atlantic Deep Water) : 염분은 남극 저층수보다 약간 높지만 그렇게 차지는 않은 북대서양의 그린란드에서 기원하여 남반구 아르헨티나까지 이어지며, 북대서양의 1,500m에서 약 4,000m의 깊이 사이에 존재하는 심층수

- 남극 중층수(AntArctic Intrmediate Water) : 약 900m의 깊이를 중심으로 남극해 부근에서 시작해 북대서양 심층수위를 북쪽으로 흐르는 해수

특히 주목할 만한 것은 북태평양의 경우이다. 북태평양에서도 염혀의 구조가 보이기는 하지만 가라앉는 깊이가 약 1,000m 정도밖에 되지 않는다('북태평양 중층수'를 이루고 있는 염분의 혀). 이들의 분포 모습을 잘 살피면 태평양은 남극해 지역의 표층에서 가라앉는 해수로 대부분 채워져 있다.

이런 연구를 통해 깊은 바다로 표층수가 가라앉는 일이 아무데서나 일어나는 것이 아니라는 것이 분명해졌다. 표층수의 침강이 일어나는 가장 중요한 장소는 북대서양의 고위도 래브라도 바다 근처로, 바로 이곳의 표층수가 가라앉으면서 '북대서양 심층수'를 형성하며, 이들이 전대양으로 퍼지며 깊은 바다를 채우고 있다는 심증을 갖게 되었다. 왜 대서양에서만 깊은 심층수가 만들어지는 것일까?

:: 왜 대서양만일까?

표층수가 가라앉기 위해서는 아래에 있는 해수에 비해 밀도가 더 커질 수 있어야 한다. 그런데 해수의 밀도를 결정하는 것은 온도와 염분(바닷물이 얼마나 짠가를 나타내는 척도)이므로, 밀도 차이에 의해서 시작되는 해수의 흐름을 과학자들은 '열염분 순환'이라고도 부른다. 여기서 염분의 수치는 대략적으로 바닷물 1리터를 졸였을 때 얻을 수 있는 염의 그램 수에 해당한다.

그런데 대서양과 태평양을 비교해볼 때 고위도의 해수에서 온도가 특별히 달라야 할 이유가 별로 없으므로, 아마 염분에서 무엇인가 차이를 찾는 것이 적절할 것 같다.

오늘날 바다에서 관측되는 염분의 변화를 보면 최저 32(북태평양 연안)에서 최대

38(지중해)까지 약 20% 정도의 변화 폭을 보인다. 그런데 각 대양별로 염분의 분포를 보면 중위도 지역의 염분이 높으며, 고위도와 저위도에서는 염분이 낮은 값을 가진다. 대서양은 예상했던 대로 태평양에 비해 같은 위도에서 약 1~2 정도 높은 염분값을 가지고 있다. 대서양의 바닷물이 태평양에 비해 더 짠 것이다.

이런 몇 퍼센트밖에 되는 않는 비교적 작은 차이로 대서양의 표층수는 2,000~3,000m 이상의 깊은 바다 속까지 가라앉지만, 태평양은 약 1,000m 정도에 머무르는 것은 참 놀라운 일이다. 작은 염분 차이로 인해 두 대양은 서로 다른 행동을 보이는 것이다. 이렇게 만들어지는 심해수의 순환이 지구 기후에 미치는 영향은 엄청나다.

표층 해수의 염분의 분포를 일차적으로 결정하는 것은 그 지역의 증발량과 강

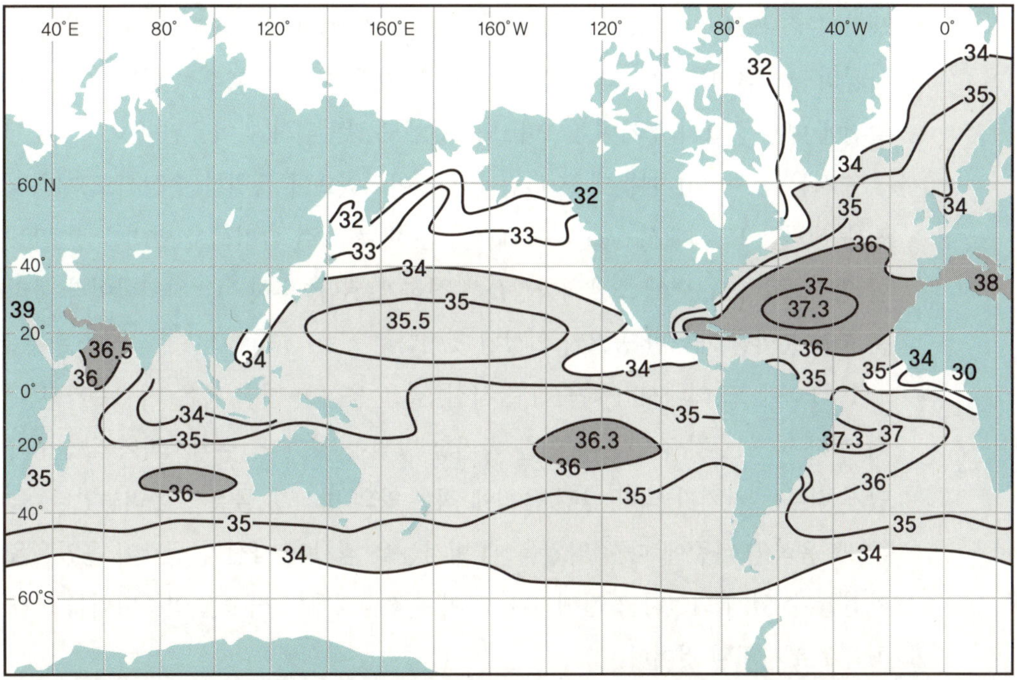

표층 해수에서의 염분의 분포 모습. 중위도 지역이 고위도나 저위도에 비해 염분이 높으며, 특히 대서양의 염분이 태평양보다 높은 것을 알 수 있다. 이런 결과는 심해수의 순환(컨베이어벨트)이 대서양에서 시작되는 중요한 원인이 된다.

수량의 상대적 차이이다. 증발이 강수보다 상대적으로 더 클수록 염분은 높아지고 반대로 강수가 상대적으로 더 클수록 염분은 낮아진다. 뜨겁고 맑은 날씨 덕분에 아름다운 휴양지들이 많은 것으로 잘 알려져 있는 지중해가 과다한 증발로 염분이 매우 높은 것을 생각해보면 이를 쉽게 이해할 수 있다. 대서양은 증발된 수증기의 일부를 태평양에 잃어버리면서 상대적인 증발량이 증가해 오늘날의 염분의 차이를 유지하면서 열염분 순환의 시발점이 된 것이다.

:: 추적자화학의 탄생

스릴 만점인 탐정영화를 보면, 용의자 검거를 위해서 용의자가 만날 것으로 생각되는 사람들의 자동차 등에 신호발생 장치를 몰래 달아놓고 이를 추적해 그 사람의 행적을 따라가는 장면을 흔히 볼 수 있다. 이런 신호추적 방법은 과학의 발전에 매우 중요하게 기여했으며, 오늘날에도 광범위하게 이용된다.

당시는 전시였기 때문에 1944년에야 수여되었으며 특별한 수상식도 개최되지 못했지만 드 헤베시(George de Hevesy)는 바로 이런 슬기로운 방법을 잘 활용한 업적으로 1943년에 노벨화학상을 수상하게 된다. 흔히 추적자화학이라 불리는 학문 분야를 개척한 공로가 인정된 것이다.

1911년에 드 헤베시가 하숙하던 시절, 같은 음식이 며칠 혹은 1~2주가 지나서 다시 나오는 것 같았는데 이를 확인할 방법이 없었다. 추적자과학의 선구자답게 하루는 자기가 먹다 남긴 음식에 적은 양의 방사성 물질을 올려놓았다. 물론 그 음식이 나중에 다시 나왔을 때 방사능을 검사해 자신의 생각이 옳았음을 확신할 수 있게 되었다고 전해진다. 그의 추적자과학이 하숙집 아주머니를 통해 처음으로 시험된 것이다.

드 헤베시의 추적자 연구는 그 응용의 범위가 끝이 없다고 해도 과언이 아닐 것이다. 추적자란 쉽게 이야기하면 짐을 부칠 때 붙이는 꼬리표와도 같은 것이다. 이의 응용은 아마 사람들의 상상력의 한계가 그 끝이 되지 않을까 생각되며, 오늘날 농업 · 식품 · 의학 · 산업계, 그리고 일반과학 분야 등 셀 수없이 많은 분야에서 꾸준히 확장되어가고 있는 것이 사실이다. 1961년에 노벨화학상을 수상한 캘빈(Melvin Calvin)의 연구 업적도 사실은 C-14이라는 꼬리표를 잘 응용해 광합성 작용을 규명한 것이다.

추적자로 응용되는 천연의 신호 발생장치로 대표적인 것은 바로 1896년에 베크렐이 발견한 방사선이다. 1960년대에 방사능을 이용해 심해의 흐름을 추적할 수 있는 거대한 지구 규모의 추적자 실험이 있었다.

:: 열염분 순환의 추적자 트리튬

미국과 구소련이 경쟁적으로 대기권에서 실시한 핵실험의 결과로, 1963년 북반구의 전지역에 엄청나게 높은 트리튬의 농도를 가진 비가 내렸다. 트리튬은 평상시 우주선에 의해서 대기에 조금씩 만들어지던 반감기 약 12년을 가지는 방사능의 삼중수소였으나 대기권 핵실험을 통해 엄청난 양이 만들어진 것이다.

이 사건은 인류 전체로 볼 때 참으로 불행한 일이었다. 그러나 이때 지표면에 내린 높은 농도의 트리튬을 함유하는 빗물이 바다를 이해하는 매우 중요한 추적자로 이용되어 심해수의 흐름에 대한 단서를 제공했다.

IDOE (International Decade of Ocean Exploration)로 불리는 1970년대는 대규모의 여러 해양탐사가 수행되었던 시기였다. 이때 추진된 탐사 계획들 중에 해양화학자들이 중심이 되어 수행된 GEOSECS (GEochemical Ocean SECtions Studies)라는 프로그램이 있었다. 10여 년에 걸쳐 대서양 · 태평양 · 인도양의 전대양에서 광범위하면서도 체계적인 물리 · 화학적 탐사가 이루어졌는데, 이때 분석된 아주 중요한 화학종의 하나가 바로 바닷물의 트리튬 농도였다.

북대서양을 북에서 적도 쪽으로 자르는 단면에서 이때 얻은 '트리튬의 분포 모습'을 보면, 적도지역에서는 표층 근처에서만 트리튬이 관측되지만 고위도로 가면서 발견되는 깊이가 점점 깊어져 북위 40도 이상의 고위도에 이르면 3,000~4,000m 깊이에서도 트리튬이 존재하고 있음을 보여준다. 이렇게 북대서양 심해에서 트리튬의 값이 높게 나타나는 이유는 무엇일까?

트리튬은 반감기가 12년밖에 되지 않으므로, 이것은 아무리 길어도 지난 수십여 년 이내에 만들어진 트리튬이 이곳까지 이동된 것으로 볼 수밖에 없다. 바로 트리튬 농도가 매우 높았던 1963년도의 표층 해수가 북대서양의 고위도 지역에서 1970년대 초반까지의 10여 년 사이에 수천 미터 깊이까지 가라앉은(침강한) 것이다. 바로 이 지역에서 열염분 순환인 심층수 순환이 시작되고 있음을 분명히 보여주었다.

GEOSECS 프로그램이 진행되고 10여 년이 지난 1980년대 초 TTO (Transient Tracers in the Ocean) 프로그램이 비슷한 해역에서 반복되었다. 이때 다시 얻은 트리튬의 분포 모습을 보면 북대서양의 고위도에서 심해로 침강한 트리튬이 서서

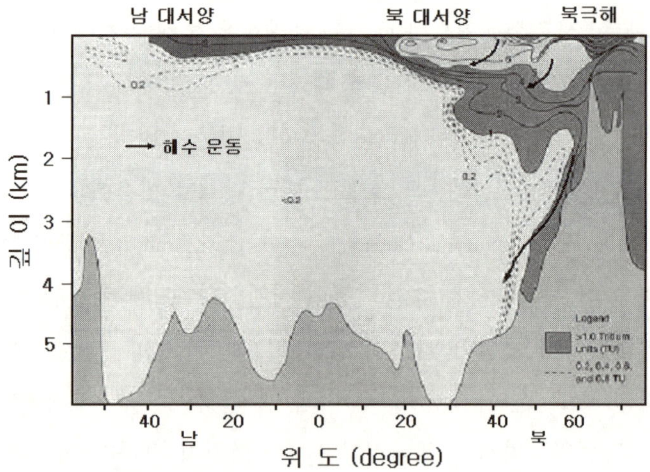

1970년대 초 대서양에서 수행된 GEOSECS 프로그램 기간에 측정된 트리튬의 분포 모습. 심해순환이 시작되는 대서양 고위도 지역에서 표층해수가 깊은 곳까지 가라앉으면서 트리튬을 심해로 이동시킨 모습을 잘 보여준다.

히 적도 쪽으로 더욱 이동해가고 있음을 보여주고 있다. 이전에도 열염분 순환이 시작되는 해역으로 북대서양의 고위도의 해역을 꼽고 있었으나, 트리튬의 자료는 과학자들에게 이를 마치 사진을 보는 것처럼 분명히 확인시켜주었다. 그나마 불행 중 다행이었던 매우 중요한 과학적 성과였다.

:: 사람이 만들어낸 추적자들

오늘날에 와서는 트리튬 이외에도 사람들이 만들어 사용하던 많은 화합물들이 추적자로 응용되고 있다. 대표적인 예로 냉매 · 스프레이 · 폴리우레탄과 같은 방열제 제조에 필요한 발포제, 또는 전자산업에서의 용매 등으로 사용된 프레온(CFC-11, CFC-12)을 들 수 있다. 1928년 GM사의 토머스 미즐리(Thomas Midgley)가 최초로 인공 합성에 성공한 이 화합물은 오늘날 오존층의 파괴물질로 판명되어 몬트리올 의정서에 의한 합의를 거쳐 더 이상 사용하지 않기로 약속이 되어 있다. 그러나 지난 수십 년간 대기 중으로 방출된 이들 화합물들은 결국 표층의 바닷물로 서서히 녹아들어가 바다 속에서 이동해갔으며, 이들이 바닷물 속에 어떻게 분포되어 있는가를 조사함으로서 트리튬에서와 비슷한 방법으로 바다를 들여다볼 수 있게 된 것이다. 북대서양 깊숙한 곳까지 이들이 도달되어 있었다.

표층 해수의 움직임은 직접 관측도 가능한 빠른 운동이기는 하지만 바람이 만들어내는 흐름이기 때문에 그 영향이 깊은 심해수까지 미치지 못한다. 따라서 열염분 순환이 바다 깊숙한 곳까지 바닷물을 섞어주는 역할을 한다. 이 흐름은 매우 느려서 바다 전체를 한 바퀴 도는 데 약 1500년 정도의 긴 시간을 필요로 한다. 이렇게 느린 흐름인 데도 불구하고 최근의 연구는 우리 지구의 기후를 결정하는 매우 중요한 역할을 하고 있는 것 같다. 어떻게 이 심해저의 흐름이 지구의 기후에 연관되어 있는지 다음 글에서 더 구체적으로 살펴보기로 하자.

상자글

동해에도 심층수의 흐름이 있다

우리나라의 동해에서도 전대양과 비슷하게 그 내부에 작은 열염분 순환이 일어나고 있으며, 더구나 매우 빠른 속도로 진행된다. 1996년 동해에서 수행된 탐사 중에 밝혀진 CFC의 분포 모습을 보면, 동해분지 3,500m 이하의 깊이에서도 CFC-11 및 CFC-12가 모두 관측되어 지난 수십 년 사이에 벌써 동해의 표층수가 동해의 깊은 바다 속까지 가라앉고 있음을 보여준다.

CFC-11과 CFC-12가 보여주는 더욱 중요한 정보는 이들 두 화합물의 비를 계산함으로써 얻어낼 수 있다. 사람들이 대기 중으로 방출한 CFC-11과 CFC-12의 양이 매년 달라 이들 두 CFC의 상대적인 비가 연도에 따라 특정한 값을 가지고 있기 때문이다.

이런 근거로 CFC-11과 CFC-12의 비를 계산해보면 해당 깊이에서 관측되는 CFC들

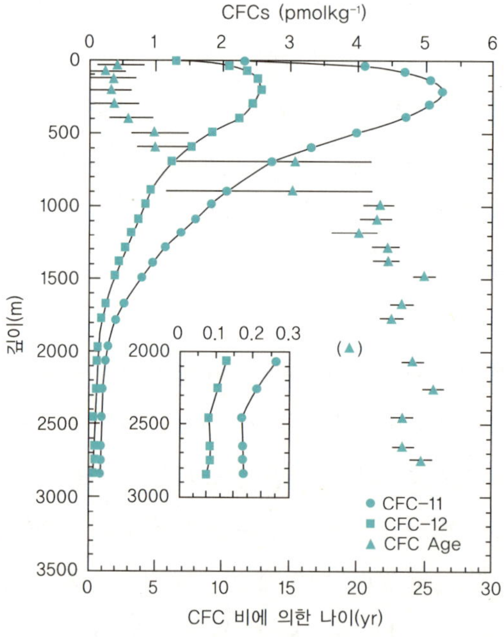

1996년 동해 북부 해역에서 관측된 CFC-11 및 CFC-12의 분포 모습. 3,000m에 이르는 깊은 곳에도 CFC가 관측되며, 동해에서 매우 빠른 속도로 심해수의 순환이 일어나고 있음을 보여 주고 있다.

이 어느 해에 대기 중에서 해양으로 녹아들었는지를 추정할 수 있다. 아래에는 동해에서 관측된 CFC들이 대략 어느 정도의 값을 보이는지를 보이고 있는데, 동해의 깊은 바다에서 관측되는 CFC들이 대략 1970년도 초기에 대기 중에서 동해의 표층 해수로 녹아들어 간 것을 보여주고 있다. 이런 자료들은 동해를 들여다보고 동해 내에서의 해수의 순환을 이해하는 데 매우 유용한 자료로 이용될 수 있을 것이다.

21
바다를 알면 기후가 보인다

리비 (Willard Frank Libby, 1908~1980)

1960년 노벨화학상 수상
"for his method to use carbon-14 for age determination in archaeology, geology, geophysics, and other branches of science"
(탄소-14 연대 측정 방법의 응용)

앞의 글에서 북대서양 래브라도해 지역이 심층수의 흐름의 시작이 되는, 즉 표층 해수의 침강이 시작되는 시발점임을 살펴보았다. 이렇게 가라앉아 남쪽으로 이동을 시작한 북대서양 심층수(NADW)라는 이름의 깊은 바닷물은 바다 속에서 어떤 이동을 하는 것일까?

:: 남극순환류

바닷물의 이동에 매우 중요한 역할을 담당하는 것이 바로 남극순환류(AACC: AntArctic Circumpolar Current)이다. 지금부터 약 3천만 년(30My) 전 남극대륙과 남아메리카대륙 사이에 바닷길(Drake Passage)이 완전히 열리고 남극대륙이 하나의 독립된 대륙으로 자리를 잡으면서 그 주위를 둘러싸는 남극해가 만들어진다. 그

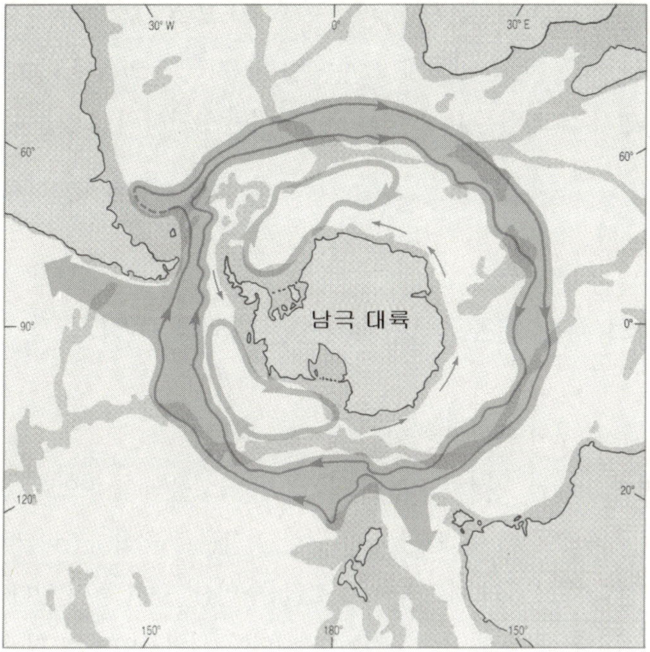

남극대륙을 순환하고 있는 찬 해수(남극 순환류). 남극대륙을 추운 대륙으로 고립시키는 경계 역할을 하며, 또한 대서양·대서양·인도양이 서로 교류할 수 있는 중요한 창구 역할을 한다.

리고 이 위를 불어대는 편서풍의 영향으로 바닷물이 동쪽으로 밀리면서 남극대륙을 띠 모양으로 둘러싸는 남극순환류가 흐르기 시작했다.

남극순환류의 속도는 그리 크지 않아 표층에서는 초속 0.4m 이하이며 깊은 층에서는 이의 5분의 1 정도밖에 되지 않는다. 그렇지만 대양의 어느 해류에서도 볼 수 없는 표층에서 심층에 이르는 전수층의 해수가 함께 이동하고 있다. 따라서 유량은 1초에 약 200만 톤(1초당 100만 톤의 해수가 이동하는 유량의 단위인 스베드럽[Sv] 단위로 약 2Sv에 해당)이나 되는 엄청난 양으로, 이는 북아메리카의 5대호를 이틀이면 충분히 채우는 양이다.

이 해류의 역할이 바로 북대서양으로부터 남하한 북대서양 심층수를 인도양과 태평양으로 이동시킨 후, 인도양과 태평양의 심해로 퍼져나갈 수 있도록 하는 길목 역할을 해주는 것이다. 실제 인도양과 태평양의 서쪽 해안 경계지역에서 심층수의 흐름을 측정한 연구 결과들을 보면 남극해에서 북쪽으로 향하는 심층수의 흐름을 보여준다. 이를 더 분명하게 보여주는 추적자들이 있었다. 심해에서 활발한 활동을 하면서 살고 있는 미생물들이 바로 이런 바닷물의 흐름을 따라 남긴 흔적이다.

:: 추적자 영양염의 수평 분포가 말해주는 심층해류 이야기

지구상의 모든 생물은 죽어서 흙으로 돌아간다. 이를 과학적 용어로 다시 표현하면 '생물이 죽으면 생명체를 구성하고 있던 화합물이 미생물의 작용으로 분해되어(썩어서) 본래 이들을 만들 때 이용되었던 간단한 화합물로 되돌아간다' 라고 말할 수 있다. 이런 간단한 물질의 대표적인 예로 질산, 인산, 규산 등이 있다. 질산 · 인산 등은 단백질 · 핵산 등의 유기물질이 분해되어서 만들어지는 최종 산물이며, 규산은 규조류들과 같이 이를 기본 골격으로 하여 살던 해양생물들이 죽어 다시 바닷물에 녹으면서 만들어내는 화합물이다. 바다에서는 생명 활동에 꼭 필요한 이런 물질들이 부족하여 더 이상 생명현상이 진행되지 못하는 경우가 꽤 있으며, 이 때문에 이들을 '영양염(nutrient)' 이라고 부른다.

심해의 조사 결과가 모이고 심층수의 영양염의 분포 모습이 드러나기 시작하면서 과학자들은 이들의 분포에 몇 가지 중요한 특징이 있는 것을 알게 되었다. 우선 눈에 띄는 것은 태평양 심해의 농도가 대서양에 비해 꽤 높은 값을 갖는 것이다. 더욱이 이들의 분포 모습을 자세히 살펴보면 농도의 증가가 방향성을 가지고 있다는 점이다. 농도가 가장 작은 북대서양에서 시작하여 남쪽으로 이동하면서 농도가 점점 증가하여 남극순환류까지 이른다. 남극순환류를 따라 인도양과 태평양에 이르면 이 두 대양에서는 대서양과는 반대로 남쪽에서 북쪽으로 가면서 농도가 증가하고 있다. 또한 흥미로운 것은 이 바닷물 속에 녹아 있는 산소의 분포 모습인데, 산소는 질산염, 규산염과는 반대로 북대서양에서 시작해 남극해를 거쳐 북태평양으로 가면서 농도가 점점 줄어가고 있다. 이런 분포 모습이 말해주는 바다의 이야기는 무엇일까?

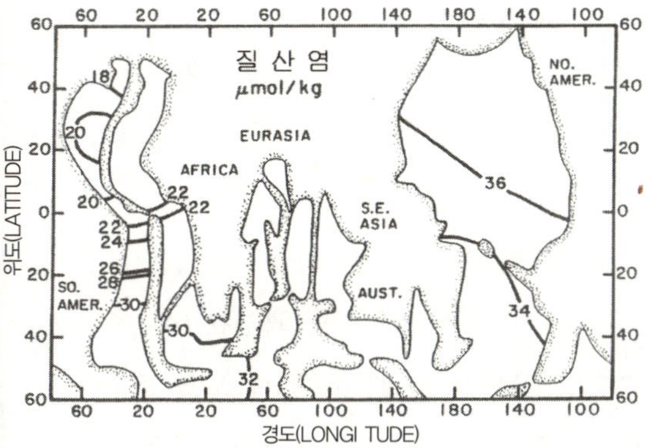

전 대양의 4,000m 깊이의 해수가 보여주는 질산염의 분포 모습. 북대서양에서 시작해 남대서양, 남극해, 인도양 그리고 태평양의 북쪽 방향으로 지속적으로 농도가 증가하는 모습을 보여주고 있다.

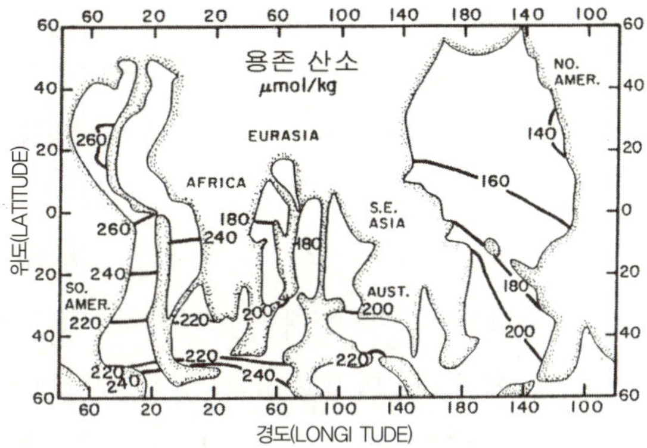

전 대양의 4,000m 깊이의 해수가 보여주는 용존산소의 분포 모습. 질산염의 분포와는 반대로 오히려 북대서양에서 북태평양으로 이르는 방향을 따라 줄어들고 있는 모습을 보인다. 질산염의 분포 자료와 함께 용존산소의 분포 자료는 심층수의 흐름에 대한 중요한 단서를 제공해준 귀중한 연구결과이다.

:: 해양대순환, 컨베이어벨트

화학 추적자들의 농도 분포가 보여주는 것은 북대서양의 깊은 바다에서 시작한 바닷물의 대순환이 남극해를 거쳐 결국 북동태평양에 이르는 대장정을 하고 있다는 것이다. 이를 좀 더 쉽게 이해할 수 있는 개념으로 제시한 것이 바로 '컨베이어벨트(conveyor belt)' 이다.

표층에서 살다가 죽은 후 가라앉는 생물의 유해들이 미생물들에 의해 분해되어 영양염들이 만들어진 후 차곡차곡 쌓여가는 컨베이어벨트를 생각해보자. 이 컨베이어벨트를 타고 깊은 바닷물이 이동하고 있다면, 컨베이어벨트가 진행하는 방향으로 벨트 위에 영양염들이 점점 더 많이 쌓이게 되는 것을 쉽게 이해할 수 있다.

이런 과정에서 산소가 소모된다면 컨베이어가 처음 시작할 때 이에 놓여 있던 산소가 이동 방향을 따라 계속 소모되면서 줄어드는 것도 자연스럽게 이해된다. 바닷물에 녹아 있는 산소는 바닷물이 해수 표면에 있을 때 공기에서 받은 것이므로, 표층을 떠나 심층으로 가라앉고 나면 산소의 공급은 차단되고 소모만이 일어나기 때문이다. 이런 방법으로 영양염이나 산소와 같은 화학 추적자들의 모습을 보면서 컨베이어벨트의 진행방향을 알게 된 것이다.

깊은 바닷물이 만들어내는 흐름이 하나의 완전한 순환고리를 만들려면 어디에서인가 가라앉는 물만큼 다시 표면으로 올라와야 한다. 물의상승 과정은 어디에서 이루어지고 있을까? 각 대양에서 관측되는 온도와 염분의 수직 분포를 조심스럽게 살펴보면, 래브라도해와 같이 대양의 일부 지역에서만 진행되던 침강

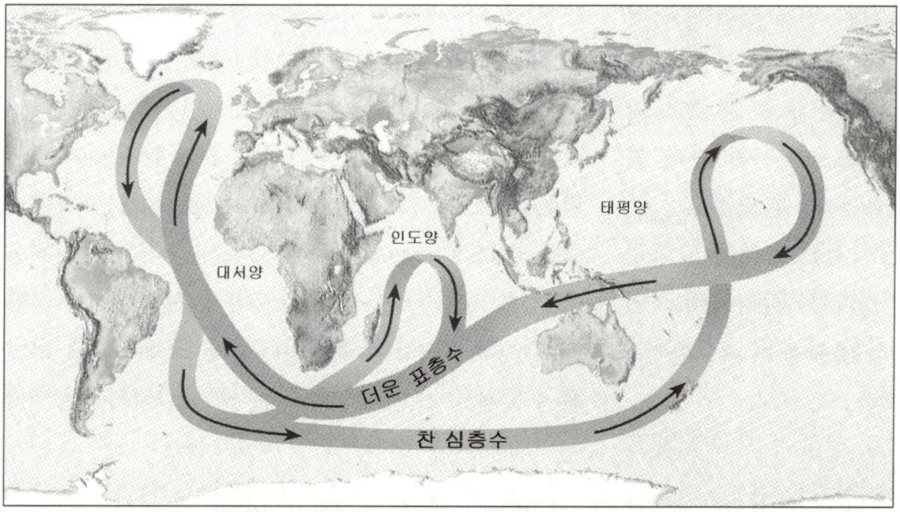

오늘날 해양에서 일어나고 있는 대규모의 해수순환 시스템의 모식도. 컨베이어벨트라는 별명이 붙어 있다. 북대서양 고위도에서 표층수가 가라앉으면서 시작한 심해 순환을 따라 태평양 심해까지 도달한 후 해수가 표층으로 올라와 다시 표층해류를 따라 결국 북대서양으로 돌아가는 하나의 큰 순환을 하고 있음을 알 수 있다. 이런 컨베이어벨트를 따라 열과 염분이 전 대양으로 수송되고 있으며, 지리적인 경계 조건으로 인하여 남극해가 각각의 대양을 연결해주는 중요한 역할을 하고 있음을 알 수 있다.

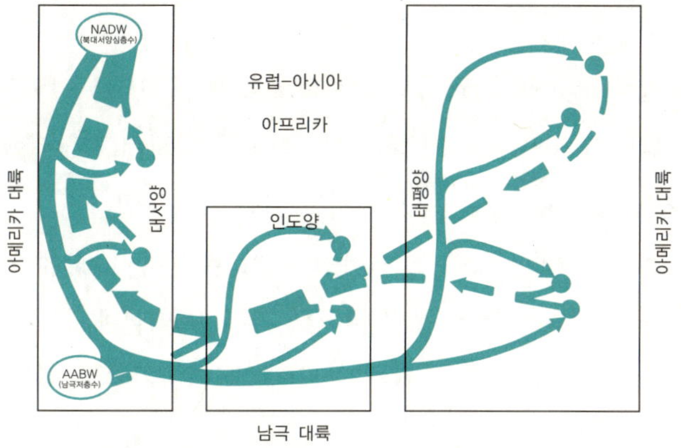

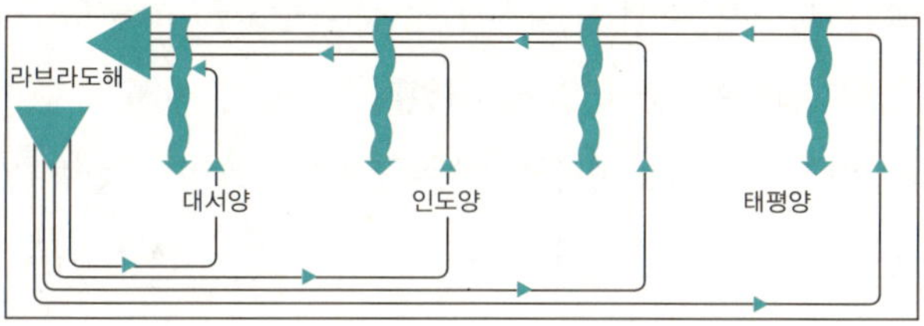

표층에서 살던 생물들이 죽어 심해로 가라앉으면서 분해되면서 다시 바닷물로 녹아들어가는 생물학적 순환과정을 해수의 심해순환과 연계시켜 만들어낸 심해순환의 모식도. 심해순환이 진행되는 방향으로 분해 생성물인 질산염과 같은 성분은 농도가 계속 늘어나고, 생물을 분해시킬 때 소모되는 산소의 농도는 줄어드는 모습을 잘 설명할 수 있다.

작용과는 대조적으로 이러한 상승작용은 대양의 모든 곳에서 고르게 진행되고 있는 것으로 여겨진다.

이러한 연구결과들이 모두 합해지면서 오늘날 북대서양 표층에서 가라앉은 바닷물이 태평양까지 갔다가 표층으로 올라와 다시 북대서양에까지 되돌아오는 거대한 해수의 순환 과정, 즉 컨베이어벨트 시스템을 이해하게 된다. 그런데 이런 컨베이어벨트가 한번 대순환을 하는 데 시간이 얼마나 걸릴까?

:: 탄소동위원소 연대측정법

리비는 버클리 소재 캘리포니아대학교에서 박사학위를 받고, 1933~1945년 동안 그곳의 교수로 있었다. 그는 1941~1945년에는 맨해튼 계획에도 참여했고 전후(1945~1959)에는 시카고대학교의 핵연구소에서도 일한 과학자이다.

1946년 그는 수소의 동위원소인 삼중수소, 즉 트리튬이 우주선(宇宙線)에 의해 지구 대기의 상공에서 만들어진다는 것을 증명했다. 우리는 앞의 글에서 사람이 만들어낸 트리튬이 북대서양 래브라도해 근처에서 컨베이어벨트가 시작되는 것을 알아내는 데 사용되었음을 이미 살펴보았다.

이어 1947년부터 1950년에 걸쳐 리비는 방사성원소인 탄소-14(14C)도 미량이지만 우주선에 의해 만들어진다는 것을 알게 되었다. 우주선 내의 중성자가 대기 중의 질소-14와 반응해 탄소-14를 만들어내는 것이다. 그런데 질량수 12의 탄소-12(12C)는 안정동위원소인데 반하여, 질량수 14인 탄소-14는 β붕괴를 하는 반감기가 약 5730년의 방사성동위원소인 것이다. 탄소-14가 붕괴하여 질소-14로 될 때 방출되는 베타선(전자)을 가이거 계수관(Geiger counter) 등을 써서 측정함으로써 탄소-14의 양을 알아낼 수 있었으며, 요즈음은 입자가속기와 질량분석기를 동시에 응용해 탄소-14의 개수를 직접 셀 수 있는 방법(AMS, Accelerator Mass Spectrometry)도 개발되어 있다.

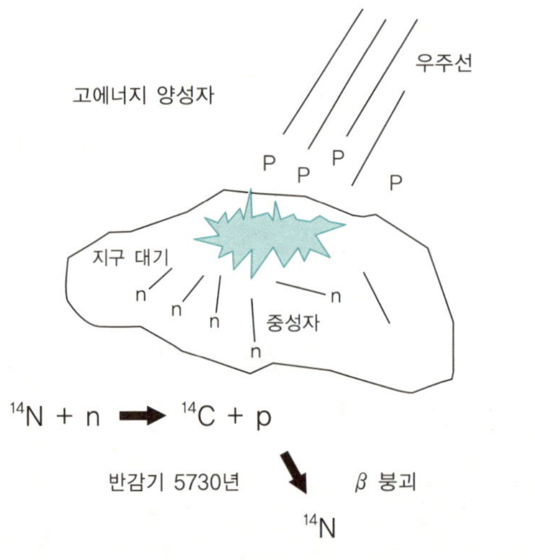

대기 중에 방사성 동위원소 C-14가 만들어지는 과정을 보여주는 모식도. 높은 에너지의 우주선에서 기원한 중성자들이 성층권에 이르러 질소-14와 반응해 방사성 동위원소 C-14를 만들어낸다.

리비는 우주선에 의한 생성과 베타선의 복사에 의한 붕괴가 균형을 이루어,

대기 중의 이산화탄소(CO_2)에 포함되어 있는 탄소 중에 탄소-14가 일정 비율로 섞여 있을 것으로 생각했다. 실제 자연계에는 안정한 탄소-12 1조 개마다 1개의 꼴로 방사능을 가진 탄소-14가 포함되어 있다. 그리고 이런 탄산가스를 이용해 광합성을 하는 식물체의 몸에는 비슷한 비율로 탄소-14가 포함되어 있으며, 이런 식물을 먹는 동물들의 몸속에도 이런 비율의 탄소-14가 포함되어 있다. 우리 몸도 방사능물질을 가지고 있는 것이다.

살아있는 동안 생명체들은 신진대사를 통해 꾸준히 탄소-14를 공급받아 몸속의 탄소-12와 탄소-14의 비율을 일정한 값으로 유지할 수 있다. 그러나 죽어서 신진대사를 통한 탄소-14의 공급이 끊기면, 이때부터는 방사능붕괴를 겪으며 탄소-14의 양이 줄어들게 된다. 따라서 죽은 생물체 내의 탄소-14의 양을 측정하면, 그 생물이 죽은 시점으로부터 어느 정도의 시간이 경과했는지를 알 수 있게 되는 것이다.

반감기가 5,730년인 탄소-14는 수백 년에서 수만 년 정도의 시간을 재는 모래시계로 이용될 수 있으며, 이는 고고학 · 인류학 · 지구과학 등 다양한 연구 분야에서 시간에 관한 정보를 얻을 수 있는 값진 연대측정법이다. 이런 탄소동위원소법을 개발한 공로로 리비는 1960년에 노벨화학상을 수상했다.

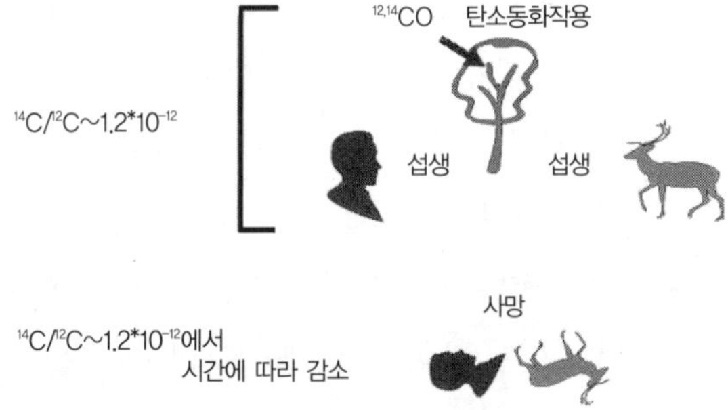

C-14가 모래시계로 사용될 수 있음을 보여주는 모식도. 모든 생물은 대기 중의 탄산가스를 이용해 탄소동화작용을 하는 식물 덕분에 섭생을 통해 몸속에 C-14를 지속적으로 공급받으며, 대기 중의 C-14/C-12 농도비와 같은 농도를 몸속에 유지하고 있다. 그러나 일단 생물이 사망하는 시각부터는 섭생을 통한 C-14의 공급이 더 이상 지속되지 못하면서 방사능 붕괴만이 지배하는 시스템이 되며 이를 모래시계로 이용할 수 있다.

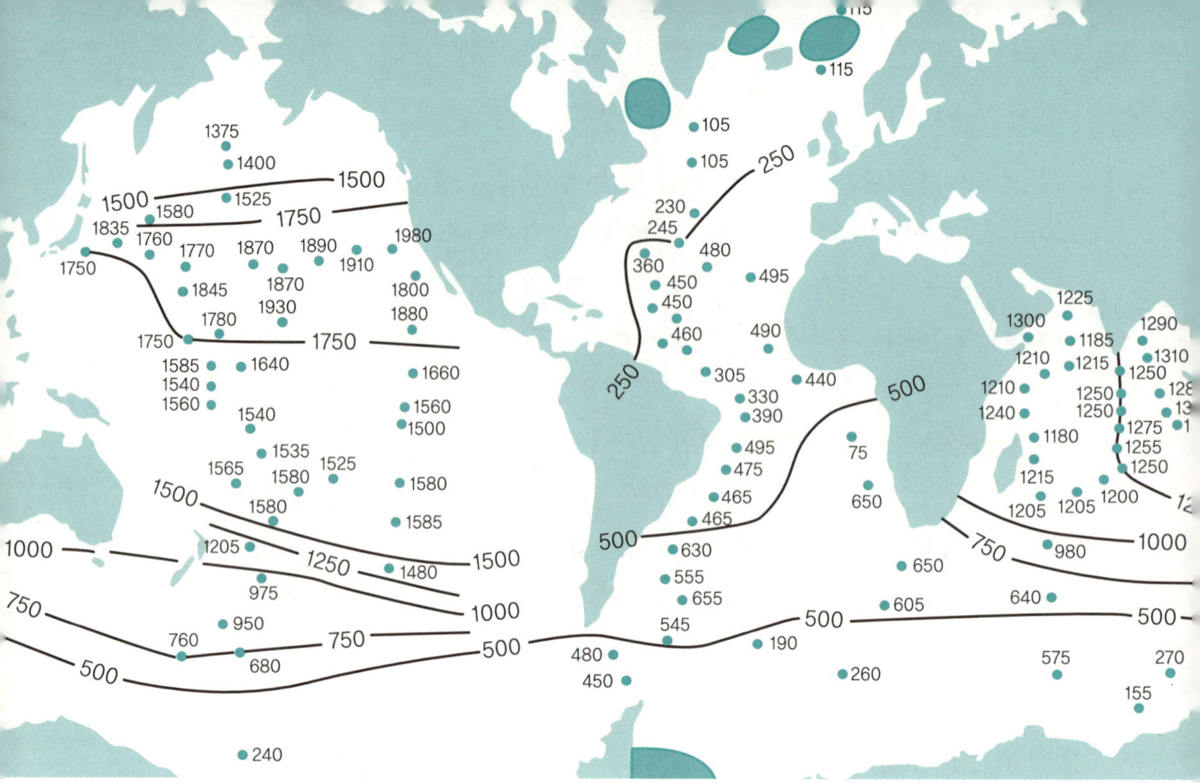

C-14 값을 측정해 얻은 심층해수의 연령(표층을 떠난 후 경과된 시간). 대서양에서 시작하여 태평양으로 증가하고 있으며, 심해 순환의 종착지인 북태평양의 해수는 약 1,500년 정도의 나이를 갖고 있음을 보여준다.

:: 「투모로우(The Day After Tomorrow)」

리비가 개척한 탄소연대측정법을 이용해 심해의 순환, 즉 컨베이어벨트가 한 바퀴 도는데 약 1천여 년 이상의 긴 시간이 걸리는 것을 알게 되었다. 그런데 이렇게 느리게 진행되는 순환이라면 우리 생활과 그리 관련이 없으므로 우리가 별로 상관할 필요가 없는 일이 아닐까? 최근의 연구를 통해서 이 질문에 대한 답이 '아니오'라는 것을 알 수 있게 되었다.

느린 순환이지만 이것은 우리 지구의 기후를 결정하는 결정적인 과정인 것이다. 이 순환이 깨질 때 지구가 맞게 될지 모를 위험(빙하기)을 극적으로 보여준 영화가 바로 「투모로우(The Day After Tomorrow)」이다. 지구온난화로 인해 빙하가 녹아 심층 해류의 흐름을 둔화시켜 결국 지구가 빙하로 뒤덮이게 된다는 지구의 대재앙을 다룬 영화이다. 더위에 시달리던 지구가 급작스레 빙하기로 바뀌는 기후 변동이 과연 가능할까? 에머리히 감독은 어디에서 이런 영감을 얻었을까?

:: 영거드라이아스기(Younger Dryas Event)

지난 빙하기가 절정이었던 2만 년 전을 고비로 지구는 따뜻한 기후를 향한 행진을 계속하고 있었다. 그런데 약 1만 3천년 전 지구의 온도가 급격히 떨어지면서 약 1,200년간 소빙하기를 다시 겪었으며, 이 시기를 '영거드라이아스기(Younger Dryas Event)' 라고 부른다. 드라이아스(Dryas)는 고위도 고산지역의 추운 기후대에 번성하는 담자리꽃의 영어 이름인데, 지구가 더워지면서 서서히 고산지대로 물러나던 담자리꽃이 이 시기에 갑자기 다시 번성한 데서 붙여진 이름이다. 그러면 왜 지구는 이런 갑작스런 소빙하기를 경험한 것일까?

바로 컨베이어벨트의 장애가 이런 변화를 일으킨 주범이었던 것으로 과학자

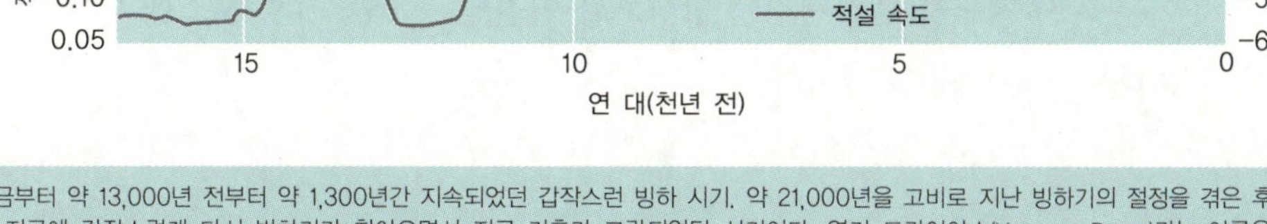

지금부터 약 13,000년 전부터 약 1,300년간 지속되었던 갑작스런 빙하 시기. 약 21,000년을 고비로 지난 빙하기의 절정을 겪은 후 더워지던 지구에 갑작스럽게 다시 빙하기가 찾아오면서 지구 기후가 교란되었던 시기이다. 영거 드라이아스(Younger Dryas)라는 이름은 빙하기 시절 유럽을 뒤덮고 번성하고 있다가 지구가 더워지면서 서서히 고위도 지역으로 후퇴를 해나가던 담자리꽃(dryas)이 이 시기에 다시(younger) 전진하여 유럽을 뒤덮었던 데에서 유래한 것이다.

들은 믿고 있다. 지구가 따뜻해지고 빙하가 녹으면서 캐나다 서부에 거대한 담수호가 만들어졌다. 지구의 과거에 빙하기와 간빙기의 순환과정이 있었음을 밝히는 데 큰 업적을 이룬 과학자 애거시의 이름을 따 이때 형성된 담수호를 애거시 호수라고 부르고 있다. 그런데 애거시 호수가 빙하가 녹으면서 계속 넘쳐나는 물을 더 이상 견디지 못하고 제방이 터지면서 한순간에 북대서양으로 이를 쏟아 부었다. 1만 3천년 전의 일이다. 이렇게 차가운 담수가 북대서양의 짠물을 희석해 가볍게 만들면서 이곳에서 시작되던 컨베이어벨트를 멈추어 서게 했다. 과학자들은 바로 여기서 영거드라이아스기의 원인을 찾고 있다.

:: 연계성(Connectivity)

이전에는 우리가 앞에서 살펴보았던 두 종류의 해수의 흐름, 즉 바람이 만들어내는 표층의 해류와 밀도 차이에 의해서 만들어지는 깊은 바닷물의 흐름을 각각 독립적인 흐름으로 여겨 이들의 상호 연계성에 대해 큰 관심을 보이지 않았다. 그러나 영거드라이아스 사건을 연구하면서 이 둘이 밀접하게 연계되어 있음을 알게 되었다. 적도지방의 따뜻한 바닷물이 북상하는 것은 바람의 역할뿐 아니라, 북대서양에서 해수가 가라앉으면서 만들어지는 빈자리를 메울 수 있도록 저위도의 해수를 끌어당기는 힘이 또한 매우 중요하다는 것을 이해하게 된 것이다. 열염분 순환이 약해질 때 이는 바로 더운 저위도 해수의 북상을 약화시키며, 이는 다시 지구를 냉각시키는 방향으로 연결되는 지구 기후 시스템의 연결고리 하나를 이해하게 된 것이다.

:: 영기스트 드라이아스기(The Youngest Dryas Event)?

지구의 온난화가 빙하를 계속 녹여 대서양에 쏟아 붓기 시작하면, 이로 인해 혹시 북대서양의 열염분 순환이 약화되고 이에 따라 일련의 연결고리가 작동하면서 갑작스런 지구 냉각사건을 재현시키지는 않을까? 1만 3천년 전에 발생했던 사건에 과학자들이 영거(Younger)라는 비교급을 쓴 이유가 혹시 무의식적으로 영기스트(Youngest)라는 최상급의 이름을 붙일 다음 재난을 예고한 것은 아닐까? 스펙터클을 위해 재앙과 관련한 소재를 찾던 할리우드가 이런 호재를 놓칠 리가 없었다. 「투모로우」에 물론 여러 할리우드 특유의 과장이 들어간 것은 사실이지만, 그 영화는 꽤 신빙성 있는 과거 자료에 근거하고 있다.

전세계의 부지런한 해양학자들이 인공위성을 이용해 위치를 추적할 수 있는 심해의 부표 최첨단 탐사장비 PALACE (Profiling Autonomous Lagrangian Circulation Explorer) 수천 개를 바다에 띄우는 전지구 규모의 해양 관측 프로그램 ARGO 계획을 진행시키고 있다. 그것은 표층에 던진 장비가 스스로 비중을 조절하여 약 2천미터의 수심으로 가라앉은 후 10일 정도 그곳의 해류를 타고 떠다니다가, 스스로 부력을 조절해 표층으로 올라와 인공위성에게 자신의 위치를 알리고는 다시 부력을 조절해 2천미터 깊이까지 가라앉아 떠다니기를 계속하는 최첨단 장비이다. 오르고 내리는 동안에는 표층에서 2천미터 깊이까지의 수온과 염분의 분포를 덤으로 측정해 자료를 송신하는 장비이다. 해수 순환과 지구 기후 사이의 상관관계를 밝히려는 이런

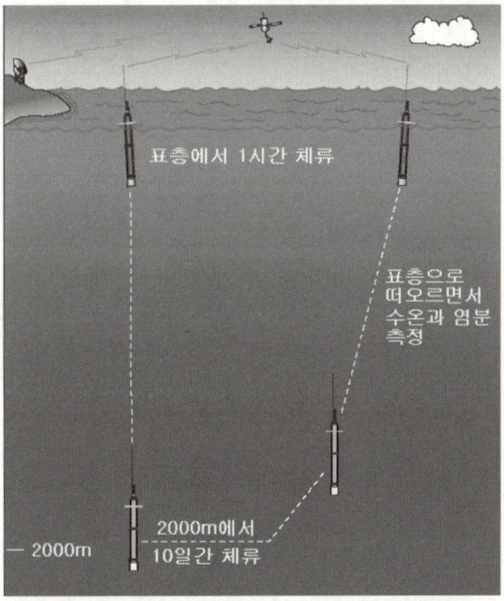

수심 2,000m 깊이의 심해에서 해류를 따라 떠다니면서 심해 순환에 관한 자료를 얻는데 이용되는 무인 첨단장비 PALACE의 작동 모습을 보이는 모식도. 수심 2,000m의 심해에서 10일간의 표류를 마치고 자체의 밀도를 조절해 표층에 떠올라온 PLACE는 위치추적 인공위성에 자신의 위치를 보고한 후 밀도를 다시 조절해 2,000m 깊이로 내려가 해류 측정을 지속한다.

3,000개의 PALACE를 이용해 전 대양의 2,000m 깊이에서의 해류를 실시간으로 측정하는 것을 목표로 시작되어 현재 진행되고 있는 국제 공동 해양연구 Argo 계획. 우리나라도 함께 참여해 심해해류 연구를 수행하고 있다.

힘든 연구에 더욱 박차를 가하고 있는 이유는 그만큼 심해의 흐름이 지구의 기후를 결정하는 데 중요함을 알게 되었기 때문이다.

표층과 심층에서의 해수의 순환과 더불어 물도 또한 바다와 대기 사이를 오르내리며 기후에 결정적인 영향을 미친다. 다음 글에서는 물의 운동에 관한 세 번째 이야기로 해양과 대기 사이를 오가며 진행되는 물의 순환과정을 살펴보기로 하자.

22

끊임없는 물의 순환

레일리 (Lord John William Strutt Rayleigh, 1842~1919)

1904년 노벨물리학상 수상
"for his investigations of the densities of the most important gases and for his discovery of argon in connection with these studies"
(아르곤의 발견과 중요 기체의 밀도에 관한 연구)

1904년은 비활성기체의 발견이라는 동일한 업적으로 노벨물리학상과 노벨화학상이 동시에 수여된 특이한 해이다. 이번 글에서는 물리학상을 수상한 레일리 경과 관련된 이야기를 해보기로 하자.

:: 다방면의 연구자 레일리

1864년 영국에서 태어난 레일리는 귀족 가문 출신으로 음악적 소질도 뛰어났던 것으로 알려져 있으며, 공명현상 등 음에 대한 많은 연구를 수행했다. 그는 유체역학, 전기역학, 전자기학, 파동론, 모세관 현상, 탄성 등 물리학의 전반에 걸쳐 폭넓은 흥미를 가지고 이론적 그리고 실험적 연구를 수행한 사람이기도 하다.

앞에서 빈과 플랑크의 업적을 소개할 때 레일리-진스의 '자외선 파탄' 을 소개하였는데, 이것은 레일리가 진스와 함께 연속적으로 에너지가 연속적으로 변할 수 있다는 당시의 믿음을 가지고 흑체의 복사곡선을 설명하려고 시도하였으나 결국 실패하면서 붙여진 이름이었다. 레일리에게 노벨상을 안겨준 연구는 공기의 밀도에 관한 것이다. 공기로부터 만들어낸 질소의 밀도가 화학적으로 만든 질소보다 0.5%나 무거운 것을 발견하고 레일리는 이로부터 공기 중에 질소보다 한 배 반 정도 무겁고 새로운 기체가 존재함을 처음으로 밝혀냈다. 이에 대해서는 뒤에 램지의 연구와 함께 다시 자세히 살피기로 하고, 과학의 다방면에 관심을 가졌던 레일리의 명성대로 그의 이름이 붙어 있는 중요한 연구 이야기를 몇 가지 해보려고 한다.

:: 파란 하늘 : 레일리 산란(Rayleigh scattering)

왜 하늘은 파랗게 보일까? 바로 빛의 파장에 비해 크기가 작은 입자들이 일으키는 빛의 산란 때문이다. 빛이 공기 분자들에 의해 사방으로 흩어져 산란되면서 하늘이 파랗게 보이는 것이다. 이런 산란을 레일리 산란이라 부른다.

레일리는 입사광에 의해 미립자에 전기장이 작용하면, 입자 내의 전자가 진동되어 쌍극자 모멘트가 유발되고 들뜬 상태가 되었다가 다시 원래의 상태로 돌아오면서 긴 파장의 빛을 사방으로 내며, 산란광의 세기는 파장의 4제곱에 반비례한다는 '레일리 이론'을 제시했다. 따라서 맑은 하늘에서는 파장이 짧은 파란빛이 더 우세하게 우리 쪽으로 산란되어 파랗게 보이는 것이다.

물론 태양이 수평선 근처에 있는 일출 때나 석양에는 하늘이 긴 파장을 가진 붉은 오렌지 색깔로 보이는데, 이는 빛이 두꺼운 공기층을 통해 우리에게 도달되는 동안 레일리 산란으로 인해 짧은 파장의 푸른빛은 대부분 줄어들고 긴 파장의 붉은빛이 주로 우리에게 도달하기 때문이다.

:: 빗물이 가진 꼬리표

요즈음에 와서 더욱 자주 나타나는 것이지만 여름이면 게릴라식 집중폭우가 쏟아져 전국적으로 큰 어려움을 겪는다. 이러한 갑작스런 폭우는 어려움을 주기도 하지만, 비는 우리들의 생활에 없어서는 안 되는 중요한 물의 공급원이다. 그런데 빗물은 도대체 어디서 만들어져서 우리에게까지 오게 되는 것일까?

국제화 시대에 살고 있는 우리들은 가게에서 산 물건이 어느 나라에서 만들어진 것인지를 붙어 있는 꼬리표를 보고 그 제조 국적을 쉽게 알 수 있다. 그런데 빗물에도 꼬리표가 붙어 있다. 물을 구성하는 원자들인 산소 및 수소의 동위원소의 비가 바로 빗물의 꼬리표인 것이다. 산소원자 O에는 질량수 16, 17 및 18의 세 종류의 동위원소 O-16, O-17 및 O-18이 있으며, 수소원자 H에는 질량수 1 및 2의 두 종류의 안정한 동위원소 H-1(H), 및 H-2(D, Deuterium, 중수소)가 있다. 자연계에서는 산소원자의 경우 O-16이 99.762%를 차지하지만, O-17과 O-18도 각각 0.038%와 0.200%를 차지하고 있다. 또 수소원자 H는 H-1이 99.985%로 주종을 이루지만 D도 0.015%를 차지하고 있다.

따라서 자연계에 존재하는 물 분자의 대부분은 H_2O^{16}이지만 HDO^{16} 및 H_2O^{18}이 소량으로 존재한다(평균적으로 H_2O^{16} 100만 개당 HDO^{16} 320개, H_2O^{18} 2천개의 비율로 존재한다). 그런데 이 비율이 주변 상황에 따라 조금씩 변하며, 이러한 작은 변화가 물의 꼬리표 역할을 할 수 있는 것이다.

과학자들은 이 작은 변화를 $\delta^{18}O$(델타 O-18)와 δD(델타 D)라는 특수한 표현을 사용하여 기술하고 있는데, 이들의 의미는 아래와 같다.

$$\delta^{18}O(‰) = \left(\frac{(^{18}O/^{16}O)_{\text{시료}}}{(^{18}O/^{16}O)_{SMOW}} - 1 \right) \times 1000$$

$$\delta D(‰) = \left(\frac{(D/H)_{시료}}{(D/H)_{SMOW}} - 1 \right) \times 1000$$

$\delta^{18}O$는 시료에 포함된 미량의 동위원소 성분인 O-18(수소의 경우는 D)의 주 동위원소인 O-16(수소에서는 H)에 대한 비를 구하고, 이들 비를 표준물질(SMOW)이 보여주는 동위원소의 비 값과 비교한 것이다. 그런데 통상 그 차이가 아주 작기 때문에 이를 1천배로 확대해 ‰(per mil)이란 단위로 나타낸다. 태평양에서 평균적으로 관측되는 표층해수를 표준물질로 삼고 있는데, 이를 SMOW(스모우, Standard Mean Ocean Water)라고 부른다.

전세계 각지에서 채취된 빗물의 동위원소의 비를 측정한 결과를 살펴보면 뚜렷한 특징이 나타난다. 빗물의 $\delta^{18}O$값이 그 지역의 연평균 온도에 따라 직선 관계를 가지고 변하는 것이다. 더운 지방은 거의 0에 가까운 값(동위원소비가 표준 바닷물과 유사)을 보이지만, 고위도의 추운 지방으로 갈수록 값이 점점 음수 쪽으로 작아지고 있으며 이는 빗물 속에 무거운 동위원소인 O-18이 점점 줄어드는 것을 말해주고 있다.

:: 레일리 증류(Rayleigh Distillation)

레일리의 이름이 붙어 있는 아주 중요한 현상의 하나에 레일리 증류라는 것이 있다. 레일리 증류법칙을 이용하면 이 결과를 잘 설명할 수 있다. 여기에서 관련된 여러 수식을 기술하지는 않겠지만 중요한 내용을 요약해보면 다음과 같다.

공기 중에 있던 수증기가 액화하여 빗물로 될 때 무거운 물 분자(HDO^{16}, H_2O^{18} 등)는 가벼운 물 분자(H_2O^{16})보다 액체로 되려는 성질이 약 1% 정도 강하다. 따라서 빗물은 수증기에 비해 $\delta^{18}O$의 값이 약 1%, 즉 10‰ 정도 크게 된다. 따라서 조금 무거운 빗물이 수증기에서 빠져나와 비로 내리고 나면, 이 결과로 남아 있는 수증기는 상대적으로 가벼운 물 분자를 많이 포함하게 되므로 $\delta^{18}O$의 값이 작아지게 된다. 이런 과정이 계속 반복되면 남아 있는 가벼운 수증기는 점점 더 가벼워지므로 여기에서 만들어지는 빗물 또한 점점 가벼워질 수밖에 없다.

그런데 지구상에서는 이러한 일이 저위도에서 고위도를 따라가면서 일어나고 있는 것이다. 대기 중에 있는 수증기의 양을 측정한 인공위성 사진을 보면 수증기의 대부분이 적도상에 있는 것을 알 수 있다. 특히 인도네시아 주변의 적도 서태평양이 매우 큰 것이 눈에 띈다. 적도 부근에서 만들어진 대부분의 수증기가 바람을 따라 고위도로 이동하면서 비를 뿌리게 되는데, 고위도로 이동해가면서 빗물은 점점 가벼워지고 $\delta^{18}O$의 값이 작아질 수밖에 없는 것이다. 물건의 꼬리표를 확인하듯 빗물의 산소동위원소비를 확인하면서, 빗물이 어떤 과정을 거치면서 만들어져 우리에게 내리게 되는지를 알 수 있게 되었다.

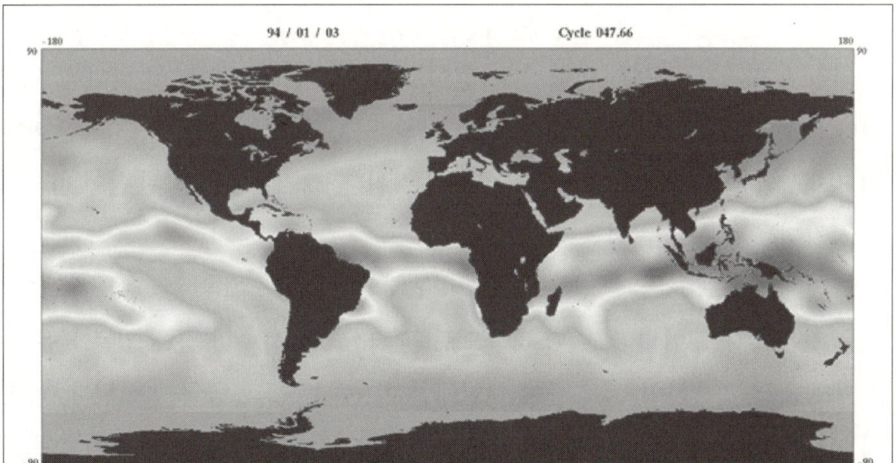

인공위성 TOPEX/Poseidon으로 관측한 대기 중 수증기의 양. 저위도 지역, 특별히 서태평양 지역에 많은 수증기가 관측되는 것을 알 수 있다.

:: 지표수의 저장고들

바다에서 시작하여 공기를 타고 이동하면서 비로 또는 눈으로 내리는 물의 순환을 살펴보는 한 방법은 '전지구적 물 순환의 수지'를 그려보는 것이다. 이런 수지를 알기 위해서 우선 물이 지표상에 어떻게 분포되어 있는지를 물의 양 저장소별로 살펴보면 다음과 같다.

저장소	부피(10^6km^3)	백분율
바다	1,350	97.3
빙하	29	2.1
지하수	8	0.6
호수나 강	0.1	
토양수	0.1	
대기	0.013	
생물체	0.001	

가장 두드러진 특징은 말할 것도 없이 지표상의 물의 대부분이 바다에 모여 있다는 것이다. 지표면 면적의 약 70%를 차지하는 평균 수심 약 3,800m인 바다에 지표상의 물의 97.3%가 저장되어 있는 것이다. 그러므로 물의 순환이 바다에서 시작되는 것은 너무 당연한 일이다.

그러나 양으로 보아서 적다고 해서 바다 이외의 저장소에 있는 물이 중요하지 않은 것은 절대로 아니다. 바다 다음으로 큰 저장소인 호수나 강에 있는 물은 우리에게 가장 친숙하며, 우리들이 매일매일 이용하는 물의 공급처가 된다. 따라서 이를 잘 관리하고 보호해야 할 중요성은 이야기를 하지 않아도 우리들 스스로 잘 느낄 수 있을 것이다. 더구나 대기 중에 있는 물은 지표면 전체의 물에 비해 아주 작은 양이지만, 이 수증기 덕분에 지구에는 적절한 온실효과가 나타나 따뜻한 행성, 즉 생명이 사는 행성으로 발전할 수 있게 된 것이다.

:: 물의 순환 과정

빗물이 가진 꼬리표가 알려준 대로 지표상에 분포되어 있는 물이 저장소에 정적으로 고여 있는 것은 물론 아니며, 끊임없이 저장고 사이를 움직이며 순환하고 있다. 이를 물의 순환 과정(hydrological cycle)이라 부른다.

물의 순환 과정을 잘 살펴보면 바다에서 출발하여 대기로 이동한 수증기가 대기, 식물, 각 저장고들 사이에서 많은 교환을 하고 있는 것을 알 수 있다(도표에 나오는 숫자들은 1년에 $10^3 km^3$의 물이 이동하는 양에 해당).

가장 큰 이동은 바다에서 해수가 증발하는 과정으로 1년에 425 단위나 된다. 이 $425 \times 10^3 km^3$을 $3.57 \times 10^8 km^2$의 바다 면적과 비교해서 1년 동안에 어느 정도 두께의 바닷물이 증발하는가를 계산해보면 평균적으로 무려 1.2m나 된다.

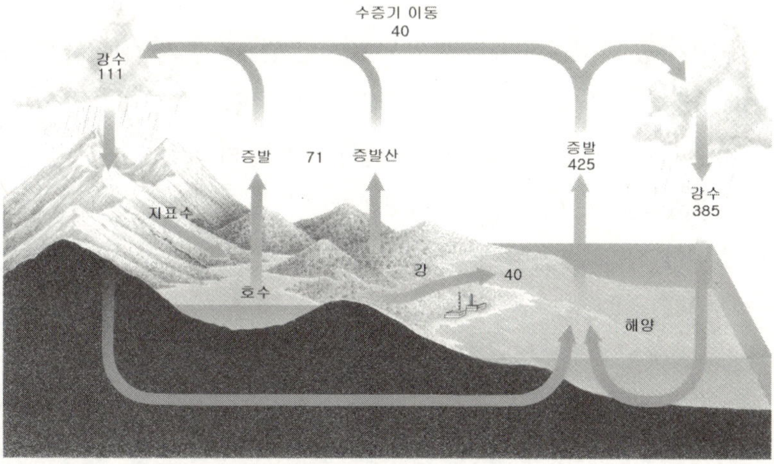

지구상의 물수지. 이동하는 수량 단위는 연간 $1,000 km^3$.

지구상의 물수지. 단위는 연간 $1,000 km^3$이며, 강을 통해서 바다로 다시 돌아오는 물의 양 40($\times 1,000 km^3$은 해수면을 약 10cm 상승시킬 수 있는 양에 해당한다.

증발로 인하여 해수면이 1년에 1.2m나 낮아지는 것이다.

그러나 이 양의 90% 정도가 다시 바다에 강수로 내려오기 때문에 알짜 하강은 약 10cm 정도가 된다. 그리고 나머지 약 10%는 육상으로 이동하여 육상 자체의 증발산에 의한 71과 만나 111의 강수를 육상에 뿌린다. 결국 여분의 40이 다시 대양으로 흘러가 바다가 잃어버렸던 부족분을 메워주면서 하나의 순환고리를 만들고 있다. 육상에서의 식물의 활동에 의한 증발산 과정도 중요한 순환 과정의 하나임을 알 수 있으며, 이런 물의 순환을 통해 바다, 대기 그리고 육상은 수지계산의 균형을 이루고 있음을 알 수 있다.

바다	유출 : 증발 425 유입 : 강수 385, 강 40, 계 425
대기 (육상의)	유출 : 강수 111 유입 : 바다에서 수증기 이동 40, 증발 및 증발산 71, 계 111
지표	유출 : 증발 및 증발산 71, 강 40, 계 111 유입 : 육상의 강수 111

(단위 : 1,000km^3/연)

물론 증발과 강우가 전지구상에 골고루 펼쳐져 이루어지는 것은 아니다. 인공위성을 이용해 대기 중에 있는 수증기의 양을 조사한 결과를 보면, 대부분의 증발이 적도 서태평양에 집중되어 있는 것을 분명히 보여주고 있다. 대기 중의 수증기의 양은 지구의 기후를 결정하는 지구온난화 과정의 가장 중요한 요인이므로, 서태평양은 지구 환경을 이해하려는 전세계적 연구의 중요한 연구 대상지역의 하나가 되고 있다.

:: 출렁이는 해수면

물의 순환 과정을 살피면서 알 수 있는 중요한 사실은 현재 균형을 이루고 있는 물의 순환 과정이 쉽게 교란될 수도 있는 아주 '섬세한 것' 이라는 것이다. 만약에 육상으로 이동된 물이 강을 통해 다시 바다로 돌아오지 못하고, 일부라도 육지에 갇혀 강을 통해 바다로 다시 되돌아오는 물의 순환 과정(10cm/연)이 교란을 받으면 어떠한 일이 일어날까? 당연히 해수면이 낮아질 것이 예상된다.

우리 지구의 역사를 살피면 지구환경이 심하게 변하여 이런 균형이 깨졌던 시대가 있었음을 보여주는 많은 증거들이 있다. 대표적인 예가 바로 빙하기 시절의 지구이다. 지구과학자들은 과거 해수면의 흔적을 찾는 연구를 통해 지난 수십만 년 이상의 시기에 해수면이 120여 미터 이상 오르락내리락한 것을 확인할 수 있었다. 약 10만 년의 주기로 왔다 갔다 하기를 반복한 빙하기와 간빙기의 순환을 통해 해수면이 출렁인 것이다.

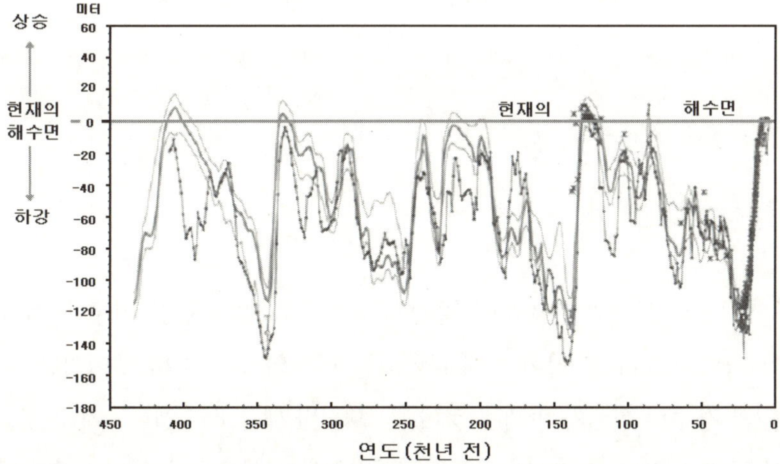

시간에 따른 해수면 변동 곡선. 빙하기의 절정에 이르렀을 때는 해수면이 현재의 해수면에 비해 약 130m 정도 낮았던 것을 보여주고 있다.

지난 마지막 빙하기가 정점에 달했던 약 2만 1천년 전(LGM, Last Glacial Maximum 이라고도 부름)의 해수면은 지금보다 적어도 약 120m 이상 낮았었다. 이 당시 지구의 모습은 물론 지금과 꽤 차이가 있다. 오늘날은 북극이나 그린란드, 남극 등에서만 관측되는 빙하가 빙하기에는 매우 확장되어 바다에 있던 물을 육상으로 이동시켰다. 그 결과로 해수면이 낮아졌던 것이다. 현재 빙하에 저장되어 있는 물은 약 $29 \times 10^6 km^3$인데, 빙하기가 극에 달하였을 때 빙하에는 $72 \times 10^6 km^3$의 물이 저장되어 있었다. 따라서 극지방에 쌓여 있는 빙하는 과거의 기후에 관한 정보를 제공하는 중요한 보고이기도 하다.

최대 수심이 100m도 되지 않는 얕은 바다인 황해는 빙하기 중에는 중국과 바로 이어지는 육상이었고, 대한해협도 대부분 뭍으로 드러나 있었다. 또한 아시아의 시베리아 대륙과 북미를 연결하는 베링해협에도 육로가 형성되어 아시아의 원주민들이 북미대륙으로 이동할 수 있는 육교 역할을 할 수 있었던 것이다.

한편 오늘날은 이 반대의 현상 때문에 걱정이다. 바로 지구온난화에 수반되는 해수면 상승이다. 육상에 갇혀 있던 빙하가 녹으며 또한 바다가 더워지면서 부피가 늘어나, 금세기 후반에는 해수면이 수십 센티미터 정도 높아질 것이 예상된다. 저지대를 많이 가지고 있는 나라들의 큰 걱정거리이다.

:: 요동하는 기후

오늘날 기후 문제와 관련하여 많이 이야기되고 있는 현상 가운데 엘니뇨(El Ninõ)가 있다. 엘니뇨가 일어날 때 나타나는 현상의 하나가 바로 이러한 수증기의 증발과 강수의 형태가 바뀌는 것이다. 1998년 대규모의 엘니뇨가 있었을 때, 평상시 열대 우림이 무성하던 인도네시아지역이 가뭄으로 산불이 기승하고, 동남아 지역이 매연으로 고통당하는 기사가 전세계의 매스컴에 주요 기사로 등장

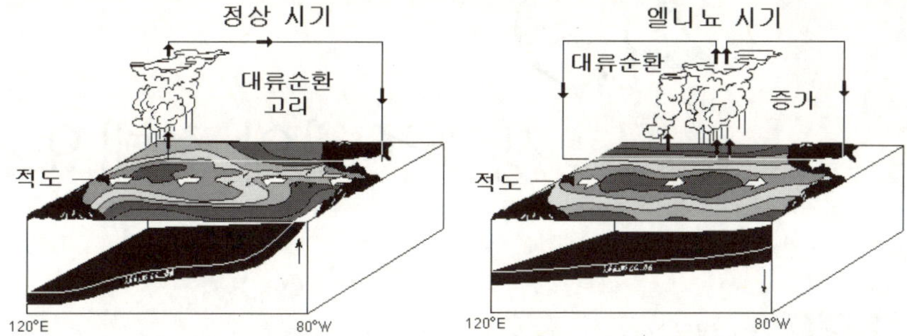

정상 시기와 엘니뇨 시기에 태평양 적도상에서 동서 방향을 따라 부는 바람의 순환을 보이는 모식도. 정상 시기에는 인도네시아 부근의 서태평양상에서 상승 기류가 만들어지면서 이 지역에 대부분의 구름이 만들어지고 또한 큰 비가 내리지만, 엘니뇨 시기에는 상승기류가 형성되는 지역이 동쪽으로 이동하면서 비가 내리는 지역이 바뀌는 것을 볼 수 있다.

하기도 했다.

지난 20여 년은 단단한 것으로만 여겨지던 우리의 지구가 깨지기 쉬운, 그러나 아주 절묘한 균형 속에서 유지되고 있는 사실을 인류 모두가 깨달은 시기이다. 60억여 명의 인류가 힘(?)을 모으면 이런 균형이 쉽게 무너질 수도 있다는 것을 이해할 수 있게 된 것이다. 물의 순환도 대표적인 예가 되는 것은 물론이다. 우리 지구의 절묘한 균형을 지키려는 노력에 우리들의 관심을 더욱 기울여야 할 시기임이 분명하다.

23
물 : 생명존재의 절대요건

폴링 (Linus Carl Pauling, 1901~1994)

1904년 노벨 화학상 수상
"for his research into the nature of the chemical bond and its application to the elucidation of the structure of complex substances"
(화학결합의 특성 및 단백질과 같은 복잡한 물질의 구조 규명을 위한 응용에 관한 연구)
1962년 노벨 평화상 수상

9개월 동안 6억 7천5백만 km를 날아간 무게 347kg의 무인 화성탐사로봇 피닉스(Phoenix)호가 2008년 5월 27일 화성북극해에 안전하게 착륙하였다. 태양전지를 펼치면서 인근 지역의 선명한 영상을 지구로 보내기 시작한 이 탐사선에 공식으로 부여된 임무는 바로 '물을 찾아라' 였다. 태양전지가 가동되는 3개월 동안 매일 2시간씩 로봇팔로 화성지표면을 1m까지 뚫고 채취된 토양을 분쇄, 가열하여 물의 증발 여부를 확인하는 실험을 하면서 물의 흔적을 찾아가게 되는 탐사였다.

지난 5월 27일 화성북극해에 무사히 착륙하여 물의 탐사를 시작한 무게 347kg의 무인 화성탐사로봇 피닉스호

북극권이 착륙지로 결정된 것도 앞선 탐사에서 물을 구성하는 수소의 흔적이 여기서 많이 발견되었기 때문이다. 만일 물의 흔적을 찾을 수 있다면 이는 바로 언젠가 이곳에 생명체가 존재했을지도

모른다는 추론이 가능할 수 있기 때문이었으며, 이미 과학자들은 이 탐사에서 얼음이 있는 것을 발견하고 흥분해하고 있다.

이미 기원전 600년 경 터키 지방의 밀레토스에 살았던 철학자 탈레스(Thales)는 주위에 가장 많이 존재하면서도 그 모습이 시시로 변하는 물을 보면서 "물은 모든 물질의 근본이 되는 원소"라는 이야기를 한 것이 전해진다. 물론 근대화학이 발전하면서 물이 원소가 아니라 산소와 수소가 결합하여 만들어내는 화합물이라는 것을 밝혀 이 주장이 잘못된 것임을 확인하였지만, 그렇다고 하더라도 우리 지구가 생명의 행성으로 진화해나가는 과정에서 지구에 물이 존재할 수 있었다는 것은 매우 중요한 요건이었다. 왜 생명체에는 이토록 물이 꼭 필요한 것일까?

:: 물 : 특별한 물질

물의 특성을 살펴보면 많은 성질에서 다른 물질들에 비해 단연 두드러진다. 열용량, 잠열(증발열), 표면장력, 용해도 등 가시광선이나 적외선에 대한 투명도, 열전도 등이 가장 크거나 거의 최대의 값을 가지며, 한편 점성도나 압축률 등은 최소의 값을 가진다.

표. 물의 특성(요약)

열용량(Heat Capacity)	거의 최대(almost highest)
잠열(Latent heat of freezing, vaporization, evaporation)	거의 최대(almost highest)
끓는점과 녹는점(bp & mp)	예상보다 매우 높음(much higher than expected)
표면장력(Surface tension)	최대(highest)
유전상수(Dielectric constant)	최대(highest)

용해력(Dissolving power)	최대(종류와 양)(highest in # of substances & quantities)
전해질분해(Electrolytic dissociation)	매우 극소(very small)
투명도(Transparency)	큼(large in IR and UV, and visible)
열전도도(Heat conductance)	최대(largest)
분자 점성도(Molecular viscosity)	비교적 작음(relatively small)
압축률(Compressibility)	비교적 낮음(relatively low)
열팽창(Thermal expansion)	최대밀도 온도(temp. of maximum density)

이들 성질 하나하나가 모두 지구를 생명의 행성으로 만드는데 중요한 기여를 하고 있음은 물론이다. 이런 물의 성질이 어떻게 우리 행성 지구를 생명의 행성으로 만드는데 기여하고 있는지는 뒤에 살펴보기로 하자. 그런데 왜 물은 이런 특별한 성질을 가지고 있는 것일까?

:: 수소결합을 이루는 물 분자

과학자들은 물이 가진 특별한 분자구조의 모습에서 그 원인을 찾고 있다. 물 분자는 두 개의 수소원자와 한 개의 산소원자가 서로 '공유결합' 이라는 형식으로 결합하면서 만들어진다. 공유결합이란 수소와 산소원자가 전자를 서로 하나씩 내놓고 이 두 전자를 함께 공유하는 방식으로 각자 원자 내의 안정한 전자 배치의 구조를 완성시키는 결합형태이다. 이런 공유 결합방식으로 수소와 산소가 서로 105° 정도의 각을 이루는 분자구조를 이루면서 물 분자가 형성되는 것이다.

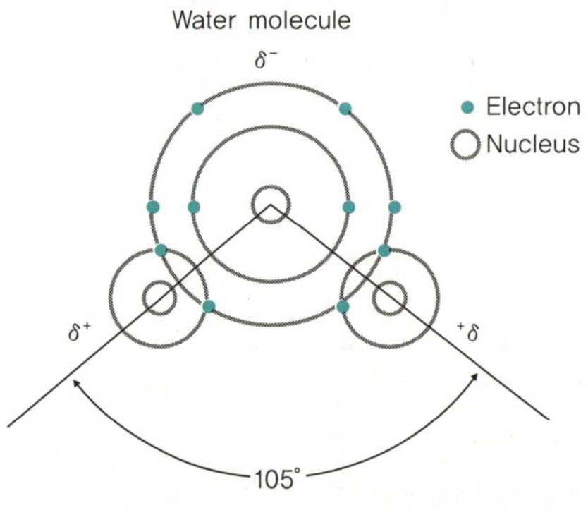

수소와 산소의 전기음성도 차이에 의해 만들어지는 분극에 의해서 +, −의 극성을 띠고 있는 물 분자의 구조

그런데 문제는 수소와 산소가 전자를 선호하는 정도에 서로 차이가 있다는 것이다. 이렇게 전자를 선호하는 정도를 정량적으로 전기음성도(electro-negativity)로 나타내는데, 산소가 수소보다 전기음성도가 더 크다. 이 때문에 일단 서로 공유하기로 했던 공유전자가 한쪽(물의 경우는 산소)으로 치우쳐지면서 물 분자 내에는 전기의 분극이 일어나는 것이다.

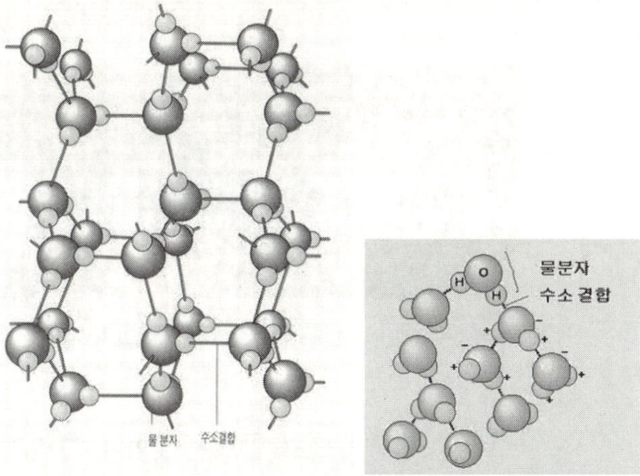

액체나 고체상 내에서 수소결합이 만들어 지는 모습을 보여주는 모식도

이렇게 분극이 일어난 물 분자들이 서로 가까이 모여 있는 액체상이나 고체상에서 물 분자들이 서로 배열할 때 분극이 만들어낸 +, -의 전하들이 서로 나란히 배열된 모습을 가지게 된다. 이런 배열을 이루는 과정에서 물 분자들 사이에는 강력한 전기적 인력이 형성되는데, 이런 특별한 모양의 결합을 과학자들은 '수소결합' 이라고 부른다. 물의 많은 특별한 성질은 바로 이러한 물의 수소결합 때문에 일어나게 되는 것이다.

:: 특별한 얼음 : 메탄 하이드레이트

이렇게 비스듬하게 각을 이루고 있는 물 분자가 수소결합을 하면서 만들어내는 얼음은 대개 6각형 구조를 기본으로 하고 있다. 이런 얼음 내부에는 자연스럽게 빈 공간이 많이 만들어지며 그중의 하나는 바로 기체들이 들어가 자리를 잡을

한국지질자원연구소 탐해 2호가 동해에서 시추한 가스하이드레이트

수 있는 얼음 구조를 만드는 것이다. 그리고 바로 이런 빈 공간에 메탄기체가 들어가 자리를 잡으면서 만들어진 물질이 요즈음 미래의 에너지원(?)으로 인구에 회자되며 또한 얼마 전에 우리 동해에서도 발견된 메탄 하이드레이트(얼음 메탄)이다.

:: 압력을 가하면 녹는 얼음

압력을 가함에 따라 녹는점이 내려가는 것도 물이 다른 물질들과는 다른 특별한 성질이다. 액체에 압력을 가할 때 액체가 고체상으로 변하는 대부분의 물질들과 반대로 고체상의 얼음에 압력을 가하면 얼음이 액체상의 물로 상변화를 한다. 바로 이런 물의 특성 덕분에 얼마 전 그랑프리 대회 5회 연속 우승의 위업을 달성한 김연아와 같은 한국의 얼음 요정이 탄생할 수 있게 되었음은 물론이다. 날카로운 스케이트 날이 접촉하고 있는 얼음에 압력을 가해지면서 얼음

한국의 얼음 요정 김연아

은 녹는점이 낮아진다. 이로 인해 날 밑의 얼음이 녹으면서 날과 얼음 사이의 마찰을 줄이는 윤활제 역할을 하며 우리들이 스케이터들의 멋진 활강 모습을 즐길 수 있게 해주는 것이다.

:: 수중 생물의 겨울 외투 – 물 위에 뜬 얼음

우리의 일반 상식은 당연히 고체가 액체보다 더 밀도가 크다는 것이다. 그러나 특이한 물의 특징의 하나로 4℃의 액체상태에서 얼음보다도 밀도가 더 큰 것을 꼽아야 할 것 같다. 겨울철 차가운 공기와 접한 호수, 강, 바다 등의 표층에서 형성되는 얼음이 바닥으로 가라앉지 않고 오히려 물에 뜨게 되는 것이 바로 이 덕분이다. 그런데 왜 물은 그러나 4℃에서 밀도가 최댓값을 가지며, 얼음보다도 밀도가 더 클까? 해답은 역시 수소결합이다.

얼음이 녹으면서 만들어지는 또한 빈 공간이 많은 얼음의 구조 때문에 일단 얼음이 녹기 시작할 때 얼음 내부의 비어 있던 공간에 물 분자가 들어가면서 오히려 물의 밀도가 얼음보다 커질 수 있다. 그러나 4℃ 이상의 온도가 되면 물 분자의 운동 에너지가 충분히 커져서 더 이상 가까이 밀집될 수 없어 밀도가 온도가 올라가면서 통상의 물질들처럼 작아지는 것은 물론이다.

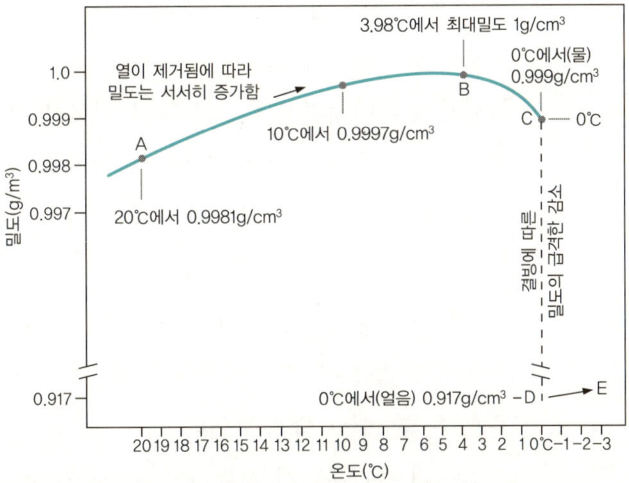

수소결합으로 물의 녹는점과 끓는점이 매우 높아진다.

4℃에서 밀도가 최댓값을 가지는 특별한 원인이 바로 여기에 있으며, 이는 물속에서 월동을 해야 하는 생물들에게는 너무 요긴한 성질이다. 이런 표층의 얼음이 얼음 밑 물속에 살고 있는 생물들을 추위에서 보호해주는 차단막 역할을 하고 있다는 것은 생명의 행성에서 아무리 그 중요성을 강조하더라도 도를 넘지 않을 중요한 일로 여겨진다.

그러나 생명의 행성 지구의 입장에서 뭐니뭐니해도 수소결합이 만들어내는 가장 중요한 것은 물의 녹는점과 끓는점이 매우 높아진다는 것을 꼽아야 할 것이다.

:: 특이한 녹는점과 끓는점을 가진 물

주기율표에서 "족"이라 부르는 세로줄에 있는 원소들은 서로 비슷한 경향의 성질을 가진다. 그러나 물은 주기율표의 같은 족에 있는 원소들로부터 예상할 수 있는 온도에 비하여 어는점과 끓는점이 훨씬 높다. 바로 수소결합 덕분이다. 수소결합이 만들어내는 분자 사이의 끈끈한 인력으로 인해 물속의 분자들이 기화되기 힘들어지며 이를 극복하기 위해서 더 높은 온도를 필요로 하기 때문이다. 만일 물에 수소결합이 없어서 주기율표에 따라 예상되는 섭씨 영하 68도에서 물이 끓는다고 가정해보자. 우리 지구는 완전히 메말라버린 생명이 살 수 없는 황량한 행성이 될 수밖에 없었으리라!

그러나 어는점과 끓는점이 이런 값을 가지는 것은 단지 우리 주위의 1기압 상태에서의 값일 뿐이다. 압력이 달라지면서 이 값은 달라지며 이런 점에서도 물은 아주 특별한 모습을 보인다.

압력이 증가하면서 끓는점이 올라가기 때문에 현미밥을 지을 때 압력밥솥이 위력을 발휘하게 된다. 실은 압력이 260기압이나 되는 수심 2600m의 깊은 바다 속에서 섭씨 350도의 뜨거운 온천수가 솟아나올 수 있는 것도 바로 압력이 만들어낸 물의 특성 변화 덕분이다. 오늘날 해저온천을 공부하는 여러 과학자들은 옛날 바로 이와 비슷한 현장이 생명을 탄생시킨 요람이 아닐까 생각하고 있으며 이에 대한 많은 연구를 계속하고 있다.

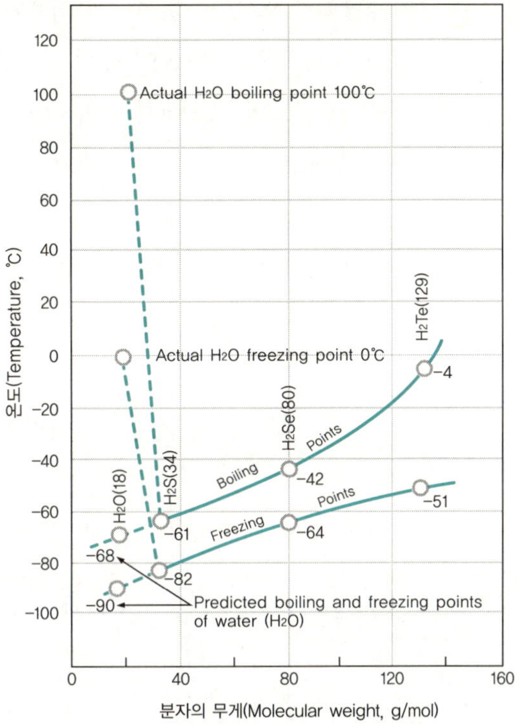

압력이 만들어낸 물의 특성변화

:: 큰 잠열을 가진 물

물의 으뜸가는 성질의 하나는 물이 상온에서 고체, 액체 및 기체의 세 가지 모습을 다 보여준다는 점을 꼽아야 할 것 같다. 물이 지표상에서 얼음, 물 및 수증기의 세 가지 형태의 모습을 가질 수 있는 것은 지구의 평균온도인 15℃가 수소결합으로 인하여 상승된 물의 어는점(녹는 점)과 끓는점 0℃와 100℃ 사이의 값을 가지고 있기 때문이다. 실제 자연계에서 이런 모습을 보여주는 물질들은 전체의 채 2%도 되지 않는다.

이렇게 고체, 액체, 및 기체로 물의 모습이 바뀔 때마다 많은 열량의 유출입이 이루어지며, 예컨대 상온에서 액체상의 물 1g이 기체상의 수증기로 상을 변환하는데 580cal가 넘는 큰 증발열을 필요로 한다.

지구의 단위면적에 단위시간 동안 유입되는 태양에너지를 100으로 하였을 때 이중 약 23%가 표층의 바닷물을 덥히는 데 사용된다('18장 물의 행성' 에서 복사에너지 평형 그림 참조). 이 열로 인하여 1년 동안 평균 1.2m 정도 두께에 해당하는 엄청난 양의 표층 바닷물이 대기 중으로 증발된다. 물론 이런 수증기의 대부분은 2~3km 정도의 고도에서 액화되어 액체 상태의 구름으로 변하면서 증발과정에서 흡수했던 에너지를 다시 대기 중으로 방출한다. 바로 이런 물의 상태 변화를 통하여 엄청난 양의 에너지가 대기 중에 남아 순환하면서 지구를 따뜻하게 해주는 온실효과가 만들어지는 것이다.

:: 큰 열용량이 만들어내는 지구 기후, 몬순(계절풍)

또한 쉽게 더워지거나 식지 않는 큰 열용량을 가진 물은 물의 행성 지구의 기후모습을 만드는 데 중요한 역할을 하고 있다. 지구 각 지역의 여름과 겨울철 온도변화를 보면 유라시아 대륙의 중앙은 무려 40℃ 이상의 온도변화를 보이지만 바다에서의 온도변화는 그리 크지 않다. 바로 이로 인해 지구 기후가 계절에 따라 지나치게 요동치지 않게 됨은 물론이다. 그리고 이런 육지와 바다의 대조적인 차이로 인해 한국은 계절풍의 기후대에 속

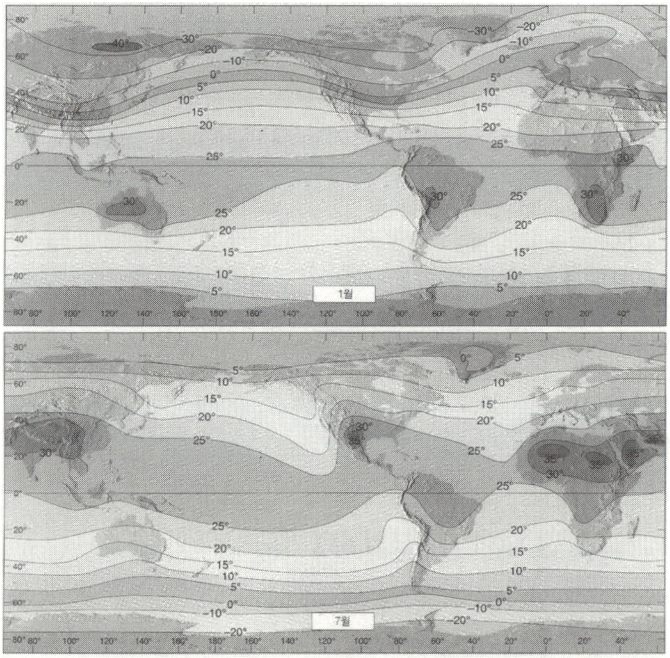

1월 및 7월의 전 지구 지표면의 온도 분포. 바닷물의 온도는 계절에 따라 큰 차이를 보이지 않으나 대륙에서는 큰 온도차가 있음을 보여준다.

하게 되는 것이다. 우리나라는 겨울철이 되면 시베리아 대륙에서 불어오는 찬바람을 견뎌내야 하는데 이는 바다보다 빨리 차가워진 대륙에 고기압이 형성되면서 바다를 향해 바람이 불기 때문이다. 반면 여름철에 바다보다 빨리 더워진 대륙에 저기압이 만들어지면 바다로부터 해양성 바람이 불게 된다. 해변가에서 밤낮에 따라 바람이 바뀌는 것과 마찬가지의 원리가 지구규모에서도 계절에 따라 거대하게 작동하고 있는 것이다.

:: 많은 물질을 녹일 수 있는 물

물이 가진 또 하나의 특이한 성질로 엄청난 용해도를 꼽아야 할 것 이다. 오늘날의 바닷물 1kg에는 이미 약 35g 정도의 많은 소금이 녹아있다. 그러나 바닷물의 부피를 최소한 10분의 1 이하가 되도록 졸여야지만 소금이 석출된다는 것은 바닷물이 1kg에 적어도 300g 이상의 소금을 녹일 수 있는 엄청난 용해도를 가진다는 것을 말해준다. 미국 유타주에 있는 그레이트 솔트 레이크(The Great Salt Lake)에는 물 1리터에 약 280g의 염분이 녹아있으며, 부력이 크기 때문에 사람들이 팔 다리를 물 위로 내 놓고 누워도 쉽게 뜰 수 있다고 자랑하는 사해(Dead Sea)에는 약 330g의 염분이 녹아 있어 물의 엄청난 용해도를 실제로 잘 증거해 주고 있다. 더욱 특별한 것은 물이 무기물뿐만 아니라 여러 유기물질들도 많은 양을 녹이는 성질을 가지고 있다는 것이다.

우리는 물이 가지고 있는 다양한 물질들에 대한 큰 용해도에 특별히 감사해야 할 이유가 있다. 바로 이 때문에 우리들이 들이마시며 살고 있는 공기가 깨끗한 것이다. 지구 역사를 통하여 대기 중으로 엄청난 양의 물질들이 끊임없이 유입되어 왔다. 만일 이들을 대기 중에서 효과적으로 제거하는 작용이 일어나지 않았다면 아마 대기는 오염물로 가득 차 우리가 숨을 쉬며 살 수 없는 지경이 되었을 것이다. 그런데도 우리가 깨끗한 대기를 즐길 수 있는 것은 바로 엄청난 용해도를 지닌 물이 비를 통해 끊임없이 대기를 정화시켜주고 있기 때문이다.

물이 녹일 수 있는 물질에 기체가 포함되어 있음은 말할 것도 없다. 이런 기체의 용해도 덕분에 수중 생물들은 생명 유지에 필요한 산소를 뭍에 나오지 않고도 물속에서 얻을 수 있다. 이런 기체의 용해도는 우리의 일상생활에서도 활용이 되고 있음은 물론이다. 기체가 녹는 양은 기체의 부분압에 비례한다(헨리의 법칙). 그런데 바로 이 덕분에 1.5~3기압 정도 고압의 탄산가스 대기 중에서 탄산가스를 많이 녹인 후 봉입한 음료수가 탄생한다. 탄산가스의 부분압이 채 400ppm 정도도 되지 않는 대기 중에서 병마개를 열 때 다시 공기 중으로 되나오는 탄산가스가 포함된 탄산 음료수를 우리는 시원하게 즐기고 있는 것이다.

:: 라이너스 폴링(Linus Carl Pauling)

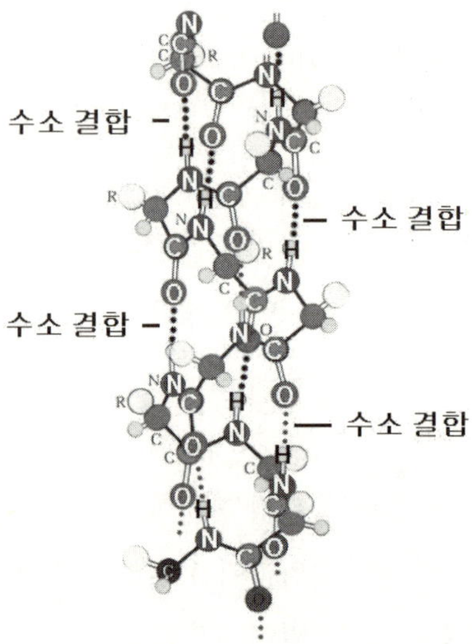

수소결합에 의해 만들어지는 단백질의 α-helix 구조 모습

우리가 앞에서 살핀 여러 물의 특별한 성질이 바로 물 분자들이 만들어내는 수소결합에 의한 것임을 살펴보았다. 이런 수소결합이 형성되는 원인은 수소와 산소의 전자를 끌어당기는 정도가 차이가 나기 때문이며, 이런 정도를 나타내는 정량적인 지표로 전기음성도가 사용되고 있음을 이야기하였다. 바로 이 전기음성도의 개념을 처음으로 제안한 사람이 1954년 노벨화학상을 수상한 폴링이다.

폴링은 노벨상 수상이 처음으로 시작된 해였던 1901년 미국 오레곤주에서 태어나 성장하며 그곳에서 대학까지 마쳤다. 이후 그는 캘리포니아의 칼텍으로 가서 1925년 물리화학과 수리물리학으로 박사학위를 받고, 2년 후 칼텍의 조교수로 취임하여 본격적인 연구 활동을 시작하였다. 그는 1932년 그의 기념비적인 업적의 하나인 혼성궤도(orbital hybridization) 이론을 처음으로 제시하는데, 이 이론은 오늘날 특히 탄소화합물의 분자구조를 이해하는 결정적인 기초가 된다. 그리고 바로 같은 해에 폴링은 우리가 살펴본 전기음성도의 개념을 확립시키고, 화학결합의 특성을 예측할 수 있는 정량적인 잣대를 세운 것이다.

핵실험 반대 구호가 적힌 피켓을 들고 거리에서 시위를 하는 폴링(Pauling) 교수

생명체의 유전자 역할을 하는 복제가 가능한 DNA의 이중나선 구조가 바로 염기들 사이에 만들어지는 적절한 수소결합 덕분임을 알아낸 왓슨과 크릭은 이 연구의 중요성을 인정받아 1962년 노벨상을 수상하였으며, 이는 오늘날 그 끝이 어디일 줄 모르는 분자생명공학 발전의 효시를 이루었다. 그런데 실은 폴링도 당시 이 DNA의 구조를 밝히려는 경쟁 대열에서 치열한 경쟁을 벌였던 사람들 중의 하나이다. 이때의 흥미진진했던 상황은 당시 이 경쟁에 참여하고 있던 여러 과학자들에게는 애송이로 여겨졌던 영국 캐빈디쉬연구소의 왓슨이 후에 저술한 베스트셀러 《이중나선(double helix)》에 잘 나타나 있다.

결국 이 경주에서는 왓슨과 크릭에게 우승의 자리를 양보해야 했지만 폴링은 우리 생명에 절대 필요한 3차원 구조의 단백질이 수소결합의 덕분에 그 적절한 α-helix의 나선형 입체 모습과 기능을 갖출 수 있는 것을 밝혀내는 중요한 연구를 하였으며, 이런 그의 업적은 1954년 그가 노벨화학상을 수상하게 되는 중요한 연유가 되었다.

또한 이 책의 '30장 핵폭탄과 원자력에너지' 에 자세히 기술되어 있지만 1960년대는 핵실험이 큰 논쟁이 되었던 시기이다. 이때 지상에서의 핵실험에 반대한 그의 활동은 1962년 노벨 평화상을 그에게 안겨주었으며, 따라서 퀴리 부인과 같이 몇 되지 않는 두 번의 노벨상을 수상한 과학자의 한 사람이 되었다.

:: 소중한 수소결합

우리의 유일한 삶의 터전 지구가 생명의 행성으로 만들어지는 과정을 공부하면 할수록 이를 가능하게 해주는 많은 요소들이 곳곳에서 합력해서 일들을 만들어내고 있음을 알게 된다. 우리 주위에 너무 흔한 물이지만 또한 없어서는 절대로 안 되는 물을 아주 특별하게 해주는 것이 바로 물이 내부에 간직하고 있는 "수소결합"이며, 이 수소결합도 우리를 지구상에서 편하게 살 수 있게 해주는 바로 그런 소중하며 고마운 요소의 하나임이 틀림없다.

'한 송이의 국화꽃을 피우기 위해
봄부터 소쩍새는 그렇게 울었나 보다
한 송이의 국화꽃을 피우기 위해
천둥은 먹구름 속에서 또 그렇게 울었나보다'

이에 더하여 일찍이 '국화 옆에서' 라는 시를 통하여 생명의 신비로움과 세상에 존재하는 모든 것들이 서로 긴밀한 인연을 맺고 우주의 현상 속에 자리하고 있다는 믿음을 말씀하셨던 서정주 시인의 마음을 더 가까이 느낄 수 있을 것 같기도 하다.

Part 5

생명의 행성

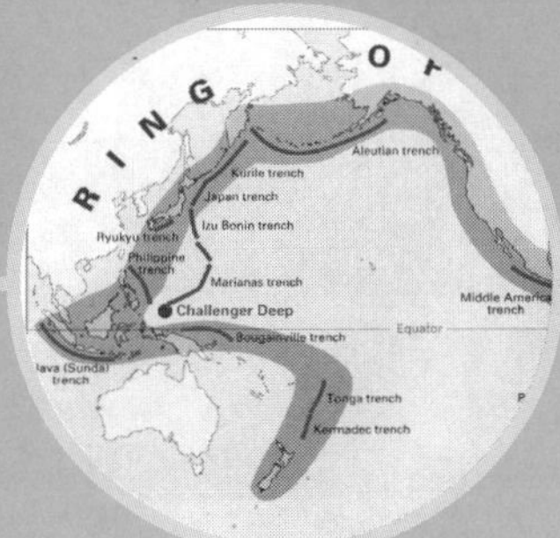
RING OF
Aleutian trench
Kurile trench
Japan trench
Izu Bonin trench
Ryukyu trench
Philippine trench
Marianas trench
Challenger Deep
Middle America trench
Equator
Bougainville trench
Java (Sunda) trench
Tonga trench
Kermadec trench

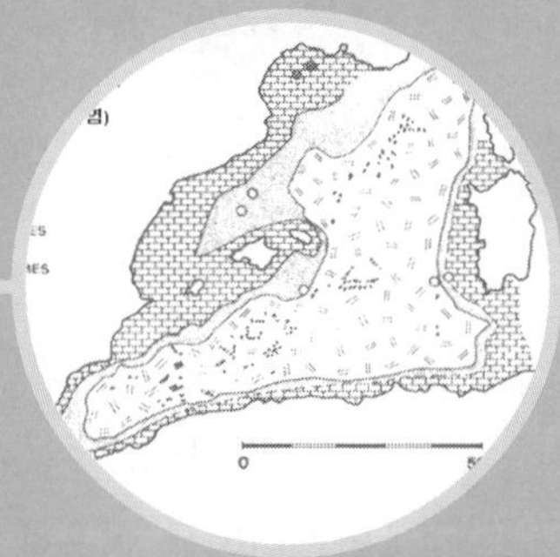

24

녹색 혁명

캘빈 (Melvin Calvin, 1911~1997)

1961년 노벨화학상 수상
"for his research on the carbon dioxide assimilation in plants"
(광합성에 관한 연구)

생명의 행성인 지구에 살고 있는 우리들이 생명활동을 유지할 수 있는 궁극적인 에너지원은 식물이다. 지구상의 모든 생명은 고맙게도 식물이 광합성, 즉 태양에너지를 이용해 공기 중의 탄산가스를 유기화합물로 변화시키는 과정을 통해 열심히 만들어낸 먹이에 의존해서 살아가는 것이다.

:: 생명체들이 스스로 일구어낸 지구

지구의 과거 자료를 살피면 지구상에 처음으로 출현한 생명체들은 광합성 능력을 갖추고 있지 않았던 것 같다. 이런 지구상에 광합성 능력을 가진 생명체가 출현한 것은 실로 혁명적이었다. 그 이전 지구상에 살던 생명체들의 삶의 기반을 흔드는 엄청난 사건이었던 것이다. 광합성의 부산물로 만들어진 산소가 그 주범이었다. 우리에게 절대적으로 필요한 산소가 지구를 지배하던 당시 생물들에게는 독소였던 것이다. 광합성으로 인해 대기 중의 산소가 증가하기 시작하면서 지구는 산소를 꼭 필요로 하는 생물들로 그 무대의 주인이 바뀌었다. 이는 태양에너지를 더욱 효과적으로 사용할 수 있는 방향으로서, 지구상의 생물들로 보면 위기가 새로운 기회로 바뀌진 것이다.

우리는 앞서 지구가 적절한 크기를 가지고 있고 태양으로부터 적절한 거리에 떨어져 있음으로, 태양계 내의 다른 행성들에 비해 태어날 때부터 생명의 행성이 되기에 유리한 조건을 갖추고 있음을 살펴보았다. 그리고 우리 지구상에 태어난 생명은 지구를 광합성을 이용한 녹색 혁명을 통해서 산소가 있는 환경으로 만들어, 생물들 스스로 더 살기 좋은 환경으로 적극적으로 바꾸는 일을 한 것이다.

이번 글에서는 지구가 생명의 행성이 되는 데 필수적인 산소의 진화와 이로 인해서 만들어지는 지구환경의 변화에 대해 살펴볼 예정이다. 먼저 이런 엄청난 일을 이루어낸 광합성에 대해 살펴보기로 하자.

:: 광합성

식물이 동물과 구별되는 특징의 하나는 바로 엽록체를 가지고 있다는 것이다. 이 엽록체에서 광합성, 즉 빛에너지가 이산화탄소와 물을 포도당과 산소 및 물로 전환시키는 복잡한 그러나 매우 중요한 과정이 이루어지는 것이다.

이 반응은 다음과 같은 일반식으로 나타낼 수 있다.

$$6CO_2 + 12H_2O \xrightarrow{hv} C_6H_{12}O_6 + 6O_2 + 6H_2O$$

사실 이 반응식은 광합성이 구체적으로 어떻게 일어나는지에 대한 세세한 정

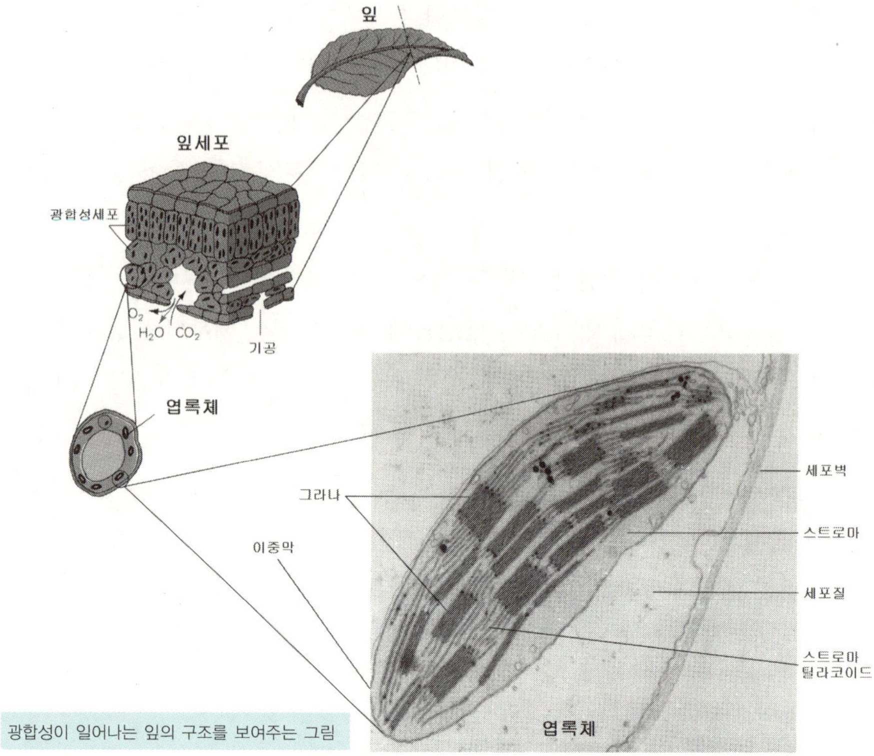

광합성이 일어나는 잎의 구조를 보여주는 그림

보를 알려주지 않는다. 어떻게 태양에너지가 화학 결합에 이용될 수 있었을까? 좌변의 물과 우변의 물은 동일한 것일까? 산소는 탄산가스와 물 중 어느 것에서 유래된 것일까? 이런 의문들은 계속 이어진다.

:: 명반응과 암반응

캘빈의 체계적인 연구를 통해 우리는 이런 여러 질문에 대해 꽤 자세한 답을 알고 있다. 이 연구는 물론 1961년 그에게 노벨화학상 수상의 영예를 안겨주었다.

광합성은 빛을 필요로 하는 명반응(light reaction)과 빛이 요구되지 않는 암반응(dark reaction)으로 구분된다. 명반응이 진행되면서 빛에너지를 이용해 계의 에너지를 증가시키는 충전 과정이 일어나고, 이어 암반응에서 에너지를 흐르게 하면서 유용한 화합물의 합성이 일어날 수 있도록 한다. 광합성 과정에서 식물은 태양복사에너지의 광자를 전기에너지로 바꾼 후 궁극적으로 이를 화학에너지로 바꾸는 놀라운 능력을 발휘하고 있는 것이다.

명반응에서 태양에너지(hv)는 ADP와 NADP+를 각각 ATP와 NADPH로 전환시켜 암반응에 필요한 물질들을 만들어낸다. ATP는 암반응에 필요한 에너지와 무기인산을 제공하며, NADPH는 환원력과 수소를 제공하게 된다.

$$ADP + Pi\ NADP^{+} + H_2O \xrightarrow[\text{엽록소}]{hv} ATP + NADPH + H^{+} + \frac{1}{2}O_2$$

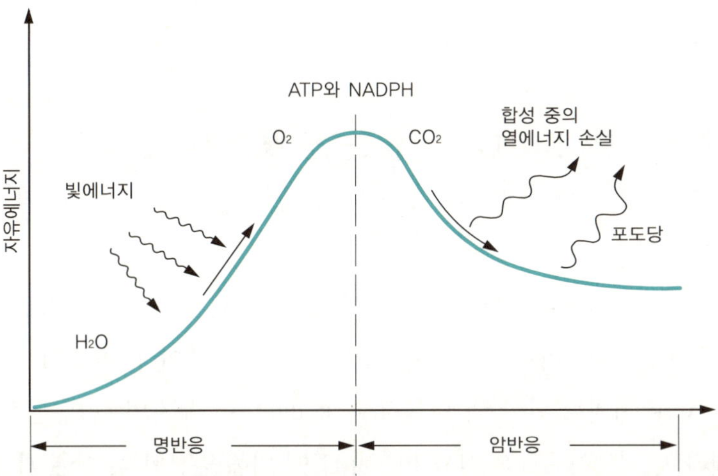

광합성이 진행되는 과정에서 일어나는 에너지 상태의 변화를 보여주는 모식도. 명반응 단계에서 빛에너지가 이용되어 높은 에너지 상태의 ATP와 NADP가 만들어지며, 암반응에서는 이들 고에너지의 분자들이 사용되어 중간 에너지 상태의 포도당이 합성되는 모습을 보여준다.

명반응을 통해서 만들어진 ATP와 NADPH에 의한 에너지나 환원력으로 무장을 한 엽록체는 CO_2만 유입되면 아래와 같이 포도당 생성을 시작할 수 있다.

$$6CO_2 + 18ATP + 12(NADPH + H^+) \xrightarrow{\text{효소}} C_6H_{12}O_6 + 18(ADP + Pi) + 12NADP^+ + 6H_2O$$

이때 ATP와 NADPH는 다시 원래의 상태로 돌아가 다시 명반응에 참여할 수 있게 되는 것을 알 수 있다. 그러나 포도당의 실제 생성 과정은 단순히 여섯 분자의 CO_2와 몇 개의 수소가 탄소 6개를 포함한(6탄당) 포도당으로 변환되는 것은 아니다. 에너지적으로 CO_2가 포도당에 비해 훨씬 안정하기 때문에 이런 반응은 실제로 거의 불가능하다. 바로 명반응에서 만들어진 ATP와 NADP와 효소들의 도움이 필요한 부분이다.

:: 캘빈회로

포도당의 합성은 캘빈회로라고 부르는 순환회로를 통해 이루어진다. 이번 이야기의 주인공인 노벨상 수상자 캘빈이 많은 업적을 이룬 데서 유래된 이름임은 물론이다.

효소의 도움으로 유입된 CO_2분자가 5탄당 물질과 화학결합을 이루면서 캘빈회로에 들어온 이후 비로소 포도당합성이 시작되는 것이다. 캘빈회로의 전반부에서는 CO_2분자와 결합한 5탄당물질(5C, RuBP)이 두 분자의 3탄당물질(3C, 3PG)로 분해되고, 이들이 ATP와 NADPH 및 H^+에 의해 인산화 및 환원 과정을 거치면서 이 단계의 최종물질인 3탄당물질(3C, G3P)로 변환된다. 그리고 이렇게 만들어진 3탄당물질(3C, G3P)들은 5탄당물질(5C, RuP)로 변환된 후 ATP의 도움으로

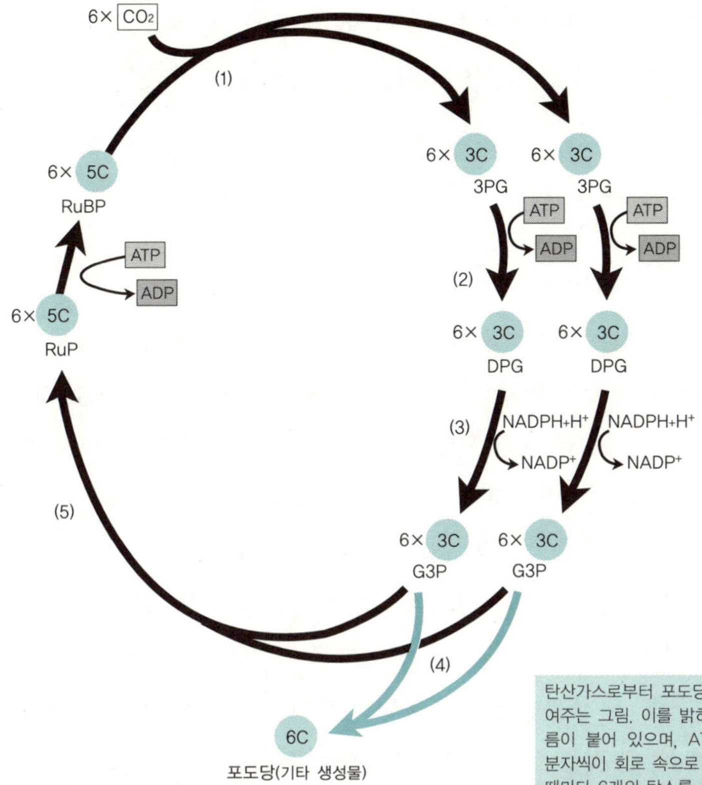

탄산가스로부터 포도당이 만들어지는 일련의 반응 단계를 보여주는 그림. 이를 밝혀낸 캘빈의 이름을 따 캘빈회로라는 이름이 붙어 있으며, ATP와 NADP의 활약으로 탄산가스 한 분자씩이 회로 속으로 들어오는 이 순환 과정, 즉 여섯 번 돌 때마다 6개의 탄소를 가진 포도당이 한 분자씩 만들어진다.

최초의 5탄당물질(5C, RuBP)로 다시 돌아가며 하나의 순환 과정을 이룬다. 그런데 이런 캘빈순환이 여섯 번 반복될 때마다 한 번씩 일 단계 최종물질인 3탄당물질(3C, G3P)이 결합하여 6탄당인 포도당(6C)이 만들어지는 것이다. 즉 캘빈회로가 여섯 번 돌아가면서 여섯 개의 CO_2분자가 포도당 분자 하나로 결합되는 것이다.

이렇게 한 분자의 포도당을 만들기 위해 여섯 번이나 캘빈회로를 돌리며 귀중한 에너지 저장고인 ATP가 18개, NADP가 12개나 소비된다. 그렇지만 이렇게 만들어지는 포도당이 분해되면서 우리 몸속에 귀중한 ATP를 다시 더 만들어주기 때문에 식물들은 열심히 광합성을 계속하고 있다. 그리고 우리는 이런 고마운 식물의 덕을 보면서 생명을 유지하고 있는 것이다.

그러면 이런 포도당을 분해(소화)시켜 우리 몸이 살아가는 힘의 원천인 ATP를 만드는 데 절대적으로 필요한 산소 이야기로 들어가보자.

:: 산소의 진화

오늘날 지구의 대기는 비교적 안정된 조성을 유지하고 있는 것이 사실이지만(이것도 최근에 와서는 사람들의 영향으로 적은 양이기는 하지만 변화하는 증거가 있다), 지질학적으로 긴 시간을 거슬러 올라가면 중요한 변화가 있었다는 증거가 남아 있다. 그중 가장 중요한 것이 바로 대기 중의 산소 농도의 변화이다.

과학자들이 과거 대기 중 산소의 농도를 추정해 알아갈 수 있는 여러 흔적들을 살피면서, 대기 중 산소 농도의 변화 과정을 보이는 시나리오를 만들어보자.

탄생 초기 지구의 대기에는 태양성운을 이루고 있었던 기체나 먼지의 잔해인 수소가 풍부했다. 또 꽤 풍부한 물의 공급원도 가지고 있었다. 더욱이 지구로 볼 때 아주 다행스러웠던 것은 적절한 탄산가스 등에 의한 온실효과로 인해 이들이 액체 상태로 존재할 수 있는 표면 온도를 가질 수 있었던 것이다. 그리고 질소와 적은 양이지만 황화수소, 암모니아, 메탄 등이 있었을 것으로 생각된다. 그러나 분자 상태의 자유로운 산소가 없었음은 분명하다.

물론 높은 상공에서는 대기 중의 수증기가 광분해하여 산소가 서서히 생성되기는 했다. 그러나 본격적인 산소의 생성은 지금부터 약 38억~35억 년 전 즈음에 광합성 능력을 가진 박테리아가 등장하면서부터이다. 이때 만들어진 반응의 부산물이 산소임은 이미 앞에서 살펴본 바 있다.

대기 중으로 방출된 산소는 즉각 물에 녹아 있던 철이온에 붙잡혀 침전으로 가라앉았다. 이 과정은 꽤 오랫동안 진행되었던 것으로 여겨지는데, 지구의 여

오스트레일리아의 해머슬리 지역에 있는 선캠브리아기 갈철광으로 이루어진 '적색층.' 이런 적색층은 지구상에 광합성 생물이 나타나기 시작했을 때 광합성의 부산물로 생성된 산소가 바다에 많이 녹아 있던 철과 결합하면서 형성된 것으로 생각된다. 또한 적색층의 퇴적으로 인해 대기 중의 산소가 축적되는 속도가 지연되었을 것으로 여겨지고 있다.

러 지역에서 발견되는 옛 산화철의 '적색층'에서 볼 수 있다.

산소의 생성 속도가 철에 의한 퇴적 속도를 능가하기 시작하며 지금으로부터 약 20억 년 전에 이르면 산소가 마침내 대기 중에 축적되기 시작한다. 옛 대기를 연구하는 화학자들은 산소분자의 진화 역사에서 이정표가 되는 세 시기의 산소량을 대략 다음과 같이 추정하고 있다.

- 약 20억 년 전(2Gyr BP) : 대기의 산소가 현재 값의 약 1%에 이름
- 약 7억 년 전(700Myr BP) : 대기의 산소가 현재 값의 약 10%에 이름
- 약 3억 5천만 년 전(350Myr BP) : 대기의 산소가 현재의 값에 이름

:: 오존층의 출현

대기 중 산소의 출현은 지구상에 살고 있는 생명계에 또 하나의 선물을 안겨주었다. 태양으로부터 날아오는 강력한 에너지를 가지고 있는 자외선으로부터 지상의 생명을 보호해줄 수 있는 필수적인 보호막 역할을 하는 오존층을 지구 상

공에 만들어낸 것이다.

1) 오존의 발견

대기 중에서 불꽃 방전이 일어날 때 독특한 강한 냄새를 띈 연푸른빛의 기체가 생기는 것은 이미 18세기 후반부터 알려져 있었다. 그러나, 오늘날 오존으로 불리는 이 기체의 발견은 독일의 화학자 쇤바인(Christian Schoenbein)이 파리과학원에 「몇 가지 화학반응에서 나타나는 냄새의 성질에 관한 연구」라는 논문을 발표한 1840년을 기원으로 꼽는다. 당시 스위스 바젤대학교의 화학 교수이었던 쇤바인은 '냄새가 나다' 라는 뜻을 가진 희랍어 'ozein' 으로부터 이 기체를 오존(ozone)이라 명명했다. 수 년 후 프랑스 과학자 소레(Soret)는 보통의 산소가 산소원자 두 개의 분자구조(O_2)를 가지는 물질임에 반하여, 오존은 세 개의 산소원자로 이루어진 분자구조(O_3)를 가지고 있음을 밝혔다.

2) 오존층의 발견

오존층이란 무엇일까? 오존층이란 지상 약 15km에서 약 40km 사이의 고도에 오존이 밀집되어 있는 층을 말한다. 오존층의 발견은 플랑크 곡선이 중요한 기여를 한 또 하나의 예이다. 지상에서 관측된 태양스펙트럼을 조사하는 가운데 나타난 의문의 하나는 파장이 약 300nm 이하가 되는 자외선 영역의 복사선이

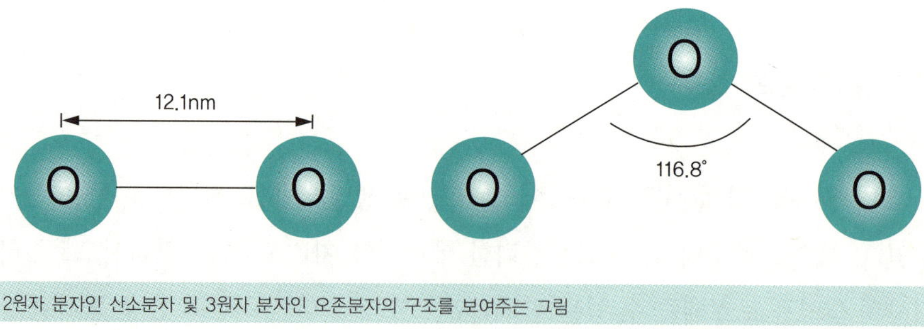

2원자 분자인 산소분자 및 3원자 분자인 오존분자의 구조를 보여주는 그림

관측되지 않는 것이었다.

이 질문에 답을 제시한 사람은 아일랜드의 하틀리(Hartley)였다. 1840년에 발견된 오존이 여러 파장의 빛을 흡수한다는 사실이 여러 연구자들의 실험에 의해 차차 알려지게 되었는데, 하틀리는 오존이 특히 파장 240nm에서 300nm 사이의 자외선을 강하게 흡수하는 것을 발견했다. 하틀리는 태양의 스펙트럼에 300nm보다 짧은 파장을 가지는 자외선이 지상에서는 관측되지 않는 것에 주목하면서, 이 영역의 자외선이 대기 상공 어딘가에 있는 오존에 흡수되어 지상에 도달되지 않는다고 생각했다. 이렇게 대기 상공에서의 오존층의 존재를 예언했는데 1881년의 일이다.

오존층의 실재가 증명된 것은 이로부터 60여 년이 지난 1940년대 후반, 로켓에 의하여 분광계를 30km 이상의 고공으로 보내어 대기 중의 여러 높이에서 햇빛의 스펙트럼을 조사한 이후이다. 고도가 30km 이상인 지역에서는 파장의 영역이 넓어지기 시작해 55km가 되면 240nm 이하의 파장까지 관측이 되는 것을 알게 되었다. 이로써 지구 상공의 대기 중에 오존층이 있는 것이 증명된 것이다.

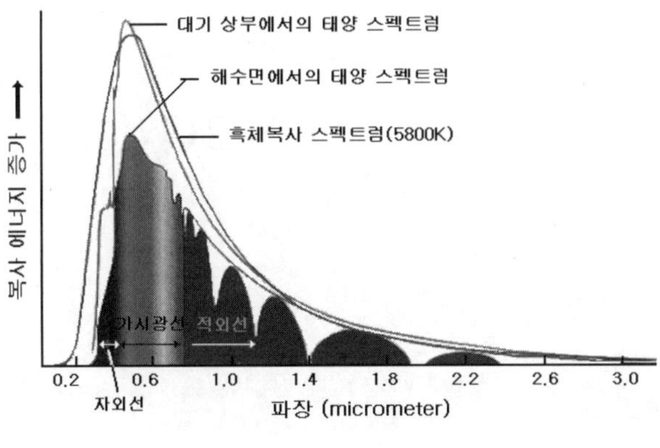

대기 상부 및 지상에서 관측되는 태양스펙트럼. 지상에서 관측되는 스펙트럼의 300nm 이하의 자외선 영역에서는 복사양이 작아 거의 관측되지 않는다.

3) 오존층의 형성

오존층이 만들어지는 원인이 처음으로 제시된 것은 1930년 영국의 화학자 채프먼(Chapman)에 의해서이다. 흔히 채프먼화학 또는 산소의 화학이라 불리는 오존 형성 과정을 화학식으로 적어보면 다음과 같은 2단계로 표현할 수 있다.

1단계 : $O_2 + h\nu(\lambda < 240nm) \rightarrow 2O$

2단계 : $O + O_2 + M \rightarrow O_3 + M$

첫 단계는 공기 중의 산소분자(O_2)가 강한 에너지를 가진 자외선($h\nu$)에 의해 분해되어 산소원자(O)를 만들어내는 과정이다. 두 번째 단계는 이렇게 만들어진 산소원자가 주위의 산소분자와 결합하여 오존분자가 되는 과정이다. 반응식에 포함된 M은 주위에 있는 질소, 산소 등의 공기를 구성하는 분자들로서, 높은 에너지의 오존분자와 충돌하면서 과량의 에너지를 빼앗아 오존을 안정한 분자로 만들어주는 역할을 하는 것이다. 오존은 물론 주위의 자외선을 흡수하며 분해되어 결국 산소분자로 되돌아가면서, 생성과 분해 사이에 적절한 균형을 이룬다.

그런데 첫 번째 단계는 산소분자를 분해시키는 강한 에너지를 가진 자외선 영

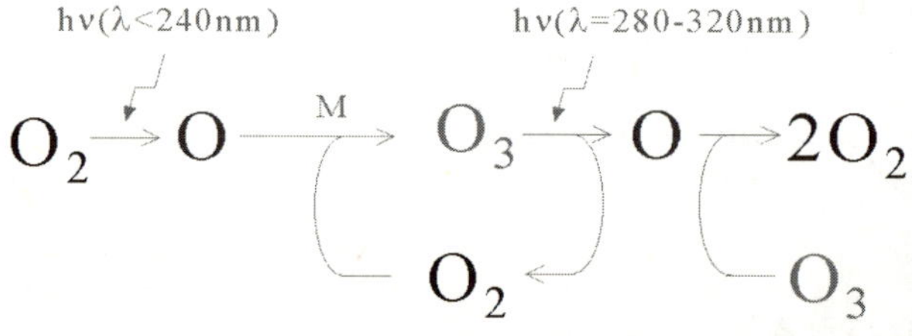

산소만이 관련되어 오존이 형성되는 채프만 화학을 보여주는 모식도. 자외선에 의해 산소분자가 분해되면서 만들어진 산소원자가 산소분자와 결합하여 오존을 만든다. 이때 생성된 오존이 안정한 오존 분자로 살아남기 위해서는 주위의 질소, 산소와 같은 분자(M)와 충돌하면서 여분의 에너지를 잃어버려야 한다.

역의 태양광이 필요하여 고도가 높을수록 그 반응이 유리하다. 그러나 두 번째 단계는 주위의 공기분자 M을 필요로 하므로 고도가 낮아질수록 유리하게 된다. 따라서 고도에 따라 상반된 경향을 가진 두 반응이 적절한 타협점을 찾아 우리 지구상에는 고도 15~40km 정도에 오존층이 형성된 것이다.

4) 자외선의 차폐막

대기 중에 산소의 농도가 증가함에 따라 오존의 농도 또한 증가하면서, 지구는 치명적인 태양의 자외선복사로부터 보호되기 시작했고, 이런 환경의 변화는 결국 생물의 진화에도 엄청난 영향을 끼쳤다. 약 7억 년 전 해양에서 육상으로 생물이 삶의 터전을 넓혀간 시기는 바로 대기 중에 어느 정도의 산소가 형성되어

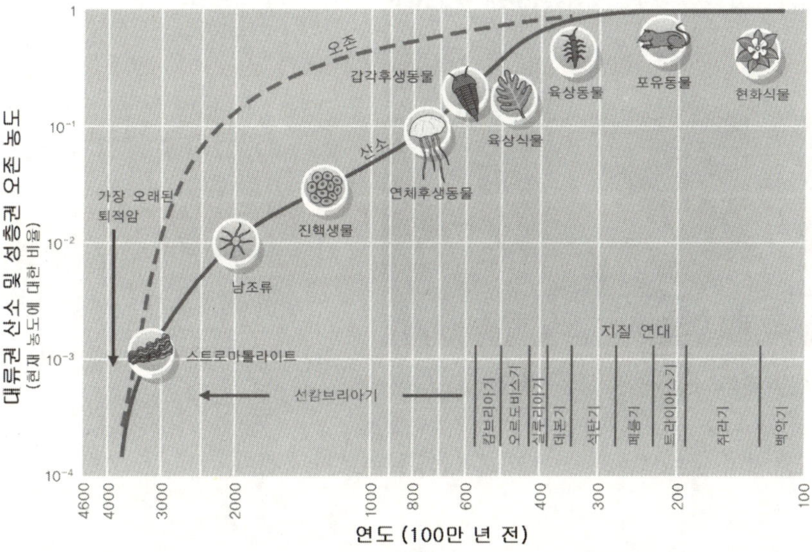

지구 대기 중 산소와 오존 농도의 시간에 따른 진화 경로. 화석에 근거한 생물들의 진화 과정을 보면 자외선으로부터 보호해줄 수 있는 오존층이 충분히 형성된 이후에야 육상식물이 등장하고 있어 오존층의 중요성을 분명히 보여주고 있다. 산소 농도의 곡선은 암석이나 화석의 증거로부터 유추한 것이며, 오존 농도의 곡선은 광화학 컴퓨터 모형을 통해 계산된 것이다.

오존층이 만들어진 후의 일이다. 그 이전에는 유해한 자외선의 영향을 바닷물 속에서 피할 수밖에 없었던 것이다.

오존층의 형성은 생명체 스스로가 지구를 더욱 적절한 생명의 행성으로 적극적으로 바꾼 중요한 사건이었다. 이러한 연유로 오존층을 우리 생명계의 아킬레스건이라고도 부르고 있다.

:: 생명계의 아킬레스건

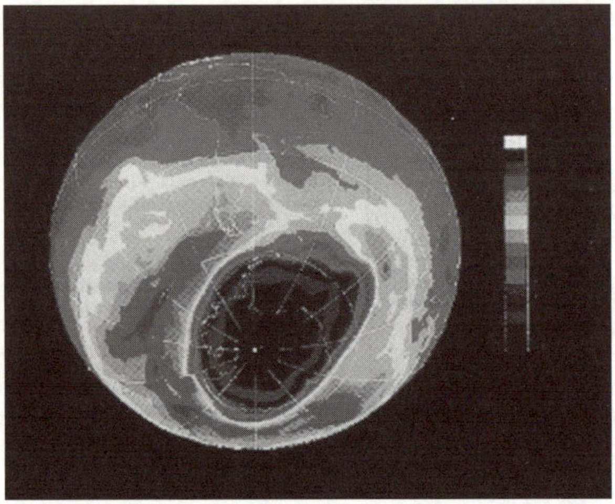

남반구 초봄 남극대륙의 상공에 발달되는 오존 구멍 현상을 보여주는 인공위성 자료 사진

1985년에 밝혀진 남극 상공의 오존 구멍은 지구상 생명계의 소중한 아킬레스건인 오존층을 사람들이 스스로 심각하게 파괴시키고 있다는 것을 극명하게 보여준 사건이었다. 1987년에 체결된 몬트리올 의정서를 통해 오존층 파괴물질의 사용을 규제하면서 오존층을 지키기 위한 전지구적 노력을 경주하고 있는 것은 참으로 다행스러운 일이다. 오존층과 관련된 이야기는 뒤의 '31장 얇아지는 오존층'에서 더 자세히 살펴보기로 하자.

25
밝혀지는 대기 구조

애플턴 (Sir Edward Victor Appleton, 1892~1965)

1947년 노벨물리학상 수상
"for his investigations of the physics of the upper atmosphere especially for the discovery of the so-called Appleton layer"
(상층 대기의 애플턴층의 발견)

노벨상이 처음 시작된 해인 1901년 12월 12일 마르코니(Guglielmo Marconi)는 영국 콘월에서 대서양을 가로질러 3,380km나 떨어진 캐나다 뉴펀들랜드까지 라디오파를 전송하는 데 성공했다. 과학자들을 매우 난처하게 만든 놀라운 실험이었다. 직선을 따라 전달될 수밖에 없을 라디오파가 어떻게 지구의 곡면을 따라 뉴펀들랜드에까지 도달할 수 있었을까?

:: 저 높은 상공에 전하를 띤 층이 있다?

영국의 물리학자 헤비사이드(Oliver Heaviside)와 미국의 전기기술자 케넬리(Arthur Kennelly)가 하나의 답을 제시했다. 태양으로부터 오는 강력한 자외선이 지상 약 100km 상공에서 공기분자들을 전리시켜 전리층을 만들며, 라디오 신호

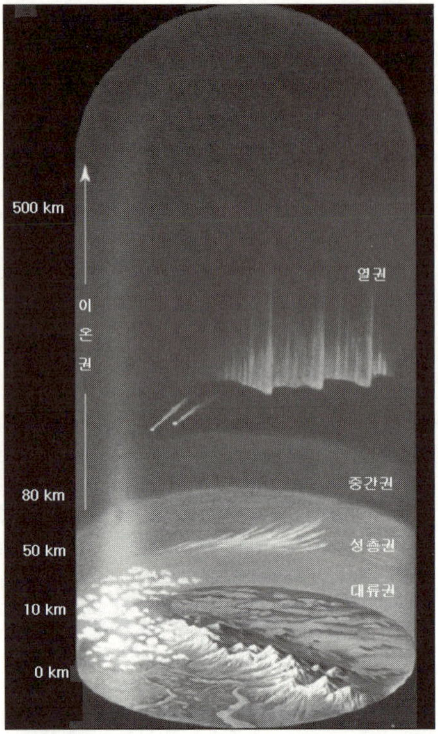

대기의 상층 구조의 모습. 약 50km 이하에 있는 대류권과 성층권 밖으로도 중간권 열권 등의 구조가 더 발달되어 있음을 보여주고 있다.

가 이 층에 반사되어 다시 지상으로 내려온 것이라는 주장이었다. 그러나 이런 '케넬리-헤비사이드층' (혹은 헤비사이드층 또는 더 간단히 E층)에 대한 생각은 1920년대가 되도록 별다른 진전이 없었다.

1920년대 영국의 물리학자 애플턴(Edward Appleton)이 등장하면서 라디오파의 전달과 관련된 이론적인 급진전이 이루어진다. 특히 주파수를 변화시켜가면서 수행한 실험을 통해 그는 라디오파의 간섭현상이 통신에 매우 중요한 역할을 하고 있음을 알게 되었다. 발신처로부터 직접 전달된 신호와 상층의 대기에서 반사되어 지상으로 전달된 다른 신호가 합쳐질 때 위상의 차이로 부분적 상쇄가 일어날 경우 이로 인하여 통신이 급속하게 감소되는 현상을 이해하게 된 것이다.

1926년 애플턴은 약 230km 정도의 상공에 더욱 강력한 자외선에 의해서 전리가 더 잘 일어나며, 라디오파의 통신에 더욱 중요한 역할을 하는 또 다른 반사층을 발견했다. 이를 '애플턴층' 이라 부른다. 애플턴은 먼 대기 상공에서는 지상과 달리 무엇인가 흥미로운 일이 일어나는 것을 간접적으로 알아낼 수 있었다. 대기 높은 곳의 전리층에 관한 연구는 1947년 그에게 노벨상 수상의 영예를 안겨주었다.

그러나 우리들이 살고 있는 대기에 대한 어느 정도의 실체감은 온도, 압력 또는 공기의 운동을 직접 측정하려는 노력을 통해서 더욱 구체적으로 가질 수 있게 된 것이다. 대기를 연구한 역사를 살피면 상공에 대한 궁금증은 이미 오래 전부터 끊임없이 있어왔던 것을 알 수 있다.

:: 온도계 및 기압계의 발달

1597년 갈릴레오는 온도에 따라 부피가 변하는 것을 이용한 온도측정기(thermoscope)라는 측정기구를 제작해 처음으로 온도를 측정할 수 있음을 보였다. 이어 1641년 투스카니(Tuscany)의 페르디난드 2세(Grand Duke Ferdinand II)의 궁전에서 밀봉된 유리관에 들어 있는 액체를 이용한 공기 온도계가 처음으로 제작되었다. 그러나 적절한 기준 물질이 없었기 때문에 온도계의 눈금을 보정하는 방법은 항상 논란거리였다.

1694년에 이르러 파두아(Padua)의 물리학자 레날디니(Carlo Renaldini)가 물의 어는점과 끓는점을 온도계의 기준점으로 이용하는 것이 적절하겠다는 제안을 했다. 1714년에는 독일의 파렌하이트(Daniel Fahrenheit)가 처음으로 수은(Hg)을 사용한 온도계를 제작하면서, 소금물과 사람의 체온을 나름대로의 기준점으로 하는 온도측정 잣대(Fahrenheit, 화씨)를 제시했다(사람의 정상체온이 화씨로 몇 도나 되는지 한번 계산해보자). 마침내 1742년 셀시우스(Anders Celsius)가 물의 어는점과 끓는점을 100등분하는 섭씨 체계(Celcius)를 제안함으로써, 오늘날 우리들이 흔히 사용하는 온도 측정의 기본이 마련되었다.

압력의 경우는 1643년 토리첼리(Evangelista Torricelli)가 공기의 압력으로 수은주를 76cm나 올릴 수 있음을 밝히면서 압력계를 제작했으며, 실제 이 시기부터 압력의 측정이 이루어진 기록이 남아 있다. 지표 부근의 대기압은 고기압 · 저기압 등 변화에 따라 다소 차이가 있기는 하지만 대체로 1기압에 가깝다. 그러면 상공으로 올라가면 기압은 어떻게 될까?

:: 최초의 기구 비행

높은 산 위에 올라가면 기압이 낮아지고 온도도 내려간다는 것은 흔히 체험하는 일이다. 그러나 사람이 직접 상공에 올라 이를 확인할 수 있었던 것은 18세기 후반 기구(balloon)가 본격적으로 개발되면서이다. 프랑스의 화학자 샤를(Jacques Alexandre Charles)은 수소기구(hydrogen balloon)를 처음으로 만들고, 1783년 8월 27일 파리에서 시운전을 하여 약 910m 고도까지 올리는 데 성공한다.

1783년 프랑스의 과학자 샤를과 그의 조수 로베르가 600m 상공에서 수소기구를 타고 비행하는 그림

그해 12월 1일에는 수소기구를 타고 최초의 시험 비행에 성공하는데, 동행한 로베르와 함께 약 600m 상공으로 올라가 약 40km에 이르는 거리를 비행했다. 이어 기구를 지면으로 내려 동행자를 내려놓은 후 가벼워진 기구로 단독 비행을 시도하여 약 2,700m까지 올라갈 수 있었다. 물론 안전하게 다시 내려올 수 있었으며, 이를 통해 샤를은 고도가 올라가면서 공기가 희박해지며 온도가 내려감을 최초로 확인하게 되었다. 고도가 높아지면 왜 온도와 압력이 내려가는 것일까?

:: 고도가 높아질수록 온도와 압력이 내려간다

대기는 압축이 가능한 유체이기 때문에 낮은 고도에서는 공기분자들이 더 조밀하게 쌓여 있어 밀도가 높지만 고도가 높아질수록 밀도가 낮아진다. 고도가 높아지면서 압력은 지수 함수적으로 급격히 감소해, 대략 6km씩 높아질 때마다 절반으로 줄어든다. 따라서 약 6km 고도의 대기압력은 약 0.5기압, 12km 고도에서는 약 0.25기압이다. 고도가 증가하면서 압력이 낮아지는 것을 보여주는 파스칼(Blaise Pascal, 1623~1662)의 실험 기록이 남아 있다.

왜 온도가 낮아지는 것일까? 태양열을 흡수한 지표가 다시 복사를 하면서 공기를 데워서 공기의 상승운동을 일으키기 때문이다. 이런 대류운동이 온도의 감소와 무슨 연관이 있는 것일까? 기압이 높은 저층의 공기가 기압이 낮은 고층으로 이동할 때 압력차 때문에 부피가 팽창한다. 줄을 놓친 풍선이 올라가면서 점점 부푸는 현상이다. 이때 공기가 외부에 대해 일을 해야 하기 때문이다.

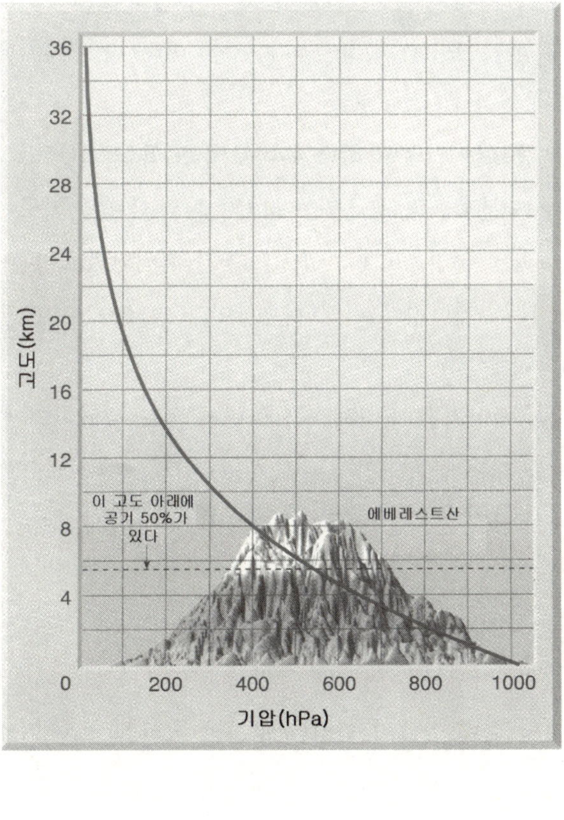

고도에 따른 기압의 변화 모습. 고도가 증가함에 따라 지수함수적으로 압력이 줄어드는데, 지구 중력의 영향으로 기체의 대부분이 지표면 근처에 분포하고 고도가 높아질수록 점점 엷어지면서 나타나는 결과이다.

:: 열역학 제1법칙

"우주의 에너지는 일정하다. 즉, 에너지를 새로이 창조할 수도 없고 소멸시킬 수도 없으며, 단지 변환만이 가능하다."는 내용의 열역학 제1법칙은 '에너지보존의 법칙'으로도 알려져 있는 경험법칙이다. 스스로 에너지를 만들어내는 기계가 있다면 얼마나 좋을까? 열역학 제1법칙은 소위 제1종 영구기관이라는 이름의 이런 기계를 지구상에 만들 수가 없다는 것을 분명히 알려주고 있다. 먹고살기 위해서는 그만큼 땀을 흘리며 수고해야 한다는 조물주의 심오한 뜻이 함축되어 있을 것 같기도 한 법칙이다.

수직으로 상승하는 공기는 어디에선가 팽창에 필요한 에너지를 반드시 공급받아야 함을 열역학 제1법칙은 요구하고 있다. 만약 공기가 주위에서 에너지를 공급받을 수 없을 만큼 빠르게 상승하면(단열 과정), 공기는 결국 필요한 에너지를 자신이 스스로 융통해낼 수밖에 없다.

19세기 열역학이 이룩해낸 중요한 업적의 하나가 바로 온도의 의미를 밝힌 것이다. 온도란 그 물질을 이루는 분자들의 평균운동에너지(내부에너지)의 척도이다. 이런 연구 과정에서 자연스럽게 절대온도(T, T=t(도)+273)가 정의되었으며, 이렇게 정의된 절대온도는 바로 내부 에너지에 비례하는 양이다(절대영도는 모든 물질이 운동을 그치고 정지하는 극한의 상태이다).

상승하는 공기가 자신의 내부에너지를 소비해 팽창하면서 온도는 낮아지며, 반대로 공기가 지상으로 내려올 때는 압축되면서 온도가 올라간다. 수직적으로 공기가 잘 섞이는 대류권 내에서 공기 온도는 고도가 높아지면 낮아지게 되는 것이다.

재미있게도 깊은 바다에서는 이와 반대의 현상이 일어나고 있는 것이 관측된다. 표층수가 심해로 가라앉을 때 바닷물은 엄청난 압력에 눌리게 된다(10m당 1기압). 물론 바닷물은 액체이므로 쉽게 압축이 되지는 않지만 이런 압력에 의해

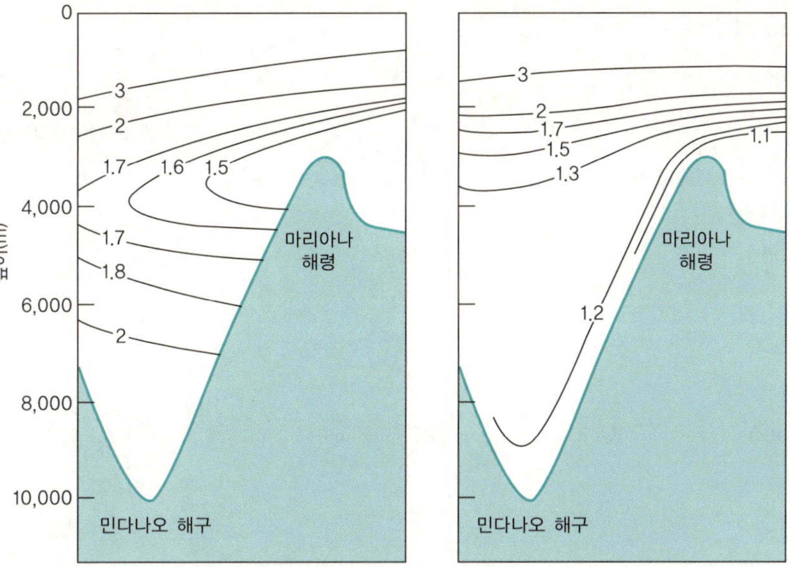

민다나오해구에서 관측된 해수의 등온곡선(왼쪽 그림). 4,000m 이하의 수심이 되면서 수심에 따라 오히려 온도가 높아지며, 얼핏 보기에 불안정한 구조를 하고 있다. 이는 압력에 의하여 해수가 수축되면서 온도가 올라가기 때문이다. 압력에 의한 온도 상승효과를 제거한 온도(포텐셜 온도라고 부름)를 그려보면(오른쪽 그림) 수심이 깊어짐에 따라 온도가 내려가는 안정된 구조를 이루고 있음을 알 수 있다.

부피가 조금 줄어들므로, 열역학 제1법칙에 의해 온도가 올라갈 수밖에 없다. 마리아나 해구에 있는 깊은 바닷물의 온도를 측정해보면, 깊이가 깊어지면서 실제 온도가 올라가는 것이 관측된다. 압력에 의한 온도 상승효과를 빼고 계산된 온도와 비교해보면 그 차이가 약 0.8℃나 되는 것을 알 수 있다.

:: 온도 감률(Lapse rate)

공기의 수직운동이 단열 과정으로 진행될 때, 고도에 따른 온도 변화율(온도 감률)을 계산하면 건조한 공기는 1km 오를 때마다 약 섭씨 9.8도씩 온도가 내려간

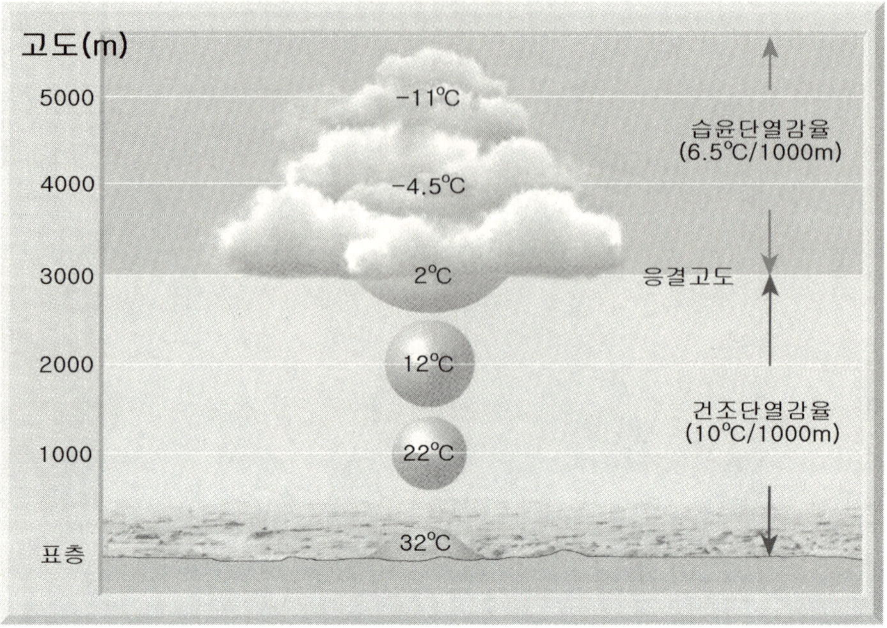

상승하는 공기의 온도 변화를 보여주는 모식도. 공기가 이슬점에 도달하기까지는 건조한 공기에 해당하는 10도/km의 감률을 보여주지만 일단 구름이 형성되기 시작하면 이때 방출하는 잠열 덕분으로 중위도 지역에서는 6.5도/km 정도의 감률을 가진다.

다. 젖은 대기가 상승할 때 일단 온도가 이슬점 이하로 내려가면 수증기가 응결하면서 구름이 만들어지고, 이때 방출되는 잠열이 팽창에 필요한 에너지의 일부를 제공해준다. 중위도 지역에서 젖은 공기의 온도 감률은 1km당 약 섭씨 6.5도 정도의 값을 가진다. 요즘 비행기를 타면 비행기가 비행할 때 고도와 외부 온도를 화면에 보여주는데, 착륙을 하기 위해 비행 고도를 낮출 때 이런 온도 감률을 직접 확인해볼 수 있는 좋은 자료가 제공된다.

:: 어느 고도까지 대기가 존재하는가?

일정한 온도 감률에 따라 고도가 높아지면서 온도가 계속 감소한다면, 여기에 문제가 하나 발생한다. 지표의 평균온도를 약 15℃(절대온도 288K)라고 할 때, 고도가 약 44km가 되면 기온이 절대영도가 되며, 그 위의 고도에서는 대기가 존재할 수 없게 된다.

그러나 80km 정도의 높이에서도 고위도 지방의 여름에 야광운이 관측되는 것은 그 높이에도 수증기가 있다는 것을 말해주고 있다. 44km보다 더 높은 고도에도 대기가 있다는 것은 대기의 상층이 예상보다 고온이며 공기가 더욱 높이까지 퍼져 있음을 나타내고 있다. 그 이유는 무엇일까?

이 문제에 최초로 본격적인 도전장을 던진 사람은 부유한 프랑스의 아마추어 기상학자 테스랑 드 보르(Leon Philippe Teisserenc de Bort)였다. 그는 관측 장비를 탑재한 기구를 11~14km의 고도에 3년간 무려 236회나 올려 수직적 온도 변화를 관측했다. 당시 테스랑이 고도에 따른 온도 변화를 관측할 때 일어났던 많은 일화들이 전해진다.

:: 테스랑과 드레퓌스 사건

테스랑은 1899년 파리 시민들의 원성을 한 몸에 받는 일을 저질렀다. 찌는 듯한 더운 날씨에도 불구하고 이해 여름 파리 시민들의 신경은 온통 당시 진행되던 하나의 군법회의에 집중되어 있었다. 유명한 드레퓌스 대위의 재판이다. 유태인인 그는 5년 전 독일의 스파이로 군법회의에 회부되어 종신금고형을 선고받고 남아메리카의 기아나 다아블 섬에 유배당했다. 그러나 그가 육군 상부의 위증으로 무고한 죄를 뒤집어쓰게 된 갖가지 스캔들이 밝혀지면서, 드레퓌스사건은 프랑스의 보수파와 좌파 사이에 격렬한 정치투쟁의 초점이 되어 있었다.

파리에서 약 270km 떨어진 브르타뉴 지방 레느에서 약 1개월 간이나 열리고 있었던 재심의 소식을 신문사들이 얻을 수 있는 유일한 수단은 전신밖에 없었다. 판결이 가까워오면서 시민들의 관심이 열광적으로 고조되던 9월 9일 갑자기 레느와 파리를 연결하는 전신선이 불통되었다. 후에 알려진 사실로 정치적인 음모에서 일어난 것은 결코 아니었으나 바로 테스랑의 대기 관측이 주범이었다.

이날 아침도 테스랑은 파리 남서쪽 27km의 트래프에 있는 그의 개인 관측소에서 여느 때와 마찬가지로 일련의 상자 연을 날리고 있었다. 최상부의 연에는 온도, 습도, 기압을 연속적으로 측정하는 계측기들이 달려 있었고, 이 계측기의 무게를 지탱하기 위해 피아노 강선으로 만든 줄로 10개의 연이 일정 간격으로 연결되어 있었다.

테스랑과 조수들이 밧줄을 점차 풀어 계측기가 달린 연이 약 3km의 고도에 이른 후 서서히 연을 다시 끌어내리려는 과정에서 그만 피아노 줄이 끊어졌다. 연의 무리가 길이 6km의 피아노선을 질질 끌고 파리 교외 상공을 떠돌아다니면서 천천히 하강하는 동안 온갖 일을 저질렀다. 센 강에 뜬 증기선 1척의 스크루를 파괴했고, 한 경관의 목을 죄기도 했으며, 레느와 파리 사이의 전신을 불통으로 만들어버렸다. 불통 사고는 곧 복구되고 드레퓌스의 운명을 결정짓는 소식도 그리 늦지 않게 파리 시민들에게 전달되었다(드레퓌스는 다시 유죄 판결을 받았지만 곧 특별사면되어 1906년에는 마침내 무죄판결을 받고 후에는 레종 도뇌르 훈장을 받는다). 그러나 이 사고는 파리 시민들의 분노를 샀으며, 그 이후에도 수년 간 떨어진 피아노 줄로 인해 파리에서 급증하고 있던 전신망에 사고를 속출시켰다. 따라서 테스랑은 연 실험을 일절 할 수 없는 상태에까지 이르게 된다.

그러나 그는 연구에 대한 열정으로 10~14km 정도의 고도에서 236회에 이르는 관측을 수행하여, 고도에 따른 온도감소가 약 11km 부근에서 그치며(오늘날 대류권계면[tropopause]에 해당) 그 위는 온도가 거의 일정하다는 것을 발견했다. 테스랑은 이 결과를 1902년 4월 28일 프랑스 과학아카데미에 제출했다.

:: 대기의 구조

실제 고도에 따른 평균기온의 분포 형태를 보면 약 11km 정도까지의 대기는 상하의 대류운동에 의해 고도가 높아짐에 따라 기온이 감소하고 있다. 이 영역을 대류권이라고 부르며, 구름의 생성, 강우, 저기압, 고기압의 발생 등 기상현상은 모두 이 영역에서 일어난다.

당시 오존층에 대해 잘 몰랐던 연유이기도 했겠지만 테스랑은 더 높은 고도의 상층에서도 온도가 일정할 것이라 생각했다. 이런 등온층에서는 대류가 잘 일어나지 않아 상하의 혼합이 잘 되지 않을 뿐만 아니라, 지구의 중력으로 무거운 성분은 아래쪽으로, 가벼운 성분은 위쪽으로 분리될 것으로 생각했다. 그리고 성층권이라는 이름을 붙였다.

그러나 실제 그 위 11km에서 약 50km까지는 오존층이 태양의 자외선 에너지를 흡수하면서 공기를 데워 오히려 공기의 온도가 올라간다. 더운 공기가 찬 공기 위에 놓여 있는 열적으로 안정한 하나의 거대한 역전층이 만들어져 있다.

그 이후의 여러 관측을 통해 자체의 공급원이나 소모원을 가진 수분이나 오존 등을 제외하면 모든 성분들의 상대비가 일정한 것으로 보아, 이 고도에서도 어느 정도 혼합이 일어나고 있는 것을 알 수 있다. 이로서 테스랑의 생각이 옳지 않았다는 것을 알게 되었지만 그가 제시했던 '성층권' 이라는 이름은 지금도 계속 사용된다.

성층권에서 온도가 높아짐을 처음으로 제시한 것은 영국의 린데만(F. A. Lindeman)과 돕슨(G. M. B. Dobson)이다. 운석이 대류권으로 진입할 때 이들 유성이 관측되는 고도, 길이, 밝기 등이 공기의 밀도에 의해 결정되는 것에 착안하여,

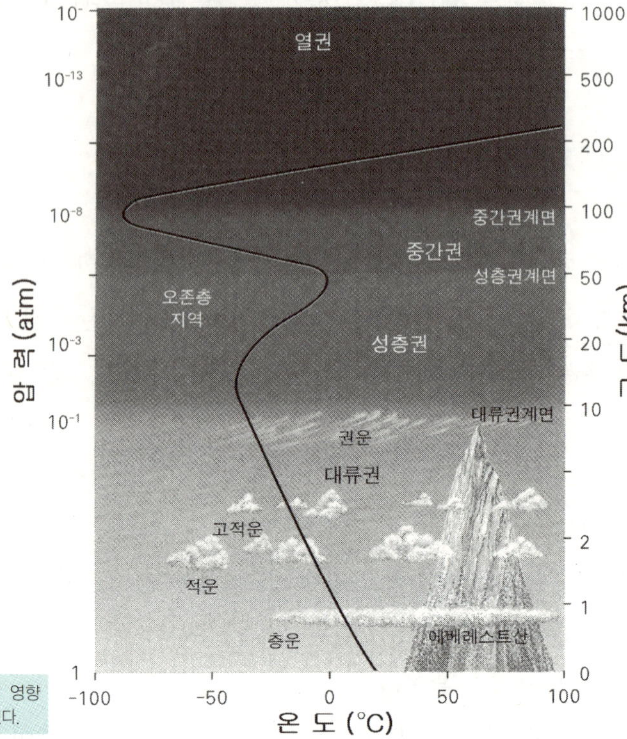

대류권 및 성층권에서의 온도 변화. 오존층의 영향으로 성층권에는 거대한 역전층이 형성되어 있다.

고도 50km에서 약 섭씨 20도의 온도를 가질 것을 추정했다. 1922년의 일로서, 하틀리가 대기 상층에 오존층이 있음을 예언한 1881년 이후 약 40년 후의 일이다. 사람이 성층권으로 직접 탐험을 시작한 것은 1930년대에 와서의 일이다.

이런 대기의 구조는 지구 특유의 구조이다. 앞에서 살핀 산소의 진화 과정을 통해 오존층을 형성하고 지구를 생명이 살기에 더욱 적합한 행성으로 만들어간 생명체의 노력이 이런 지구만이 가진 특별한 대기의 구조로 나타나 있는 것이다.

상자글

고공을 향한 탐험

이 분야의 선구자로 단연 오거스트 피카르(Auguste Piccard, 1884~1962)를 들 수 있다. 피카르라는 이름의 스위스 출신 가문은 항공과 해양학 분야에서 이름을 떨친 것으로 유명하다. 물리학자였던 오거스트 피카르는 1932년 자신이 고안한 공기가 새지 않는 곤돌라를 단, 수소를 채운 기구(balloon)를 이용해 그 전해의 기록인 15,781m을 깨고 16,201m의 성층권 속으로 진입해 우주선을 연구했다.

오거스트의 쌍둥이 형제였던 항공공학자 겸 화학자 장 피카르(Jean Felix Piccard)도 1931년 미국에 귀화한 후, 1934년 그의 부인 제닛(Jeannette)과 함께 17,550m의 고도까지 올라가면서 우주선을 연구했다. 당시 과학자들의 화두의 하나였던 우주선 연구를 대기의 교란이 적은 고공으로 올라가 수행한 것이다. 우주선의 중요성은 뒤에 더 공부하기로 하자.

1950년대 후반에 이르러서는 미 공군이 엑셀시오르(Excelsior) 프로젝트를 통해 사람들이 직접 고공으로 올라가는 일련의 실험을 수행했다. 이의 일환으로 1961년 미 해군 소속의 조종사 로스(Malcolm Ross)와 부조종사 프레어서(Victor A. Prather, Jr)가 Lee Lewis Memorial이라 명명된 기구를 타고 34,668m까지 올라간 것이 사람이 성층권으로 진입한 가장 최고의 기록으로 남아 있다.

1932년에 성층권 16km의 고도까지 피카르를 올렸던 기구.

여담으로, 최초로 성층권 진입에 성공한 오거스트 피카르는 최초로 해양의 성층권인 심해로 잠수를 한 기록도 가지고 있는 것으로 유명하다. 오거스트는 1948년 배시스케이프(bathyscaph)라 불리는 심해잠수정을 설계했으며, 1953년 그의 아들 쟈크(Jacques)와 함께 지중해 3,140m까지 잠수했다. 이어 쟈크는 1960년 배시스케이프 트리에스테(Bathyscaph Trieste)를 이

브라이틀링 오비터 3호

용하여 미 해군의 던 월시(Don Walsh) 중위와 함께 태평양 마리아나 해구에 10,910m까지 잠수를 했다. 이 깊이는 해저까지 불과 120m 정도 남겨놓은 깊이였다. 우주의 시대가 시작되기 이전 지구를 더 깊이 탐험해보려는 인류의 목표에 피카르 가문은 선두 역할을 했다.

1999년에 와서는 자크의 아들 베르트랑 피카르가 그의 영국인 동료 브라이언 존스와 함께 '브라이틀링 오비터 3호'를 타고 열기구 세계일주에 성공하여 할아버지 때부터 이어온 가문의 전통을 또 한 번 빛내었으며, 현재는 또한 태양열에너지를 이용하는 비행기를 타고 세계일주를 이루는 꿈에 부풀어 있다.

26 공기의 비밀을 찾아서

램지 (Sir Willian Ramsey, 1864~1928)

1904년 노벨화학상 수상
"in recognition of his services in the discovery of the inert gaseous elements in air, and his determination of their place in the periodic system"
(공기 중 비활성 성분의 발견과 주기율표에서의 이들의 위치)

레일리 (Baron Rayleigh, John William Strutt, 1864~1928)

1904년 노벨물리학상 수상
"for his investigations of the densities of the most important gases and for his discovery of argon in connection with these studies"
(아르곤의 발견과 중요 기체의 밀도에 관한 연구)

공기는 근대과학이 발전해오는 과정에서 매우 중요한 연구의 대상이었다. 이번 이야기의 주제는 공기의 비밀을 풀어가는 과정에서 있었던 이야기로부터 시작해보자.

:: 아르곤의 발견

영국의 물리학자 레일리는 공기의 주성분으로 알려진 질소의 밀도를 정확히 측정하는 실험을 수행하고 있었다. 두 가지 방법으로 질소를 만들어 실험을 수행했는데, 하나는 공기 중에서 산소를 제거해 얻은 질소이고 또 하나는 암모니아를 분해해 화학적으로 얻은 질소였다. 그러나 공기 중의 질소의 밀도가 화학적으로 얻은 질소에 비해 0.5% 정도로 무거운 것을 발견하는데, 이것은 측정 오차의 범위를 훨씬 벗어나는 것이다.

이 실험 결과를 설명할 수 있는 유일한 방법은 공기 중에 질소보다 약 1.5배 무거운 성분이 107분의 1 정도 함유되어 있다고 추정하는 것이었다. 레일리는 화학자 램지를 공동 연구자로 하여 이를 확인하고 1894년에 그 결과를 발표했다. 이들을 매우 놀라게 한 것은 이 기체가 화학적으로 전혀 반응성을 보이지 않는 것이었다. 따라서 '게으른' 이라는 뜻의 희랍어에서 아르곤(Argon, Ar)이라는 이름을 붙였다. 주위에서는 이 기체가 새로운 원소가 아닐지도 모른다는 회의가 있기도 했으나 램지는 크룩스 경(Sir William Crookes) 등의 도움으로 이것이 새로운 원소라는 것을 증명할 수 있었다. 크룩스 경이 램지에게서 받은 시료가 아르곤임을 확인할 수 있었던 것은 물론 이미 앞서 살펴보았던 원소의 스펙트럼을 조사하는 분광분석법이었다.

램지가 공기 중에서 아르곤을 추출하기 위해 사용한 실험장치

:: 비활성 기체의 발견

램지의 학문적 정열은 단순히 아르곤을 발견하는 데 그치지 않고, 이를 함유하는 지상의 물질을 발견하는 데 쏟았다. 램지는 여러 종류의 우라늄 광물(cleveite, monazite 등)을 산으로 끓여 녹이는 과정에서 노란색의 스펙트럼을 내는 기체를 모을 수 있었다. 이 기체는 램지가 당초 원하던 아르곤은 아니었지만, 1895년 이 시료를 의뢰받은 크룩스 경과 천문학자 록키어(Joseph Lockyer, 1836~1920)는 이것이 바로 당시 많은 사람들이 애타게 찾고 있던 헬륨임을 확인해주었다.

헬륨의 존재가 처음으로 확인된 것은 이보다 약 30여 년 전인 1868년의 일이다. 프랑스의 천문학자 장센(Pierre Janssen, 1824~1907)은 인도에서 일식을 관측하는 중에 태양으로부터 나오는 매우 밝은 노란빛의 스펙트럼을 관측했다. 이것이 당시까지 발견되지 않고 있는 새로운 원소를 나타내는 것이라 생각한 장센은 태양(Sun)을 가리키는 희랍어 헬리오스(helios)에서 이를 헬륨(Helium)이라고 명명했다. 램지는 이 태양의 기체 헬륨이 지구상에도 존재하는 것을 발견한 것이다.

헬륨은 태양을 이루는 원소로뿐만 아니라, 이미 앞에서 살핀바 대로 우리 전 우주의 구성원으로 매우 중요한 원소이다. 이듬해인 1896년 베크렐이 방사선을 발견하고 러더퍼드가 α선이 바로 헬륨의 원자핵임을 밝히면서, 우라늄 광물에 대한 램지의 헬륨 연구는 지구의 나이를 추정하는 중요한 자료로 기여하였음은 이미 앞에서 자세히 살펴보았다.

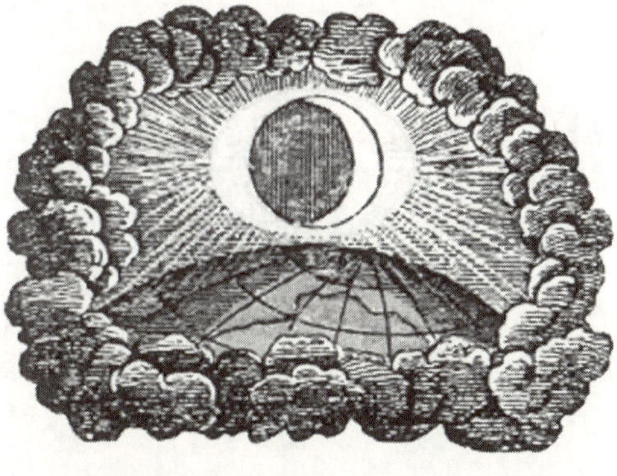

1868년 프랑스의 장센이 일식 중 해의 주위에서 관측되는 노란 스펙트럼을 통해서 발견한 헬륨(Helium(helios : 태양을 의미하는 희랍어))

:: 제 모습을 갖추게 된 주기율표

램지는 아르곤이 발견되자 이 원소가 1869년 러시아의 멘델레예프(Dmitrii Mendeleev)가 제안했던 주기율표의 염소(Cl)와 칼륨(K) 사이의 새로운 열(列)에 놓여야 할지 모른다는 생각을 하게 된다. 아르곤의 원자량이 칼륨보다는 무거웠지만, 화학적 특성상 칼륨과 그 다음 원소인 칼슘(Ca) 사이에 속하지는 않는 것을 알게 된 것이다. 그림에 보인 주기율표는 오늘날 통상 보는 모습이지만 멘델레예프가 주기율표를 구상할 때 알려져 있던 원소들을 회색으로 표시한 것이다. 물론 이때에는 원자번호라는 것은 알려져 있지 않고 원자량들만이 알려져 있던 시절이다.

주기율표상에서 하나의 열을 자리를 차지하면서 배열되어 있는 비활성기체들. 주기율표가 처음으로 멘델레예프에 의해서 제안될 당시 알려져 있던 원소들이 별도의 색으로 표시되어 있다.

또한 아르곤이 비활성이라는 것은 원자가가 0으로 생각될 수도 있다는 것을 암시하므로, 램지는 주기율표상에 아르곤을 위한 새로운 열이 만들어져야 한다고 생각했다. 그리고 이 열에 속하는 다른 비활성 기체들이 공기 중에 있으리라는 생각을 자연스럽게 갖게 된 것이다.

램지는 당시 개발된 공기의 액화 방법을 이용해 15리터나 되는 액체 아르곤을 마련하고 이를 조심스럽게 분별 증류시켜보았다. 이런 과정에서 가벼운 새로운 기체가 발견되었는데, 이 성분에는 '새로운'이라는 뜻의 희랍어에서 따온 네온(Neon, Ne : 공기분자 약 10만 개 중에 2개 정도 존재)이라는 이름이 붙여졌다. 사실 분자량 20 정도의 네온은 이미 분자량 2의 헬륨과 분자량 40의 아르곤을 발견한 램지가 그 존재를 추측하였던 기체였다. 이어서 '숨겨진 것(hidden one)'이란 뜻의 크립톤(Krypton, Kr : 공기분자 100만 개 중에 1개 정도 존재), 그리고 '낯선 것(strange one)'이란 뜻의 제논(Xenon, Xe : 공기분자 약 1억 개 중에 9개 정도 존재)이 발견된다. 이로서 램지는 비활성 기체의 대부분을 발견하고, 이들의 원자량도 측정할 수 있었다. 램지에 의해서 주기율표의 맨 오른쪽 열이 완성된 것이다. 램지는 이런 업적으로 1904년 노벨화학상을 수상하게 되고 같은 해 레일리는 노벨물리학상을 수상한다.

:: 지구 대기의 구성 성분

오늘날 대기 중에 포함되어 있는 화학 성분의 분포도를 보면 주성분원소들은 의외로 단순하여 몇몇 화학종에 그치며, 그 이외에 여러 화합물들이 있지만 그 농도가 매우 적은 미량 성분들이고 사실 그 개수도 그리 많지 않다.

조성이 일정한 기체들

기체	조성
N_2 (nitrogen, 질소)	78.098%
O_2 (oxygen, 산소)	20.95%
Ar (argon, 아르곤)	0.93%
Ne (neon, 네온)	18.2ppmv (=0.00182%)
He (helium, 헬륨)	5.2ppmv
Kr (krypton, 크립톤)	1.14ppmv
Xe (xenon, 제논)	0.09ppmv

조성이 변하는 기체들

기체	조성
H_2O (water vapor, 수증기)	4% (최댓값, 열대지역) 0.00001% (최솟값, 남극지역)
CO_2 (carbon dioxide)	~385ppmv (매년 ~0.4%씩 증가)
CH_4 (methane, 메탄)	~1.8ppmv
H_2 (hydrogen, 수소)	~0.6%
N_2O (nitrous oxide, 산화2질소)	~0.31%
CO (carbon monoxide, 일산화탄소)	~0.09ppmv
O_3 (ozone, 오존)	~0.4ppmv (최댓값)
CF_2C_{12} (CFC-12, 프레온12)	~0.0005ppmv

* ppmv: 'parts per million by volume', 공기분자 10^6개 중의 분율

지구의 역사를 통해 우리 대기 중으로 많은 화합물질들이 끊임없이 배출되어 왔음에도 불구하고, 오늘날의 대기가 이와 같이 비교적 간단한 조성을 가지고 있는 것은 매우 흥미로운 일이다. 대기의 조성이 비교적 단순하다는 것은 대기 중으로 방출되는 많은 물질들이 빠른 속도로 대기로부터 제거되는 과정이 끊임없이 진행되어오고 있다는 것을 암시한다. 사실 이러한 '대기 청소부' 역할을 하

는 것이 어떤 물질인가 하는 것은 매우 흥미로운 대기화학의 과제였다. 오늘날 대기 중에 아주 극미량으로 존재하는 HO·(히드록시라디칼)이 이러한 청소부 역할을 하는 화학종임이 밝혀져 있다.

:: 대기의 세정제 : HO· 라디칼

실제로 대기 중 히드록시라디칼의 농도는 매우 낮아 공기 $1cm^3$당 약 10^6개 정도밖에 되지 않는다. 상온에서 1cc에 공기분자가 3×10^{19}개 정도 있는 것을 생각해보면 얼마나 미량으로 존재하는지를 쉽게 이해할 수 있다. 따라서 얼마 전까지도 정량이 매우 어려웠던 실정이며, 최근에 와서야 믿을 만한 자료들이 얻어지기 시작했다.

그러나 이렇게 작은 농도임에도 불구하고 히드록시라디칼의 대기 중에서의 역할은 매우 중요하다. 오늘날 수분을 제외하면 질소, 산소 및 비활성 기체와 같이 단지 몇 개의 성분이 대기 조성 전체의 99% 이상을 차지하고 있는 중요한 이유는, 대기 중으로 방출되는 이외의 많은 성분들이 대기 중에서 끊임없이 제거되기 때문이며 그 주역을 바로 히드록시라디칼이 담당하고 있는 것이다.

히드록시라디칼은 예를 들어 CO, CH_4 등과 같이 대기 중에서 비교적 안정한 화합물과 반응해 이들을 활성화시키고 궁극적으로 대기로부터 이들을 제거하는 역할을 하고 있다. 이러한 연유로 히드록시라디칼을 흔히 '대기의 세정제' 라고 부르기도 한다.

히드록시라디칼이 다른 화합물로부터 수소를 하나 빼앗아 반응하면서 만들어지는 화합물이 안정한 화합물인 물인 것을 생각하면, 히드록시라디칼의 반응성이 왜 그렇게 큰지를 이해할 수 있다. 기회가 되는 대로 외부에서 수소원자를 빼앗아 스스로 안정한 물 분자가 되려는 강력한 성질을 가지고 있는 것이다.

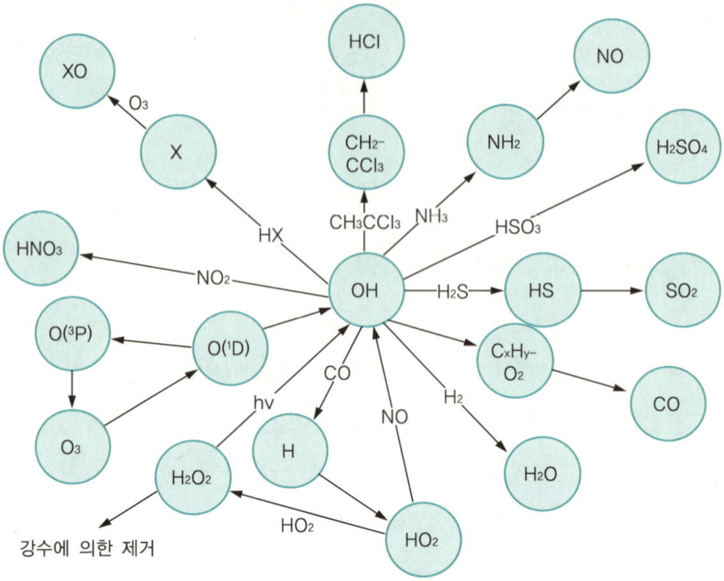

대기 중에서 HO · 라디칼이 관여되어 있는 몇 가지 주요 반응을 보여주는 모식도

이미 앞에서 살펴보았던 CO_2, CH_4, N_2O 와 같은 온실기체들 역시 히드록시라디칼과의 반응성이 적어 대기 중에 비교적 오래 머물면서 지구의 열 수지를 맞추는 데 기여할 수 있었기 때문이다. 대기를 이루는 중요한 성분이란 결국 히드록시라디칼과의 반응성이 매우 적은 기체임을 알 수 있다.

성층권에서의 오존의 화학을 기술할 때 더 자세히 살필 예정이지만, 오존 파괴 물질로 알려져 있는 CFC(염화플루오르화탄소, 프레온)들은 대류권 내에서 매우 안정한 화합물이다. 따라서 대류권에서는 너무 안정하여 파괴되지 않는다. 결국 성층권까지 올라간 후에야 강력한 자외선에 의해 분해되어 염소라디칼을 만들어낸다. 그런데 이렇게 만들어지는 염소화합물 ClO_x이 오존층의 파괴에 깊이 관여하고 있는 것이다. CFC들의 대체물질들로서 개발되어 사용되고 있는 HCFC(수소화염화플루오르화탄소)들은 수소원자가 포함되어 있어서 대류권 내에서 히드록시라디칼의 공격을 받아 대부분 분해되어 제거된다. 따라서 성층권으로 이동되어 그곳에 오존층을 파괴하는 염소를 공급할 수 있는 가능성이 현저히 줄어들게 된다. 이런 이유로 HCFC들이 CFC의 대체물질로 이용될 수 있는 것이다.

:: 시작은 오존이다

히드록시라디칼의 중요성에도 불구하고, 대류권의 청정 대기 중에 광화학 반응을 시작시킬 수 있을 만큼 충분한 농도로 존재할 수 있음이 처음으로 지적된 것은 불과 30여 년 전인 1971년이다. 당시 하버드대학교에서 막 학위를 마친 레비(Hiram Levy)는 HO · 라디칼이 다음과 같은 경로를 거치면서 만들어질 수 있음을 밝혔다.

$$O_3 + h\nu(\lambda < 310nm) \rightarrow O_2 + O(^1D)$$

$$O(^1D) + H_2O \rightarrow 2\ HO\cdot$$

위의 반응식을 보면 히드록시라디칼을 만드는 첫 단계로 오존(O_3)이 필요한 것을 알 수 있다. 강력한 자외선 영역의 전자파에 의해 오존이 분해되면서 들뜬 상태의 산소원자($O(^1D)$)가 만들어지고, 이들이 수증기와 반응해 히드록시라디칼을 만든다. 이렇게 형성된 히드록시라디칼이 대기 중의 많은 화합물들과 반응해 이들 화합물들을 대기 중으로부터 쉽게 제거될 수 있는 형태로 변환시키는 것이다.

오존은 물론 햇빛 등 주위의 전자파를 흡수하며 쉽게 분해되어 다시 안정한 이원자 구조의 산소로 바뀌면서, 여분의 제3의 산소원자를 주위의 물질들에게 쉽게 내어주는 강한 산화력을 가진 기체이다. 이런 강력한 산화력을 이용해 오존을 발생하는 장비는 정수 장치에 이용되기도 하고 해로운 박테리아 등을 제거하는 공기청정 장치로서 이용되기도 한다. 이러한 오존 자체의 능력 이외에 공기를 정화시키는 주역을 담당하는 극미량의 히드록시라디칼이 바로 오존에 의해 만들어지는 것이다. 이 또한 대류권에서 오존이 하는 매우 중요한 역할이다.

우리는 지구상의 생명들에게 성층권의 오존층이 얼마나 중요한지를 앞에서 살펴보았다. 그런데 우리가 숨을 쉬고 살아가는 대류권에서도 작은 양이지만 오존이 우리들이 숨 쉬는 공기를 깨끗하게 해주는 매우 중요한 일을 하고 있다는 것을 알게 된 것이다. 오존이 우리 생명의 행성에 아주 중요한 요소의 하나임을 새로이 깨닫게 된다.

:: 적절한 양이 중요하다

그런데 여기 문제가 있다. 대기 중의 오존의 농도가 너무 커지면 주위의 많은 물질들에 오히려 파괴적인 효과를 나타낸다. 예를 들면 고무가 탄력을 잃게 되고, 나일론이 약해져 끊어지며, 식물의 잎이 낙엽이 되어 나무에서 떨어지고, 사람의 폐 등 생물조직이 치명적 영향을 받게 된다. 요즈음 우리가 숨 쉬고 살아야 하는 공기 중에 오존의 농도가 늘어나는 일이 자주 발생하는데, 이것이 바로 광화학스모그 현상이다. 오존의 양이 늘어날 때 발생할 수 있는 역효과 때문에 광화학스모그의 발생과 관련된 건강의 문제가 염려된다. 오존은 적절한 양이 있으면 아주 유용한 물질인데 도가 넘치면 오히려 해가 되는 대표적인 예이다. 이에 대해서는 뒤의 '32장 광스모그 : 숨 막히는 공기' 에서 더 자세히 다루기로 하자.

27

바닷물은 짜다

아레니우스 (Svante August Arrhenius, 1859~1927)

1903년 노벨화학상 수상
"in recognition of the extraordinary services he has rendered to the advancement of chemistry by his electrolytic theory of dissociation"
(전해질 용액의 화학)

:: 요술 맷돌

옛날에 임금님의 귀중한 보물인 요술 맷돌을 훔친 도둑이 있었다. 도둑이 배를 타고 도망치면서 요술 맷돌에게 소금을 한번 만들어보라고 주문했다. 하지만 그는 너무 흥분한 나머지 맷돌을 멈추게 하는 주문을 그만 잊어버렸다. 쉬지 않고 도는 맷돌이 만들어내는 소금 무게에 결국 배도 가라앉아버리고, 바다 속에서 맷돌이 지금까지 소금을 만들어내고 있다는 옛날이야기가 있다. 그런데 요술 맷돌은 바닷물이 짠 연유를 설명하는 꽤 적절한 비유 같다.

바다의 화학을 공부하는 많은 연구는 요술 맷돌 역할을 담당하는 구체적 자연 현상들을 하나씩 찾아가는 것이라고 볼 수도 있다. 화학해양학의 아버지라 불리는 영국의 보일(Robert Boyle, 1627~1691)은 1670년경 강물이 바다로 흘러 들어가면서 적은 양이지만 여러 염들을 녹여 바다로 운반하고 있음을 밝혀 강물이 거대한 요술 맷돌의 하나임을 지적했다.

바닷물의 짠 정도를 알아내고 강물을 통해 1년에 얼마만큼씩 바다로 들어가는지를 알면, 이로부터 바다의 나이, 즉 지구의 나이를 알 수 있을 것이라는 추론하에 1899년 졸리(John Jolly)가 약 9천만 년이라는 바다의 나이를 얻은 것을 앞에서 살펴보았다. 지구의 나이가 46억 년이라는 긴 시간으로 발전해나가는 과정에서 이를 추정할 수 있는 한 가지 방법으로 바닷물의 짠 정도가 동원되었던 것이다.

:: 지구화학적 순환 과정

이런 추론의 기초로 삼은 '바다는 강을 통해 물질을 계속 받아 차곡차곡 쌓아놓는 수동적 저장고'라는 가정은 물론 잘못된 생각이었다. 바다는 강물을 통해 물질을 계속 공급받고 있을 뿐만 아니라 동시에 끊임없이 퇴적작용을 통해 물질을 잃어버리고 있기 때문이다. 지표를 이루는 물질들은 끊임없이 이동하면서 '지화학 순환 과정'이라 부르는 하나의 거대한 순환 과정을 하고 있다. 바다는 이 순환 과정에서 원소들이 잠시 머무를 수 있는 하나의 정거장 역할을 하는 것이다. 졸리가 계산한 값은 실제 바다의 나이가 아니라 바다에 유입된 물질들이 바다에 평균적으로 머무는 '평균 체류시간(residence time)'이었다.

:: 바닷물은 얼마나 짠가?

우리는 지표상의 물이 여러 저장고들 사이를 활발히 이동하고 있음을 살펴보았다. 바닷물이 얼마나 짠지를 알 수 있는 한 방법은 물의 중요한 저장고인 빗물,

강물 그리고 바닷물의 짠 정도를 서로 비교해보는 것이다. 바닷물 1리터에 녹아 있는 염의 양은 약 34.4g이나 되므로 1리터에 약 7.1mg 정도밖에 녹아 있지 않은 빗물에 비해 약 6,000배 정도 많으며, 중간 정도인 강물보다는 적어도 400배 이상으로 짠물이 되어 있음이 분명히 드러난다. 흥미로운 것은 녹아 있는 물질을 구성하는 주요 성분들의 분포 모습이다.

양으로 보아서는 큰 차이가 있음에도 불구하고 빗물과 바닷물의 성분 분포는 매우 비슷하다. 바닷물이 증발할 때 적은 양이지만 염들이 함께 빗물에 섞인 것임을 암시하고 있다.

빗물과 강물에 녹아 있는 성분비를 비교해보면 상당히 차이가 있다. 강물은 빗물에 비해 나트륨이나 염소의 상대비가 현저히 줄어든 반면 탄산염과 규산염(SiO_2)이 상당히 많이 증가되었다. 이것은 '지화학 순환 과정'의 중요한 한 부분인 풍화작용(weathering)의 결과이다.

:: 풍화작용

풍화작용은 육상에서 빗물이 암석을 만나 서서히 이를 녹여내는 과정이다. 지표에서 일어나고 있는 대표적인 풍화 반응들을 기술해보면 다음과 같다.

$$CaCO_3 + CO_2 + H_2O \rightarrow Ca^{2+} + 2HCO_3^-$$

$$2NaAlSi_3O_8 + 2CO_2 + 3H_2O \rightarrow Al_2Si_2O_5(OH)_4 + 2Na^+ + 2HCO_3^- + 4SiO_2$$

위의 반응은 탄산염과 화강암을 이루는 대표적인 광물인 장석(albite)의 화학적 풍화과정을 기술한 것이다. 풍화작용에서 빗물에 녹아 있는 탄산($H_2O + CO_2$)이 광물을 녹이는 산의 역할을 하고 있으며, 광물이 녹으면서 Na^+(물론 정장석의 경우는 K^+), Ca^{2+}, SiO_2 및 HCO_3^- 등을 내놓는다. 탄산염(dolomite), 황산염의 풍화에 의한 부산물인 Mg^{2+}, SO_4^{2-} 등이 강물에 첨가되는 것은 물론이다. 요술맷돌인 풍화작용은 빗물의 화학조성을 강물의 조성으로 바꾸어가는 것이다. 강물을 통해 바다로 이동된 물질들이 시간을 두고 바다에 쌓여가면서 짠 바닷물이 만들어지는 것이다.

:: 바닷물 졸이기

바닷물의 짠 정도를 가리키는 '염분(salinity)'은 바다라는 공장을 이해하는 데 매우 중요한 것이다. 이미 살펴본 대로 거대한 바닷물의 순환인 컨베이어벨트의 원동력이 밀도이며 밀도는 바로 염분에 의해 결정되기 때문이다. 따라서 염분을 정확하게 측정하는 것은 일찍부터 해양학의 중요한 과제의 하나였다.

가장 먼저 시도된 것은 바닷물을 졸이는 방법이었다. 보일은 일찍이 바닷물을

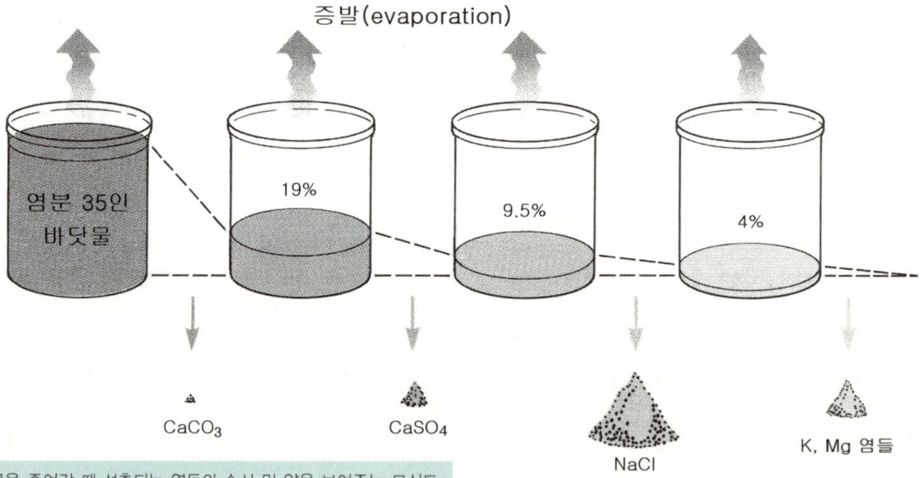

바닷물을 졸여갈 때 석출되는 염들의 순서 및 양을 보여주는 모식도

졸여 남는 염의 무게를 재어 염분 측정을 시도했다. 그러나 탄산염 같은 휘발성 물질 때문에 실험 결과가 매우 불규칙해 어려움을 겪었다.

1772년 프랑스의 라부아지에(Antione Lavoisier, 1743~1794)는 바닷물을 서서히 졸이면서 단계적으로 결정을 추출하면, 탄산칼슘($CaCO_3$), 석고(gypsum $CaSO_4 \cdot 2H_2O$), 식탁염(NaCl) 등의 순서로 차례로 침전이 생기는 것을 확인했다. 염의 생성 순서 및 그 양적인 관계는 바닷물에 녹아 있는 물질의 분포 형태를 반영하는 것으로, 과거에 퇴적된 암염층을 조사해보면 과거 바닷물의 화학조성이 시간에 따라 어떻게 변화했는지를 알 수 있는 중요한 창문의 역할을 한다. 그러나 실험 조건이 조금씩만 바뀌어도 만들어지는 염의 상대적 조성비가 변할 수 있어 참 어려운 일이었다.

:: 주성분원소

19세기 초 프랑스의 게이뤼삭(Joseph Gay-Lussac, 1778~1850)이 적정법(titration)을 개발해 바닷물에 녹아 있는 각 원소들을 분석할 수 있게 되면서 새로운 전기가 마련된다. 바닷물에 녹아 있는 각각의 염(salt)의 양이 아니라 각각의 원소(element)의 양을 측정하면 염분 측정의 혼란을 없앨 수 있음을 알게 된 것이다. 마르세(Alexander Marcet)는 세계 각지의 바닷물에 녹아 있는 성분들의 농도를 분석해, 몇 주요 성분의 상대비는 거의 일정하며 단지 변하는 것은 절댓값뿐이라는 결론을 내릴 수 있었다.

:: 챌린저(Challenger) 탐사

근대 해양학의 문을 연, 챌린저 탐사의 주역 챌린저호의 모습

일정 성분비의 원리('마르세의 원리' 라고도 불림)를 검증하는 작업이 19세기 후반 챌린저 탐사를 통해서 이루어졌다. 1872년부터 1876년까지 3년여에 걸쳐 행해진 챌린저 탐사는 흔히 근대 해양학의 시작으로 꼽는다. 탐사 기간 중 대서양, 태평양 및 인도양 등 전대양의 모든 깊이에서 해양학 전반에 걸쳐 매우 중요한 업적을 이루어낸 역사적인 탐사였다.

1) 포브스 무생물대 이론

이 탐사는 에든버러대학교의 포브스(Edward Forbes)가 1841년 제창한 흥미로운 학설에서 시작된다. 동지중해를 항해하는 영국 해군의 비컨호에 승선해 약 400m 깊이에서 바다 생물을 채취하려던 포브스는 저인망으로도 한 마리의 물고기도 잡을 수 없었다. 같은 방법으로 영국 인근의 얕은 바다에서 생물이 풍부하게 채집된 것과 대조되는 결과였다. 이를 근거로 포브스는 해양의 식물과 동물의 양은 깊이에 따라 감소한다는 결론을 내렸다. 깊이가 깊어짐에 따라 바다 속에 햇빛이 감소해 어두워지면서, 식물이 먼저 모습을 감추고 이에 의존하는 작은 동물이 사라짐으로 이들을 먹는 물고기가 없어진다고 생각했다. 포브스는 이런 추론을 통해 약 540m 이하의 깊이가 되면 생물이 생존할 가능성이 거의 없는 무생물대가 된다고 주장했다.

포브스의 학설은 1868년 에든버러의 톰슨이 스코틀랜드 앞의 북대서양 해저에서 저인망 실험을 수행해 1,170m의 깊이에서 새우, 성게 및 여러 종류의 생물을 끌어올리기 전까지는 사실로 믿어졌다. 포브스의 주장에 반하는 놀라운 결과는 영국 해군성이 톰슨의 권고에 따라 야심찬 세계 일주의 심해 탐험을 결정하는

데 큰 도움을 주었다.

42세 나이의 톰슨이 이끈 챌린저 탐사 중 몇 번은 600m 이하의 깊이까지 도달하는 총 133회의 저인망 채집을 수행해 무생물대 학설이 잘못임을 확증할 수 있었다. 포브스는 공교롭게도 지중해의 불모 지역에서 저인망을 채집했기 때문에 잘못된 결론에 도달했던 것이다.

2) 밝혀지는 바다의 비밀들

챌린저 탐사에서는 생물학 탐사만 이루어진 것은 물론 아니다. 깊은 바다의 온도 측정을 통해 어느 대양에서나 심해는 저온이라는 것이 판명되었다. 많은 측심이 이루어져 1875년에는 태평양의 마리아나 군도 앞바다에서 수심이 무려 8,184m나 되는 해구를 발견했다(줄을 내리고 올리면서 이 깊이를 잰 수고를 생각해보라).

해저 자원으로 많은 사람들에게 알려져 있는 망간단괴가 처음으로 발견된 것도 챌린저 탐사의 결과이다. 톰슨과 그를 도운 많은 사람들에 의하여 50권에 이르는 간행물이 편찬되었으며, 과학에 대한 공헌이 인정되어 톰슨에게는 기사 작위가 수여되었다.

3) 일정 성분비의 원리

챌린저 탐사는 염분 분포의 이해에도 결정적 기여를 한 것은 물론이다. 대양 각 곳의 여러 깊이에서 채취된 77개의 해수 시료가 당대 분석화학의 대가인 에든버러대학교의 디트마르(Dittmar) 교수에게 보내져 정밀한 분석이 행해졌다. 이 결과 일정 성분비의 원리를 지지하는 결과가 1884년 발표되었다. 표층 바닷물에 대해서만 분석이 이루어졌던 이전과는 달리, 이 결과는 전대양의 전수심에 걸쳐 주성분 이온들 사이의 성분비의 일정성이 입증된 것이다.

① 96.5%를 차지하는 물 자체의 무게를 제외하면, 녹아 있는 물질의 99.4%는 단지 Na, K, Ca, Mg, Cl 및 SO_4의 여섯 성분으로 이루어져 있다(주성분원소라

고 부름).

② 주성분원소의 농도는 지역이나 깊이에 따라 그 값이 다소 변화하지만, 이들 사이의 상대비는 일정하다. 염소가 55.07%, 나트륨이 30.62% 정도로 가장 중요한 성분이며 황산, 마그네슘, 칼슘과 칼륨이 각각 7.72%, 3.68%, 1.17%, 1.10%를 차지하고 있다.

이로써 바닷물에 녹아 있는 모든 원소들 중 주성분 여섯 개만 분석해 합해도 0.6% 이내의 오차 범위 내에서 염분을 알아낼 수 있음을 알았다. 더욱이 여섯 성분 모두를 측정할 필요도 없이 이중 어느 하나만 잘 측정하면 나머지 다섯은 알려진 상대비를 이용해 계산해낼 수 있는 것이다. 해양학자들의 연구를 쉽게 해

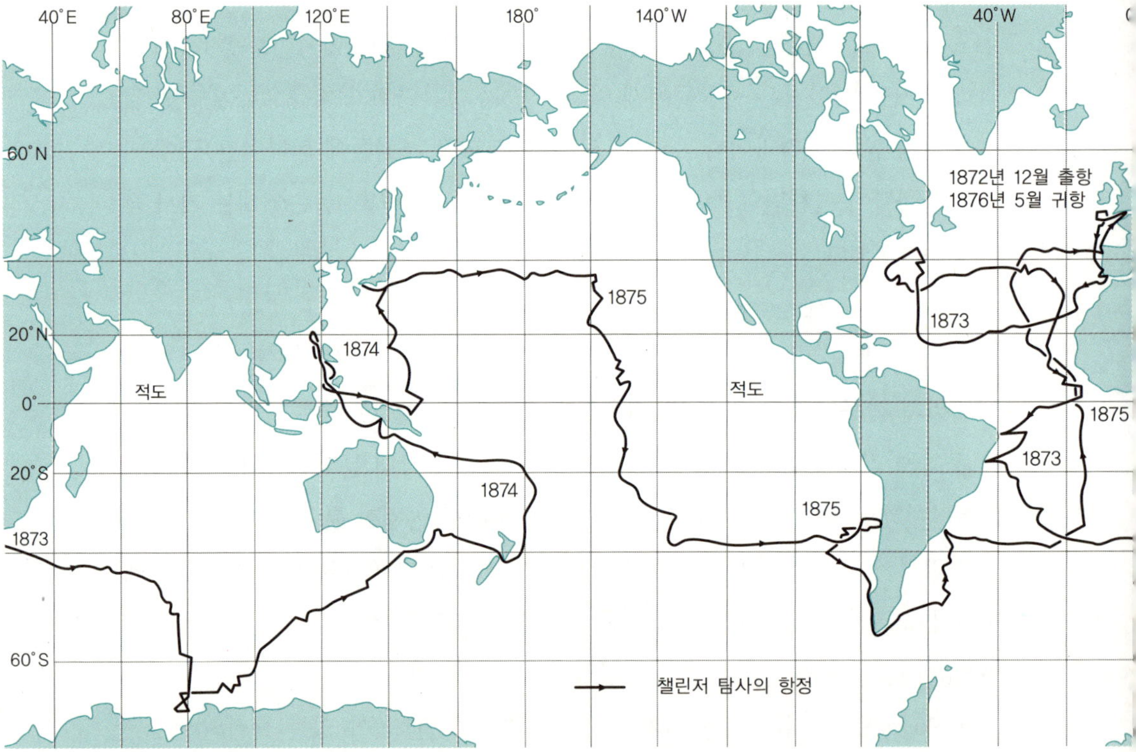

1872년 12월부터 1876년 5월에 이르기까지 3년여에 걸쳐 진행된 챌린저호의 탐사 항정

주려고 하늘이 선물로 내려준 자연의 섭리인지도 모른다.

4) 염소분

역사적으로 보면 이들 여섯 개의 주성분원소들 중에서 염소(Cl^-)를 정확히 측정하여 염분을 계산해내는 방법이 채택되었다. 이에 따라 염소분(chlorinity)라는 용어가 채택되고 염분과 함께 사용되면서 염분의 의미가 새로이 이해되는데, 1899년 국제적으로 채택된 복잡한 염분의 정의를 한번 보자.

"바닷물의 모든 브롬 및 요드 성분을 같은 당량의 염소로 치환하고, 모든 탄산염들을 당량의 산화물로 치환한 후, 바닷물 1kg에 포함된 용존 무기염들의 총 그램수."

1960년대에 이르러 채택되었던 염소분과 염분 사이의 관계식을 보면 다음과 같다 : 염분 S(‰) = 1.80655 Cl(‰).

오늘날은 다행스럽게도 더욱 정밀하게 염분을 측정할 수 있는 새로운 방식을 사용한다. 바로 이번 이야기의 주인공인 아레니우스 덕분이다. 아레니우스가 이미 100여 년 전에 밝혀낸 전해질 용액의 성질을 이용하는 것이다.

:: 아레니우스의 전리설

아레니우스는 18세기와 19세기에 걸쳐 스웨덴이 배출한 아주 탁월한 화학자들 중의 한 사람이다. 누구나 한번쯤은 들어보았을 강산, 약산, 강염기, 약염기 등의 개념은 아레니우스를 통해 세워진 것이다. 1884년 아레니우스는 웁살라대학교에 박사학위 논문을 제출했는데, 염(salts)이나 강산, 강염기들이 물에 녹으면 전기를 띤 이온으로 해리한다고 제안했다. 오늘날은 소금(NaCl)이 물에 녹으면 Na^+와 Cl^-로 해리되는 것이 아주 자명한 것으로 여겨지지만, 논문을 심사한 웁

살라대학교의 화학과 교수들에게는 그렇지가 않았다. 그 이유로 아레니우스의 학위논문은 가장 낮은 점수로 통과되었다(approved without praise).

아레니우스의 논문을 본 유럽과 미국의 대부분 화학자들은 관심을 보이지 않았으며, 일부 학자들은 공개적으로 적대감을 표출했다. 그러나 매우 긍정적인 반응을 보인 두 젊은 화학자들이 있었는데 홀란드의 반트 호프(Jacobus Van't Hoff)와 라트비아(Latvia)의 오스트발트(Friedrich Wilhelm Ostwald)였다. 처음 얼마 동안은 사람들이 업신여기는 의미로 이 세 사람을 "이온주의자, ionists" 또는 "ionians"라고 부르기도 했다. 그러나 상황이 바뀌어 1901년 첫 번째의 노벨화학상이 반트 호프에게 주어지고, 이어 아레니우스가 1903년 노벨상을 수상했으며, 오스트발트도 1909년 노벨상을 수상하게 된다.

1905년에 스웨덴 정부는 노벨물리화학연구소를 설립하고 아레니우스를 소장으로 임명했다. 아레니우스는 27년까지 그 자리를 지키면서 여러 방면에 걸친 연구를 수행했다. 이중의 몇몇 연구는 뒤에 더 이야기할 예정이며, 이번에는 그의 전리설과 관련된 이야기를 살펴보기로 하자.

:: 염분과 전기전도도

바닷물에 녹아 있는 주성분들은 전기를 띠고 있는 이온들로서 존재한다. 이런 때문에 바닷물은 전류를 통할 수 있으며, 전기를 통할 수 있는 정도인 전기전도도(conductivity)는 바닷물에 녹아 있는 염분의 양에 따라 달라진다.

1978년 마침내 염분에 관한 새로운 정의가 제기되는데, 전도도와 염분에 기초한 새로운 관계식에 근거한 것이다. 염분 35의 표준해수(종래의 염분 단위인 ‰를 필요로 하지 않음)는 1kg의 용액 속에 KCl 32.4356g이 녹아 있는 KCl 용액과 15도에서 전기전도도의 비가 1.0이 되는 바닷물로 정의한다.

1) CTD가 열어준 새로운 바다 탐구

새로운 염분 개념은 오늘날의 첨단기술과 접합되어 바다에 대한 탐구를 매우 쉽게 만드는 계기를 제공해주었다. 1970년대에 CTD라는 장비가 개발된 것이다. 전기전도도(conductivity)와 온도(temperature), 그리고 깊이(depth, 즉 압력)를 잴 수 있는 감지장치(sensor)를 가진 장비이다. 전기를 통하는 선이 내장된 쇠줄에 이 장치를 매달아 바다 속으로 내리면, 3개의 센서는 계속해서 자료를 수집해 내장된 전선을 통해 선상의 컴퓨터에 전송한다. 선상의 연구자들은 컴퓨터 화면을 통해 수심에 따른 염분(및 온도)의 분포를 실시간으로 볼 수 있는 것이다.

CTD와 함께 채수기가 부착되어 있는 로제트의 모습. CTD를 통해 현장에서 얻은 정보를 즉시 이용함으로써 최적의 깊이에서 해수를 채취할 수 있다.

2) 로제트(Rosette)

요즈음의 해양 탐사에는 CTD와 해수 채수병들이 함께 부착된 로제트(Rosette, 그 모양이 '작은 장미'와 비슷한 데서 붙여진 이름)라는 장비가 이용된다. 먼저 원하는 깊이까지 로제트를 내려 수심에 따른 온도와 염분이 수심에 따라 변하는 모습을 우선 알아낸다. 선상의 과학자들은 이를 통해 해수를 채취하고 싶은 깊이를 정하고 이들 수심까지 장비를 끌어 올리면서 선상으로부터 컴퓨터를 통해 로제트에 신호를 보내 채수병을 하나씩 닫아가면서 해수를 채취해 바다를 공부하는 것이다.

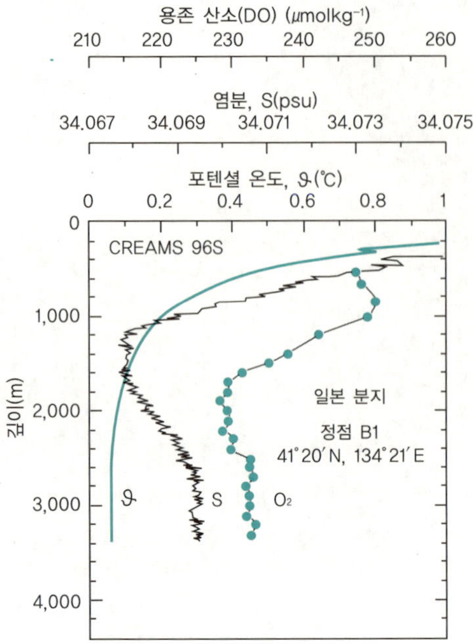

동해에서 CTD를 이용해 얻은 온도·염분의 수직 분포 모습. 요즈음은 용존산소의 농도도 함께 측정할 수 있는 장치가 개발되어 있으며 이를 통해 얻은 용존산소의 수직분포 모습도 함께 그려져 있다. 수심에 따라 값이 변화는 것은 물리·화학적 특성이 다른 해수들이 층을 이루면서 존재하고 있음을 보여준다.

3) 복잡한 구조를 가진 동해

1993년부터 시작하여 지난 10여 년간 동해를 연구하는 한국–일본–러시아 국제 공동 CREAMS (Circulation Research for East Asian Marginal Seas) 탐사가 수행되어 오고 있다. 동해 북부의 깊은 일본 분지에서 CTD를 이용해 얻은 온도와 염분의 수직적인 분포를 보면, 온도는 깊이에 따라 계속 감소하며 염분은 약 1,500m 정도의 깊이에서 최솟값을 보인다. 최근 개발된 연속 용존 산소량 센서로 얻은 결과를 보면 산소의 농도가 깊이에 따라 큰 변화를 보이며 약 2,000m 정도에서 최솟값을 보인다. 동해는 지구온난화와 연계되어 최근 내부 구조가 급격한 변화를 보이고 있다. 이를 잘 조사하고 이해하는 과학자들의 연구 과정에 아레니우스의 혜안이 깊숙이 자리 잡고 있는 것이다.

28

바다는 모든 원소의 보고

드 헤베시 (George de Hevesy, 1885~1966)

1943년 노벨화학상 수상
"for his work on the use of isotopes as tracers in the study of chemical processes"
(추적자화학)

오늘날 해양학자들은 자연계에 존재하는 90여 가지 원소들이 바닷물에 어느 정도 녹아 있는지를 꽤 정확하게 알고 있다. 그러나 대부분의 자료들은 실제로 1970년대 이후 얻은 값들이다. 그 이전에는 바닷물 속의 미량 금속의 농도는 전혀 측정할 수 없었을까?

:: 유연휘발유

1970년대 이전에도 미량 원소들의 농도에 관해 자료들이 축적되어 있었다. 그러나 자료의 신빙성에 심각한 의문을 제기하는 중요한 연구결과가 발표되었다. 바로 납(Pb)의 연구를 통해서 시작된 이야기이다.

지금은 사용이 금지되어 있지만 얼마 전까지도 자동차용 휘발유에 유연(有鉛)

휘발유가 사용되었다. 유연휘발유란 옥탄가를 높이려는 목적으로 미즐리(T. Midgley)가 처음으로 만들어낸 납화합물을 첨가시킨 휘발유이다.

유연휘발유에 포함되어 있던 납이 배기가스를 통해 대기 중으로 방출되고 이들이 궁극적으로 바다로 유입되었다. 이와 같이 납은 사람들이 환경을 오염시키고 있음을 분명히 보여주는 대표 격으로 오래 전부터 연구가 진행된 원소이다. 이 연구를 주도했던 과학자는 납의 동위원소 연구를 통해 46억 년이라는 지구의 나이에 최종의 마침표를 찍었던 칼텍의 패터슨이었다. 연구의 중요한 결론은 납이 바다에 머무르는 평균 체류시간(residence time)이 1천 년 이상으로 매우 길며, 바다에 오래 머물면서 생태계에 심각한 영향을 미칠 수 있다는 것이었다.

:: Pb-210 : 드 헤베시의 추적자

1970년대 초에 이에 반하는 연구 결과가 천연 방사성 동위원소 Pb-210의 연구를 통해서 얻어지게 되었다. 어쩌면 드 헤베시가 Pb-210을 이용해서 선도했던 추적자화학이 해양학에서 이룬 가장 중요한 업적의 하나일 수도 있다.

Pb-210의 분포가 보여주는 것은 평균 체류시간이 100년도 채 되지 않는다는 것이었다. 동위원소들이란 물리적인 성질에 있어서는 차이를 보이지만 동일한 화학적 성질을 가지고 있음은 잘 알려진 사실이다. 그런데 왜 납(주로 Pb-206)은 1천 년 이상의 긴 평균 체류시간을 가지는 반면 Pb-210은 이 시간이 100년도 채 되지 않는 것일까?

:: 미량 금속 농도 자료 폐기 처분하기

이런 차이의 원인으로 첫 번째로 의심이 가는 것은 당시 받아들이고 있었던 바닷물 내에서의 납의 농도가 참값에 비해 너무 높게 측정되어 있을지도 모른다는 것이었다. 평균 체류시간이란 바닷물에 녹아 있는 전체 납의 양을 1년에 대기로부터 바다로 유입되는 납의 양으로 나눈 값이다. 그런데 당시 사용된 유연휘발유의 양, 즉 대기 중으로 방출된 납의 양을 추정하는 것은 그리 힘든 일이 아니다. 자연스럽게 의심의 눈길이 바다 내에 있는 납의 양이 사실과 다르게 너무 큰 값으로 잘못 측정되었으며, 이로 인해 납의 평균 체류시간이 실제보다 길게 추정된 것이 아닌가 하는 것으로 쏠린 것은 물론이었다.

이 분야에 종사하던 과학자들에게는 너무도 충격적이고 실망스러운 것이었지만, 조심스러운 연구를 통해 이런 염려가 사실임이 판명되었다. 그 원인은 시료를 채취하고 이들 시료를 실험실로 옮기는 동안 실제 농도보다 더 많게 시료를 오염시킨 때문임을 알게 된 것이다. 당시 깨끗한 실험실 관리에만 신경을 쓰고 시료가 현지에서 실험실로 오기까지의 과정을 간과했던 과학자들의 문제점이 극명하게 들어난 사건이었다.

이것은 한편으로는 바닷물에 녹아 있는 많은 금속들의 농도가 워낙 작은 데 기인한 것이기도 하다. 이 분야에 종사하는 연구자들은 일단 1970년대 이전에 측정된 모든 금속자료들의 농도는 모두 참값이 아닐 수도 있다는 가슴 아픈 결론을 받아들이지 않을 수 없게 된 것이다.

:: 실패는 성공의 어머니

이런 실패를 통해 얻은 중요한 교훈은 "시료의 분석은 시료를 채취하는 바로

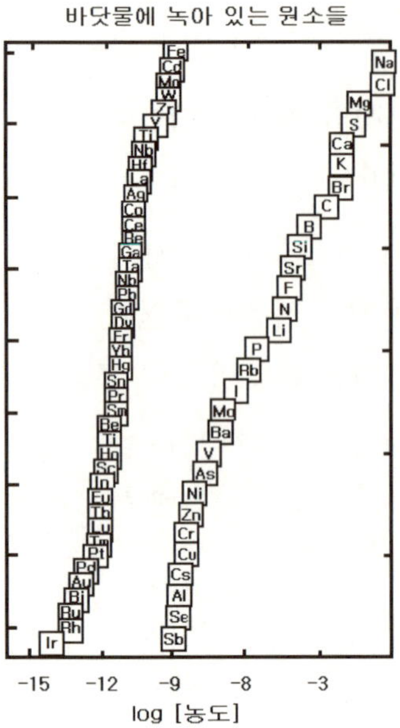

원소들의 해수 중 농도를 큰 순서대로 나열한 도표. 농도의 값이 mM(10^{-3}M)에서 fM(10^{-15}M)에 이르기까지 큰 차이가 나기 때문에 로그 단위로 표시되어 있다.

그 순간부터 시작 된다."는 평범한 진리이다. 해수를 오염시키지 않고 시료를 채취해 바닷물 속에 녹아 있는 금속들의 참값을 알아내기 위한 매우 조심스러운 연구가 진행되었다. 이와 더불어 1970년대 이후 급격하게 발달된 새로운 분석기기의 출현도 큰 몫을 차지했다. 이렇게 진행된 지난 30여 년 동안의 연구로 오늘날에는 천연적으로 지구상에 존재하는 90여 가지의 거의 모든 원소들의 농도가 알려져 있다. 이를 크기로 보면 0.7M이나 되는 주성분 원소 소듐(Na)으로부터 시작해 거의 10^{-15}M (femto molar)의 이리듐(Ir)에 이르기까지 엄청난 농도의 차이를 보이고 있다.

앞에서는 농도가 큰 주성분원소들(mM농도 수준)에 대해 살펴보았는데 이번 글에서는 농도가 매우 작은 원소들, 특히 미량 금속들의 분포를 살피면서 이들이 알려주는 생명의 바다의 모습을 찾아보자.

:: 미량 금속의 분포 모습

지금은 고인이 된 동경대학교 노자키(Nozaki) 교수가 북태평양에서의 원소들의 분포 모습을 모아 주기율표와 함께 보이는 시도를 했다. 이 표를 조심스럽게 들여다보면 원소들의 수직적 분포 모습을 대개 몇 가지 유형으로 분류해볼 수 있다. 해양학자들은 이런 모습을 크게 세 가지 형태로 나누고 있다. 그 첫째는 깊이에 따라 농도가 별로 변하지 않는 금속들이며, 둘째는 표층에서는 농도가 매우 작으나 수심이 깊어지면서 늘어나는 금속들이고, 셋째로는 표층에서 농도가 높으나 수심이 깊어지면서 줄어드는 금속들이다. 이들의 모습을 보면서 생명의 바다 속에서 일어나고 있는 일을 살펴보기로 하자.

1) Type I : 보존성 원소들(Conservative elements)

수직적으로 농도의 차이가 별로 없는 분포를 보여주는 금속들을 한데 모은 것으로 이들을 보존성 원소라고 부른다. 바로 앞의 글에서 살펴보았던 주성분원소

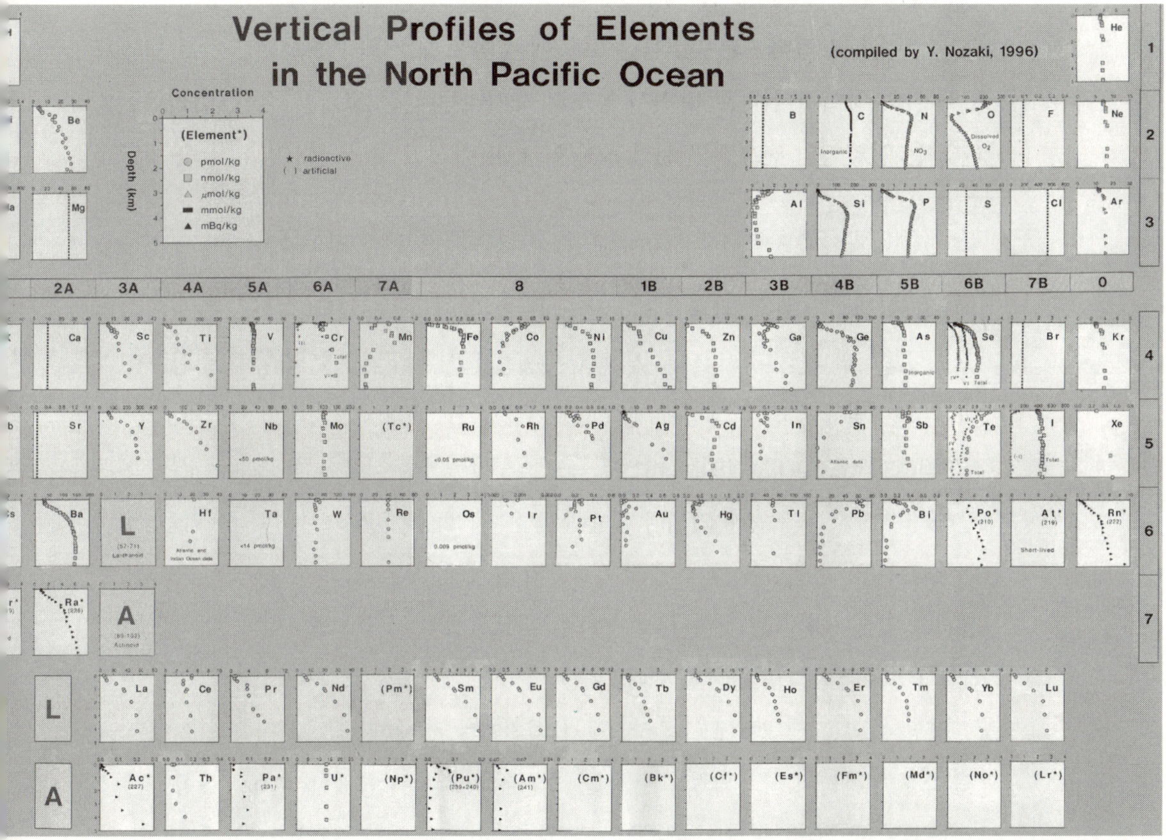

주기율표에 도시한 태평양에서의 원소들의 분포 모습. 지금은 작고한 동경대학교 노자키 교수가 모은 자료로서 원소들마다 매우 다양한 수직분포의 모습을 하고 있음을 알 수 있다.

의 분포 모습과 유사한 분포 모습이다. 이런 금속들의 가장 중요한 특징은 주성분원소와 마찬가지로 바다 내에서 활발한 활동을 하지 않는다. 바다에서 진행되는 가장 중요한 활동이 생명 활동이므로 다른 말로 표현하면 이런 원소들은 생명현상에 별로 관여하지 않거나, 생물의 사용량이 변화를 줄 정도에 못 미치는 금속들이다.

2) Type II : 재순환형 원소들(Recycled elements)

많은 금속들은 표층에서는 농도가 작으나 심층으로 가면서 농도가 증가하는 모습을 보여주고 있다. 몇 원소들은 표층에서 농도가 거의 영(zero)이다. 표층의 농도가 거의 영이고 심해로 가면서 농도가 증가하는 분포 모습은 질산, 인산, 규산과 같은 영양염의 전형적인 분포 모습이다. 따라서 이들을 영양염형 금속이라고도 부른다.

※ 생명의 제한 요소

영양염이란 전에 잠시 살핀 것처럼 생명현상의 제한 요소로 작용하는 원소들이다. 생명현상의 진행 과정에 제한 요소가 있음을 처음으로 지적한 과학자로 리비히(Justus von Liebig, 1803~1873)를 꼽는다. 리비히는 식물이 성장하는 것을 촉진하기 위해서는 토양에 인이나 칼륨과 같은 무기물의 공급이 매우 중요함을 발견했다. 토양 내에서 이들의 공급이 식물의 성장에 제한 요소(limiting factor)로 작용하고 있음을 말하는 것이다. 이 연구는 비료산업의 시작에 중요하게 기여해 농업혁명을 이루는 기반을 확립했다.

해양에 있는 생명체에도 육상식물과 마찬가지로 제한 요소로 작용하고 있는 몇 가지 성분들이 확인되었고 이들을 영양염이라 부른다. 제한 요소로 작용하는 원소들은 자연스럽게 '표층에서의 농도가 영' 이라는 분포 특징을 갖고 있다. 표층에서 살다가 죽은 생물의 유해는 심해로 가라앉으면서 미생물에 의해 분해되어 다시 바닷물 속으로 녹아 들어가면서 심해의 영양염의 농도를 증가시킨다. 즉, 생명현상을 통해 이런 물질들이 표층에서 심층으로 이동하는 것이다.

이런 수직적인 이동 과정과 컨베이어벨트가 합쳐지면서 만들어내는 깊은 바닷물의 영양염 분포 모습을 통해 심해의 컨베이어벨트가 움직이는 모습을 알아낼 수 있었음은 이미 앞에서 살펴보았다. 심해의 영양염은 물론 이 컨베이어벨트의 이동에 따라 표층으로 다시 이동하며, 이런 연유로 이런 원소들을 재순환형이라고도 부른다.

재순환형에 속하는 금속인 Cd, Fe, Zn, Ge 등의 금속의 농도를 보면 nM(10^{-9}M) 혹은 pM(10^{-12}M)로서 영양염들의 농도 μM(10^{-6}M)에 비해 천 배 또는 백만 배나 작다. 그럼에도 불구하고 분포 모습이 영양염들과 너무 유사한 것은 놀라운 일이다. 이들이 매우 적은 양임에도 불구하고 해양에서의 생명현상에 매우 중요한 역할을 하고 있음을 분명히 보여준다. 이러한 금속들은 해양에서 건강한 생명현상의 유지를 위해서 꼭 필요한 금속들이라는 것을 알려주고 있는 것이다.

그러나 Cd과 같은 일부 금속은 우리 주위에 과량으로 방출되었을 때 오히려 심각한 공해병을 유발하는 물질로 변신한다. 이것은 '적절한 양'의 중요성을 다시 한 번 말해주고 있는 좋은 예이다.

3) Type III : 제거형 원소들(Scavenged elements)

표층에서 농도가 높지만 심해로 가면서 줄어드는 분포 형태가 있다. 납의 분포가 바로 대표적인 모습이고 알루미늄(Al)도 이에 속한다. 이들의 분포가 영양염과 반대로 표층에서 농도가 높고 심해에서 낮은 이유는 무엇일까?

이들 분포를 통해 알게 된 중요한 사실은 첫째로 이들이 대기로부터 해양의 표면으로 계속해서 공급되고 있다는 것이다. 매년 봄이면 우리를 괴롭히는 황사가 바로 이런 일을 이루어내는 중요한 일꾼이다. 둘째는 이들을 해양에서 제거하는 과정(scavenging)이 꾸준하게 일어나고 있다. 이런 제거 작용은 사실은 스스로를 정화시키는 해양의 자정능력의 하나이기도 하다. 해양은 활성이 높은 원소들을 이런 작용을 통해 해양으로부터 계속 제거하고 있다.

태평양 표층에서 상당히 높은 납의 농도가 관측되는 것은 불행하게도 사람들이 바다를 오염시키고 있기 때문이다. 유연휘발유 사용이 금지되면서 서서히 줄어들기는 하지만, 사람들의 활동이 바다에 남겨놓은 또 하나의 바람직하지 않은 흔적을 납의 분포가 보여주고 있는 것이다.

:: 영양염이 영양염이 아니다?

질산염, 인산염 및 규산염은 해양에서 제한 요소가 되므로 이들을 영양염이라고 부르며, 이들의 표층에서의 농도는 영이라는 것을 이야기했다. 표층해수의 영양염의 분포를 보면 사실 대양의 거의 대부분에서 영의 값을 보인다. 그런데 남극대륙 주위의 남극해, 적도상의 동태평양 등에서도 꽤 높은 농도의 질산염이 아직도 사용되지 않고 남아 있다.

1) 초기 영양염

이 여분의 영양염을 초기 영양염(initial nutrient)이라고도 부르는데, 이곳에서는 영양염이 왜 이용되지 못하고 남아 있는 것일까? 이곳에서 생명현상을 조절하는 제한 요소는 과연 무엇인가? 특히 남극해의 경우 일조량의 부족, 낮은 온도 등 물리적 요인들이 몇 가지 가능성으로 제시되었고, 동물플랑크톤에 의한 빠른 포식작용 등 생물학적인 요인 등도 제한 요소로 제시되었다.

2) 철(Fe)도 영양염이다

1970년대 후반부터 다시 시작된 미량 금속에 대한 조심스러운 연구가 올린 개가의 하나는 철(Fe)이 바다의 생물들이 살아가는 데 필수적인 성분이며, 철이 제한 요소가 될 수 있다는 것이다. 다시 말해 철도 영양염이라는 것이다. 또한 황사와 같이 육상으로부터 공급되는 입자가 바다에 살고 있는 생물들에게 철을 공급해주는 가장 중요한 방법이라는 것도 알게 된 것이다. 황사가 우리에게는 문제일 수도 있지만 바다에는 생명력을 유지시켜주는 필수 요건이 된다는 것이다.

:: 철비료로 지구온난화 문제를 해결한다?

이와 관련해 1990년대 초에 전세계적으로 매스컴을 탔던 이야기를 하나 소개하기로 하자. 철비료 작용(Iron[Fe] fertilization)으로 불리는 사건이다. 사람들이 화석연료를 사용하면서 공기 중의 탄산가스 농도가 점점 증가해 지구가 더워지고 있다는 지구온난화 문제는 전지구적으로 심각한 환경문제의 하나이다. 지금은 고인이 되었지만 미국의 마틴(John Martin, 1935~1993)은 초기 영양염이 많이 있는 남극해에 인공적으로 철을 비료로 투입해 그곳에 과량으로 남아 있는 영양염을 식물들이 이용해서 광합성을 하도록 촉진시키면, 이를 통해 대기 중에 있는 상당량의 탄산가스가 해양으로 흡수되고 이를 통해 지구온난화 문제가 해결될 수 있을지도 모른다는 흥미로운 제안을 한 것이다.

이 제안은 실제로 진지하게 받아들여져 슈퍼컴퓨터를 이용한 이론적인 계산도 이루어졌으며, 해양학자들이 남극해와 동태평양 등의 지역으로 나아가 실제로 철을 인공적으로 투여하고 생물현상에 어떤 변화가 있는지를 조사했다. 현장 수행 연구의 중요한 결과를 보면, 철을 투여한 후 활발한 생물 활동이 일어나서 클로로필이 늘어나고 질산의 농도가 현저히 줄며, 이에 수반해 표층해수에 녹아 있는 탄산가스의 양(pCO_2)이 크게 줄어 대기로부터의 탄산가스 유입을 촉진시킬 수 있는 가능성을 늘이는 등 철의 비료 작용이 개념적으로 맞는 것임을 확인할 수 있었다.

그렇지만 이를 대양에서 대규모로 실행해 대기 중의 CO_2 농도를 줄이는 효과를 일으키기에는 적절한 방안으로는 생각되지 않는다는 것이 중론이다. 철을 넣어주더라도 이들이 빠른 속도로 고체가 되어 가라앉아버려 표층의 생물들이 투여된 철을 효과적으로 이용할 수 없도록 만드는 것도 실패 원인의 하나로 여겨진다.

:: 고마운 황사?

바다의 생명 활동을 유지하는 데 철이 중요함은 이제 분명한 사실로 자리를 잡았다. 남극해 등 여러 해양에서 영양염들이 채 사용되지 못하고 남아 있는 것은 육지로부터 이런 지역으로 오는 입자들이 별로 많지 않아 철의 공급을 원활하게 받지 못하기 때문이었던 것이다.

드 헤베시가 제안했던 추적자 Pb-210은 이를 분명히 보여준다. Pb-210은 우라늄 붕괴계열에 속한 방사성 동위원소의 하나로 대기 중의 라돈(Rn-222, 반감기 3.8일)이 붕괴하면서 만들어지는 것이다. 따라서 Pb-210은 육상으로부터 공급되는 원소를 대표하는 꼬리표 역할을 할 수 있는 것이다. 해수 표층에서의 Pb-210의 분포를 보면 초기 영양염이 남아 있는 지역이 바로 Pb-210의 농도가 가장 낮은 지역으로 나타나, 과학자들의 추론이 맞는 방향임을 더욱 분명히 해주고 있다.

최근 우리 실험실에서는 동해에서의 식물 성장에도 황사가 매우 중요한 역할을 하는 것 같다는 것을 발견했다. 움츠렸던 추운 겨울이 지나 초봄이 되면서 해양식물들이 기지개를 켜고 본격적으로 활동을 시작하는 시기(spring bloom)는 황사가 이 지역을 지나가면서 철을 공급해주는 시기와 밀접히 관련되어 있다는 중

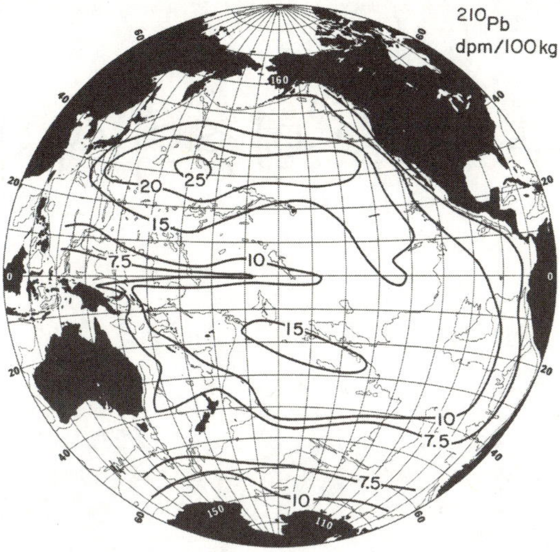

태평양 표층해수에 녹아 있는 Pb-210의 분포 모습. 바람에 의해 대륙에서 기원하여 해양으로 유입되는 입자들의 양을 추정할 수 있는 중요한 추적자 자료이다.

요한 증거를 많은 인공위성 자료들이 보여주고 있음을 발견한 것이다.

너무 적은 양이기에 이를 측정하는 것이 매우 힘든 일이었다. 그러나 바다에 녹아 있는 많은 미량 금속들에 대한 연구는 지구를 생명의 행성으로 유지시키는 데 이들이 중요한 기여를 하고 있음을 확인해주는 중요한 연구들이었다. 이들의 관계를 더욱 자세히 밝히기 위한 많은 연구들이 지금도 진행되고 있음은 물론이다.

바닷물 속에 녹아 있는 금속들은 사실 전인류의 자원이다. 여담이지만 바닷물 속에 녹아 있는 금(Gold, Au)의 농도를 찾아, 추출해 금궤를 만들면 무게가 얼마나 되는지, 또 돈으로 환산하면 얼마나 되는지 한번 계산해보는 것도 재미있을 것 같다. 1918년에 노벨화학상을 수상한 하버(Fritz Haber, 1868~1934)가 제1차 세계대전 후 패전국인 조국 독일을 전쟁으로 진 빚으로부터 구할 수 있는 한 방법으로 시도해보았던 생각이다. 물론 그가 생각했던 것보다 바닷물 속에 녹아 있는 금의 양이 너무 적어(최근의 결과를 보면 약 0.1 pM 정도) 실패한 방법이었지만.

29
지구 달력 : 멸종의 역사

알바레즈 (Luis Walter Alvarez, 1911~1988)

1968년 노벨물리학상 수상

"for his decisive contributions to elementary particle physics, in particular the discovery of a large number of resonance states, made possible through his development of the technique of using hydrogen bubble chamber and data analysis"

(소립자 물리학에 끼친 기여)

표면온도가 약 6천도인 우리 별 태양은 지구를 생명이 살기 적절한 환경으로 만들어주는 필수적인 요소이다. 그리고 햇빛은 지구 생명계 전체에게 먹거리를 장만해주느라 열심히 수고하고 있는 식물의 생활에 필요불가결한 요소이기도 하다. 그런데 우리는 햇빛이 있는 것을 너무 당연한 것으로 여기고 있는 것은 아닐까? 태양에너지가 잠시라도 지상에 도달하지 못할 때 지구가 얼마나 큰 파국적 상황으로 치달을 수 있는지를 보여주는 사건이 있었다. 지금부터 6,500만 년 전에 일어났던 엄청난 사건이다.

약 6,500만 년 전 운석이 충돌한 것으로 믿어지는 유카탄 반도 시엑술루브 지역. 중력장을 조사하면서 해수면 아래 약 1,200m 지역에 드러난 운석 충돌 크레이터의 모습이 보인다.

우리나라에서도 공룡의 발자국이 발견되고 화석이 발견되는 등 공룡에 대한 연구가 활기를 띠고 있다. 공룡의 이야기가 나오면 으레 등장하는 질문은 지구상에서 왜 공룡이 사라졌느냐 하는 것이다. 공룡이 어느 날 갑자기 사라진 것이 아니라, 서서히 지구상에서 모습을 감추었다는 생각에서부터 시작해 여러 가지 생각들이 제시되어 있다. 그러나 지난 20여 년 간의 연구 중 꽤 신빙성을 가지고 있는 것은 운석이 충돌하면서 공룡이 최후를 맞았다는 생각이다.

:: 햇빛이 제한 요소가 된다?

운석충돌설의 핵심에는 아주 특수한 경우이기는 하지만 빛이 일시적으로 생명현상의 제한 요소가 되었다는 개념이 포함되어 있다. 식물이 생명현상을 유지하기에 필요한 것들은 참으로 많다. 탄소와 물이 그렇고 햇빛도 그중 하나이다. 그러나 이런 것들을 영양염이라고 부르지는 않는다. 왜냐하면 이들이 제한 요소가 되는 경우는 통상 만나기 어렵기 때문이다. 그러나 과거에 햇빛이 일시적이지만 제한 요소가 되었던 때가 있었던 것 같고, 이에 공룡의 멸절사건이 연루되어 있어 보인다는 것이다.

운석충돌설의 요지는 충돌로 만들어진 대화재와 함께 먼지와 숯검정이 대기 상층으로 이동되어 전 지구를 덮으며 수개월 이상 상공에 머무르면서 지표면으로 도달하는 태양광을 차단할 수 있었으며, 이에 따라 일시적으로 만들어진 어둡고 찬 지구에서 많은 생물들이 소멸되었다는 것이다. 근거로 제시된 자료의 하나는 공룡이 지구상에서 자취를 감춘 시기인 약 6,500만 년 전(K-T 경계 : Cretaceous-Tertiary boundary)에 쌓인 퇴적층에서 지구상에는 매우 희귀하여 외계기원으로 보이

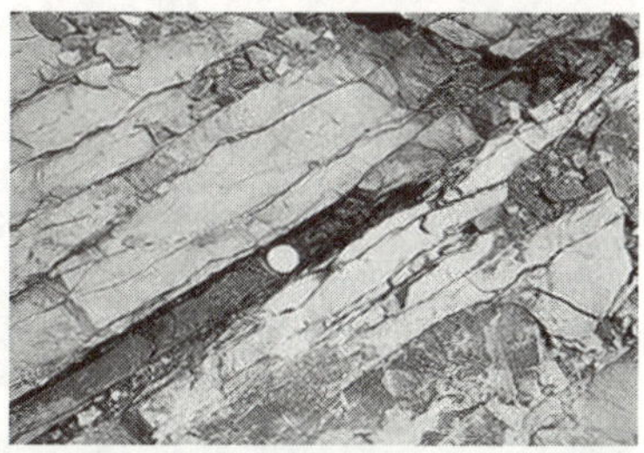

이탈리아의 콘테사 계곡(Contessa Valley) 석회암층 사이에 발달한 점토암층(사진에서 하얀 동전이 있는 검은 부분). 이리듐의 함량이 매우 높으며 약 6,500만 년 전 운석의 충돌에 의해서 발생한 먼지구름이 쌓여 만들어진 지층으로서 전세계의 여러 곳에서 동일한 층이 확인되었다.

는 이리듐(Ir)이 많이 포함되어 있다는 것이다.

:: 운석 충돌이 있었다

이런 사실은 이번 이야기의 주인공이며 미시입자의 연구를 통해 1968년에 노벨물리학상을 수상한 알바레즈가 그의 아들 알바레즈와 함께 이끈 연구팀의 개가였다. 1980년 논문이 발표된 이후 알바레즈는 우리들에게 물리학자로보다는 지구과학자로 더 잘 알려져 있다. 이 이론을 둘러싼 많은 연구가 지금까지도 꾸준히 진행되고 있으며, 운석이 지구에 충돌한 위치는 멕시코의 유카탄 반도의 시엑슬루브 지역으로 추정되고 있다. 중력 조사를 통해 충돌 당시 만들어진 거대한 크레이터의 모습까지도 확인되어 있다. 지름이 약 10km 정도 되는 거대한 운석이 충돌하면서 만들어낸 크레이터인데 지하 깊숙이 감추어져 있던 것이다.

수년 전에는 이와 관련된 또 하나의 중요한 발견이 발표되어 이 방면의 연구에 더욱 흥미를 더해 주었다. 바다는 지구의 과거 비밀을 아직도 많이 간직하고 있는 흥미진진한 곳이다. 6,500만 년 전 충돌 때 만들어진 운석의 파편이라고 생각되는 작은 운석 조각들이 태평양 한가운데의 퇴적층에서 발견된 것이다. 크기 약 2.5mm 정도의 이 파편은 화석 운석(fossil meteorite)이 소행성(asteroid)의 기원이며, 혜성(comet)의 기원이 아님을 분명히 보여주고 있다.

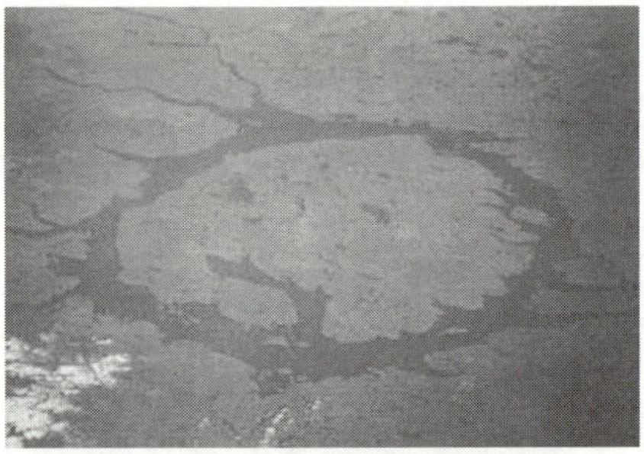

퀘벡에 있는 약 64km 직경의 매니쿼건 크레이터(Manicouagan Crater)의 가장자리 경계를 보여주는 호수(Lake). 가장자리가 풍화 침식된 후 원형의 계곡을 만들고 있으며, 현재 수력발전을 위한 댐의 저장소로 이용되고 있다. 중앙에 있는 약 180여 미터 높이의 고원은 약 2억 1천만 년 전 일어난 충돌 때 유리 형태로 녹아버린 암석들에 의해 만들어진 것이다.

충돌 지역에 인접한 대서양의 퇴적층을 보면, 6,500만 년을 전후해 해양 생물의 분포에 상당한 변화가 있어 이 충돌의 여파가 공룡뿐 아니라 해양 생물에 미친 영향도 매우 컸음을 보여준다.

:: 핵겨울

오늘날 인공위성 사진은 지구 역사를 통해 육상의 여러 곳에 운석이 충돌한 흔적을 보여준다. 얼마 전 운석 충돌을 소재로 한 영화를 통해서 운석 충돌의 위험이 실감나게 소개되었고, 최근에 와서는 과학자들이 지구에 접근하는 운석은 혹시 없는지를 열심히 관측하고 있다.

운석 충돌 이야기에 꼭 붙여야 할 음울한 이야기가 있다. 운석 충돌에 의한 파국적 상황과 아주 유사한 상황이 사람들의 실수로 만들어질 수도 있다는 것이다. 바로 '핵겨울(Nuclear winter)' 로 알려져 있는데, 핵전쟁이 일어나면 운석이 충돌할 때와 유사한 파국적 결과가 지구상에 일어날 수 있다는 생각이다.

지구의 기후를 모사하기 위해 개발된 컴퓨터 모형을 이용하면 핵전쟁의 결과가 몰고 올 치명적인 결과를 예상할 수 있다. 일차적으로 일어나는 대규모의 화재와 이로 인해 만들어진 검댕에 의해서 햇빛이 차단되면서 일어나는 혹독한 겨울과 광합성의 차단으로 파생되는 생명계의 연쇄적 파괴 등이 이어진다. 물론 충분히 시간이 경과되면 다량으로 생성된 탄산가스가 온난화 효과를 다시 만들어내서 지구를 따뜻하게 만든다. 그러나 이때는 이미 지구생명계는 치명적인 결정타를 맞고 난 이후이다.

지금은 고인이 된 칼 세이건과 뒤에 소개할 크루첸 같은 과학자들이 핵전쟁은 기필코 피해야 함을 역설할 수 있었던 중요한 과학적 근거였다. 햇볕 아래서 따사로움을 느끼며 다시 한 번 햇빛의 고마움을 음미해보는 것도 좋을 것 같다.

:: 생물층서학(biostratigraphy)

지구의 과거를 살피면 이런 멸종사건이 여러 번 반복되어온 것을 알게 된다. 화석이라고 부르는 과거의 생물의 흔적을 살피면서 과학자들이 발견한 중요한 사실이다.

미신에서부터 출발했던 화석 자체에 대한 과학적 연구가 진행되는 동안, 한편에서는 화석이 이를 포함하는 암석의 나이를 찾아가는 중요한 단서가 될 수 있음이 인식되기 시작했다. 화석에 이러한 새로운 중요성을 부여한 사람으로 영국의 공학자이며 자연탐사가였던 윌리엄 스미스(William Smith, 1769~1839)를 꼽는다.

스미스는 18세기 말 영국에서 급격하게 확장되던 운하 건설에 종사하던 공학자들이 고용한 지질조사관이었다. 그는 일을 수행하면서 계속 보게 되는 화석들에 깊은 흥미를 느끼게 되었다. 특히 운하를 만드느라 여러 곳에서 파헤쳐진 단면들을 관찰하는 가운데 암석층의 밑에서 위로 올라가면서 발견되는 화석들의 순서가 유사한 모습으로 반복되는 것을 깨닫게 되었다.

지층과 화석을 이용하여 퇴적층이 쌓인 시기를 연계시키는 층서학의 원리를 보여주는 모식도

스미스 이전에도 밑의 층에서 발견되는 화석들이 종종 위에 쌓인 암석층에서 관찰되는 화석들과 다르다는 것이 알려져 있었다. 그는 지층별로 밑에서 위로 발견되는 화석의 순서를 살핀 결과 서로 떨어진 다른 지역에서도 같은 순서가 종종 반복되는 것을 깨닫게 되었다.

중요한 핵심이 여기에 있었다. 어떤 화석 하나하나가 아니라, 여러 화석들이 특징적으로 보여주는 순서가 바로 시간을 결정해줄 수 있다는 것이다. 한 그룹의 화석들이 나타나는 순서는 이들이 발견되는 장소에 관계없이 일정하다는 것이다. 이를 통해 스미스는 겉으로는 연관되어 보이지 않는 서로 떨어진 곳의 퇴적층들을 연계시킬 수 있었다. 화석의 본질이 무엇인가 하는 질문은 그리 중요하지 않았다. 단지 확인할 수 있는 분명한 모습을 가진 화석이면 이들을 하나의 도구로 사용할 수 있음을 이해하게 된 것이다.

:: 세계를 바꾼 한 장의 지도

스미스의 발견이 점점 알려져 1820년대가 되면 "한 종류의 지층이 퇴적되는 것은 언제라도 일어날 수 있지만, 어느 특정 종류의 화석은 지구 역사의 어느 특정한 시간에서만 만들어질 수 있다."는 사실을 지질학자들이 깨닫게 된다. 지층에 시간의 개념을 넣을 수 있는 새로운 방법이 탄생한 것이다. 이 방법은 어느 지층이 더 오래된 것인지 혹은 젊은 것인지를 알게 해주는 상대적인 연령을 줄 수 있을 뿐이다(절대 연령이 결정된 것은 방사능이 발견된 후의 일이다). 그렇지만 화석이 지구 표면의 구조를 이해하고 지하의 비밀을 밝히며 귀중한 광물자원을 발견할 수 있는 중요한 길잡이의 역할을 할 수 있게 된 것이다.

스미스는 지질학적 자료를 기존에 이미 제작된 지도에 색을 이용해 표시하는 방법을 처음으로 시도했는데, 이러한 방법은 오늘날도 지질도를 작성하는 데 계속적으로 이용되고 있다(스미스의 일생을 담은 《세계를 바꾼 한 장의 지도》가 우리말로도 이미 번역되어 있다).

19세기 초 영국의 스미스가 제작한 초창기의 지질도. 통상의 지도에 지질학적인 정보를 함께 표시해 제작한 지도이다.

:: 지구의 달력이 만들어지다

화석을 상대적인 시간의 척도로 사용하는 방법이 빠른 속도로 전 유럽에 퍼지며, 지질학자들은 각각의 암석층에 보전되어 있는 화석의 정보를 더욱 더 세밀하게 조사하기 시작했다. 특유한 화석들의 모둠에 기초한 시간 구분이 정의되었고, 이런 구분들이 지질학적 시간의 한 단위들로 자리 잡기 시작했다.

암석 및 암석에 포함되어 있는 화석들에 기초한 암석의 단위가 만들어지고, 암석 단위 사이에 순서가 매겨지게 되었다. 예를 들어 쥐라계(Jurassic system)는 한 종류의 암모나이트(ammonite) 화석이 처음으로 나타나서 이보다 훨씬 뒤에 산 것이 분명한 다른 종류의 암모나이트 화석이 마지막으로 나타나는 때까지의 모든 퇴적암을 이야기한다. 이들에 구체적인 연대가 부여된 것은 물론 아니었지만 쥐라기(Jurassic Period)는 당연히 이들 쥐라계가 퇴적된 기간을 이른다.

:: 멸종의 역사?

화석을 연구해가는 과정에서 특히 퇴적층의 두 곳에서 동물과 식물 화석의 종류가 급격하게 변화한다. 하나는 페름계라고 불렀던 층의 최상부이며, 또 하나는 이보다 더욱 최근의 퇴적층으로 백악계라고 불리던 지층의 최상부였다. 화석의 종들이 보여주는 변화가 너무 급격해서 영국의 존 필립스는 생물들의 역사를 보여주고 있는 층서를 이들을 경계로 크게 세 개의 시대로 나누고, 밑에서부터 위로 고생대, 중생대 그리고 신생대라는 이름을 붙였다.

고생대(Paleozoic Era)는 '옛 생명(old life)의 시대' 라는 의미이며 골격을 가진 생명체가 처음으로 나타나는 시기에서부터 첫 번째 대규모의 멸종이 일어난 시기까지를 이른다. 오늘날은 방사성 동위원소를 이용해 약 5억 4천만 년 전에서 2억

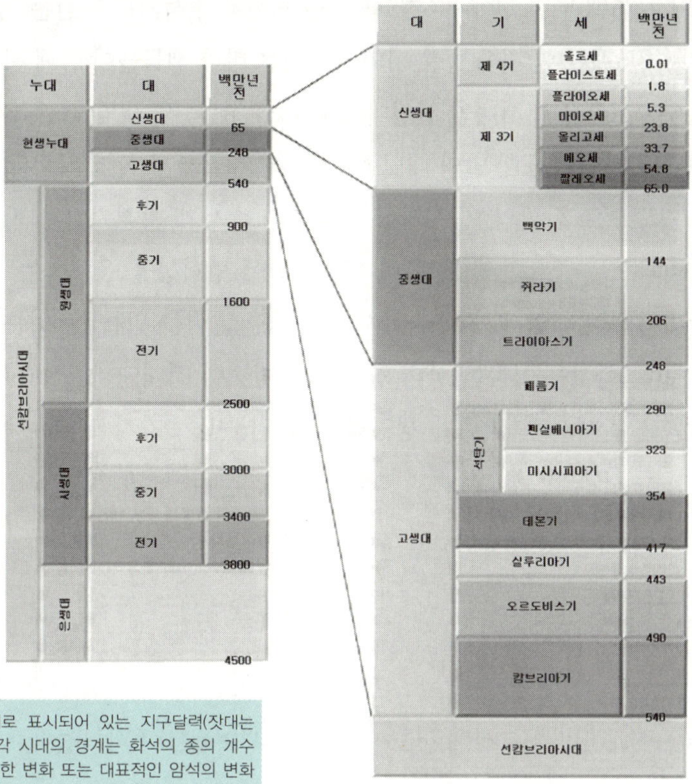

100만 년 단위로 표시되어 있는 지구달력(잣대는 직선이 아님). 각 시대의 경계는 화석의 종의 개수나 개체의 급격한 변화 또는 대표적인 암석의 변화 등을 기준으로 하여 구분된다.

2천5백만 년 전까지의 시대임을 알고 있다. 이 시기의 끝인 2억 5천만 년 전에 바다나 육지에 살던 생물들의 약 96% 정도가 멸종된 것으로 여겨진다. 삼엽충이라 불리는 원시적 껍질을 가진 생명체들이 자취를 감추고, 옛 형태의 산호류가 다 사라지며 양서류의 75%가 사망하고 약 80%의 파충류가 사라진 것이다. 이 시기가 바로 페름기의 마지막으로 고생대를 마감하고 중생대가 시작되는 시기이다.

이를 잇는 중생대(Mesozoic Era)는 '중간 생명(middle life)의 시대' 로서 고생대의 멸종 이후부터 시작하여 이 시대에 지구상에 군림하던 공룡의 멸종으로 끝을 맺는데, 2억 2천5백만 년 전에서 6천5백만 년 전까지의 시기를 일컫는다. 이 시대를 마감하는 6천5백만 년 전에 공룡 이외에도 많은 바다 생물들이 함께 사라졌다.

이어지는 포유류의 시대인 신생대(Cenozoic Era)는 '새 생명(new life)의 시대'로 6천5백만 년 전의 중생대 말의 대멸종에서부터 지금까지 이어지는 시기이다.

이런 방법으로 화석의 연구를 통해 지층의 순서가 밝혀지기 시작하고, 20세기에 들어와서는 중요한 경계를 이루는 시기에 방사능을 응용하는 절대연령의 측정 방법이 도입되었다. 지구과학자들이 지구 달력을 만들 수 있는 기반이 확립된 것이다. 화석을 이용한 상대 연령 추정 방법이 절대연대측정법과 만나면서 지구 달력을 탄생시킨 것이다. 생명의 행성 지구만이 가지고 있는 특별한 달력이다.

:: 위기는 기회?

멸종사건 때마다 지구상에 살고 있던 많은 생명체들이 사라졌다. 그러나 한편으로는 새로운 생명들이 태어나 지구를 지배하는 일이 일어났던 것을 화석은 우리들에게 보여준다. 6,500만 년 전 발생한 멸종사건으로 수억 년 동안 지구를 지배하던 파충류 공룡이 지구상에서 사라지면서, 이들 대신해서 포유류가 지구를 지배하는 새 시대의 계기가 마련된 것이다.

하나의 위기가 바로 다음 시대를 위한 기회로 작용한 것이다. 어쩌면 지구 생명이 진화해온 역사에서 멸종은 새 시대를 열기 위한 필수조건처럼 보이기도 한다. 우리 생명계는 멸종과 진화의 역사를 반복하면서 진화해온 것이다.

지구 달력은 현재의 모습으로 도달하기까지 이런 대규모의 멸종과 진화의 과정을 거쳐 왔다는 것을 우리에게 상기시켜주고 있다. 스테판 굴드(Stefan Jay Gould)가 "The Wonderful Life"에서 진화의 필름을 40억 년 전으로 되감아 다시 시작해보기로 할 때, 과연 지구상에 사람을 다시 만들어놓을 수 있으리라는 보장이 없다는 주장이 더욱 수긍이 가는 일이다.

:: 멸종의 원인은 무엇일까?

지구상에는 이러한 멸종사건이 왜 일어났을까? 지구과학자들이 열심히 그 답을 찾아내려고 노력하는 문제의 하나이다. 여러 연구 결과들은 지구의 기후가 크게 변한 것이 멸종의 주요 원인의 하나였던 것을 암시하고 있다.

기후에 변화를 줄 수 있는 중요한 지질학적 활동으로 화산 활동을 꼽는다. 10여 년 전 폭발한 필리핀의 피나투보 화산의 화산재로 인해 1990년대 초 2~3년간 지구의 평균 기온이 잠시 내려갔던 것은 화산의 역할을 잘 보여주었다. 판구조운동에 의한 대륙의 이동도 중요한 몫을 했을 것이다. 히말라야 산맥의 형성과 함께 아시아의 대표적인 기후 형태인 몬순이 시작되었었다. 잠시 동안의 일로 생각되기는 하지만 외계에서 온 손님도 파국적 변화를 일으키는 중요한 몫을 한 것 같다.

:: 여섯 번째의 멸종?

46억 년의 역사를 통해 지구가 끊임없이 변해왔음을 판구조론의 눈으로 이미 살펴보았고 또한 그 긴 세월 동안 다양한 생명체들을 그 안에 포용하면서 진화해왔다. 우리 이웃들과는 달리 생명의 행성으로서의 길을 겪어온 것이다.

이 기간을 통해 지구가 단지 겉모습만을 바꾸어온 것은 아니다. 지구상에는 생명이 탄생하고 생명의 행성으로서의 진화의 길을 함께 걸어온 것이다. 지금부터 적어도 약 35억 년 전부터 시작된 생명의 역사는 지표상의 퇴적암석 내에 화석이라 불리는 흔적을 남겨놓았다. 이 흔적의 비밀을 찾아가는 과정을 통해 지구과학자들은 지구의 과거를 보여주는 지구 달력을 만들 수 있었으며, 지구 역사를 통하여 크게 다섯 번의 대 멸종사건이 있었던 것을 보여주고 있다.

지구의 달력은 이웃 친척 행성들과는 달리 생명의 행성인 지구만이 가지고 있는 위기와 기회를 보여주는 달력이다. 오늘날 사람들이 지구환경을 많이 망가뜨리는 것을 보면서 일부 과학자들은 또 하나의 멸종, 즉 여섯 번째의 멸종이 찾아오는 것은 아닌지를 염려하고 있다. 불행한 것은 염려하는 멸종의 원인에 우리 사람들이 직접 관련되어 있는 것 같다는 점이며, 이어지는 'Part 6. 위기의 행성' 에서 이를 더 살펴가보려고 한다.

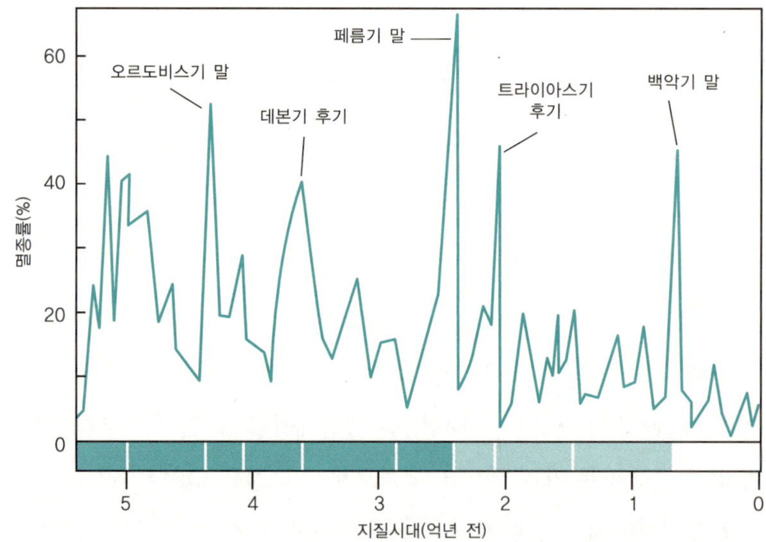

지질시대별 생물의 멸종비율과 다섯 번의 대량 멸종

상자글

화석의 비밀을 찾아서 : 진화론의 발전

화석은 아마 사람들이 지구상에 살기 시작한 때부터 이미 알려져 있던 것 같다. 약 8만 년 전에 살았던 네안데르탈인의 거주지에서도 산호의 화석들이 발견되고 있음이 이를 잘 보여주고 있다. 그러나 18세기가 끝날 무렵까지도 화석은 호기심을 일으키는 흥미로운 수집 대상물이었으며, 과학적인 의미는 거의 알려지지 않았다.

화석이 만들어낸 신화

옛날 사람들은 화석을 하늘에서 땅으로 떨어진 신으로 믿기도 하였고, 대형 척추동물의 뼈 화석은 사람들을 불안하게 만들어 괴물이나 거인의 신화가 만들어지는 동기가 되기도 했다. 약 5천여 년 전 시칠리아 섬에 상륙했던 선원들이 발견한 이마에 커다란 구멍이 뚫려 있는 거대한 두개골은 외눈박이 괴물 키클로페스(Cyclopes)의 신화를 만들어냈다. 키클로페스는 바다의 신 포세이돈의 아들 중 하나이다. 해부학이 발전하면서 1688년에 이르러 로마의 해부학자 캄파니는 키클로페스가 사실은 수십만 년 전에 이 지역에서 많이 살았던 두 개의 눈을 가진 온순한 채식동물인 코끼리였으며, 눈이라고 생각했던 자리는 실제는 콧구멍이었던 것으로 드러난 것이다.

화석의 기원을 찾아서

B. C. 6세기경 피타고라스와 헤로도투스 같은 그리스의 학자들은 돌이 된 조개껍질과 물고기들을 함유하고 있는 퇴적층들을 관찰하고, 화석이 발견된 육지는 원래 바다였다는 사실을 밝혀낼 수 있었다. 이들은 "화석은 먼 옛날 지금과 전혀 다른 환경에서 살았던 유기체들의 잔해이다."라는 옳은 결론을 내렸었다.

그러나 B. C. 4세기 아리스토텔레스가 "생물은 우연히 탄생되기도 한다"는 자연발생설을 주장하면서, 화석은 대지로부터 솟아오른 "건조한 기체"에 의해서 생성되는 물체라고 설명했는데, 이런 생각은 중세에 이르기까지 큰 영향을 미쳤다. 더구나 중세는 모든 문제의 답을 성서에서 찾아야만 하는 시대였으므로, 화석에 대한 학문적인 발전은 기본적으로 이루어질 수 없는 시대였다. 13세기 말에 이탈리아의 수도승 리스토로 다레초는 산에서 발견한 조개껍질이 노아의 홍수 때 떠밀려온 것이라고 기술했으며, 노아의 홍수설은 18세기에 이르러서도 하나의 학파로 다시 등장하게 된다.

과학과 마술이 뒤섞여 있던 르네상스

르네상스 시대에 자연현상에 관심이 많은 지식인들이 등장하면서 화석이 많이 수집되고 정리되었다. 그렇지만 르네상스 시기는 한편으로는 마술과 점성술이 뒤섞여 있는 시대이다. 화석의 기원으로 별의 마력과 불가사의한 힘, 또는 괴물질 등이 연계되어 있다고 생각했으며, 어떤 이들은 화석을 "생명을 받지 못한 창조주의 실패작"이라고 주장했다. 화석은 악마가 신과 겨루기 위해서 창조해낸 것이라는 생각도 있었다.

이때에도 화석의 본질에 대한 합리적인 생각을 가진 사람들도 있었다. 16세기에 살았던 레오나르도 다 빈치는 자연발생설을 단호히 거부하고, 화석이나 퇴적 현상 등을 정확히 고찰하고 지층을 통해 지구의 역사를 연구하는 지질학의 개척자였다. 화석으로 인해 불우한 생애를 마친 사람도 있었다. 16세기 후반 프랑스의 베르나르 팔리시는 도예 제작을 위해서 조개껍질과 물고기 화석을 많이 수집했다. 1580년 경 소르본대학교에서 한 강연에서 자연발생설을 부정하고 화석이란 단지 생물의 유골일 뿐이라고 주장했는데, 이에 격분한 학자들에 의해서 팔리시는 바스티유감옥에서 생애를 마칠 수밖에 없었다.

마법을 지닌 화석들?

화석은 오랫동안 상처나 병을 치유하는 놀라운 힘이 있다고 믿어져 왔다. 대표적인 예로 설석(舌石)이라고 알려져 있는 화석이 있다. 로마의 박물학자 플리니우스는 상어의 이빨 화석을 돌이 된 뱀의 혀가 하늘에서 떨어진 것으로 생각하고, 이를 글로소페트라에(glossopetrae), 즉 설석이라고 이름을 붙였다. 설석의 가루는 뱀에 물린 상처와 구토, 악성 열병 등에 효과가 있으며, 또한 악령을 쫓는 효과가 있다고 믿어 부적으로 만들어 몸에 지니고 다니기도 했다. 18세기까지 '설석'을 매달아놓는 장치가 사용되었고 '설석 받침대'가 식탁 위에 놓여 있기도 했다. 그러나 이미 1616년 파비오 콜로나는 설석이 실제로 상어의 어금니라는 사실을 증명하고, 함께 발견된 조개껍질 화석도 실은 생물의 유골이라고 기술했다.

뱀의 혀 같다는 데서 사람들에게 '설석'으로 불려온 상어 이빨의 화석

1665년에 메디치가 대공 페르디난트 2세의 비호 아래 피렌체에 머물면서 병원에서 연구를 하던 덴마크 코펜하겐 출신의 닐스 스텐센(니콜라우스 스테노라고도 함)은 대공이 그에게 제공한 지중해 산 큰 상어의 머리를 조사하는 가운데 콜로나와 같은 결론에 도달했다 : "설석은 돌 속에서 자란 것이 아니며, 진흙과 같은 곳에 묻혀 있었다. 설석이 바다보다 높은 곳에서 발견되는 것은 지면이 융기했기 때문이다."

스텐센(스테노)은 "지층은 아래쪽에 있는 것일수록 역사가 더욱 오래된 것이다(누중의 원리)"라는 지질학의 중요한 기본 원리를 확립한 사람으로도 잘 알려져 있다. 스텐센의 연구는 화석을 연대순으로 합리적으로 해석할 수 있는 방법을 지질학에 도입시킨 것이다. 그렇지만 과학의 발전과 자신의 신앙을 양립시키기 어려웠던 스텐센은 후일 프로테스탄트에서 가톨릭으로 개종하고, 40세의 나이에 사제의 길을 택하고 만다. 그러나 스텐센의 연구는 이탈리아뿐만 아니라 영국 등 유럽 전역에서 많은 반향을 일으켰다.

노아의 홍수설

화석이 지구의 역사를 밝히는 데 적절히 응용되기까지는 넘어야 할 고비가 많이 있었다. 그중의 하나가 잠시 언급되었던 홍수설의 극복이다. 화석이 과거에 살았던 생물이라는 것이 인정되면서 자연적으로 대두된 문제는 어떤 과정을 통해 화석이 만들어지는가 하는 질문이었다. 특히 어려운 것은 완벽한 창조를 믿는 기독교의 교리에서 볼 때, 열대동물인 코끼리가 왜 유럽에서 발견되며 암모나이트와 같은 일부 생물들이 왜 지금은 발견되지 않는가 하는 것이었다. 하나의 답으로 등장한 것이 노아의 홍수이다. 홍수에 밀려 다른 곳에서 살던 생물들이 지금의 장소까지 옮겨졌다는 것이다. 13세기부터 이미 거론되었던 홍수설은 18세기에 이르기까지 꽤 인정을 받았다.

홍수설에 심취하였던 스위스의 쇼이히처는 1708년 발간한 소책자 《물고기의 한탄과 불평》에서 죄 많은 인간들 때문에 홍수가 나 자기들만이 골탕을 먹게 되었다는 물고기들의 넋두리를 소개하고 있다. 그는 기원전 4004년 천지가 창조된 후 1600년 후에 홍수가 일어난 것으로 추정했는데, 그의 고민은 홍수로 인해 죽은 인간의 유해가 발견되지 않는 것이었다. 쇼이히처의 고민을 풀어줄 수 있는 것으로 기대되었던 사람의 뼈가 1725년 발견되었다. 그러나 1787년 프랑스의 퀴비에는 이 뼈가 돌이 된 도마뱀의 뼈인 것임을 밝힘으로 홍수설에는 불행한 일이 되었다.

18세기 말이 되면 홍수설을 믿던 사람들에게 의문이 생기기 시작했다. 거대한 뼈화석을 설명하는 척추동물의 정체가 서서히 밝혀지기 시작하며, 유럽에서 자취를 감춘 생물들이 피란을 갔을 만한 미지의 땅이 지구상에 별로 남아 있지 않음을 알게 되었기 때문이다. 홍수설은 죽음 자체에 대해서는 설명을 해주었으나 종 자체의 멸종을 설명할 수는 없었다.

19세기로 접어들면서 천변지이설, 지구기후의 변화설 등의 이론으로 이런 문제를 해

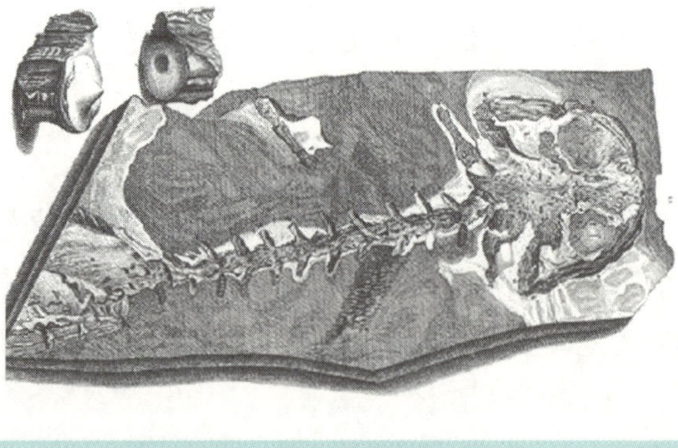

1725년에 발견된 도롱뇽의 화석. 사람의 화석으로 오판되어 홍수설의 증인으로 주장되었던 화석이다.

결해보려고 한다. 과거의 생각에서 탈피하는 과정의 선구자로 프랑스의 박물학자 뷔퐁을 들 수 있다.

뷔퐁의 자연사 발간

뷔퐁은 1739년 왕의 정원의 관리 책임자가 된 후, 이를 크게 늘려 최상급의 정원으로 만들면서 1749년에서 1789년까지 44권으로 이루어진 《박물지》를 저술한 식물연구가이다. 1773년 뷔퐁은 자연의 역사에 관한 대담한 가설을 발표하는데, 이런 생각은 1778년 《자연사》라는 책으로 출간된다. 뷔퐁은 지구의 역사를 7단계의 시기로 구분하며 지구의 나이를 7만 5천 살로 추정하고, 지금부터 약 6천~8천 년 전인 마지막 7기에 이르러서야 아담과 이브가 탄생하며 "인간이 자연에 영향을 미치는 시기"가 되었다고 생각했다.

오늘날의 관점에서 보면 실제와 턱없이 상당한 거리가 있는 생각이지만 당시로는 매우 대담한 생각이었다. 뷔퐁 자신은 과학과 신앙을 조화시켜보려는 노력에서 나온 결론이었지만, 소르본의 신학자들을 분노의 도가니로 몰아넣어 결국 1779년 11월 73세의 나이에 파리를 떠나야 했다.

린네가 확립한 생물의 분류법

뷔퐁과 비슷한 시기인 1735년 스웨덴의 카를 폰 린네는 저서 《자연의 체계》에서 속(屬)과 종(種)의 개념을 확립하고 이명법을 만들어낸다. 오늘날까지도 유용하게 사용되는 이 방법은 현재 살아 있거나 이미 죽은 모든 생물체에 속명이 주어지고 이어 종명이 주어지는 명명법이다. 화석도 하나의 생물로 분류표에 올라가고 동식물의 분류가 비로소 체계성을 갖출 수 있게 된다.

비교해부학으로 화석의 연구를 체계화한 퀴비에

이러한 준비 아래 18세기가 저물어갈 무렵 화석이 과학의 시대에 들어간다. 이를 선도한 학자는 프랑스의 조르주 퀴비에였다. 프랑스혁명의 소용돌이가 막 지나가고 있던

1795년 여름, 퀴비에는 25세의 젊은 나이로 파리의 자연사박물관의 조수로 취직하여 동물해부학을 맡기 시작해 1802년에는 마침내 교수가 되어 평생 동안 이 자리를 지켰다.

1795년 12월 퀴비에는 그의 기념비적인 강의에서 비교해부학의 두 가지 중요한 원리를 기술했다.

1) 종속의 원리 : 생물의 몸속에 있는 어떤 기관은 필연적으로 다른 기관에 영향을 미친다.

2) 상관의 원리 : 생물의 몸속에서 이루어지는 기능 중에는 상호 의존적인 것과 상호 배타적인 것이 있다.

1812년 초판이 나온 《지구 표면의 큰 이변에 관하여》라는 책에서 퀴비에는 이 원리를 다음과 같이 설명하고 있다.

"모든 생물은 하나로 통합을 이루며 각각 완결된 시스템을 갖추고 있다. 생물에게 일정한 운동이 가능한 것은 기관들이 서로 반응하기 때문이다. 그러므로 기관 중 어느 하나가 바뀌면 남은 기관도 모두 바뀌게 된다. 따라서 어떤 동물의 기관 하나를 연구하면 나머지 기관에 관한 정보도 얻어낼 수가 있다."

퀴비에는 화석을 통해 고생물학의 세계로 이끌려가게 된다. 퀴비에의 원리를 이용하면 이빨 하나만 가지고도 동물의 전체상을 알아낼 수 있다.

"동물의 장이 신선한 고기만을 소화시킬 수 있게 되어 있다면, 턱은 사냥감을 집어삼키기에 알맞은 구조로 되어 있어야 하며, 발톱은 사냥감을 잡아 찢기에 편리해야 하고, 이빨은 물어뜯기에 효율적인 구조여야 한다. 또한 운동기관은 사냥감을 뒤쫓아 가서 붙잡을 수 있도록 발달되어 있어야 하며, 감각기관은 멀리서도 사냥감을 감지할 수 있도록 만들어져 있어야 한다. 물론 뇌에는 몸을 숨겨 적을 방심하게 만들겠다는 본능까지 갖춰져야 한다."

퀴비에는 사소하게 보이는 이빨 화석 하나에서 출발해 비교해부학적 방법을 동원해 멸종되어버린 동물을 복원하곤 했다.

진화론의 대두

선구자적인 퀴비에도 "종은 변할 수 없다"는 그릇된 생각을 가지고 있었다. 이에 대해 자연사박물관에서 무척추동물을 공부하던 라마르크(Lamarck)는 1809년 《동물철학》이라는 저서를 통해 "생물의 변천설"을 주장한다. 지질학적 긴 시간동안 생존 조건의 변화와 환경에 적응하기 위해 생물의 몸에 변화가 일어나며, 이것이 자손들에게 유전된다는 획득형질의 유전 개념을 도입하여 학계에 큰 논쟁을 불러일으켰다.

라마르크의 생각을 이어받은 영국의 지질학자 찰스 라이엘은 1833년 저술한 《지질학 원리》에서 현재의 지형이 '수백만 년'에 이르는 대이변의 지구 역사 속에서 서서히 만들어졌다는 것을 주장하게 된다.

라마르크의 생각은 영국의 찰스 다윈에 의해 생물학에 도입되고, 다윈은 1859년 첫 출간된 《종의 기원》에서 "환경에 가장 잘 적응하는 동물만이 살아남는다"는 적자생존을 주장하게 된다. 물론 이 생각은 출간되자마자 엄청난 반향을 일으켰으며, 특히 1871년 발간된 《인간의 유래》에 이르면서 야기된 종교계의 분노는 대단한 것이었다.

그렇지만 19세기 후반에 이르러 인간의 화석이 발견되고, 마침내 진화론적 세계관은 현대 과학 그리고 사상계의 전반을 뒤집어놓는 계기가 되는 것이다. 그리고 고생물학은 진화론을 더욱 뒷받침하는 학문으로 성장하게 되었다.

Part 6

위기의 행성

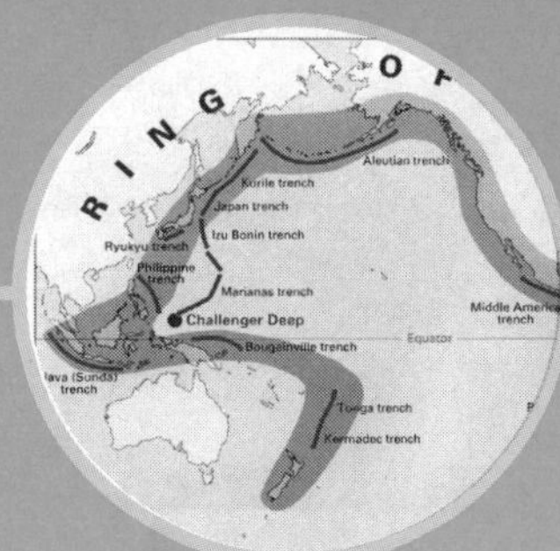
Aleutian trench
Kurile trench
Japan trench
Izu Bonin trench
Ryukyu trench
Philippine trench
Marianas trench
Challenger Deep
Bougainville trench
Equator
Middle America trench
Tonga trench
Kermadec trench

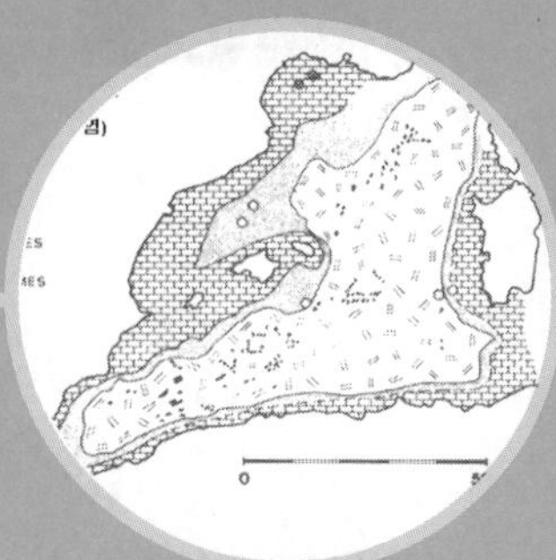

30 핵폭탄과 원자력에너지

한 (Otto Hahn, 1879~1968)

1944년 노벨화학상 수상
"for his discovery of the fission of heavy nuclei"
(핵분열 반응의 발견)

핵의 분열반응은 원자력을 이용하는 에너지 생산뿐만 아니라 핵무기 개발과 관련되어 심각한 환경문제를 만들지도 모른다는 염려 때문에 인구에 회자되며 많은 사람들이 걱정하고 있는 문제이다.

:: 알파입자를 대신한 중성자

1938년에 노벨물리학상을 받은 페르미(Enrico Fermi)의 이야기(17장 자연의 연금술사 : 중성자)에서, 1932년 채드윅이 중성자를 발견한 이후 이를 우라늄이나 토륨과 같은 무거운 원자핵에 충돌시켜보던 그의 실험을 소개했었다.

입자 가속기가 없던 당시 라듐이나 폴로늄에서 나오는 양전하의 α입자는 실험자들의 애용물이었다. 핵을 향해 정통으로 돌진하다가 튕겨 나오는 α입자가 러더퍼드에게 핵의 존재를 확인시키는 행운을 안겨주기도 했지만, α입자를 충돌시켜 양전하를 띤 원자핵을 들여다보려는 연구는 그리 쉽지 않았다.

그런데 전하를 띠지 않은 중성자는 쉽게 원자핵에 접근할 수 있었으므로, 많은 연구자들이 원자핵에 중성자를 충돌시키는 실험을 하게 되었다. 더구나 페르미는 중성자와 충돌할 원자핵 사이에 어떤 물질을 두면 중성자를 감속시킬 수 있으며, 이렇게 감속되어 열중성자(thermal neutron) 정도로 에너지가 낮아진 중성자는 오히려 핵반응이 더 잘 일어나도록 할 수 있다는 것을 밝혔다. 에너지가 높아 핵을 스쳐지나갈 수도 있던 중성자가 감속된 후 오히려 핵 속으로 파고들어가 질량 수가 하나 더 많은 원자핵이 될 수 있으며, 이들이 베타형의 방사성 붕괴를 하면 원자번호가 증가할 수 있는 것이다(예를 들면 앞서 17장에서 살펴본 s(low)-과정).

:: 원자핵이 쪼개질 수 있다

무거운 원자핵에 중성자를 충돌시켜 여러 방사성 물질을 얻는 데 성공한 페르미는 우라늄보다 더 무거운 원소를 만든 것으로 생각했다. 그러나 화학분석을 곁들인 오토 한과 그의 동료들의 연구는 이것이 잘못된 생각임을 밝혔다.

실험실에 함께 연구를 수행하던 한과 마이트너

페르미가 노벨상을 수상하던 1938년이 거의 저물어갈 무렵, 비슷한 실험을 반복하면서 페르미의 생각을 확인하던 한의 젊은 조수 슈트라스만(Fritz Strassmann)은 화학분석을 통해 반응생성물이 원자번호 92의 우라늄 핵에 비해 크기가 반 정도밖에 되지 않는 원자번호 56의 바륨인 것을 발견했다. 당시 나치독일의 압박을 피해 스웨덴에 망명해 있던 한의 오랜 동료 마이트너(Lise Meitner)는 이 소식을 듣고 원자핵에 관한 이론을 이용해 우라늄의 핵분열이 가능하다는 것을 설명했다. 핵분열(fission)이라는 용어도 실은 마이트너가 처음으로 제안한 것이다.

1939년 1월 한은 핵분열이 가능하다는 대담한 견해를 학계에 보고하는데, 과학계가 엄청난 놀라움과 함께 흥분에 싸였던 것은 물론이다. 특히 핵분열에 관한 이론적 연구의 중요한 결론은 핵분열에 수반하여 엄청난 양의 에너지가 발생하게 된다는 것이었다. 즉, 핵분열반응이 에너지로 변환될 수 있는($E = \Delta mc^2$) 질량결손이 생기는 반응이라는 것이었다.

:: 연쇄반응이 가능하다!

인공방사능을 최초로 성공시켜 1935년에 노벨화학상을 수상했던 졸리오-퀴리 부부는 더 나아가 중성자가 일으키는 어떤 핵분열 과정에서 몇 개의 중성자가 다시 만들어진다는 것을 관측했다. 우라늄의 분열반응이 연쇄적으로 일어나면서 엄청난 양의 에너지가 발생될 수 있음을 암시하는 것이었다. 이 발견은 매우 흥분되는 것이었지만 전쟁이 진행되고 있던 당시로서 매우 위험한 것이기도 했다.

독일이 가공할 핵폭탄을 먼저 만들면 큰일이라고 생각한 마이트너는 급히 핵폭탄의 가능성을 마침 미국으로 가는 보어에게 설명했으며, 보어는 이를 즉시 프린스턴대학교에 있던 아인슈타인에게 알려 루스벨트 대통령에게 상황을 보고토록 독려했다. 문제는 오토 한이 독일인이었으며, 독일에는 이를 실현시킬 수 있었을지도 모를 유능한 하이젠베르크가 있었다. 전후 전범으로 체포까지 당했던 하이젠베르크가 1941년 코펜하겐을 방문해 그의 스승 닐스 보어와 핵폭탄에 대해 나눈 대화는 지금도 역사가들의 큰 관심거리이다. 하이젠베르크는 후일 자서전적 물리학 이야기인 《부분과 전체(Der Teil und das Ganze)》를 저술하여 자신의 목소리를 전했으며, 영국의 극작가 마이클 프레인은 그와 보어의 만남을 소재로 한 연극 「코펜하겐」(2000년 뉴욕 초연)을 만들었다.

이렇게 복잡한 사연을 안고 있었던 핵분열 반응의 연구는 1944년 한에게 노벨물리학상을 안겨주었다. 애석한 것은 그와 함께 많은 공동 연구를 수행했던 마이트너는 함께 노벨상을 수상하지 못한 점이다. 망명 중이었기 때문인지 혹은 그가 여성이라는 불리함 때문이었는지는 모르지만 그것은 노벨상 수상과 관련된 또 하나의 애석한 이야기로 전해진다.

:: 맨해튼 프로젝트 : 핵폭탄을 만들어라

1939년 8월 2일에 쓴 아인슈타인의 편지가 루스벨트 대통령(F. D. Roosevelt ; 1882~1945, 재임 1933~1945)에게 전달된 것은 10월 11일이었는데, 그즈음 유럽에서는 우려하던 제2차 세계대전이 발발했다. 그리고 1942년 9월 미국은 아인슈타인의 요구대로 원자폭탄 개발에 착수했다. '맨해튼 프로젝트'가 시작된 것이다.

극비리에 시작된 이 기획의 주역은 페르미였다. 그는 유태인인 처와 함께 미국으로 이민을 와서 이미 뉴욕 맨해튼에 있는 콜롬비아대학교에 자리를 잡고 있었다. 페르미가 이끄는 연구팀은 자리를 시카고대학교로 옮긴 후 1942년 12월 2일 대학 스쿼시구장의 지하 시설에서 역사적인 첫 핵연쇄반응을 실현시켰다.

이 페르미의 실험을 대규모화하여 원자폭탄을 만들어내기까지 일을 이끌어간 사람은 당시 39세의 오펜하이머(John Robert Oppenheimer)였다. 비밀을 유지하기 위해 뉴멕시코 주 사막지대에 로스알라모스 연구소가 세워졌으며, 소장 오펜하이머의 지휘 아래 유수한 연구자들이 밤낮을 가리지 않고 연구를 수행했다.

어려웠던 점은 연쇄반응에 더 적절한 U-235 동위원소가 천연 우라늄광에는 약 0.7% 정도밖에 포함되어 있지 않은 것이었다. 지구가 처음 탄생할 때는 U-

238과 U-235가 거의 비슷한 양으로 존재했는데, U-238은 반감기가 45억 년 정도로 긴 반면 U-235는 7억 년 정도밖에 되지 않아 45억 년이 흐르는 동안 대부분 붕괴해버렸기 때문이다. 아무나 함부로 핵폭탄을 만들지 못하도록 조물주가 자연에 미리 장치해놓은 섭리였을지도 모를 일이다.

국가적으로 총력을 기울인 미국은 마침내 프로젝트 시작 3년 후인 1945년 7월 16일 오전 최초의 원폭 실험에 성공했다. 그리고 첫 폭탄이 히로시마에 또 하나의 폭탄이 나가사키에 투하되고, 마침내 8월 15일에 일본의 무조건 항복이 발표되었다. 우리나라가 해방된 시간이기도 했다.

:: 세계의 핵보유국

전후 미국이 핵무기 독점을 위해 개발에 열을 올린 것은 물론이다. 그러나 1949년 8월 미국을 당혹스럽게 하는 사건이 발생했다. 미국의 예상을 깨고 소련이 원자폭탄 실험에 성공한 것이다.

1950년 2월 미국의 원폭 개발에 관계했던 영국의 핵물리학자 훅스가 소련에 원폭 기밀을 제공했다는 혐의로 영국에서 체포되고, 미국에서도 첩보요원 골드와 로스알라모스 연구소에서 일하던 육군 중사 그린글래스가 체포되었다. 그린글래스가 자신의 매형 로젠버그에게 핵 기밀을 제공했다고 실토하면서 로젠버그와 그의 부인 에실이 연행되었다. 이들 부부를 통해 핵 기밀이 뉴욕 주재의 소련 부영사에게 전달되었다는 혐의였다.

1951년 3월 재판이 시작되고 4월 5일 그린글래스의 증언만을 거의 유일한 근거로 혐의를 부인하는 이들 부부에게 사형 선고가 내려지고, 1953년 6월 19일에 이들은 뉴욕의 싱싱형무소에서 전기의자에 앉아 세상을 떠났다. 냉전이 고조되고 매카시즘 선풍의 영향을 받은 탓이었기도 하지만, 당시 FBI의 후버 국장은 이 사건을 '세기의 범죄' 라고 규탄했으며 담당 판사는 "이들의 배반으로 인류의 역사가 바뀌었다"고 주장했다. 그러나 이에 대한 세계의 여론은 반대였다. 교황을 비롯해 아인슈타인, 러셀, 사르트르 등등 세계의 지성들이 아이젠하워 미국 대통령에게 항의 서한을 보내고 구명을 위한 탄원 활동을 벌였지만 끝까지 받아들여지지 않았다. 드레퓌스 사건 이후 서방 세계를 들끓게 한 사건이었지만 아직까지도 그 실체가 정확히 밝혀지지 않은 불행한 사건의 하나이다.

:: 비키니에서 실시된 수소폭탄 시험

미국과 소련이 경쟁적으로 핵무기 개발에 나선 것은 피할 수 없는 결과였다. 핵분열을 이용하는 원자폭탄에서 더 나아가 핵융합 반응을 이용하는 수소폭탄이 개발된 것도 이런 경쟁의 산물이었다. 미래의 에너지원으로 믿으며 많은 과학자들이 연구 개발에 열심히 매달려 있는 핵융합 반응을 어떻게 폭탄에 이용할 수 있었을까? 이미 개발한 핵분열 폭탄을 터뜨리고 그 충격파와 열을 이용해 핵융합을 일으킨 것이다.

1954년 비키니에서 최초로 실시된 수소폭탄 실험 사진

수소폭탄 시험은 민간인에게 심각한 핵 피해를 입히는 불행한 사례를 남겼다. 1954년 3월 1일 비키니군도에서 실시된 수소폭탄 실험 사건이었다. 마침 이때 처음 선을 보였던 여성용 수영복에 비키니라는 이름이 붙게 된 것도 원폭의 충격만큼 대단했기 때문이다.

다이고 후쿠류-마루(제5복룡호)에게 이날 아침

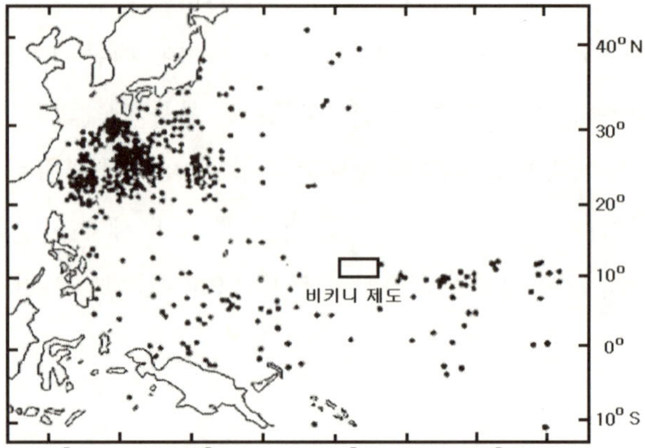

1954년 비키니 핵실험에 의해서 방사능으로 오염된 물고기가 잡힌 것으로 보고된 지역.

은 참으로 불운한 날이었다. 평상시처럼 참치 잡이를 하던 23명의 선원들은 근처 비키니(Bikini) 환초에서 실시된 'Bravo-bomb' 폭발 때 만들어진 흰색의 낙진가루를 온몸에 뒤집어썼다. 1g당 1초에 370억 개의 방사선이 방출되는 1curie(3.7×10^{10}Bq)의 방사능물질이었다. 이 배의 무선사 쿠보야마 씨는 그해 9월에 사망했다.

이때 방출된 방사능으로부터 일반인들을 보호하기 위해 일본 정부는 크기가 10cm 이상인 물고기의 최대 허용 방사능을 500dpm(disintegration per minute, 1분에 500개의 방사선이 방출되는 정도의 방사능, 약 8Bq)으로 설정하고, 당시 다이고 후쿠류-마루 이외에 수백 척의 어선이 북서 태평양에서 잡은 450톤이나 되는 어류를 땅에 묻어 폐기시켰다. 이 당시 우리나라는 전쟁 이후 방사능에 오염된 물고기조차 한 마리도 못 먹는 것을 안타까워하던 시절이었을지도 모르지만 말이다.

1954년 중 방사능에 오염된 어류가 잡힌 지역을 표시한 지도를 보면, 실험이 실제로 수행된 지역(사각형으로 표시)에서 매우 먼 북서 태평양 전역으로까지 방사능 오염이 확산되어간 것이 분명히 드러난다. 바닷물의 흐름이 오염물질의 분포에 매우 중요한 영향을 미치고 있음을 극명하게 보여주는 하나의 예이다.

:: 1962년의 초대형 방사성 낙진 사고

지구상의 방사성물질은 그 기원에 따라 세 가지 종류로 구분된다. 하나는 우라늄, 라듐과 같이 자연에 존재하는 방사성 동위원소들이다. 우주선이 대기 중에서 만들어내는 방사성 동위원소가 두 번째 종류이다. 그리고 세 번째는 핵폭탄의 개발과 함께 지구상에만 유일하게 많은 양으로 존재하는 사람들의 작품이다. 이렇게 사람이 만든 방사성 동위원소들을 시간을 따라 추적해보면 1962년은 아주 중요한 의미를 가진다.

1963년 대기권, 수중 및 우주공간에서의 핵실험을 금지하는 LTBT(Limited Test Ban Treaty)에 116국가가 서명하면서, 대기권 핵실험은 지하 핵실험으로 전환되고(물론 1970년대, 1980년대에도 중국, 프랑스가 일부 대기권 실험을 진행하기는 했다), 1974년에는 TTBT(Threshold Test Ban Treaty)를 통해 150kton 이상 되는 핵폭탄의 실험이 금지됐다.

그러나 LTBT 체결 이전에 이미 시행된 대기권 핵실험들로 많은 방사성 동위원소가 대기 중에 만들어졌으며, '방사성 낙진' 의 형태로 지상으로 내려왔다. 가장 큰 규모였던 1961년의 구소련의 실험은 58,000kton으로, 히로시마에서 14만 명의 사망자를 낸 12kton 원자폭탄의 무려 5천 배나 되는 엄청난 것이었다. 이 때문에 1962년은 지구상에 살고 있던 모든 사람들이 전방위로 방사성 낙진에 노출되는 대형사고가 일어난 불행한 해였다.

이때 만들어진 많은 방사성물질 중에 삼중수소(^3H, 트리튬)가 있다. 트리튬은 우주선의 작용으로 그 이전에도 어느 정도는 존재하였으나, 핵실험을 통해 워낙 대량으로 만들어졌으므로 일반적으로 사람들이 만들어낸 동위원소의 하나로 간주되고 있다.

당시 북반구, 적도 및 남반구의 여러 지역에 내린 빗물의 트리튬 농도를 보면 오늘날의 기준으로는 상상할 수 없을 만큼 엄청나게 높다. 북반구에 내린 빗물

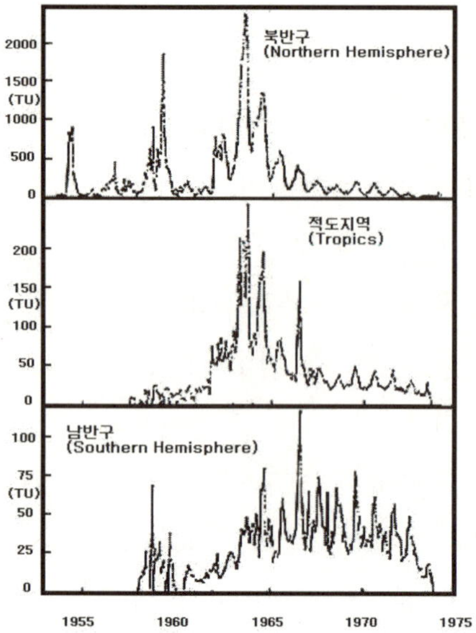

1950년대부터 70년대 시기동안 북반구 적도지역 및 남반구에 내린 빗물 속에 포함된 방사능(트리튬:반감기 12년) 농도. 60년대 초기 대기권핵실험으로 인하여 북반구 빗물 속에 엄청난 양의 방사능이 포함되어 있으며 이 방사능이 시간이 지나면서 서서히 적도지역을 거쳐 남반구로 전달되는 모습을 보여준다.

의 트리튬 농도는 1963년이 최대로 거의 2500T.U.에 이르는 높은 값이었다. 1T.U.(Tritium Unit)는 수소원자 10^{18}개에 트리튬이 1개가 포함되어 있는 농도이다. 조약 체결 직전 북반구에서 집중적으로 진행된 핵실험에 의해 대량으로 만들어진 트리튬이 대기 중에 있는 물의 일부분이 되어(트리튬도 수소이므로 자연스럽게 물 분자의 한 구성원으로 되었다), 약 1~2년 동안 대기 중에 머물다가 1962~1963년경 집중적으로 빗물의 형태로 지상으로 떨어진 것이다.

적도지방은 최대 250T.U., 남반구는 100T.U. 정도로 북반구보다는 낮은 농도이며 시간적으로도 약간 지연되었다. 주로 북반구에서 만들어진 트리튬이 바람을 따라 서서히 적도를 거쳐 남반구로 이동하면서, 그곳의 빗물을 방사능으로 오염시킨 모습을 잘 보여준다. 북반구와 남반구에서 방사능 농도의 차이가 생긴 것은 북반구와 남반구의 공기가 전지구적으로 섞이는 데 장벽 역할을 하는 적도수렴대(ITCZ, InterTropical Convergence Zone)를 공기가 통과하는 데 약 1년 정도의 시간이 걸리기 때문이었다.

트리튬은 반감기가 12년으로 비교적 짧아 지금은 거의 붕괴해버렸지만, 1960년대 초부터 수십 년간 전세계의 사람들, 특히 북반구의 사람들은 엄청난 양의 방사능을 함유한 빗물 탓에 방사능을 듬뿍 함유하고 있는 지표수들을 먹거나 이용하면서 살 수밖에 없었다. 전세계적으로 일어났던 초대형 방사능 노출 사건이었다.

:: 방사능에 대한 지혜로운 대처

최근 북한의 경우와 같은 예외가 있을 수는 있지만 오늘날 예견되는 방사능 노출사고는 대부분 원자력을 평화적으로 이용하려는 가운데 발생하는 것이다.

최초의 발전용 원자로가 사용된 것은 잠수함의 동력원으로써, 1954년 1월 17일 최초의 원자력잠수함 노틸러스호가 시험 항해에 성공했다. 1957년 12월에 미국 펜실베이니아 주에서 최초의 원자력 발전소가 상업운전에 성공했다.

그동안 1979년 발생한 미국의 쓰리마일 원전사고 특히 소련의 체르노빌 사건 등이 발생하기는 했지만, 유럽의 여러 나라에서는 전력 생산의 90% 이상을 원자력에 의존하고 있다. 우리나라에서도 1978년 4월 29일 고리원전 1호기가 상업운전을 시작했다. 세계에서 21번째로 아시아에서는 일본, 인도, 파키스탄에 이어 네 번째로 핵의 불꽃을 성사시킨 나라로 기록되었다.

최근 북한의 핵실험으로 방사능에 대한 두려움이 다시 서서히 고개를 든다. 그러나 방사능은 우리가 피하려고 아무리 노력해도 피할 수 없는 문제이다. 지구상의 생명체들은 이미 지구상에 존재하는 방사능을 받으면서 적응하고 진화해왔다. 방사능이 '있다', '없다'는 식의 논의는 전혀 문제가 되지 않는다. 방사능은 예전부터 있어왔고 앞으로도 있을 것이다. 오늘날 염려하는 문제는 사람들이 만들어낸 방사능의 세기가 어느 정도의 면역을 가지고 진화해온 생명체들이 감당할 수 없을 정도로 지나치게 크지나 않을까 하는 것이다.

우리 사회에는 방사능의 'ㅂ' 또는 핵의 'ㅎ' 자만 언급되어도 발끈하는 사람들이 꽤 있는 것 같은 느낌이 들곤 한다. 그런데 이런 사람들이 자신들 스스로가 방사성물질(?)이라는 것을 과연 알고는 있을까를 생각해보면 실소를 금할 수 없다. 방사능을 정확하게 이해하고 바르게 대처하는 지혜가 더욱 필요한 시대인 것 같다.

31

얇아지는 오존층

크루첸 (Paul J. Crutzen, 1933~)

1995년 노벨화학상 수상
"for their work in atmospheric chemistry, particularly concerning the formation and decomposition of ozone"
(오존의 형성과 파괴에 관한 대기화학)

몰리나 (Mario J. Molina, 1943~)

1995년 노벨화학상 수상
"for their work in atmospheric chemistry, particularly concerning the formation and decomposition of ozone"
(오존의 형성과 파괴에 관한 대기화학)

로울랜드 (F. Sherwood Rowland, 1927~)

1995년 노벨화학상 수상
"for their work in atmospheric chemistry, particularly concerning the formation and decomposition of ozone"
(오존의 형성과 파괴에 관한 대기화학)

:: 오존 구멍이 있다

1985년은 지구 환경이 크게 변하고 있음을 알리는 충격적인 발견을 영국 남극 오존관측팀의 파먼(J. Farman)이 〈네이처(Nature)〉에 발표한 해이다. 매년 10월경 남극대륙 핼리만(Halley Bay) 상공의 총오존량이 1980년에 들어서면서 평상시에 비해 줄어들기 시작하며, 이 경향이 해를 더할수록 더욱 심해진다는 것이었다. UN이 IGY(International Geophysical Year)로 정했던 1957년부터 이미 20년 가까이 남극에서 오존 관측을 수행해오고 있던 영국팀의 연구 결과는, 남반구 초봄 남극 상공에서의 총오존량이 평소보다 40% 정도나 줄어들고 있으며 오존층의 파괴가 의외로 빠른 속도로 진행될 수 있음을 분명히 말해주고 있었다.

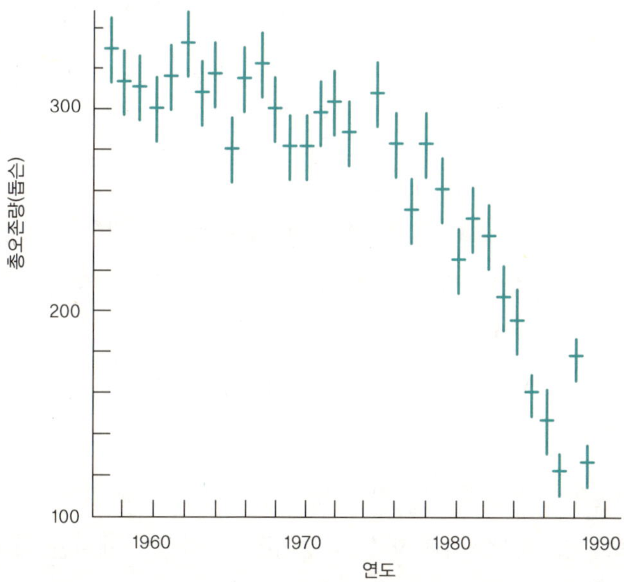

1985년 영국의 파먼이 〈네이처〉에 발표한 남반구 초봄 10월의 평균 총오존량 관측 결과. 1980년대가 되면서 그 값이 급격하게 줄어들고 있는 모습을 보여주고 있다.

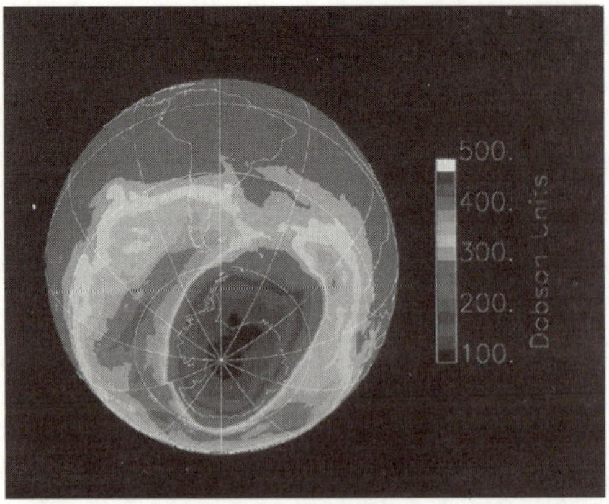

남극대륙 상공의 총오존량을 인공위성으로 관측한 사진으로 1985년 미국의 나사(NASA)가 처음으로 발표했다. 남반구 초봄에 남극대륙 상공에 오존 구멍이 형성되어 있는 모습을 잘 보여주고 있다.

파먼의 발표에 가장 당황했던 사람들은 미국 NASA 가다드(Goddard) 우주비행센터의 과학자들이었다. 이들은 인공위성(Nimbus 7등)을 이용해 이미 1970년대 후반부터 총오존량을 관측하고 있었다. 파먼의 연구 결과가 발표되자 이들은 즉시 자신들이 얻은 자료를 조심스럽게 다시 검토한 결과, 인공위성 자료들도 이미 오존 구멍을 분명하게 보여주고 있다는 것을 알았다. 이들은 이 사실을 왜 더 일찍 발견하지 못했을까?

오존이 이런 정도로까지 감소할 수 있다는 것을 전혀 예상하지 못했던 연구자들은 평상시의 총오존양이 약 300돕슨 이상인 것을 감안해 180돕슨 이하로 내려가는 자료는 1차 자료 검정시 믿을 수 없는 불량한 자료로 간주해 제외시켰다. 더욱이 방대한 자료를 검토하는 데 걸린 시간 지연으로 이 놀라운 발견을 애석하게도 영국의 연구팀에게 양보하고만 것이다.

같은 해 8월 마침내 NASA도 인공위성 관측 자료의 결과를 발표했다. 이 사진은 오존 구멍이라고 부르는 남극 대륙 상공의 오존층 감소를 너무나 극명하게 보여주고 있으며, 2년 뒤인 1987년 프레온처럼 오존층을 파괴하는 화합물의 사용을 전지구적으로 규제하는 몬트리올 의정서가 체결되는 결정적인 계기를 마련해주었다.

이어 1995년에는 오존층 화학의 이해에 중요한 기여를 한 세 과학자 크루첸, 몰리나 및 로울랜드에게 노벨화학상이 수여된다. 이번 글에서는 세 과학자의 노벨상 수상과 관련된 연구 업적을 살피면서 오늘날 전지구인이 염려하는 오존층 파괴에 얽힌 이야기를 살펴보려고 한다.

:: 오존이 얼마나 있을까?

대기 중에 오존이 얼마나 있는지를 표현하는 데는 두 가지 방법이 사용된다. 한 방법은 고도에 따라 오존의 농도가 어떻게 변하는지를 보이는 것이다. 이렇게 그린 그림을 보면 성층권 20~40km 정도의 고도에서 오존의 농도가 최대임이 분명히 드러난다. 성층권은 고도가 높아지면서 온도가 오히려 증가하는 거대한 역전층을 이루고 있는데, 이는 바로 오존층의 오존분자들이 태양에너지를 흡수하면서 온도가 높아지기 때문이다.

오존의 양을 표현하는 또 하나의 방법은 높은 상공에서 지구를 내려다볼 때

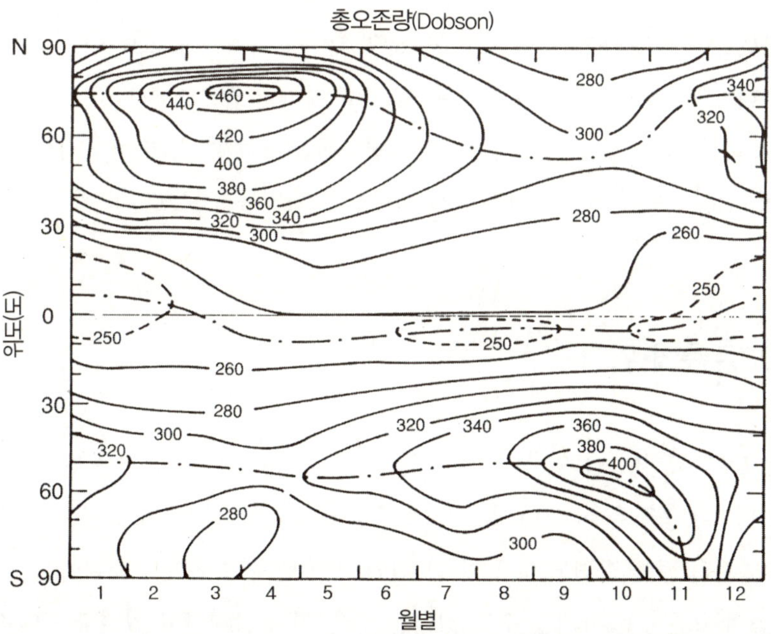

정상 상태인 성층권에서의 위도와 계절에 따른 총오존량 분포도. 총오존량은 돕슨 단위(DU, Dobson Unit)로 나타내는데, 1DU는 면적 $1cm^2$당 $2.69\times1,0^{16}$개의 오존 분자에 해당하며, 공기 기둥에 있는 모든 오존을 1기압, 0도 상태로 모을 경우 0.01mm의 두께를 이루는 양이다.

지표면 단위면적당의 공기기둥 내에 오존이 얼마나 존재하는지를 나타내는 것이다. 인공위성이 지구를 보면서 관측하는 총오존량이 바로 이에 해당한다. 이 값은 오존이 가장 많이 모여 있는 성층권 오존층의 오존의 양을 일차적으로 반영하는 것이다.

대기 중의 오존을 표준상태(1기압, 0도)의 지표상으로 전부 모았을 때 1mm의 두께로 쌓일 수 있는 만큼의 총오존량을 100 돕슨 단위(Dobson Unit, DU)로 정의한다. 1920년대에 기구를 이용해 상층의 오존 분포에 대한 연구를 주도적으로 수행했던 영국의 과학자 돕슨을 기려 총오존의 단위로 채택한 것이다. 이렇게 표현한 오존의 분포 모습을 보면, 위도와 계절에 따라 약간의 변화는 있지만 평균적으로 오존의 양이 ~300 DU(3mm의 두께)밖에 되지 않는 것을 알 수 있다.

대기 중의 분자 모두를 이런 식으로 모으면 그 두께가 약 7.5km(7,500,000mm)나 되므로, 오존은 대기 전체의 100만분의 1(1ppm, part per million)도 되지 않는 소량이다. 그럼에도 불구하고 오존은 320nm 이하의 짧은 파장의 자외선을 흡수하는 능력이 아주 크기 때문에, 태양이 방출하는 유해한 자외선이 지상에 도달하지 못하도록 방패 역할을 해주면서 지구상의 생명들을 보호하고 있는 것이다.

:: 오존층의 위기

오존층에 구멍이 나 있는 인공위성 사진이 인류에게 준 충격은 실로 엄청난 것이었다. 이 충격은 이 분야의 연구에 종사하던 과학자들에게도 실은 마찬가지였다. 오존 구멍이 발견되기 10여 년 전인 1970년대 초부터 과학자들은 사람들의 활동이 오존층을 파괴할 수도 있다는 것을 이미 감지하고 있었다. 그러나 어느 누구도 이런 규모로 오존층이 파괴될 수 있으리라는 것을 전혀 예측할 수 없었기 때문이다.

1) 2% 부족한 채프먼 이론

우리는 앞에서 오존층을 설명하기 위해서 1930년 채프먼(Sydney Chapman)이 제시한 이론을 살펴보았는데 요점을 다시 한번 정리해보자.

'채프먼화학' 또는 '산소화학' 이라 불리는 오존 형성 과정은 아래와 같이 2단계로 진행된다.

1단계 : $O_2 + h\nu(\lambda < 240nm) \rightarrow 2O$

2단계 : $O + O_2 + M \rightarrow O_3 + M$

산소분자(O_2)가 강력한 에너지를 가진 자외선($h\nu$)에 의해 산소원자(O)로 분해된다. 산소원자가 산소분자와 결합하여 오존이 형성된다(단, 이때 만들어지는 오존은 에너지가 너무 높아서 주위의 질소나 산소분자[M]와 부딪혀 여분의 에너지를 좀 빼내어야만 안정한 오존분자로 살아남을 수 있다). 그런데 1단계 반응은 자외선이 더욱 풍부한 높은 고도에서 잘 일어나고 2단계 반응은 질소나 산소분자가 더욱 많은 낮은 고도에서 잘 일어난다. 우리 지구에서는 20~40km의 성층권 고도에서 적절한 타협점이 찾아지면서 이 고도에 오존층이 형성된다.

너무 완벽해 보이는 채프먼이론이 제시된 후 오존층의 화학은 더 이상 연구할 것이 없다는 것이 당시 과학계의 중론이었다. 그런데 1950년대에 이르러 오존층에 대한 정밀 관측이 수행되고, 오존과 관련된 반응의 자료들이 정확히 알려지기 시작하면서 채프먼이론만으로는 오존층의 설명이 충분하지 않다는 것이 서서히 알려지기 시작했다.

문제는 오존의 분해에 있었다. 채프먼이론에 의하면 오존은 산소원자와 만나 산소원자 하나를 주고받으면서 당초의 산소분자로 되돌아간다.

$O + O_3 \rightarrow O_2 + O_2$

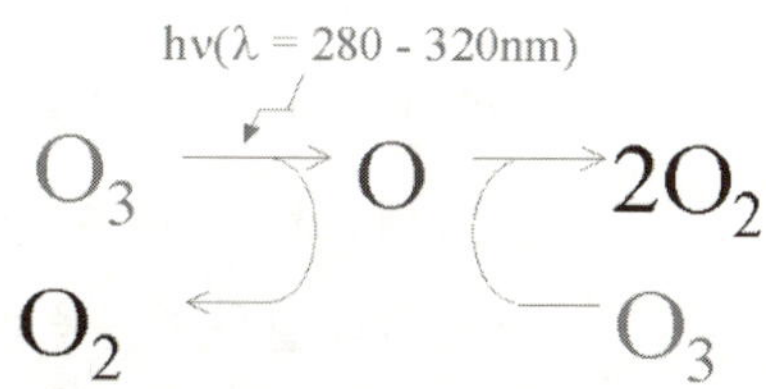

채프만 화학에서 두 개의 오존분자가 세 개의 산소분자로 분해되는 과정을 보여주는 모식도

그러나 관측 결과를 설명하기 위해 오존의 파괴 속도를 추정해보면 위 반응만 일어난다고 할 때 예

상되는 분해 속도에 비해 훨씬 빠르다는 것이 확실하다. 이는 오존을 분해시키는 다른 반응들이 더 있음을 분명히 암시하는 것이었다.

2) 첫 번째 위기 : NOx 화학

1950년대에 히드록시라디칼(HO·)의 오존파괴반응 등이 제시되기는 했다. 그렇지만 사람들이 무엇인가 심각한 일을 저지르고 있을지도 모른다는 것을 암시하는 첫 실마리가 1970년에 폴 크루첸(Paul Crutzen)에 의해 제시되었다.

농업혁명이 진행되면서 질소비료의 사용량이 급격하게 증가되었다. 자연스럽게 질소비료의 일부는 토양 내에 살고 있는 미생물에 의해 N_2O(산화이질소 ; 흔히 '아산화질소'라고 불리기도 하지만, 이는 잘못된 명명법이다)라는 화합물로 변환되어 공기 중으로 방출되었다. 강력한 온실기체이기도 한 N_2O가 대류권 내에서는 안정한 화합물이라는 것이 문제였다. 궁극적으로 이들이 성층권에 도달하면 강한 자외선에 의해 NO(산화질소)라는 화합물로 분해될 수 있는 것이다. 이 NO가 오존을 파괴시키는 촉매반응을 할 수 있음을 밝힌 것이다.

알짜 반응에는 나타나지 않는 NO와 NO_2가 적은 양으로도 계속 순환하면서 많은 오존을 분해할 수 있는 것이다.

$$O + NO_2 \rightarrow O_2 + NO$$

$$O_3 + NO \rightarrow O_2 + NO_2$$

$$\text{알짜 반응} : O + O_3 \rightarrow O_2 + O_2$$

NO와 NO_2를 합쳐서 보통 NOx(녹스)라고도 부르는데, 자동차 배기가스 내에 있는 대표적 화합물이다. 물론 대기 중으로 방출된 녹스는 빠른 속도로 반응하여 질산과 같은 화합물로 바뀌기 때문에 성층권으로까지 도달하지는 못한다. 그런데 농업혁명이라는 사람들의 활동이 N_2O라는 중간 단계를 거치면서 성층권에 NOx를 투입할 수 있다는 것을 크루첸이 알아낸 것이다. 이 연구는 생명계와

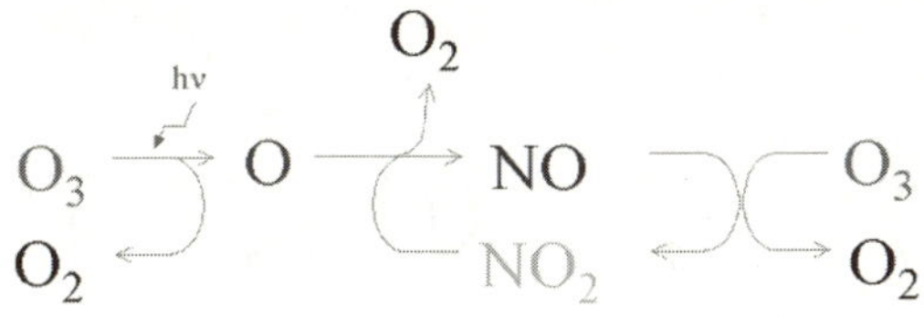

NOx(NO와 NO_2)가 촉매 역할을 하면서 진행되는 오존 파괴반응의 개념을 보여주는 개요도. NO와 NO_2가 순환하면서 반복적으로 두 개의 오존분자를 세 개의 산소분자로 분해시킬 수 있음을 보여준다.

지구환경이 밀접히 연결되어 있다는 것을 처음으로 분명히 보여준 연구로서, 생지화학(biogeochemistry)이라는 새로운 연구 분야의 효시가 되었다.

크루첸의 연구는 당시 한창 논의가 무르익던 대규모의 초음속비행기 개발에 제동을 거는 큰 역할을 했다. 초음속 비행기가 뿜어낼 NOx가 오존층을 심각하게 파괴할 수 있다는 과학적 근거가 제시된 것이다. 마침 월남전의 확대로 인한 재원 조달이 걱정이기도 했던 미국 정부는 콩코드와 같은 초음속비행기의 개발에서 손을 떼기로 결정하며 영국 · 프랑스 · 러시아만이 개발 경쟁에 들어간 것이다. 사람이 대규모로 만들어낼 수도 있었던 첫 번째 오존층의 위기였다.

3) 두 번째 위기 : ClOx 화학

비밀을 여는 두 번째 열쇠가 1975년 이번 이야기의 또 다른 주인공인 로울랜드와 몰리나에 의해 제시되었다. NO－NO_2의 촉매 역할과 유사한 방법으로 Cl · －ClO · 가 오존의 파괴에 관여할 수 있다는 것을 알게 된 것이다. Cl, ClO에 붙은 기호 '·'는 이들이 홀수개의 전자를 가져 반응성이 강한 라디칼이라는 것을 보이기 위해 화학자들이 사용하는 표현법이다.

$$O + ClO\cdot \rightarrow Cl\cdot + O_2$$

$$O_3 + Cl\cdot \rightarrow ClO\cdot + O_2$$

$$\text{알짜 반응} : O + O_3 \rightarrow O_2 + O_2$$

성층권에 Cl · 을 공급할 수 있는 주범으로는 당시 냉매, 발포제 등으로 광범

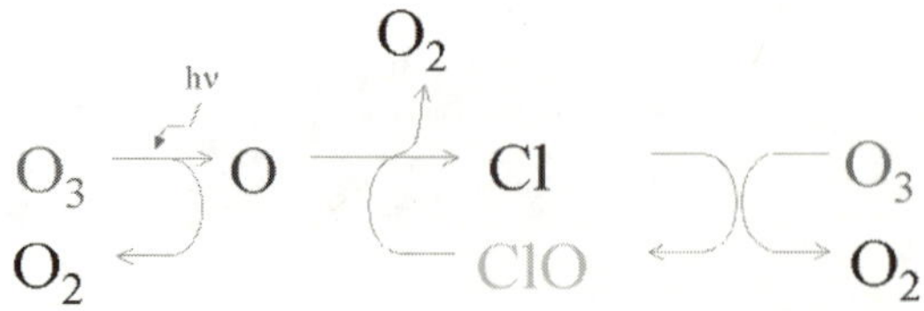

ClOx(Cl 및 ClO)가 촉매 역할을 하면서 진행되는 오존 파괴반응의 개념을 보여주는 개요도. Cl과 ClO가 순환하면서 반복적으로 두 개의 오존분자를 세 개의 산소분자로 분해시킬 수 있음을 보여준다.

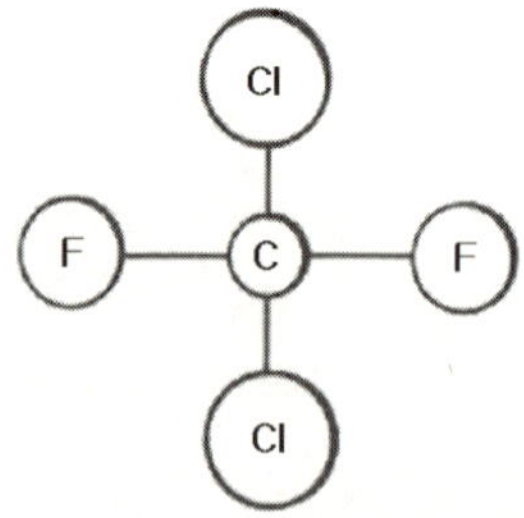

1928년 세상에 처음으로 태어난 화합물 CFC-12의 분자구조

위하게 사용되던 CFC(염화플루오르화탄소, 프레온이라는 상품명으로 알려져 있는 화합물들의 통칭)가 지목되었다. 1928년 처음으로 세상에 태어난 프레온이 냉장고의 발달과 함께 1950년대에 활발히 이용되면서 궁극적으로 대기 중으로 누출되기 시작한 것이다. 대기권에서는 매우 안정한 CFC들이 성층권으로 올라가 강한 자외선에 의해 분해되면서 Cl · 을 만들어낸다는 생각이었다.

이들 화합물이 분무제로 사용되는 것을 금지해야 한다는 주장이 제기되었다. 이의 이론적 당위성을 놓고 10여 년 이상 열띤 논쟁이 있었으며, 미국 등 몇 나라에서는 분무기 사용이 금지되기도 했다. 그러나 이들 화합물이 1980년대에 급격히 발전하기 시작한 반도체산업에서 절대적으로 필요로 하는 세정제로 아주 적절했다는 것도 이들의 사용 금지를 어렵게 만든 또 하나의 요인이었다.

:: 남극의 오존 구멍

이런 논쟁의 와중 속에 1985년 오존 구멍이 발견된 것이다. 이후 약 2년에 걸쳐 오존 구멍이 자연재해냐 인재냐를 두고 불꽃 튀기는 논쟁이 있었다. 그러나 영웅적인 노력을 기울인 연구 결과는 오존 구멍이 인재임을 분명히 보여 주었다.

1) 사람들의 작품이다!

냉전시대의 유물 U-2기가 과학적 목적으로 특별히 개조되어 오존 구멍이 만들어지는 남극대륙 상공의 성층권 현장으로 투입되어 그 속에서 일어나고 있는 화학 과정을 살피는 관측을 수행했다. 이렇게 얻어진 과학적 자료들은 오존 구멍의 주범이 사람들의 작품인 염소산화물임을 분명히 보여주고 있었다.

2) 몬트리올 의정서

1987년, 그러니까 오존 구멍이 발견되고 채 2년이 넘지 않아 놀랍게도 오존층을 보호하려는 목적의 국제협약이 체결되었다. 오존층 파괴 물질을 더 이상 사용하지 말자는 협약인 몬트리올 의정서가 바로 그것이다. 이 의정서에는 몇 차례에 걸쳐 더욱 강력한 규제 방안이 도입되었다. 오존 구멍은 분명히 불행한 인재였지만, 다행스럽게도 망가지는 지구를 보호하려는 전지구적인 노력이 시작되는 계기를 마련해준 것이다.

그런데 이 분야의 연구자들도 이런 일이 일어나리라고 전혀 상상할 수 없었던

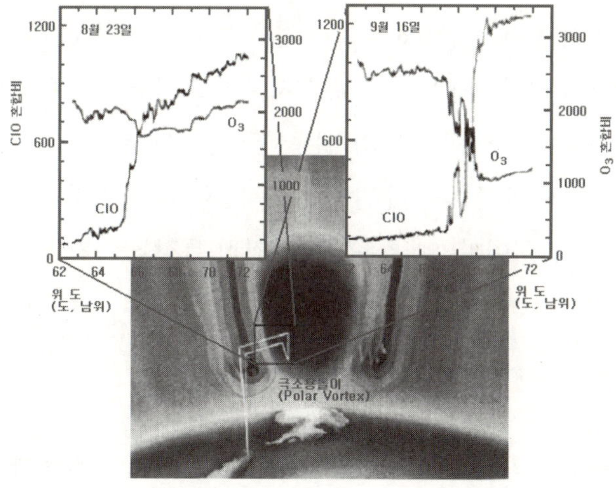

1987년 남극 상공에서 수행된 실험의 개요를 보여주는 모식도와 관측 결과. 남극의 극소용돌이 내에서 관측한 자료를 보면 오존 구멍이 형성되는 시기에는 ClO의 농도가 증가하면서 오존의 농도가 급격히 줄어드는 것을 보여주고 있다. 이 관측 결과는 오존층 감소가 사람의 활동에 의한 결과임을 처음으로 분명하게 확인시켜준 중요한 자료였다.

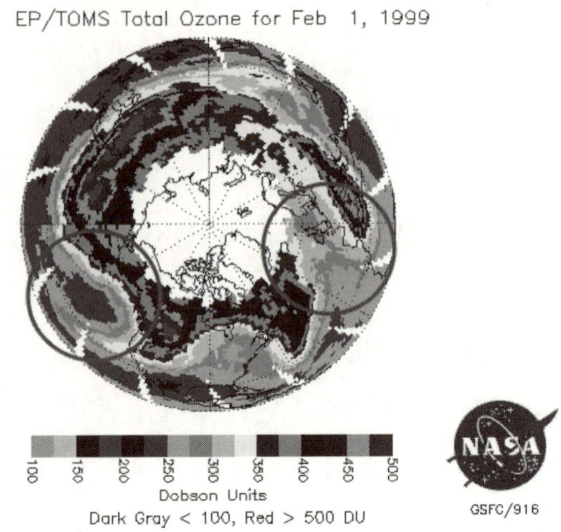

북반구에서도 오존 구멍이 형성되고 있음을 보여주는, 인공위성에서 찍은 사진 자료

오존 구멍은 왜 만들어지는 것일까? 이를 위해서는 남극의 오존 구멍에 대해 조금 더 자세히 살펴볼 필요가 있다.

3) 제한된 공간과 시간에서 일어나는 특수 현상

오존 구멍은 남극대륙의 상공이라는 '제한된 공간' 에서 남반구의 초봄(즉, 9월에서 11월경)이라는 '제한된 시간' 에만 발생하는 특수 현상이다. 일례로 1997년 9월에서 12월까지 매일매일 수집된 인공위성 자료를 서로 비교해보면 오존 구멍의 시공간적인 제한을 잘 보여준다. 근년에 와서는 북극 주위에서도 북반구의 초봄이면 작은 규모이기는 하나 오존 구멍이 발견되어 걱정이 더욱 커지고 있는 것이 사실이다. 왜 남극이나 북극이며, 왜 초봄이란 시간적 특징을 가지고 있는 것일까?

4) 극성층운(PSC, Polar Stratospheric Cloud)

남반구 겨울이면 남극대륙 상공에는 극소용돌이(polar vortex)라고 불리는 매우 안정된 기단(공기덩이)이 형성된다. 겨울 동안 극소용돌이 내의 성층권의 기온이 더욱 낮아져 영하 80도 이하까지 내려가면 질산(HNO_3)을 함유하는 얼음결정이 만들어질 수 있다. 극지방의 하늘을 아름답게 장식해주는 구름으로 오래전부터 이미 잘 알려져 있었으며, 과학자들은 이를 극성층운(PSC)이라고 부른다. 이런 입자에 얼음이 다시 두껍게 덮여 무거운 얼음덩이가 되면 중력에 의하여 대류권으로 가라앉게 되며, 이로 인해 성층권에는 질산을 만드는 원료인 NOx의 양이 현저히 줄어드는 결과를 초래한다. 바로 여기에 오존 구멍의 비밀이 담겨 있음이 뒤늦게 발견되었다.

극지방의 밤하늘을 수놓는 이름다운 극성층운(PSC, Polar Stratospheric Clound). 극지방에서 생기는 오존 구멍의 비밀을 간직하고 있다는 것을 알게 되었다.

5) 오존층 파괴반응의 조절자

앞에서 NOx와 ClOx가 오존을 분해하는 촉매임을 이야기했다. 그런데 이런 파괴반응이 끊임없이 돌아가고 있음에도 불구하고 적절한 오존층이 유지되고 있는 것은 어째서일까?

다행스럽게도 자연에는 촉매 기능을 중단시킬 수 있는 반응들이 동시에 일어나고 있다. 촉매들이 서로 결합하여 저장(reservoir) 화합물이라 부르는 화합물이 되면 촉매의 기능을 잃어버리기 때문이다. HNO_3, $ClONO_2$, HCl, HOCl 등이 대표적인 저장화합물들이다. 이들이 빛을 받으면 Cl·, ClO·, NO_2 등으로 분해되면서 촉매작용이 다시 활성화되는 것은 물론이다.

자연에는 오존을 파괴하는 촉매반응을 중지시키는 이런 조절 기능이 있어서 적절한 양의 오존층이 유지되고 있어도 걷잡을 수 없는 속도로 오존이 파괴되는 일은 도저히 일어날 수 없다는 것이 과학자들의 생각이었다. 그러나 오존 구멍은 예상을 뒤엎고 이런 일이 일어날 수도 있다는 것을 보여준 것이다.

6) 극성층운의 마술?

저장화합물인 $ClONO_2$와 HCl이 서로 반응하여 염소(Cl_2)가 생성될 수 있다는 것은 이미 알려져 있었다:

$ClONO_2 + HCl \rightarrow Cl_2 + HNO_3$

이 염소가 광분해하여 염소라디칼이 되면 오존분해의 촉매반응에 다시 참여할 수 있게 된다. 그러나 기체 상태에서 일어나는 이 반응은 속도가 너무 느려서 과학자들의 고려 대상이 아니었다.

그런데 만약 이 반응이 얼음 표면에서 불균일반응(고체상의 물질과 기체상의 물질이 함께 반응에 참여하는 반응)으로 진행되면 그 속도가 상당히 빠르다는 것을 새로운 연구 결과로 알게 되었다.

$$ClONO_2 + HCl \xrightarrow{\text{ice}} Cl_2 \uparrow + HNO_3(\text{ice})$$

그리고 바로 극성층운(PSC)이 위 반응의 속도를 촉진시키는 얼음의 역할을 매우 성공적으로 진행시킬 수 있다는 것도 알게 된 것이다.

남극의 겨울 동안 햇빛이 없어 어둡고 추운 극소용돌이 내에서 극성층운의 도움 하에 열심히 염소가 만들어진다. 초봄이 되어 햇빛이 비치기 시작하면 누적되어 있던 염소가 광분해되면서 오존을 분해하는 촉매반응을 시작한다.

문제는 이 파괴반응의 속도를 조절해줄 NOx가 이미 성층권에서 사라져버린 데 있었다. 이미 질산의 형태로 얼음 속으로 들어간 후 중력에 의해 대류권으로 가라앉아버린 것이다. 마침내 고삐 풀린 망아지처럼 조절기능이 상실된 오존층 파괴 작용이 미친 듯이 진행될 수 있다.

이를 억제시킬 수 있는 조절 기능이 회복되는 것은 햇빛의 도움으로 점점 따뜻해진 극소용돌이가 마침내 불안정하게 되어 깨어지는 시기이다. 주위의 공기

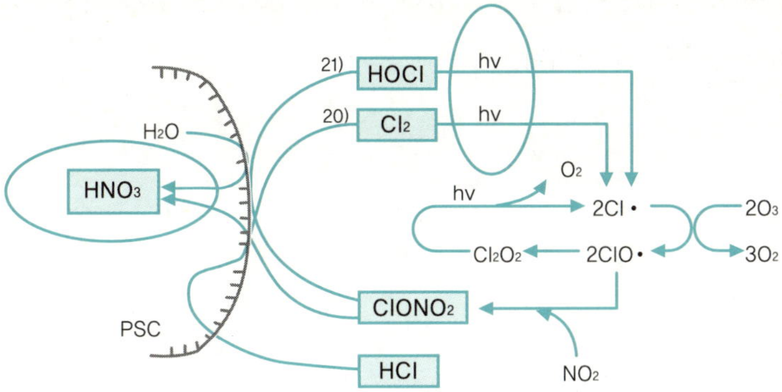

남반구의 초봄 남극 극소용돌이 내에서 일어나는 오존 파괴반응의 모식도

와 섞일 때 함께 유입된 NOx가 염소와 반응하여 저장화합물을 만들어내면서 오존 파괴의 조절 기능이 다시 살아나는 것이다.

:: 오존층을 보호하자

오존층은 지구상 생명계의 아킬레스건이라고도 불리는 매우 소중한 것이다. 다행스럽게도 몬트리올 의정서가 1987년에 체결되었고, 오존층 파괴물질의 사용 금지를 더욱 앞당기려는 개정안이 스톡홀름과 런던에서 두 차례에 걸쳐 이루어졌다. 이런 전지구적 노력이 조금씩 진전되어가면서 효과가 나타나는 것을 보여주는 자료들이 얻어지고 있어서 다행이다. 그러나 이전의 원래 모습으로 돌아가기까지는 앞으로 수십 년이 걸릴 것이다.

남극해 지역의 생물들이 이미 오존층의 감소로 인하여 늘어난 유해한 자외선의 영향을 받기 시작한 것 같다는 연구 결과는 우리 마음을 어둡게 하는 것들의 하나이다. 이 문제가 펭귄의 나라 남극뿐만 아니라 이제는 사람들이 많이 살고 있는 북반구도 예외가 아님을 알고 있다. 지구환경보호를 위한 전지구적 노력에 더욱 관심을 가져야 할 때이다.

32

광스모그 : 숨 막히는 공기

크루첸 (Paul J. Crutzen, 1933~)

1995년 노벨화학상 수상

"for their work in atmospheric chemistry, particularly concerning the formation and decomposition of ozone"

(오존의 형성과 파괴에 관한 대기화학)

:: 로스앤젤레스형 스모그

우리나라에서도 여름이면 의례히 나타나는 광스모그, 일명 '로스앤젤레스형 스모그'라고 불리는 현상이 세상에 처음 알려진 것은 1940년대이다. 스모그(smog)는 본래 'smoke'와 'fog'가 합성되어 만들어진 용어로서 '런던형 스모그'에서 유래된 말이다. 런던형 스모그는 황의 산화물이 주된 원인이 되었던 경우였다. 이에 반해 자동차 배기가스가 주원인이 되어 온도의 역전층이 발달하며, 이로 인해 도시를 덮고 있는 정체된 공기에 태양광선이 충분히 비춰면서 일어나는 스모그가 있다. 햇빛이 필수적으로 필요한 이런 스모그의 특징은 오존의 농도가 높아지며, 작은 크기의 에어로졸과 NO_2로 인해 갈색을 띠는 옅은 안개가 만들어지는 것이다. 이런 광화학스모그(photochemical smog)를 로스앤젤레스형 스모그라고도 부르는 이유는 이런 형태의 스모그가 처음 확인된 곳이 바로 로스앤젤레스이기 때문이다.

로스앤젤레스는 초기부터 자동차와 밀접한 관련을 맺으며 발전된 도시로서, 1922년 미국에서 처음으로 교통신호등을 세운 기록을 가지고 있다. 그러나 로스앤젤레스는 천부적으로 공기가 정체되어 머무를 수 있는 지형적 조건을 가지고 있었다. 1542년 스페인의 카브리오(Juan Rodriguez Cabrillo)가 현재의 로스앤젤레스의 입구인 산페드로(San Pedro)만에 닻을 내렸을 때 인디언들이 피워놓은 모닥불의 연기로 인하여 자욱해진 공기를 보고 이곳을 '연기의 만(Bay of Smoke)' 이라고 명명한 역사적 기록을 가지고 있다. 그렇지만 당시 이런 오염의 문제가 제기되었던 것은 아니다.

그러나 1940년대가 되면서부터 광스모그의 조짐이 나타나기 시작했다. 안개가 점점 짙어지고, 농작물들에 대한 피해와 특히 잎의 갈색화가 눈에 띄기 시작했다. 사람들도 재채기, 기침 등 불편을 호소하는 일이 늘어나기 시작했으며, 1947년부터는 이 문제가 매우 심각해져서 로스앤젤레스 공기오염국(Los Angeles Air Pollution District)이 처음으로 설치되게끔 이르렀다.

곡식에 피해를 주는 오염된 공기 성분이 무엇인지는 확인되지 않았으나, 런던형 스모그의 주성분인 이산화황이 주요 역할을 하고 있지 않은 것은 분명했다.

1951년 칼텍(California Institute of Technology)의 하겐-스미트(Arie Haagen-Smit)는 탄화수소와 오존의 혼합물이 스모그와 유사한 냄새를 가지며 식물의 잎을 유사하게 갈색으로 만들 수 있음을 확인했다. 1952년 탄화수소와 질소산화물을 포함하는 공기가 오존을 만들어낼 수 있음이 제기되었고, 이어진 여러 연구들을 통해 광화학스모그 형성의 하겐-스미트 이론이 입증되었다. 오염된 도시 대기의 스모그 형성 과정에서 주위의 농작물 등 식물에 큰 피해를 주는 핵심 성분으로 오존이 만들어지고 있는 것을 알게 된다. 그는 로스앤젤레스의 공기오염의 원인을 규명하였을 뿐만 아니라, 스모그의 규제를 위한 제도적 장치가 있어야 할 것을 강력하게 주장하고 이를 위해 노력한 것으로도 잘 알려져 "광화학스모그의 아버지"라고 불린다.

:: 광스모그의 화학

하겐-스미트가 밝혀낸 광스모그의 핵심, 즉 탄화수소와 질소의 산화물(NO)이 혼합되어 있는 대기에 태양광선(hv)이 작용하면서 만들어내는 화학반응을 기술하면 다음과 같다.

NMHC+NO+hv → NO_2+O_3 등의 여러 반응 물질들.

NMHC(Non-Methane Hydrocarbons)는 유기화합물들을 총체적으로 표현한 것이며, NO와 NO_2는 대기 중에 존재하는 대표적인 질소산화물들이다. 이들은 모두 자동차의 배기가스 등에 포함되어 대기 중으로 방출되는 화합물들이다.

오염된 도시에서 NO가 NMHC와 태양광선에 의해 NO_2로 변환되면서 광스모그의 핵심 성분인 오존의 농도가 높아지는 과정은 뒤에 더 설명하겠지만, 이런 현상은 로스앤젤레스와 같이 오염된 대도시에서나 일어날 수 있는 특수 현상으로 이해된다.

:: 깨끗한 대기 중의 오존

1970년경에 이르기까지도 오염된 도시에서 멀리 벗어난 깨끗한 지역의 공기 중에서는 오존이 전혀 만들어질 수 없다는 것이 일반적인 생각이었다. 청정 공기에서 관측되는 미량의 오존은 그 전부가 오존층이 형성되어 있는 성층권으로부터 유입된 것이며, 이렇게 대류권으로 유입된 오존은 지표상에서 파괴되면서 수지의 균형을 이루고 있다고 믿었다.

오존층 형성 과정에 필수적인 산소원자는 파장 242nm 이하인 강력한 자외선이 산소분자를 분해시키면서 만들어낸다. 그러나 자외선은 성층권에서 다 흡수되어버리기 때문에 대류권에서는 산소분자의 분해반응이 일어날 수 없다는 것이 중요한 이론적인 근거였다.

그러나 1970년대에 들어서면서 청정 지역의 대류권 공기 내에서도 오존이 만들어지고 있는 것 같다는 증거가 서서히 나타나기 시작했다. 1974년 피시먼(Fishman)과 자일러(Seiler)는 도시 오염이 전혀 예상되지 않는 캐나다 내륙 깊숙한 지역의 상공에서 일산화탄소 CO와 오존의 수직 분포를 관측했다. 오존이 성층권에서 유래한 성분이라면 이들은 당연히 서로 음의 상관관계를 보여주어야 한다는 것이 당시의 예측이었다. 그러나 관측 결과는 대류권기원의 특성을 가진 CO가 오존과 양의 상관관계를 보여주고 있었다.

:: 대류권에서도 오존이 형성된다!

1) 오존 형성의 주역 : NOx(NO+NO_2)

1970년대에 들어서면서 이루어진 많은 연구는 깨끗한 대류권 공기 중의 오존이 성층권에서 유래된 것이라는 종래의 생각을 불가피하게 수정하도록 만들었다. 즉 청정 대기 중에서도 오존이 만들어지고 있었다는 것이다. 대기 중의 NO_2가 오존의 생성에 필요한 산소원자의 공급원 역할을 하고 있음이 밝혀진 것이다. NO_2가 파장 410nm 이하의 가시광선에 의하여 광분해되면서 진행되는 일련의 반응들을 살펴보면 다음과 같다.

오존 형성 : $NO_2 + hv(\lambda \le 410nm) \rightarrow NO + O(^3P)$

$O + O_2 + M \rightarrow O_3 + M$

알짜반응 : $O_2 + NO_2 + hv + M \rightarrow O_3 + NO + M$

오존 분해 : $O_3 + NO \rightarrow O_2 + NO_2$

NO_2가 광분해하면서 바닥 상태의 산소원자 $O(^3P)$를 만들면, 이 산소원자는 즉시 주위의 산소분자와 결합하여 오존을 만들어낸다. 즉, 대기 중의 NO_2는 햇빛의 작용으로 NO로 변하면서 오존을 만들어낸다. 그러나 이렇게 만들어진 오존은 다시 산소분자로 분해되면서 NO를 NO_2로 변환시켜 원점으로 돌아간다.

2) 광정류 상태(photostationary state)

위의 일련의 반응은 그 속도가 매우 빨라서 '광정류 상태'라고 불리는 정상상태(steady state)에 도달될 수 있다. 이때의 오존 농도는 NO와 NO_2의 농도, 그리고 위의 반응의 반응속도상수인 k_1 및 k_3만의 함수가 되어 다음의 식과 같이 표시될 수 있다.

$$[O_3] = \frac{k_1 [NO_2]}{k_3 [NO]}$$

깨끗한 대기 중에서의 전형적인 k_1/k_3 값은 10×10^{-9} 정도이며, $[NO_2]/[NO]$는 2~8 정도이므로, 깨끗한 공기 중의 오존의 농도는 대략 20~80ppbv(part per billion, 10^{-9})의 값을 가진다는 것을 이해할 수 있다.

NO와 NO_2를 합쳐 흔히 NOx('녹스'라고 부름)로 표현하는데, 오늘날 이 NOx의 주공급원으로 자동차 배기가스를 꼽아 이를 대표적 공해물질로 간주하고 있다. 그러나 사실 NOx는 사람들의 활동이 활발해진 산업혁명 이전에도 번개 혹

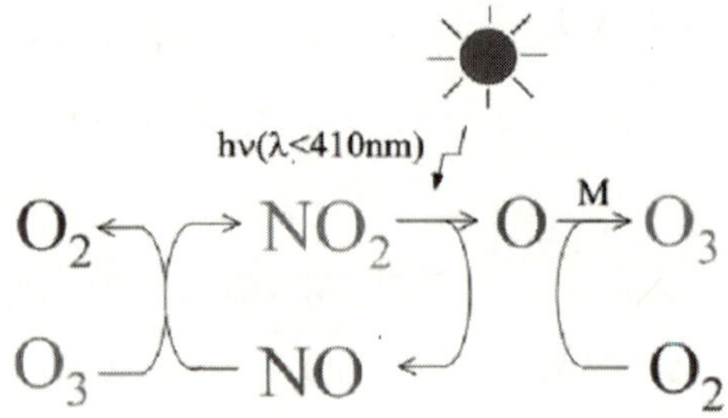

대기 중에서 오존이 형성되는 과정을 보여주는 모식도. 오존이 만들어지는 데 필요한 산소원자는 대기 중의 NO_2가 광분해되면서 만들어진다.

은 토양에서의 미생물작용에 의해 자연적으로 계속 만들어져 대기 중으로 방출되어오고 있던 화학물질들이다. 바로 이들이 청정 대기 중에서도 광화학반응을 통해 오존을 만들어내는 주역을 담당하고 있는 것을 알 수 있다.

:: 오존의 농도가 높아질 수 있다

광정류 상태의 중요한 점은 NO_2가 NO로 광분해되면서 산소원자 O를 공급

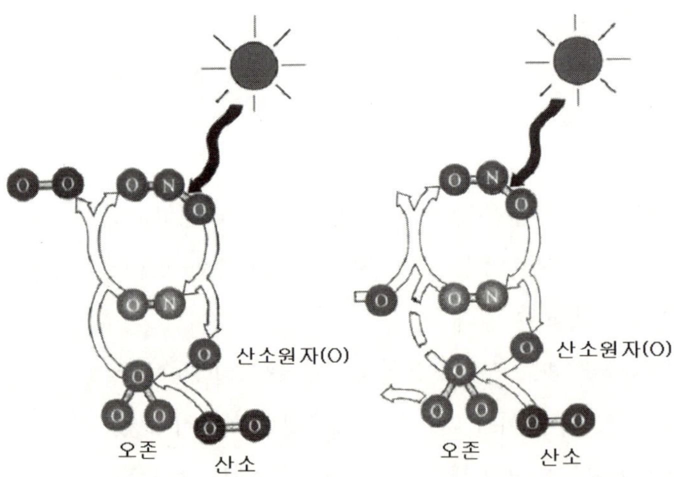

대기 중의 오존 농도가 광정류 상태 이상의 농도로 증가할 수 있는 원리를 보여주는 모식도. 촉매반응이 계속되기 위해서 필요한 NO가 NO_2로 산화되는 과정을 오존 이외의 화합물에서 공급된 산소원자가 진행시키는 것을 볼 수 있다.

하여 오존을 만들 수 있지만, 오존이 NO를 다시 NO_2로 산화시키면서 분해되어 버림으로써 결과적으로 이런 반복 과정만으로는 오존의 농도가 광정류 상태 이상의 값으로 높아질 수 없다는 것이다.

따라서 오존의 농도가 광정류 상태의 값 이상으로 증가하기 위해서는, 오존의 분해를 수반하지 않는 다른 방법으로 NO가 NO_2로 산화되어 NO_2가 오존 형성에 다시 참여할 수 있도록 해야 한다는 것이다. 앞에서 광스모그의 핵심 화학반응으로 NMHC이 NO를 NO_2로 산화시키는 반응을 소개했는데, 이 반응이 결과적으로 광스모그 내에서 오존의 농도를 높일 수 있음을 정성적으로 이해할 수 있을 것이다. 광스모그가 한창인 대기의 공기가 갈색을 띠는 것은 과량으로 만들어지는 연갈색의 NO_2와 연무에 기인한 것임은 두말할 나위도 없다.

1) CO : 오존의 화학

대류권 오존화학의 핵심을 이해하는 가장 빠른 방법은, 오존이 소모되지 않고도 NO를 다시 NO_2로 산화시킬 수 있는 여러 반응 과정들을 규명하면 된다고 해도 과언이 아니다. 일산화탄소(CO)를 예로 들어 이를 살펴보기로 하자.

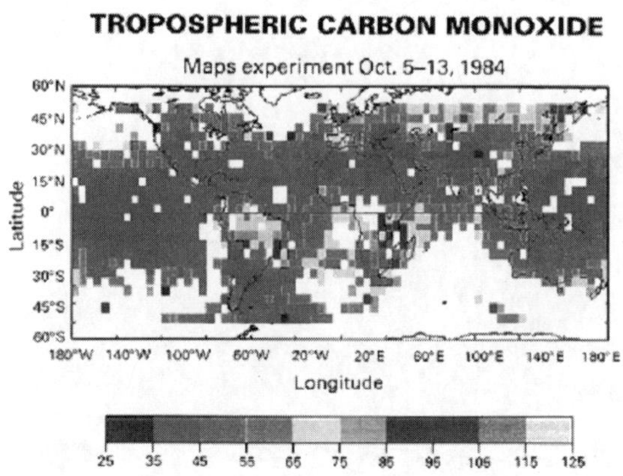

NASA의 우주왕복선 챌린저호에서 1984년 10월 5일~13일 사이에 수행한, MAPS(measurement of air pollution from satellites) 실험을 통해 얻은 대류권 대기 중의 CO 농도의 분포도(H. G. Reichle, Jr., NASA)

CO는 자동차 배기가스 등을 통해 대기 중으로 방출되는 대표적인 공해물질의 하나이다. 그렇지만 CO 역시 NOx와 마찬가지로 자연계에 이미 존재하고 있던 미량 성분이다. 현재 대기 중에 약 1.8ppm 정도 섞여 있는 메탄(CH_4)이 대기 중에서 광분해되면 CO가 만들어진다.

NO의 농도가 5~10ppt(part per trillion ; 10^{-12}) 이상인 대기에서 CO는 대기의 세정제인 HO · 의 작용으로 탄산가스(CO_2)가 되면서 일련의 과정을 통해 NO를 NO_2로 산화시킬 수 있다.

청정 대기 중의 NOx의 농도는 일부 해양에서의 대기를 제외하면 대개 20ppt를 넘으며, CO는 오존 농도를 실제로 증가시키는 중요한 화합물의 하나이다. 앞에서 피시먼이 발견한 대류권 공기 중의 CO와 오존이 보여주는 양의 상관관계가 바로 이런 과정의 결과이었음은 물론이다.

2) CH_4 : 오존의 화학

청정 대기 중에서도 오존이 만들어질 수 있음이 밝혀지기 시작한 1970년대

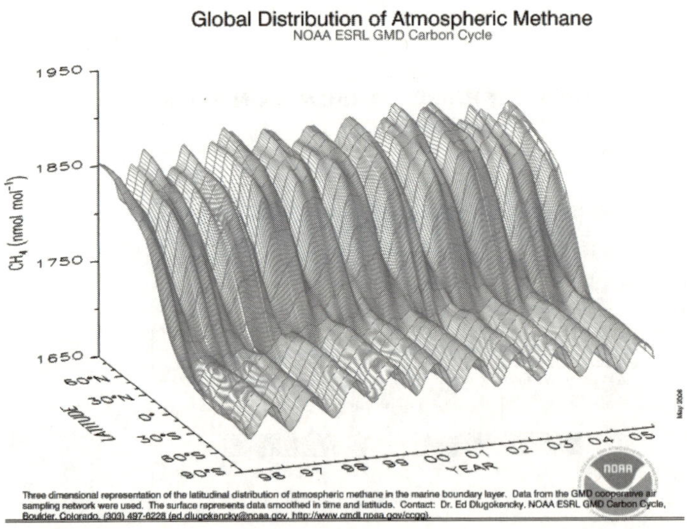

NOAA/CMDL 관측 결과들을 이용하여 작성한 대기 중의 메탄의 농도 변화. 매우 분명한 계절 변화와 함께 꾸준히 그 농도가 증가하고 있는 것을 알 수 있다(NOAA/CMDL).

초, 크루첸은 대류권에서 메탄(CH4)이 광분해하면서 오존을 생성할 수 있는 일련의 반응 경로를 제안했다. 모식도를 살펴보면 중요한 것은 결국 NO를 NO_2로 산화시킬 수 있는 것이다. 메탄 역시 농업혁명, 목축업과 같은 사람들의 활동에 의하여 대류권 내의 농도가 최근에 와서 매년 1% 정도씩 증가하고 있는 성분이다. 그렇지만 메탄은 다른 미량 성분들에 비해 비교적 높은 농도인 1ppm 정도의 농도로 사람들의 활동 이전에도 이미 존재하던 성분으로서 대류권 오존 형성에 핵심적 역할을 담당해오고 있었던 것이다.

1970년대는 대기화학이 본격적으로 자리를 잡기 시작하는 시기였다. 이번 이야기의 주인공인 크루첸은 대기화학을 하나의 독립적인 연구 분야로 확립시키는 선도적 역할을 했으며 그 중심에 대류권의 오존이 자리 잡고 있었다.

:: 광스모그 내에서의 화학

광스모그 내에서 일어나고 있는 화학을 다시 모식도로 살펴보자. NMHC 화합물들이 거치는 화학 경로를 보이는 모식도이다. 여기에서도 중요한 것은 오존의 파괴 없이 NO가 NO_2로 다시 산화될 수 있다.

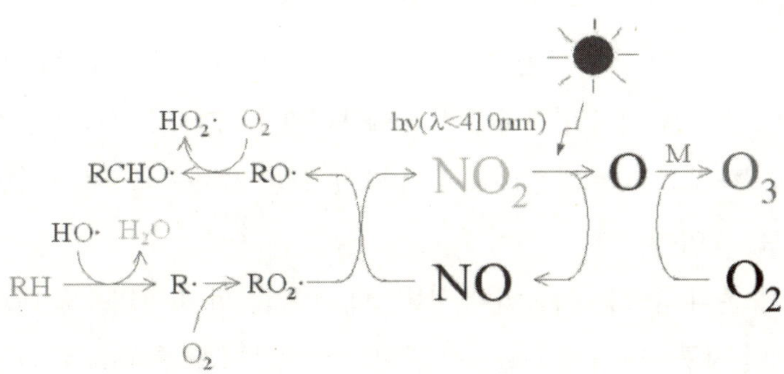

광스모그 반응이 일어나는 과정을 보여주는 모식도

결론적으로 다시 요약하면, 광스모그 내에서 NMHC으로 총칭한 탄화수소들이 광분해 혹은 HO · 라디칼의 작용 하에 활성화되어 산소와 결합한 뒤, 이중 산소원자 하나를 이용하여 NO를 NO_2로 산화시킨 다음 NO_2가 광분해되면서 만들어지는 산소원자가 산소분자와 결합해 오존을 만들게 되는 것이다. 광스모그가 심하게 일어나고 있는 오염된 공기가 갈색을 띠는 것은 이때 다량으로 만들어지는 NO_2와 연무에 의한 것임을 이미 앞에서 언급한 바 있다.

:: 날로 증가하는 대류권의 오존

대류권의 깨끗한 공기 내에서 오존의 광화학 과정들이 알려지면서 사람의 활동이 여기에도 영향을 미칠 수 있음이 분명해지기 시작했다. 지금부터 100여 년 전 프랑스 파리 교외의 몽수리(Montsouris) 관측소에서 레비(Levy) 등 연구자들이 1876년부터 1907년까지 수행한 대기 중 오존농도는 대개 약 10ppb를 전후하는 값을 보여주고 있으며, 이 값은 당시의 대기를 대표하는 값으로 중요한 가치를 가지고 있다. 한편 1960~1970년대의 독일 아르코나(Arkona)에서 관측된 결과를 보면 적어도 20ppb를 상회하는 결과를 보여 대류권에서의 오존의 농도가 분명히 증가하고 있다.

이와 같은 대류권 전반의 오존농도 증가는 인간의 활동 증가에 따른 대기 중 NMHC와 NOx의 농도 증가에 기인한 것이 분명하다. 물론 이들 증가의 주요 요인으로 자동차 배기가스를 이미 언급하였지만, 아프리카, 남아메리카와 같은 지역에서 대규모로 행해지고 있는 화전(biomass burning) 또한 전지구적으로 심각한 영향을 미치고 있는 것이다.

대류권에서의 오존의 증가는 사람이나 식물들에 미치는 피해 이외에도 대표적 지구 환경문제인 지구온난화에도 밀접히 관련되어 있다. CO_2를 대표로 하는

'온실기체' 중에 대류권의 오존도 한몫을 차지한다. 따라서 오존의 증가는 그 자체로서 지구온난화에 직접적으로 기여할 수 있다. 그러나 더 복잡하고 어려운 연구 과제는 오존이 간접적으로 미치는 영향을 이해하는 일이다. 대류권에서의 오존의 증가는 '대기의 세정제' 인 HO · 와 같은 대기의 산화력(oxidizing capacity)의 변화에 직접적으로 영향을 미치며, 이는 연쇄적으로 메탄(CH_4)과 같은 온실기체의 대류권 내에서의 평균 체류시간을 변화시키면서 지구온난화 기여에 간접적으로 영향을 미치게 되는 것이다.

:: 두 얼굴의 오존

우리는 두 번에 걸친 글을 통해 오존이 우리에게 얼마나 중요한지를 살펴보았다. 하나는 먼 상공의 오존층이 지상으로 들어오는 유해한 자외선을 차단시켜주며, 또 하나는 우리들이 숨 쉬는 공기 중에 적당량 존재하면서 공기를 정화시켜 주는 것이다.

오늘날 오존과 관련된 환경문제는 두 얼굴을 가지고 있다. 상공에 꼭 있어야 할 오존층에서는 오존의 양이 날로 줄어들어 걱정이고, 우리들이 숨 쉬는 공기 중에는 오존의 양이 적당한 수준을 넘어 날로 커져서 문제인 것이다.

무엇이든지 적재적소에 적절한 양이 있어야 바람직하다는 우주의 법칙이 오존에도 그대로 적용되는 것을 볼 수 있으며, 사람들에게 이렇게 귀중한 오존의 역할을 사람 자신들이 망가뜨리고 있는 것이 문제이다. 2002년 여름 월드컵을 준비하던 당국이 걱정하던 문제 중에는 테러와 같은 염려도 있었지만, 공기 중의 오존의 농도가 높아지는 것도 꽤 고민했던 부분의 하나이다. 2008년 베이징 올림픽을 치룬 중국도 바로 똑같은 문제로 고민했음은 물론이다.

당시 이를 대비해서 당국이 취한 조치를 한번 되새겨보자. 경기 기간 중에는 자율적인 자동차의 2부제를 권장했고, 경기가 개최되는 전날 및 시합 당일에는 이를 강제로 시행했다. 또한 가급적이면 낮에 주유를 피하자는 시민운동을 전개했다. 이제 이 글을 읽으면서 왜 이런 조치가 취해졌는지를 분명히 이해할 수 있을 것으로 생각된다. 자동차의 주유시 많은 휘발유 성분(NMHC)이 공기 중으로 유출된다는 것은 주유할 때 맡을 수 있는 냄새로 즉시 알 수 있다. 유출을 방지하는 밀폐된 주유시스템을 개발하는 것도 현재 열심히 연구되고 있다. 중요한 것은 당시 우리나라가 큰 어려움 없이 월드컵을 치를 수 있었다는 것이다. 대기 중의 오존이 증가하는 문제도 우리들이 노력하면 개선될 수 있다는 가능성을 잘 보여준 것이다.

대도시 대기 중의 오존 농도의 증가는 이제 삶의 질 차원에서 정치를 하는 사람들이 반드시 염두에 두지 않으면 안 되는 중요한 과제가 되었다. 각 지방자치단체마다 오존주의보에 관한 홍보자료를 만들고 시민들에게 오존에 관한 경각심을 다시 일깨우는 노력을 하는 것도 그 일례이다.

우리나라는 이미 1995년 7월부터 오존경보제를 실시하고 있다. 대기오염경보는 오존 오염도에 따라 주의보, 경보, 중대경보의 3단계로 구분해 발령하는데, 아직 경보나 중대경보 단계의 발령이 있은 적은 없으나 주의보는 하절기에 심심치 않게 발령되고 있다. 발령 기준과 조치 사항을 적어보면 다음과 같다.

우리 생활과 직결된 오존 농도의 증가를 막기 위해서, 우리 스스로가 더욱더 이에 대한 경각심을 가지고 이를 줄이는 실질적인 노력에 적극적으로 동참해야 할 때이다.

구분	발령 기준	조치 사항
주의보 발령	오존 농도가 0.12ppm(120ppb) 이상일 때	• 실외의 과격한 운동 자제 협조 • 특히 호흡기 환자, 노약자, 5세 미만 어린이의 외출 자제 • 대중 교통시설 이용 • 자동차 사용 자제 및 발령 지역 진입 자제 협조
경보 발령	오존 농도가 0.3ppm(300ppb) 이상일 때	• 실외 활동 제한 요청 • 호흡기환자, 노약자, 5세 미만 어린이 외출 억제 • 발령 지역 유치원 · 학교의 실외학습 자제 요청 • 사업장의 연료 사용량 감축 권고
중대 경보 발령	오존 농도가 0.5ppm(500ppb) 이상일 때	• 실외 활동 금지 • 자동차의 통행 금지 • 사업장의 조업 시간 단축 명령

상자글

역사의 발자취 : 런던형 스모그

오늘날 대도시에 사는 사람들로서 '스모그(smog)' 라는 용어에 익숙하지 않은 사람들이 없을 정도로 이 문제가 보편화되어 있다. 그런데 이 단어가 세상에 태어난 것은 지금부터 겨우 약 90여 년 전이다. 의사였던 헤럴드(Harold Antoine des Voeux)가 당시 영국의 도시에서 관찰할 수 있었던 '어둠의 장막' 을 기술하기 위해 'smoke' 와 'fog' 의 두 단어를 합해 만든 말이다.

런던(London)형 스모그

1909년에 1,063명의 사망자를 낸 영국 스코틀랜드 글래스고(Glasgow)의 살인적 스모그 사건을 발표한 1911년의 논문에서부터 일반에게 유명하게 되었다. 이 스모그를 흔히 '런던형 스모그' 라고 부르며, 주원인으로 석탄을 태울 때 나오는 연기가 축적되면서 발생하는 것이다. 이 연기에는 특히 많은 황성분이 포함되어 있어서, 궁극적으로 안개 입자 속의 황산의 농도를 높인다. 이런 공기를 마시는 사람들의 폐가 정상적인 기능을 하지 못하도록 만들며, 폐의 수축, 호흡장애, 두통, 현기증, 구역질, 그리고 눈, 귀, 목 등의 자극을 일으키는 것이다.

1952년 12월 런던에서 발생했던 스모그 기간에 공기 중 이산화황의 농도와 사망자의 수 사이의 관계를 도시한 그림을 보면 이 스모그 발생 기간 중 사망자 수가 급증한 것을 알 수 있다. 이를 계기로 영국에서는 1956년 영국 전역에 걸쳐 석탄 사용을 통한 연기의 배출을 효과적으로 규제하는 법안이 통과된 것이다.

대기 중으로 배출된 SO_2는 HO · 라디칼의 중요한 역할로 궁극적으로 황산으로 변환되며 NOx가 변환된 질산과 함께 산성비 형성의 한 중요한 원인이 된다. 이렇게 만들어진 황산은 빠른 속도로 대기 중의 입자들에 흡착되기도 하고, 자체가 2차 오염물질의 하나인 작은 에어러솔 입자들로 자라가면서 황산성 안개를 유발한다.

석탄의 사용이 원인이 되는 런던형 스모그는 19세기에 들어와 산업혁명이 영국에서부

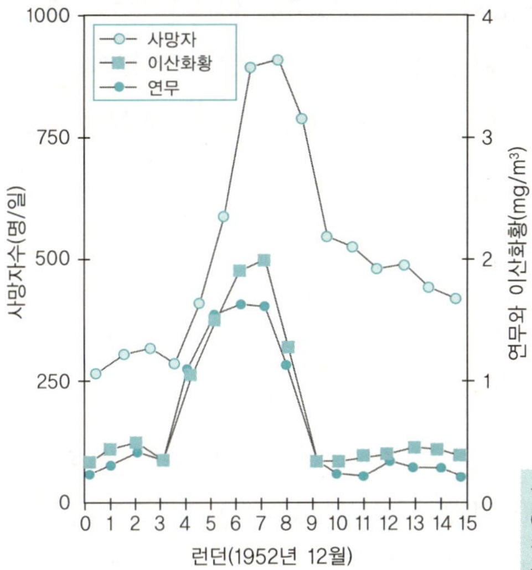

1952년 12월 런던에서 발생한 대스모그 사건 기간 중에 대기 중 스모그와 SO_2 농도 관측 결과(일일 평균값). 이 기간 중 스모그에 노출됨으로써 평상시에 비해 사망자 수가 증가된 것을 분명히 볼 수 있다.

터 시작하여 전 유럽과 미국으로 퍼져나가면서 대규모적으로 발생하기 시작한다. 그렇지만 이런 문제는 사람들이 열과 에너지원으로 나무를 태우기 시작한 옛적부터 발생하고 있었던 것으로 보인다.

이미 고대 로마에서도 나무를 때면서 나오는 연기가 건물들을 검게 만들고 있던 것으로 역사가 오라스(Horace, 기원전 65년 출생)는 기록하고 있으며, 네로 황제의 스승으로 유명한 세네카(Seneca, 기원전 3년 출생)는 짓누르는 듯한 연기와 부엌의 요리 냄새로 가득 찬 로마를 떠나자 자신의 건강이 눈에 띄게 좋아지는 것을 알 수 있었다고 전하고 있다.

중국에서는 이미 B. C. 1000년경부터 석탄이 연료로 이용되기 시작하였고, 유럽에서는 적어도 12~13세기에 이르러 활발히 이용된 것으로 보인다. 약 1300년경 영국의 에드워드 1세는 그의 부인 엘레노어(Eleanor)의 건강을 위해 "왕의 목소리가 들릴 수 있는 정도 거리 이내의 궁정 근처에서 석탄을 태울 경우에는 자신의 목을 잃는 고통을 당할 것"이라는 포고까지 냈던 것으로 기록되어 있다.

이러한 불편에도 불구하고 석탄의 사용은 유럽에서 계속 증가되었으며, 실제로 18세기 중엽 영국에서 시작된 산업혁명은 석탄의 사용이 그 중추를 이루고 있었다. 즉, 석탄 연소를 통해 만들어진 스팀에너지에 기초한 산업의 급격한 팽창은 산업혁명의 특징이었으며, 이에 수반된 공기오염은 극적으로 증가할 수밖에 없었다. 따라서 19세기 중엽에서 20세기 중엽까지 이르러 유럽과 미국의 많은 주요 도시들은 열과 에너지를 만들어내기 위한 석탄연소와 관련되어 질식할 것 같은 공기오염 사건을 경험하게 된다.

가장 대표적인 것으로 앞서 소개한 1952년 12월 런던의 스모그를 들 수 있는데, 당시 영국의 섬들에는 대규모의 역전층이 일어나 12월 5일에서 9일까지 5일 동안 진한 안개층 속에 싸여 있었던 것이다. 특히 템스 강 골짜기에 정체되어 있던 공기 속에 오염물질들이 축적되어 안개와 섞인 연기, 황산성 입자들, 검댕들을 호흡한 연유로, 특히 호흡기나 심장에 어려움을 겪고 있던 약 4,000여 명이 사망한 것으로 나타났으며, 수천 명이 산소 부족으로 어려움을 겪은 것으로 보고되어 있다.

런던은 이전에도 인명을 앗아간 오염 사고를 여러 번 경험하였는데, 1873년 10월(1,150명 사망), 1880년 1월, 1882년 2월, 1891년 12월 등의 경우로 마침내 1956년에 이르러 법적인 규제를 하게 된 것이다.

산업혁명의 급속한 확장과 함께 살인적인 런던형 스모그도 급속히 유럽 전역과 미국으로 퍼져나갔으며, 미국 뉴욕의 경우에도 특히 1966년 11월 24일에서 30일에 걸쳐 일어났던 스모그 사건에서 사망자만 168명에 이른 것으로 보고되어 있다. 이런 비극적인 사건들이 가지고 있던 공통점이 있는데, 석탄의 연소에 의하여 배출되는 연기와 정체된 공기 중의 안개가 바로 그것이다. 이것이 스모그란 용어를 탄생시킨 연유가 된다.

석탄 사용의 감소와 함께 런던형 스모그에 의한 치명적인 인명 손실은 선진국에서는 이미 사라졌으나, 석탄을 아직도 주된 에너지원으로 의존하는 개발도상국에서 이런 문제가 다시 나타나기 시작하고 있다. 1990년의 통계에 의하면, 전세계 56억 인구의 22%를 차지하고 있는 중국은 지속적으로 증가하고 있는 1차 에너지 생산의 약 75%를 석탄에 의존하고 있다. 중국이 환경문제를 염려하면서 SO_2의 방출을 줄이려는 노력을 하고 있는 것이 사실이지만, 얼마 전에도 관계 장관이 공식적으로 이 문제가 큰일이라는 내용을 공식적으로 발표한 것은 해결이 그리 쉽지 않다는 것을 잘 말해주고 있다.

SO_2 배출의 결과로 만들어지는 황산성 에어로솔은 건강 문제뿐만 아니라 입사 태양 광선을 반사시켜 지구 기후에도 큰 영향을 미치며, 최근의 지구온난화와 관련된 중요한 연구 과제들 중의 하나로 대두되어 있다. 3차원 대기 대순환 모형 등을 이용하여 예측한 결과를 보면, 전세계적으로 황산성 에어로솔의 농도가 매우 높은 곳으로 추정되는 몇 지역 중 하나가 황해를 중심으로 하는 중국, 한국 등의 지역이다. 더구나 우리나라는 겨울철이면 북서계절풍을 따라 중국으로부터 직접적인 영향을 받을 수밖에 없는 지리적 조건을 가지고 있어 그 염려가 심각하게 대두되고 있는 실정이다. 따라서 한국 자체에서의 배출과 중국에서의 영향을 구별하고 이를 규명하는 연구는 앞으로 해결하여야 할 중요한 연구 과제의 하나이다.

33

더워지는 지구

아레니우스 (Svante August Arrhenius, 1959~1927)

1903년 노벨화학상 수상

"in recognition of the extraordinary services he has rendered to the advancement of chemistry by his electrolytic theory of dissociation"

(전리설을 통한 화학의 발전)

앨 고어 (Albert Arnold (Al) Gore Jr.)

기후변화를 위한 정부간 협의체 (IPCC, Intergovernmental Panel on Climate Change)

IPCC INTERGOVERNMENTAL PANEL ON CLIMATE CHANGE WMO UNEP

2007년 노벨평화상 공동 수상

"for their efforts to build up and disseminate greater knowledge about man-made climate change, and to lay the foundations for the measures that are needed to counteract such change"

(사람들이 만들어낸 기후변화에 관한 지식을 정리하고 널리 알리며 이런 변화에 대응하는 데 필요한 여러 방안의 기초를 다진 노력)

2007년 2월 2일 야경을 자랑하던 파리의 에펠탑과 로마의 콜로세움이 5분간 야간 점등을 중단하였다. 이날 파리에서 있었던 기후변화에 관한 정부간 협의체(IPCC, Intergovernmental Panel on Climate Change) 제1소위원회(Working Group I)의 기자회견 때문이었다. 11월 발표될 예정이었던 IPCC 4차보고서 〈기후변화 2007〉에 전 지구인들이 깊은 관심을 가져야한다는 메시지를 전하기 위해서였다. 보고서의 중요한 결론은 '지구 온난화는 명백한 사실이며, 더구나 그 변화속도가 더 커지고 있고, 그 원인의 중심에 사람들의 활동이 깊이 관여된 온실기체의 증가가 자리 잡고 있다' 는 것이었다. 특히 더욱 심각한 것은 지구가 45억 년의 역사를 통하여 유래가 없었던 매우 빠른 속도로 더워지고 있다는 점이다.

2007년 2월 2일 저녁 소등을 한 파리의 에펠탑과 로마 콜로세움의 모습

그리고 노벨상위원회는 2007년 노벨평화상 수상자로 IPCC와 정치가인 엘 고어를 함께 선정하였다. 평화상을 공동수상한 IPCC는 1988년 UNEP(유엔환경계획)과 WMO(세계기상협회)가 공동으로 제안하여 구성된 기후와 관련된 지구과학을 전공하는 과학자들의 모임이다. IPCC가 결성된 20년 전 1988년으로 돌아가 이야기를 시작해 보기로 하자.

:: 1988년

1988년을 '올해의 행성'으로 선정한 《타임》의 커버스토리

1) 엘니뇨의 해

1988년은 엘니뇨가 본격적으로 위력을 발휘한 해였다. 전례 없는 폭염이 미국의 전역을 강타하면서 남부의 목화재배를 엉망으로 만들었고 중서부의 밀, 옥수수, 사탕수수, 콩 등을 말라 죽였다. 8월에는 옐로스톤(Yellowstone) 국립공원에서 시속 80km의 돌풍과 함께 대화재가 발생하여 거의 절반에 이르는 지역을 불로 태웠으며, 이 연기로 인해 일부 도시에서는 "연기 속의 하루"라는 일기예보를 내보낼 수밖에 없었다. 낮아진 수위로 인해 미시시피 강의 수천 척에 달하는 화물운반선이 운행할 수 없었으며, 강바닥에서는 과거 침몰하였던 난파선들이 모습이 드러냈다. 이 해의 기상이변은 전지구적인 현상이었다. 금세기의 기록적인 태풍 허리케인 길버트(Gilbert)가 유카탄 반도를 통과하면서 모든 마을과 해변을 파도로 휩쓸어버렸다. 방글라데시에서도 홍수로 인하여 전 국토의 4분의 3 이상이 물에 잠겼다. 중국에서도 가뭄, 홍수, 태풍 그리고 우박 등으로 1만 명 이상의 인명과 50만 채 이상의 가옥이 유실되었고, 상하이에서는 10만 명 이상이 일사병의 피해를 입었다.

2) 올해의 행성(The Planet of the Year)

매년 연말이 되면 주간지 《타임(TIME)》은 올해의 인물을 선정한다. 그런데 1988년은 '올해의 사람' 대신 '올해의 행성'을 선정했다. 그리고 '멸종 위기의 지구(The Endangered Earth)'라는 부제가 붙여졌다. 이 해는 지구를 보는 사람들의 관점이 분명히 바뀐 해였다. 사람이 감히 거대한 지구를 변화시킨다는 것은 있을 수 없는 일이라는 것이 많은 사람들의 지배적인 생각이었다(어쩌면 희망사항이었는지도 모르지만). 그러나 지구상의 60억이 넘는 사람들이 힘을 합쳐 일(?)을 만들어내기로 마음만 먹으면, 거대한 지구가 망가질 수도 있다는 것을 깨닫게 된 것이다. 3년 전 발견된 남극 상공의 오존 구멍도 한몫을 거든 것은 물론이다.

3) 지구온난화는 우리 생활의 일부

1988년 6월 미국 상원에서는 '온실효과와 기후변화에 대한 제1차 공청회'를 열고 NASA의 한센(Hansen), 프린스턴대학교의 마나베(Manabe), 우즈홀 해양연구소(WHOI)의 우드웰(Woodwell) 등 미국을 대표하는 기상학자들을 불러 기후 변화에 대한 의견을 청취했다. 특히 한센은 "지난 100여 년의 전지구적 온도 자료는 지구온난화가 일어나고 있다는 강력한 증거를 제시하고 있으며, 지구의 기후는 '현재' 바뀌고 있다"는 의견을 피력했다. 책임 있는 과학자가 공식석상에서 '지구온난화'에 관해 행한 최초의 발언이었다. '지구온난화'라는 말이 전세계의 매스컴에 거듭 이야기되기 시작했으며, 전지구적 변화는 이제 각 개인의 생활 속에 현실로 자리를 잡기 시작했다.

'과연 지구가 더워지고 있는가?', '만일 지구가 더워지고 있다면, 과연 사람들의 활동에 기인한 것인가?' 등과 같은 기후 변화에 관한 여러 중요한 질문에 대해 치열한 논의가 시작된 것이다.

4) 기후 변화에 관한 국제협의체(IPCC, Intergovernmental Panel on Climate Change)

1988년 세계기상기구(WMO, World Metorological Organization)는 유엔환경계획(UNEP, United Nations Environmental Programme)과 함께 기후 변화에 대한 진실을 밝혀내려는 과학자들의 모임인 IPCC를 발족시켰다. 이렇게 탄생한 IPCC의 주임무는 기후 변화에 관하여 과학적 담론을 정리한 보고서를 발간하는 것이다.

"지구 기후가 앞으로 어떻게 변할 것인가?"라는 질문은 누구나 답을 알고 싶어 하는 중요한 문제이지만 유감스럽게도 그 예측(prediction)이 불가능하다. 과학자들이 수권, 지권, 생물권, 대기권이 서로 복잡하게 얽혀 있는 기후시스템을 다 이해하지 못하는 것도 물론 중요한 하나의 요인이지만, 더 중요한 것은 앞으로 "사람들이 어떻게 행동할 것인가?"라는 중요한 변수에 많은 불확실성이 있기 때문이다. 따라서 IPCC에 참여하고 있는 과학자들은 사람들이 취할 수 있는 몇 가지의 예상 시나리오를 만들고 이들 시나리오에 따라 지구 기후가 어떤 변화를 할 것인지를 최선을 다해 전망(projection)하고 이를 보고서에 담는 것이다.

기후 문제에 관하여 현재 우리가 얼마나 알고 있는지, 더 정확하게 표현하면 얼마나 모르고 있는지, 그 상태를 점검하여 이를 정책 결정자들에게 알려주는 것이 주요한 설립 목적의 하나였다. IPCC는 지금까지 4차에 걸친 보고서를 발간하였고 바로 4차 보고서가 나온 지난 2007년 노벨평화상이 이들 과학자에게 수여된 것이다.

:: IPCC 3차 보고서

2001년 3월 발표된 IPCC 제3차 보고서는 지구는 지난 120여 년 동안 0.6도 정도 더워졌다는 확실한 과학적 증거가 있음을 분명히 밝혔다. 이 기간 동안 육상과 해상을 포함한 지구 전역에서 실제로 관측된 많은 온도 자료를 종합, 분석하여 내린 결론이다. IPCC는 설립 목적에 걸맞게 두꺼운 보고서의 맨 앞에 정책 결정자를 위한 요약서가 첨부되어 있는데, 여기에는 온도 상승 이외에 이와 관련된 몇 가지 사실과 앞으로의 예측이 아울러 포함되어 있다.

- 전지구의 평균 지면 온도는 지난 20세기 동안 약 0.6도 상승했다.

- 눈과 얼음이 덮여 있는 빙하 지역이 감소했다.
- 전지구적인 평균 해수면이 지난 20세기 동안 0.1~0.2m 상승했다.
- '사람의 활동에 의해' 대기 중 온실가스 농도와 복사강제력이 계속 증가되었다.
- 21세기 후반이면 지구 표면의 온도가 1.4~5.8도 정도 증가할 것이 예측된다.
- 이에 따라 해수면이 0.09~0.88m 상승할 것이 예측된다.
- 이러한 인위적 기후 변화는 여러 세기 계속될 것이다.

또한 이 보고서는 '조심스럽게' 그 원인에 대해 다음과 같이 지적하고 있다.

"지난 50여 년 동안 관측된 대부분의 지구온난화는 사람들의 활동에 의한 것이라고 여겨지는 증거들이 있다."

지구온난화의 원인에 사람의 활동이 분명히 기여하고 있다는 쪽에 손을 들어 주었다. 그렇지만 지구가 더워지고 있다는 단호한 결론과는 대조적으로 그 대답이 매우 조심스럽다. 여기에는 지구의 기후를 결정하는 복잡한 지구시스템에 대해 우리가 확실하게 이해하고 있지 못한 부분이 아직도 꽤 남아 있다는 과학적 고민이 깔려 있다.

그런데 2007년 발표된 제4차 보고서는 "지구온난화는 명백한 사실이며, 변화 속도가 더 커지고 있고, 사람의 활동이 깊이 관여된 온실기체의 증가가 그 원인의 중심에 자리 잡고 있다"는 것을 분명히 하고 있다. 노벨위원회는 평화상 수상을 통하여 이 결론을 분명히 하는 도장을 다시 한 번 찍어 주었다.

:: 키일링곡선(Keeling Curve)

사람들은 기록을 통해 지구의 기후가 변해왔음을 알고 있다. 유럽이 중세기에 매우 온난했으나 14세기에서 18세기에 걸쳐서 '소빙하기(Little Ice Age)' 라고 부르는 추운 기후를 겪었으며, 시간을 더욱 거슬러 가면 과거에는 지구에 빙하기가 있었음을 이미 알고 있다. 그럼에도 불구하고 과학자들은 조심스럽지만 어떤 근거에서 지구온난화를 사람들이 만들어낸 것 같다는 결론을 낼 수 있는 것일까?

아마 가장 중요한 연결고리는 대기 중 탄산가스의 농도 변화를 관측한 자료일 것이다. 소위 '키일링곡선(Keeling Curve)' 으로 불리는 자료이다.

1957년은 유엔이 어떤 하나의 주제로 이름을 붙이기 시작한 첫 번째 해이다. IGY(International Geophysical Year : 국제 지구물리의 해)라는 이름이 붙여진 이 해에 여러 가지 체계적인 전지구적 관측이 시작되었다. 1985년은 남극 상공의 오존 구멍을 처음으로 밝힌 영국남극관측팀이 남극 핼리만에서 오존 관측을 시작한 해였다. 엘니뇨가 해양 현상과 어떤 관련이 있는 것 같다는 힌트를 처음으로 얻을 수 있었던 것도 이 해에 태평양에서 시작된 해양무인관측시스템 덕분이었다. 이때 이루어진 또 하나의 중요한 지구 관측이 바로 하와이 마우나로아에서 시작된 대기 중 탄산가스의 농도 관측이었다.

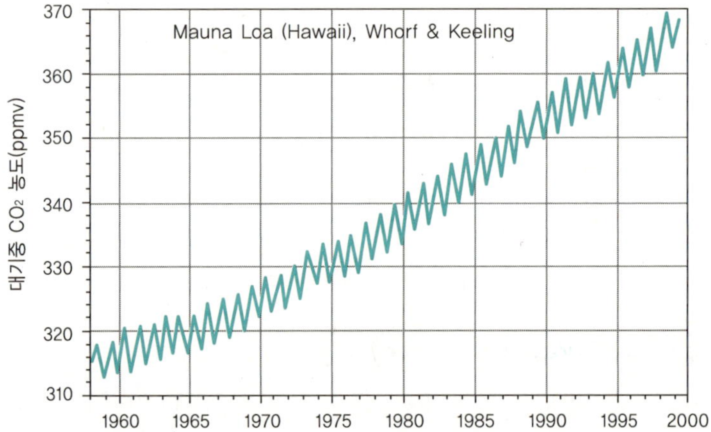

키일링곡선. 키일링이 1957년부터 마우나로아 4,179m에 있는 관측소에서 채취한 공기 시료를 분석해 얻은 대기 중의 탄산가스의 농도 변화. 대기 중의 탄산가스의 농도가 꾸준히 증가하고 있음을 잘 보여주고 있다.

칼텍(Caltech)에서 막 학위를 마친 키일링(Keeling)은 이때부터 시작해 얼마 전 세상을 떠나기 전까지 대기 중 탄산가스의 농도를 '정확히' 측정하는 데 그의 일생을 바쳤다. 키일링곡선은 북반구 대기 중의 탄산가스의 농도가 매년 여름이면 감소하고 겨울이면 증가하는 변화를 반복하고 있다. 지구상의 식물들이 여름철 활발히 진행하는 광합성과 겨울철의 우세한 호흡작용의 효과가 대기 중에 탄산가스의 농도 변화로 나타나고 있다. 그런데 키일링곡선은 이와 더불어 탄산가스의 농도가 계속해서 증가하고 있음을 분명히 보여주고 있다. 키일링곡선의 배경에 깔려 있는 농도의 증가는 무엇을 의미하는 것일까?

:: 키일링곡선의 의미를 찾아서

1980년대에 이르면 키일링곡선이 보여주는 대기 중 탄산가스의 농도 증가가 정말로 사람들의 활동에 의한 것인가라는 질문이 정책 결정자들 사이에서 본격적으로 대두되기 시작했다. 이에 대한 답을 구해보려는 본격적인 연구가 아울러 시작된 것은 물론이다. 키일링곡선이 정말로 사람들의 활동을 반영한 것이라는 것을 분명히 알 수 있는 한 방법은 대기 중의 탄산가스 농도가 사람들의 영향이 없이 자연적으로 변해온 과거를 이해하고 이를 최근의 변화와 비교해보는 것이다.

다행히 과거의 지구 대기에 관한 정보를 얻을 수 있는 자료가 바로 그린란드나 남극에 있었다. 과거 이곳에 매년 내린 눈이 차곡차곡 쌓여 지금은 두께가 수천 미터까지 이르는 두꺼운 빙하를 이루고 있다. 이 빙하에 구멍을 뚫고 들어가면서 얼음 시료를 채취하면, 과거로 거슬러가며 당시 이곳에 쌓였던 눈의 시료를 얻을 수 있는 것이다. 눈이 계속 쌓여갈 때 밑에 있는 눈은 점점 눌리어 결국은 얼음으로 변하게 되는데, 이때 그 주위에 있던 공기가 함께 얼음 속에 갇히게 된다. 실제 얼음 부피의 약 1/10 정도의 공기가 얼음 속에 포함되어 있는데, 얼음 속에 포함된 공기를 빼어내 조사를 해보면 당시의 대기에 관한 정보를 알 수 있다.

:: 키일링곡선은 사람들의 작품이다

가장 성공적인 시료는 남극 보스톡(Vostok) 기지에서 얻은 빙하시추시료이다. 약 3,700여 미터의 시추시료를 통해 지난 약 40여만 년까지를 거슬러가며 대기 중 탄산가스의 농도 변화를 추적할 수 있었다. 이를 통해 자연적으로도 대기 중 탄산가스의 농도가 지난 40여만 년 동안 약 200ppmv에서 280ppmv 사이로 여러 번 크게 변화를 반복해온 것을 알 수 있었다. 지난 40여만 년을 통해 지구는 약 네 번에 걸친 빙하기를 거쳐 왔으며, 이런 온도 변화와 함께 대기 중의 탄산가스의 농도는 적어도 10만 년 정도의 시간을 따라 약 80ppm 정도의 변화를 해온

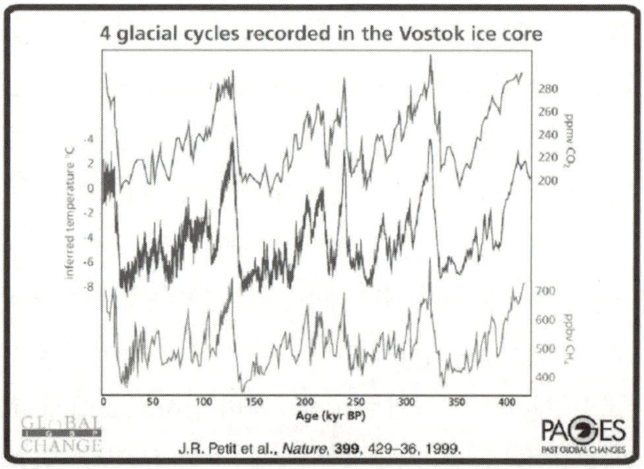

남극 보스톡기지에서 시추된 3,600m 이상의 긴 얼음 시료를 분석하여 얻은 지난 40여만 년 동안의 기후 변화. 이 기간 동안 섭씨 약 6도 정도의 폭으로 지구가 더웠다 추웠다 하는 진동을 네 번이나 반복한 모습을 보여주고 있다. 얼음에 갇혀 있던 공기를 뽑아내어 당시 대기 중의 탄산가스의 농도를 분석한 결과가 함께 그려 있는데 온도 증가와 마찬가지로 농도가 변화해온 것을 보여주고 있다.

것이다. 이제 이런 자연적인 변화와 최근에 관측된 변화를 함께 도시하여 살펴보는 일만이 남은 셈이었다.

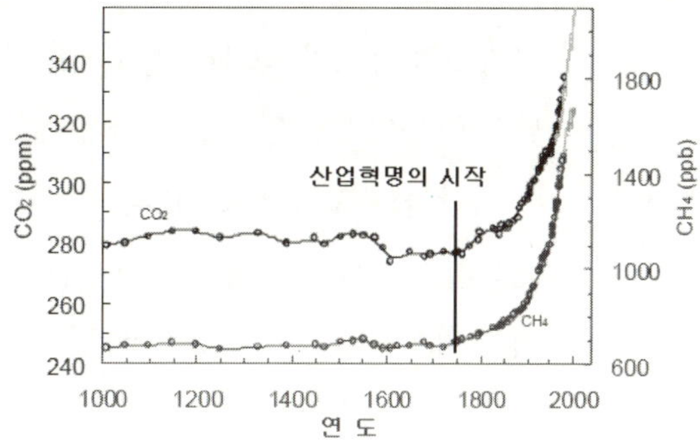

지난 1000년 동안의 대기 중 탄산가스와 메탄의 변화 곡선. 약 260년 전에 시작된 산업혁명 이후 급격한 증가를 해온 것을 분명히 볼 수 있다.

그런데 지난 1,000년 정도의 대기 중 탄산가스의 농도 변화를 보면 280ppmv 정도의 값을 보이던 탄산가스의 농도가 와트(James Watt)에 의한 증기기관의 발명 이후 1700년대 중반에서부터 증가하기 시작했다. 19세기에 들어서 미국의 서부 개척이 활발해지며 산림이 불타고 목재의 벌목이 증대함과 함께, 대기 중의 탄산가스 농도는 급속도로 증가하여 결국은 최근의 실제 관측자료인 키일링곡선에 자연스럽게 연결되고 있다. 지질학적 시간 잣대로 보아서는 거의 순간적인 짧은 기간인 산업혁명 이후 불과 200년 정도의 기간 동안에, 10여만 년 이상의 긴 시간에 걸쳐서 일어나고 있던 약 80ppm 이상의 농도 변화가 있었다. 지금도 꾸준히 증가하는 변화의 속도로 볼 때 자연적인 변화의 일부로 보기에는 너무 큰 변화임이 분명하다.

최근 약 200여 년의 급격한 탄산가스의 농도 변화와 유사한 변화가 메탄이나 산화이질소와 같은 다른 온실기체에서도 관측되고 있다. IPCC는 이런 관측 자료에 기초해 키일링곡선은 사람의 작품이라는 결론을 내릴 수 있었다.

최근에 얻어진 더욱 흥미 있는 자료에 공기 중의 산소 자료가 있다. 이 자료는 마우나로아에서의 탄산가스 농도 측정을 주도했던 키일링 교수의 아들인 랄프 키일링(Ralph Keeling)이 얻은 자료라는 점으로 더욱 화제가 된다. 랄프 키일링은 산소의 농도 또한 화석연료를 태우는 데 쓰인 정도로 서서히 감소하고 있으며, 키일링곡선이 보여주는 탄산가스 증가의 원인이 사람들의 화석연료 사용에 있음을 더욱 뒷받침해주고 있다.

사람들의 활동으로 배출된 온실기체로 인해 대기 중의 중요한 온실기체인 탄산가스의 농도가 증가하고, 이로 인해 지구온난화가 일어나고 있다는 것이 오늘날 받아들여지고 있는 생각이다.

사람들의 활동으로 배출된 온실기체로 인해서 대기 중의 중요한 온실기체인 탄산가스의 농도가 증가하고, 이로 인하여 지구온난화가 일어나고 있는 것 같이 거의 확실하다는 것이 오늘날 받아들여지고 있는 생각이다.

:: 아레니우스의 예언

사람이 지구의 기후를 변화시킬 수도 있음이 과학적으로 처음 논의된 것은 지금으로부터 100여 년 전으로 거슬러 간다. 이 글의 주인공 아레니우스는 1897년 석탄 사용으로 대기 중 탄산가스의 농도가 증가할 수 있으며, 만약에 탄산가스의 농도가 2배 증가하면 적어도 2~5도 정도 지구가 더워질 수 있으리라는 계산을 발표했다.

아레니우스가 우리들이 지금 염려하는 지구온난화 문제를 연구하기 위해서 이 계산을 시작한 것은 물론 아니었다. 당시는 1830년대 스위스의 애거시(Agassiz)가 과학계에 본격적으로 논쟁을 불러일으킨 빙하기의 이론이 분명한 사실로 받아들여진 시기이었으며, 그 원인이 무엇인지를 밝히는 것은 과학계의 중요한 과제의 하나였다.

미국 엘로스톤 국립공원에 있는 표석. 그 앞에 자세를 취하고 있는 저자를 잣대로 볼 때 이 표석이 얼마나 큰 바위 덩어리인지를 알 수 있다. 빙하에 의해 이곳까지 옮겨져 온 이런 표석들이 19세기 중엽에 이르기까지도 노아홍수가 있었음을 말해주는 중요한 증거로 받아들여졌다.

오늘날 지난 300만 년 동안 약 10만 년의 주기로 빙하기와 간빙기가 반복하고 있음을 믿지 않는 사람은 아무도 없으며, 보스톡 자료와 같이 구체적으로 지구 변화를 이해할 수 있는 단계에까지 이르렀다. 그러나 애거시가 처음으로 빙하기가 있었다는 주장을 펼쳤을 때 당시 과학계의 반발은 엄청난 것이었다.

빙하기가 있었던 것을 보여주는 여러 지질학적인 여러 증거들 중에 표석/미아석(boulder)이 있다. 주위의 암석들과는 성질이 전혀 다른 거대한 돌들이 벌판 복판에 드문드문 놓여 있는 것이다. 이 들에 대한 당시 과학계의 주된 견해는 놀랍게도 바로 성서의 '대홍수(노아의 홍수)'가 실제로 있었음을 뒷받침해준다는 것이었다. 우선 '지구 기후가 변할 수 있다'는 것을 받아들이기 어렵다는 것뿐 아니라, 설령 이를 받아들인다 하더라도 빙하기를 만드는 구체적인 메커니즘을 이해할 수 없었던 데에도 원인이 있었던 것이 사실이기도 했다.

그러나 1894년에 이르렀을 때는 빙하의 활동을 체계적으로 관측하기 위해 국제적으로 IGC(International Glacier Commission)가 탄생하며, 아레니우스가 빙하기의 문제를 생각하게 되는 동기가 충분히 마련되어 있었다. 탄산가스의 농도 증가가 지구 기후를 변화시킬 수 있다는 가능성이 이미 100여 년 전에 제시된 것이다. 그러나 아레니우스 자신도 이런 일들이 가까운 장래에 일어날 수 있으리라고는 생각하지 않았다. 그렇지만 그의 예상을 깨고 불과 100여 년도 안 되는 사이에 이런 일이 지구상에 벌어진 것이다.

:: 앞으로의 기후가 심상치 않다

아레니우스가 계산을 했던 100여 년 전에는 기후시스템 내의 많은 되먹임작용(feedback), 특히 구름의 역할 등이 전혀 알려져 있지 않았던 시대였던 것은 말할 것도 없다. 지구 기후를 연구하는 과학자들은 특히 지난 30여 년 이상 컴퓨터를 이용해 기후의 모형의 개발에 많은 노력을 기울여왔다. IPCC가 총력을 기울

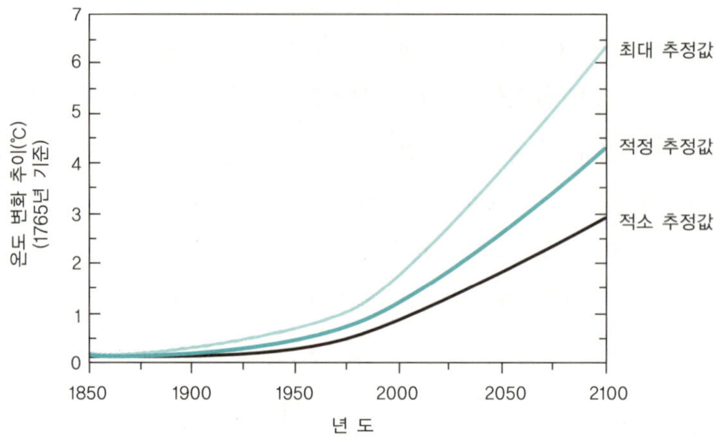

현재와 같은 온실기체의 방출 경향이 지속될 경우 이에 수반하여 일어날 것으로 여겨지는 연평균 지표면 온도의 예상 값. 해양의 온도 조절능력 등 여러 변수들의 다양한 조건을 고려해 예상되는 최곳값에서 최솟값에 이르는 온도 변화의 범위가 표시되어 있다.

이고 있는 중요한 과제의 하나도 이러한 모형들을 통해 지구 기후 시스템을 좀더 자세히 이해하려는 것이다. 최근 강력한 계산 능력을 가진 슈퍼컴퓨터의 도움으로 여러 기후 모형이 개발되고 있는데, 아직도 모형들 사이에 결과가 서로 차이가 나기도 하는 것이 사실이다. 그렇지만 '모형들 모두' 가 화산활동과 흑점의 변화 등으로 나타나는 태양활동의 변화 등 '자연적인 현상들만으로는 최근의 온도 변화를 설명할 수 없다' 는 것을 인정하고 있다. 최근의 온도 변화를 설명하기 위해서는 키일링곡선으로 대변되는 지난 '200여 년간의 온실기체들의 증가가 필수적인 요인으로 작용' 하고 있음을 분명히 보여주고 있다. 지구온난화는 사람들의 작품인 것이 거의 분명하다.

이런 모형들은 앞으로 지구의 기후가 어떻게 변할 것인가를 전망해 볼 수 있는 중요한 도구로 이용될 수 있다. 그런데 불행하게도 IPCC 보고서가 제시하는 우리 후손들이 살아가야 할 앞으로의 지구기후변화 전망이 그리 밝지 않은 것이 사실이다. 해수면의 상승, 태풍의 빈도와 강도의 증가 등 지구가 더워지면서 나타날 것으로 '전망(projection)' 되는 많은 문제들을 볼 때 지구온난화는 분명히 심각한 문제임이 틀림없다. 기후변화는 이제 모든 정상회의의 중요한 의제가 되었으며 한때 미국 대통령이 될 뻔하기도 했던 엘 고어가 「불편한 진실(An Inconvenient Truth)」이라는 영화에 출연할 수밖에 없었던 배경이기도 하다. 우리 후손들이 살아가야 할 지구가 너무 힘들어지지 않기를 바라는 마음이며, 이를 최소로 줄여야 하는 노력에 우리가 관심을 가질 수밖에 없음이 분명하다. 지금 가동이 되고 있는 교토의정서와 같은 것이 바로 전지구적 노력의 하나이다.

:: 에너지를 아끼자

1) 탄산가스의 수지계산서

IPCC가 기울인 노력의 하나는 사람들이 도대체 얼마나 많은 탄산가스를 만들어내며 이렇게 만들어진 탄산가스는 어디로 가는지 그 행방을 확인하는 것이었다. 이러한 노력이 꽤 성과를 거두어 이제는 전지구적인 탄산가스의 대체적인 수지계산서를 만들 수가 있게 되었다. 1990년대 사람들이 행했던 탄산가스에 대한 평균적인 수지계산서를 살펴보면 다음과 같다.

탄산가스 만들기

(단위 : 억톤-탄소/연)

화석 연료의 연소 및 시멘트 생성	63
삼림벌채 및 열대지역의 화전	17
총 계	80

탄산가스의 행방

대기 중으로(키일링곡선의 증가분)	33
바다 속으로	23
육상 식물들 내로	24
총 계	80

60억 명의 지구 가족들이 1년에 약 63억 톤의 탄산가스(위의 숫자는 탄산가스 중의 탄소의 양만을 고려한 것임)를 화석연료를 통해 방출하므로, 한 사람이 평균적으로 1년에 약 1톤 정도의 탄산가스를 방출하고 있는 것이다. 물론 선진국일수록 그 양이 커진다. 바다가 열심히 이를 흡수하려고 노력하며(23), 식물 또한 성장하면서 상당 부분을 다시 흡수하지만(24), 역부족으로 감당하지 못하는 부분(33)은 대기 중에 남아 탄산가스의 농도를 증가시키고 있는 것을 키일링곡선이 보여주고 있는 것이다.

2) 에너지 절약이 지구온난화를 막는 길

사람들은 구체적으로 어떤 활동을 하면서 연 63억 톤의 탄산가스를 방출하는 것일까? 크게 나누어보면 약 3분의 1 정도는 전기를 만드는 데 사용되고 있다. 탄산가스가 바로 에너지의 생산과 직접적으로 관련되어 있는 것이다.

어떻게 해야 하나? 참으로 간단한 일이 아니다. 어떻게 하든 온실기체의 방출을 줄여가야 한다. 탄산가스의 방출을 최소로 줄이면서 효과적으로 에너지를 만들어낼 수 있는 신기술의 개발도 필요하다. 탄산가스의 배출을 최소로 하는 새로운 교통수단의 개발도 미래의 과학과 기술이 해결해야 할 과제이다. 효과적인 대중교통 체제를 개발하고 가급적이면 이를 이용하도록 하는 것도 정부와 시민 모두가 함께 노력해야 할 중요한 과제이다.

더욱 중요한 것은 우리들의 생활 자체가 탄산가스 배출과 직결되어 있음을 깊이 이해하고 이러한 지식을 우리들의 생활에 적용해가는 일이다. 우리 개개인들의 하루하루의 생활이 실질적으로 탄산가스 배출의 약 3분의 1을 차지하고 있다. 따라서 지구온난화의 책임의 약 3분의 1은 우리들 하루하루의 생활에 있다는 것이다.

탄산가스가 바로 에너지임을 명심하고 우리 생활의 작은 하나하나에서부터 에너지 소모를 최대한도로 절약하는 일들을 실천해나가는 길만이 우리들에게 유일하게 허용된 '지구' 호의 미래를 어둡지 않게 하는 방법일 것이다. 이것만이 우리의 후손들도 우리와 마찬가지로 지구호에 승선해 큰 어려움이 없이 미래를 향한 항해를 해 나아갈 수 있도록 해주는 길일 것이다.

:: IYPE(International Year of Planet Earth) : 유엔이 정한 지구의 해

UN은 IGY의 50주년이 되는 2007~2009년의 3년간을 "지구의 해(IYPE, International Year of Earth Planet)"로 정하고 2008년 1월 파리에서 공식적인 선포식을 개최하는 것을 시작으로 하여 본격적인 지구사랑 캠페인을 벌이고 있다. "사회를 위한 지구과학 (Earth Sciences for Society)"이 바로 캠페인의 표어다. 우리나라도 이에 맞추어 2008년을 공식적인 지구의 해로 결정하고, 지구사랑을 개개인의 생활 속에 심어줄 수 있는 여러 활동을 전개하고 있다.

사람은 아는 만큼 사랑할 수 있다고 한다. 금년 IPCC의 노벨평화상 수상소식을 들으면서 우리의 유일한 삶의 터전인 지구를 사랑할 수 있기 위한 지구알기 운동을 본격적으로 벌일 때가 된 것 같다.

상자글

지구가 더워지는 것이 정말로 문제인가?

기후를 연구하는 많은 과학자들의 대답은 '그렇다'

극심한 가뭄이나 폭우 등의 이상 기후가 더 자주 발생할 것이 예상되며, 태풍의 강도나 발생 빈도가 높아질 것이 분명하다.

사람들이 염려하는 더욱 심각한 문제의 하나는 해수면이 상승하는 것이다. 더워진 바닷물의 부피 팽창이 주된 원인이 되지만, 지구가 더워지면서 빙하의 일부가 녹는 것도 또 하나의 요인이 된다. 과학자들은 금세기 말에 이르기까지는 적어도 수십 센티미터 정도의 해수면 상승이 있을 것으로 예상하고 있다.

지구는 지난 빙하기와 간빙기를 거치면서 수십만 년에 걸쳐 130여 미터 이상의 해수면 변동의 역사를 겪어왔다. 그러나 앞으로 100년도 안 되는 짧은 시간 동안에 해수면이 수십 센티미터 증가할 때 저지대를 많이 가지고 있는 나라에서 겪을 어려움은 쉽게 짐작

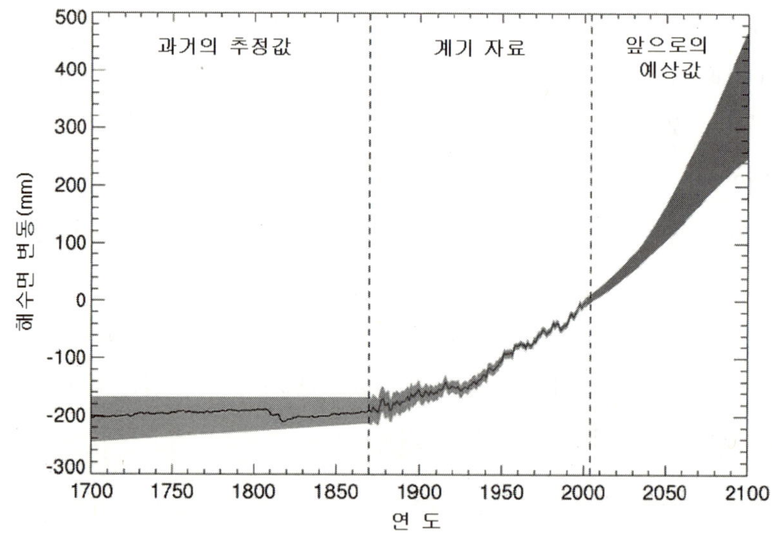

해수면이 변해온 과거 기록 및 앞으로 변화할 것으로 예상 값. 금세기 후반이면 적어도 30cm 정도의 해수면 상승이 있을 것을 보여주고 있다.

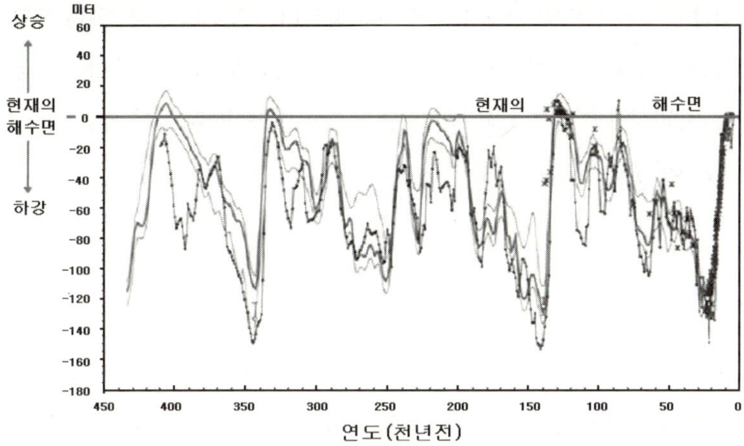

지난 40여만 년 동안의 해수면 변동 기록. 빙하기가 절정에 이르렀을 때에는 해수면이 적어도 130m 정도는 현재의 해수면보다 낮았던 것을 보여주고 있다.

이 된다. 더구나 이렇게 상승된 해수면이 조석이나 태풍 등과 함께 작용할 때 그 파괴 효과가 가중될 것임은 말할 나위가 없다. 바다로 둘러싸여 있는 우리나라는 과연 이러한 해수면의 상승으로 어떤 영향을 받게 될지를 가늠해보는 것도 좋은 생각거리가 될 것이다.

기후 모형들이 예측하는 중요한 결과는 온난화의 영향이 지역에 따라 상당한 차이가 있으며, 특히 고위도 지역으로 갈수록 온난화의 영향이 더욱 커지리라는 것이다. 사실 캐나다 최북단 북극지방의 뱅크스 섬에 살고 있는 이누이 에스키모 부족들은 이미 여름이 길어지면서 더욱 긴 시간을 모기들에게 시달리고 있다. 실제로 더욱 심각한 것은 주위의 해빙(바다얼음)이 줄어들면서 해빙에 살고 있는 해달이나 북극곰의 수가 감소함에 따라 이들의 사냥이 점점 힘들어지고 있는 것이다. 이들은 또한 얼음이 엷아지고 얼었던 땅이 녹으면서 사냥을 하기 위해 다니는 데 점점 더 어려움을 겪고 있다. 이런 현상이 정말로 지구온난화와 직결된 것인지는 아직 확실하지 않지만, 적어도 기후 모형들이 예측하는 결과와 일치하고 있는 것이 사실이다. 이들에게 지구가 더욱 더워지는 것은 결코 바람직스럽지 못할 것이다.

더욱 심각한 것은 온도의 변화 속도가 너무 빠르다는 것이다. 특히 빠른 온도 변화에 적절히 적응하기 어려운 식물 생태계에 미칠 타격이 심각할 것은 너무나도 자명하기 때문이다. 지구온난화가 예측하는 미래의 지구가 결코 바람직하지 않은 방향으로 기울어지고 있는 것은 어쩔 수 없는 사실 같다.

지구가 더욱 더워지는 것을 막을 수는 없을까? : 기후변화협약

대답은 어떤 면에서 매우 간단할 수도 있다. 일차적으로 사람들이 대기 중으로 내뿜는 탄산가스의 양을 줄이면 된다. 즉 온실기체의 농도가 증가하는 것을 막으면 되는 것이다. 그런데 문제의 핵심은 이를 실현하기가 결코 쉽지 않다는 데 있다. 이러한 어려움의 원인은 증가하고 있는 탄산가스를 비롯한 온실기체들이 바로 우리의 생활을 더욱 편하고 윤택하게 만드는 발전 과정에서 부산물로 만들어지는 것이기 때문이다. 다시 말해서 우리 지구가족 모두가 다시 옛날 산업혁명 이전의 소박한 생활로 다시 돌아가기 전에는 쉽게 해결되기가 힘든 과제이기 때문이다.

지구온난화의 문제는 이제 기후를 연구하는 과학자의 범주를 넘어, 국제 정치의 중요한 문제로 대두되어 있다. 이 논쟁의 핵심에 바로 기후변화협약이 있다.

1992년 리우지구정상회의에서 채택된 유엔기후변화협약(UNFCCC ; UN Framework Convention on Climate Change)이 50개국에 의해 조인되면서 1994년 효력이 발생한 후 매년 당사국 회의가 열리고 있다. 특히 1997년 교토에서 열린 제3차 당사국회의에서 채택된 교토의정서는 온실기체의 구체적인 감축을 의무화하는 중요한 틀을 제시했다.

그러나 기본 원칙에 동의하면서도 실제 감축 방안을 마련하는 데 서로 많은 이견을 가지고 있음은 2000년 네덜란드 헤이그에서 열린 제6차 당사국회의의 회담 결렬과, 이를 이은 2001년 미국의 교토의정서 탈퇴에서 가장 극명하게 드러났다.

2001년 독일 본에서의 당사국회의, 모로코 마라케쉬에서 열린 제7차 당사국회의, 2002년 인도 뉴델리의 제8차 당사국회의, 그리고 9월 남아프리카 요하네스버그에서 열린 세계지속가능발전정상회의 등으로 상처를 메우는 작업이 진행되었고, 러시아가 마침내 이를 조인함으로서 교토의정서가 효력을 발휘하게는 되었으나 파국을 미리 예방해보려는 길이 결코 순탄하지만은 않아 보인다.

여기에는 우리나라도 예외가 있을 수 없다. 아직은 개발도상국으로 분류되는 행운(?) 속에 국제적 압력을 피해가고는 있다. 그러나 우리는 온실기체 방출에 있어서 상위 10위권 안에 있는 나라로서, 앞으로 어떻게 해야 할 것인가에 대한 심각한 논의가 필요한 나라 중 하나이다.

34 지속 가능한 지구를 위하여

마틴 (Archer John Porter Martin, 1910~2002)

1952년 노벨화학상 수상
"for their invention of partition chromatography"
(크로마토그래피법의 발명)

싱 (Richard Laurence Millington Synge, 1914~1994)

1952년 노벨화학상 수상
"for their invention of partition chromatography"
(크로마토그래피법의 발명)

1985년 처음 발견된 남극 상공의 오존 구멍은 그 범위나 기간이 제한적인 것이었음에도 불구하고 오존층의 보존에 관한 전지구적 경각심을 일깨워준 획기적 사건이었다. 사람들은 마침내 60억이 넘는 인류가 지구시스템의 한 중요한 구성요소로서, 더구나 지구시스템을 파괴할 수도 있는 무서운 위력을 가진 구성성분으로서 지구 무대에 등장했음을 분명히 인식할 수 있게 된 것이다.

:: 몬트리올 의정서

오존 구멍이 형성되는 남극대륙 상공의 성층권에서 행해진 대규모의 야외 조사와 얼음 위에서 일어나는 불균일 반응들에 대한 실험실 내에서의 연구 결과들은 '사람들이 대기 중으로 방출한 CFC가 과연 오존 감소의 주범인가'에 대한 논쟁에 최종 종지부를 찍었다. 답이 '그렇다'였던 것은 말할 것도 없다. 더욱이 염소산화물(ClOx) 이외에도 산불과 같은 대형 화재가 발생할 때 소화제로 대량 살포되던 할론(halon)이 성층권에서 만들어내는 브롬산화물(BrOx)도 더욱 빠른 속도로 오존층을 파괴할 수 있음이 알려졌다. 마침내 CFC 등의 주된 제조업체이자 규제 반대의 주역을 담당하였던 듀퐁(Du Pont)사는 이들 화합물 제조의 종결을 선언했다.

남극의 오존 구멍이 발견된 지 불과 2년 만인 1987년 9월, 이들의 사용을 국제적으로 규제하는 것을 주요 골자로 하는 "오존층을 파괴하는 물질에 관한 몬트리올 의정서(Montreal Protocol)"를 통해 전지구적으로 이들의 사용을 규제하는 합의에 이르렀다. 또한 오존의 감소가 예상 밖으로 급속도로 가속화됨이 알려지자 규제의 속도를 더욱 앞당기는 두 번에 걸친 추가적 규제가 합의되었다. 개발국에서는 이미 지난 1996년을 계기로 가장 유해한 CFC의 제조를 전면적으로 중지했다. 이런 전지구적 노력들이 정말로 효과를 거두고 있는 것일까?

:: 대기 성분의 변화를 감시한다

이를 확인할 수 있는 방법의 하나는 이런 화합물들의 대기 중의 농도가 시간에 따라 어떻게 변화하고 있는지를 감시하는 것이다. 예를 들어 대표적인 프레온 화합물인 CFC-11, CFC-12 등의 농도 변화 추세를 보면, 과거에 10년에 약 두 배 정도까지의 증가율을 보이던 것이 1990년대에 들어서면서 증가 속도가 둔화되거나 감소하는 추세를 보여주고 있다. 사람들의 노력이 효과를 보고 있는 것이다.

안타까운 것은 이런 오존 파괴물질들이 대기 중에 머무르는 평균 체류시간이 100여 년 이상으로 길기 때문에, 몬트리올 의정서와 같은 노력에도 불구하고 이미 방출된 CFC 등의 오존층 파괴 효과가 적어도 앞으로 1세기 동안은 어쩔 수 없이 지속될 수밖에 없다는 것이다. 지구 기후에 대한 많은 컴퓨터 모형의 결과는 이렇게 시작된 사용 규제 노력을 인류가 계속하더라도 이전의 모습으로 되돌아가는 것은 금세기 후반에 이르러서야 가능한 일임을 예측하고 있다. 오존층을

Atmospheric SF_6 and CFCs trends in Northern Hemisphere

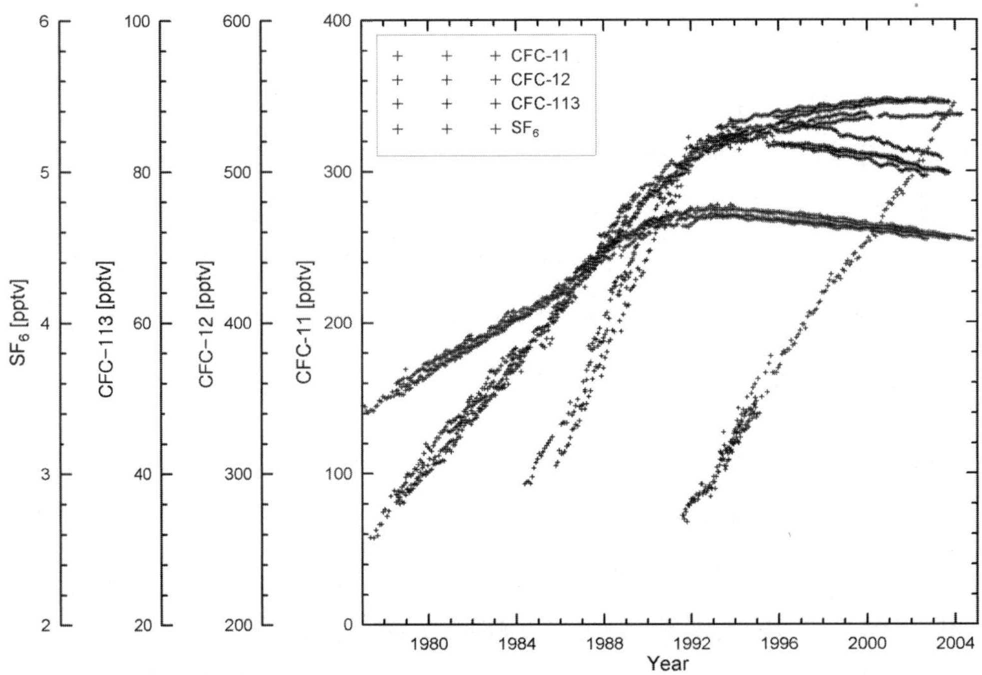

CFC-11, 12, 113 및 SF6의 최근의 대기 중 농도 변화. 1987년 몬트리올 의정서가 발효된 이후 최근에 이르면서 CFC들의 증가 추세는 현저히 감소하고 있음을 잘 보여준다.

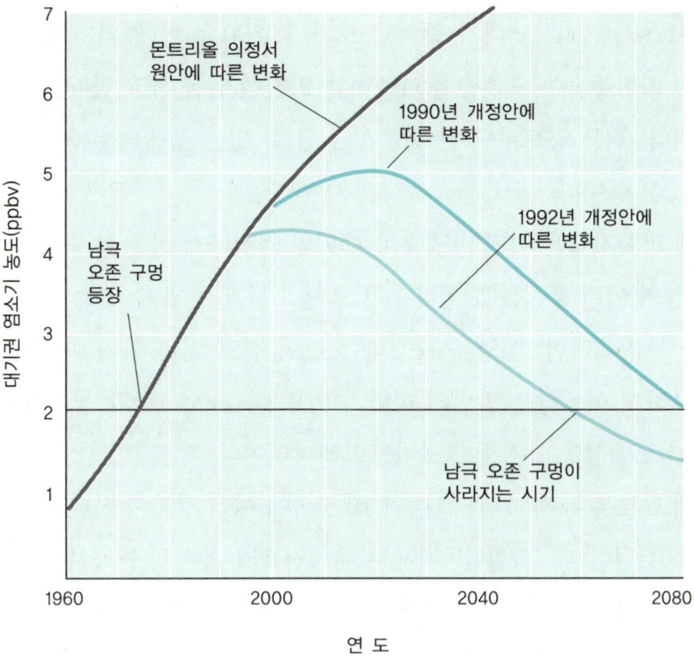

성층권의 염소 농도 변화의 예상 곡선. 1992년까지는 관측된 농도이며, 이후는 1987년 몬트리올 의정서, 1990년 런던 개정안 및 1992년 코펜하겐 개정안에 의한 감축 계획에 따라 추정된 예상 값이다. 가장 강력한 감축안대로 수행을 하더라도 2060년경이 되어야 염소의 농도가 2ppbv 이하로 떨어져 남극에서의 오존 구멍이 사라질 것으로 예상된다.

회복시키기 위한 노력을 인류가 기울인 것은 무척 다행한 일이지만, 파괴에 비해 이를 회복하는 일은 매우 더딘 과정임을 연구 결과들은 잘 보여주고 있다.

:: 크로마토그래피(chromatograph)

이들 화합물의 대기 중 농도를 보면 정말로 놀랍다. 과학자들은 ppt(part per trillion)라는 단위를 사용하는데, 이는 '1조 개(10^{12})의 공기분자들 중에 화합물 분자가 몇 개나 포함되어 있는가'를 나타내는 농도 단위이다. 가장 많이 사용되었던 CFC-12(프레온 12)도 대기 중의 농도가 약 500ppt밖에 되지 않는다. 이렇게 적은 양의 화합물들이 오존층을 파괴하는 엄청난 일을 하고 있다는 것이 정말 놀라운 일이다. 적은 양으로도 큰 힘을 발휘할 수 있는 촉매의 위력을 절실히 느낄 수 있는 좋은 예이다.

그런데 과학자들은 어떤 방법으로 주위의 엄청나게 많은 분자들 중에 섞여 있는 적은 양의 이런 물질들을 골라내어 그 농도를 알아낼 수 있는 것일까? 이들을 하나하나 분리해내어 그 양을 측정하는 것이 결코 쉬운 일이 아니지만, 과학자들이 중요하게 이용하는 방법의 하나가 마틴(Archer Martin)과 싱(Richard Synge)에게 1952년 노벨상을 안겨준 크로마토그래피법이다.

고르게 흐르는 유체(기체나 액체)의 흐름 속에 여러 성분이 한데 섞여 있는 혼합물 시료를 주입한 후 '적절한' 매체로 채워진 관(분리관)을 통과시키면, 각 성분들과 매체 사이에 일어나는 상호작용의 차이로 인해 각 성분이 분리관을 통과하는데 걸리는 시간에 차이가 날 수 있다. 크로마토그래피법이란 바로 이런 시간차를 이용해 각 성분들을 분리하는 분석법이다.

:: 전자포획검출기(ECD, Electron Capture Detector)

오존층 파괴로 걱정하는 화합물들이 공통적으로 가지고 있는 원소들 중의 하나가 바로 염소(Cl)이다. 염소의 중요한 특징의 하나는 기회만 있으면 주위에서 전자를 받아들여 더욱 안정한 구조로 가기를 원하는 성질이 있다는 것이다. 바로 이런 성질을 이용해 극미량의 염소를 포함하는 화합물들을 검출할 수 있는 검출기인 ECD(전자포획검출기)가 약 40여 년 전 발명되었다. 많은 사람들에게 가이아(Gaia) 이론으로 잘 알려져 있는 과학자 러브록(Lovelock)의 놀라운 발명품이다.

이 장치를 이용해 러브록은 각지의 대기 중의 CFC 농도를 측정해보면서 이들이 대기 중에 점점 쌓여가고 있다는 것을 알게 된 것이다.

자신이 발명한 ECD 검출기가 장착된 기체크로마토그라프를 앞에 들고 있는 영국의 과학자 러브록(Lovelock). 러브록은 가이아 이론을 처음으로 제창한 과학자이며 발명가이다. ECD 검출기를 통해 얻을 수 있게 된 프레온과 같은 염소를 포함하는 극미량 기체의 대기 중 농도 자료들은 오존층의 화학을 이해할 수 있는 결정적 근거 자료로서 중요한 역할을 했다.

:: CFC의 탄생과 죽음

CFC가 처음 세상에 태어난 것은 1928년의 일이다. 이들 화합물을 발명한 미즐리(Midgley)는 에디슨보다 약 40년 늦게 1889년에 태어난 당대의 중요한 발명가였다. 당시 냉동제로 이용되던 유해한 암모니아나 황산화물의 대체 물질로 발명된 안정한 화합물 CFC는 사람들에게 이상적인 물질로 여겨졌다. 그런데 바로 너무 안정하다는 것이 화근이 된 것이다. 이들이 성층권에 올라가서야 강력한 자외선으로 분해되면서 오존층을 파괴시키는 것을 후일 알게 되며, 결국 종말로 이어지게 된 것이다. 이들의 대체 물질로 잠정적으로 사용이 허가되어 있는 화합물들에 HCFC들이 있다. 이들은 수소(H)를 가지고 있어서 대류권의 공기 중에서도 세정제 HO · 라디칼의 공격을 받아 분해되어버리므로 성층권으로 들어가 오존층을 파괴할 수 있는 능력을 별로 갖지 못한 화합물들인 것이다.

토머스 미즐리가 당시 GM사 소속의 과학자로 일하면서 발명한 또 하나의 유명한 화합물로 납유기물 첨가제가 있다. 휘발유의 옥탄가를 높이기 위한 첨가제로 널리 사용되면서(유연휘발유) 주위를 오염시키다가 납의 환경문제가 대두되면서 이제는 더 이상 사용하지 않는 화합물이다. 이런 미즐리의 중요한 발명품이 전지구적으로 사람들의 생활에 미친 영향은 지대했다. 그러나 당시 전혀 예상치 못한 전지구적 환경문제를 야기시키는 불행으로 끝나고 말았다.

그의 생애도 비슷하게 불행 속에서 끝을 맺었다. 미즐리는 중년에 소아마비에 걸려 다리가 마비되었는데, 이런 가운데에도 그의 발명에 대한 의욕은 그치지 않아 아침마다 그 자신의 몸을 일으켜주는 도르래를 이용한 보조기구를 만든다. 그러나 1944년 11월 어느 날 이들이 잘못 작동해 결국 이 보조기구에 몸이 감겨 매달린 채 최후를 맞은 불운한 과학자였다. 그의 장례식 때 다음의 성경 구절이 신부에 의해 인용되었다. "우리들은 이 세상에 아무것도 가져오지 못했으므로, 아무것도 가져갈 것이 없습니다." 묘지에서 돌아오는 길에 그의 상사이자 스승이었던 찰스 케터링(Charles Kettering)은 "미즐리의 경우 '그렇지만 우리들은 이 세상의 복지를 위해서 많은 것을 남길 수 있다' 라는 구절을 첨가하는 것이 적절할 것으로 생각됩니다."라는 말을 남겼다고 한다. 그렇지만 오늘날 우리들의 복지를 위한 많은 실험이 우리의 유일한 삶의 터전인 지구환경에 어떤 결과를 미칠지에 대해 조심스러운 걱정을 해야 함을 미즐리의 일생이 우리들에게 이야기해 주고 있다.

:: 지구환경을 감시한다

오늘날 과학자들은 지구환경을 교란시킬 수 있다고 여겨지는 대기 중의 미량 성분들을 감시하는 노력이 효과적으로 진행될 수 있도록 하기 위한 많은 국제적인 협력 체제(Network)를 갖추고 있다.

1) 글로벌뷰(Globalview)

지구온난화의 중요한 원인으로 지목된 탄산가스의 농도 변화는 가장 초점을 둔 노력의 하나이다. 세계 곳곳에서 각 지점을 대표하는 키일링곡선이 만들어지고 있는 것이다.

우리나라에서도 저자 실험실의 노력으로 1990년도부터 제주도 고산에서 탄산가스 농도의 변화를 보여주는 곡선이 얻어지고 있으며, 세계 각지에서 얻어지는 이런 자료들은 미국 NOAA의 기후 변화 연구실이 중심이 된 글로벌뷰(Globalview)라는 이름의 프로그램 하에 한군데로 모아져 누구나 이를 이용할 수 있다.

2) AGAGE

사람들이 많이 만들어내는 CFC와 계속해서 만들어지는 대체 물질들의 농도가 어떻게 변하는지를 감시하는 것은 이 분야의 연구자들에게 난제 중의 난제이다. 현재 가장 성공적으로 이 연구를 수행하는 국제 프로그램이 AGAGE(Advanced Global Atmospheric Gas Experiment)이다. 1978년 ALE(Atmospheric

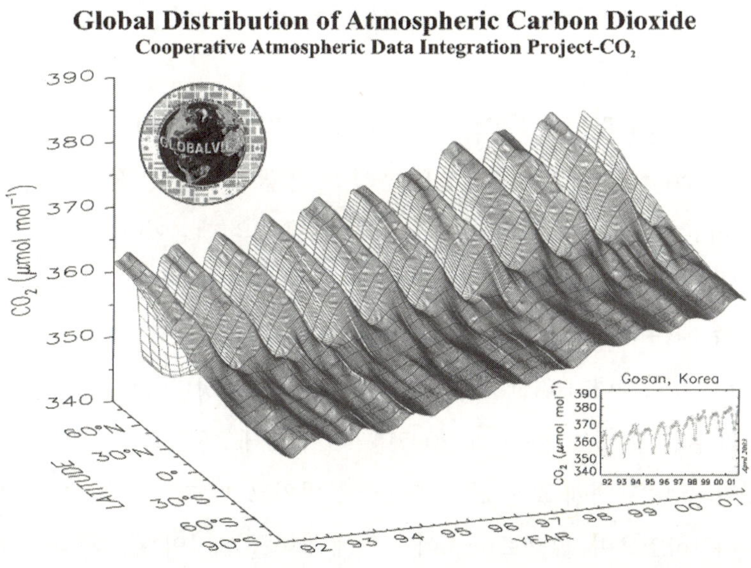

전지구적 탄산가스 자료 데이터베이스인 글로벌뷰(Globalview) 프로그램에서 만들어낸 전 탄산가스 농도의 위도별 · 시간별 변화 모습. 저자의 연구실이 주도해 측정하고 있는 우리나라 제주도 고산의 값도 데이터베이스의 일부로 포함되어 있으며 아울러 이 자료가 그림에 도시되어 있다.

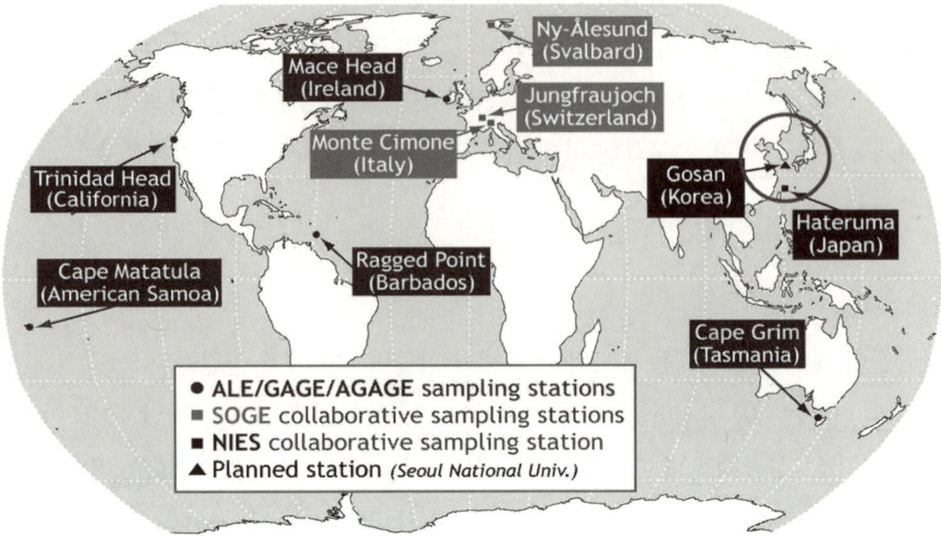

사람이 만든 온실기체들을 측정하는 전지구적인 AGAGE 프로그램의 네트워크. 우리나라의 고산도 저자 연구실이 주도적인 역할을 하여 이 관측망의 일부로 포함되었으며, 앞으로 우리 주변지역에서 이런 물질들의 감시자로서 역할을 담당하게 된다.

Lifetime Experiment)라는 이름으로 시작해 지금까지 30년이 넘도록 이어지는 과학자들의 모임으로, 이들 화합물들의 농도를 검출할 수 있는 장비로 특별히 개발된 메두사(Medusa) 시스템이 이 AGAGE 네트워크의 핵심이다.

메두사는 질량분석기(MS)를 검출기(detector)로 사용하는 기체크로마토그래피(GC)법, 즉 GC-MS 장비인데, 공기시료에 포함되어 있는 극미량의 화합물들을 성공적으로 분리해내기 위한 특수 포집기가 붙어 있는 장비이다.

저자의 실험실(Gosan, Korea)도 2005년 AGAGE 네트워크의 한 정점으로 정식으로 포함되어 2년여에 걸친 장비의 제작을 마치고 2007년 가을부터 고산에서 관측을 시작하였으며, 앞으로 아시아 지역에서 이들 물질의 농도가 어떻게 변하는지를 감시하는 중요한 역할을 담당하게 될 것이다.

3) ABC

IPCC 4차 보고서는 지난 200여 년 간의 사람의 활동에 의한 온실기체의 농도 증가로 지구 복사강제력이 약 3w/m² 가까이 증가했다는 결과를 보여주고 있다. 물론 많은 오차가 있기는 하지만 복사강제력 1w/m²는 지구의 온도를 약 0.6℃ 정도 높일 수 있는 정도의 에너지 양에 해당한다.

이 보고서는 이 이외에 지구의 기후를 변화시킬 수 있는 많은 다른 요인들을 함께 보이고 이들에 대해 현재 과학이 알고 있는 오차의 범위를 아울러 발표했다. 특히 냉각효과를 보이는 에어로졸의 효과는 매우 큰 오차의 범위를 보이고 있어, 아직 과학이 모르는 부분이 얼마나 많은지를 분명히 알려주고 있다. 이것 또한 지구온난화가 사람들의 활동의 결과라는 결론에 IPCC가 매우 조심스러워 하는 근거의 하나이다.

과학자들이 특히 염려하는 부분은 천연적으로 존재하는 에어로졸 – 예를 들면 우리들에게 잘 알려진 황사 – 의 역할뿐만 아니라 사람들의 활동에 의해서 만들어지는 에어로졸 – 예를 들면 산불이나 매연 자동차에서 볼 수 있는 작은 숯검정 입자들 – 과 이들이 구름의 형성에 미치는 영향 등이다. 우리가 앞서 살펴보았던 광스모그가 단지 숨 쉬는 공기의 오염이라는 차원을 넘어 지구의 기후에도 큰 영향을 미칠 수 있다는 것이 점점 더 분명해지고 있기 때문이다. 한편으로는 전세계의 곳곳에서 이런 현상이 흔히 일어남으로써 더 이상 국지적인 문제로 끝나는 것이 아니라는 것을 알게 된 것이다.

에러로졸이 전지구적으로 기후에 미칠 영향을 연구하기 위해 구성된 국제적 프로그램인 ABC(Atmospheric Brown CLoud)를 소개하는 그림. 우리나라의 과학자들도 이 프로그램의 중요한 일원으로 참가하고 있다.

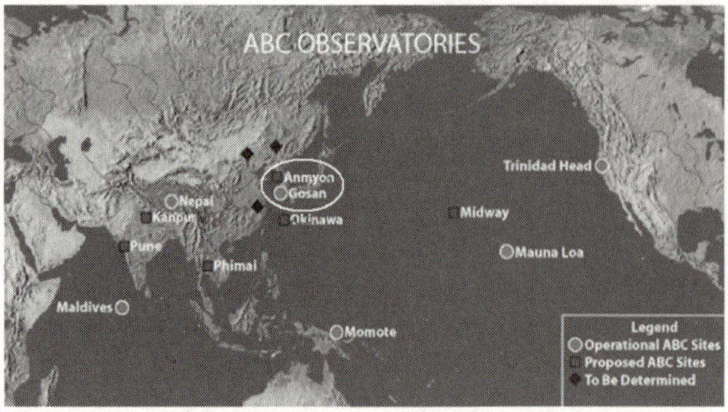

ABC 프로그램에서 추진하는 주요 관측 정점. 우리나라의 고산이 이 프로그램의 종합관측정점의 하나로서 중요한 역할을 하고 있다.

과학자들은 이렇게 만들어지는 에어로졸에 ABC(Atmospheric Brown Cloud)라는 이름을 붙여주었는데, 인공위성 등의 방법으로 지구를 살피면 ABC가 모든 대륙에 골고루 퍼져 있는 것을 알 수 있다.

ABC 계획도 바로 이런 에어로졸의 역할의 불확실성을 규명해보려는 과학자들의 시도이다. 이 계획에도 많은 지구 감시 관측이 포함되어 있는데, 제주도 고산(Gosan)이 중요한 관측 지점으로 선정되어 연구가 진행되고 있는 것 또한 우리로서는 매우 기쁜 일이 아닐 수 없다.

:: 1995년 노벨화학상

글을 마치면서 오존층의 화학을 규명한 연구로 1995년에 노벨화학상을 수상한 세 과학자 크루첸, 몰리나, 로울랜드를 다시 언급하려고 한다. 이들 수상자들은 오존층의 연구를 위시해 지구온난화 과정에서의 구름, 에어로졸의 역할, 메탄의 생지화학적 과정 등의 지구환경과 관련된 많은 연구에 활발히 참여하면서 대기화학을 발전시키는 선도적 역할을 해왔다. 또한 자신들의 연구 결과가 제시하고 있는 파국적인 지구 환경문제를 막기 위해 많은 노력을 아끼지 않았다. 로울랜드는 1970년대 후반 CFC들이 분무제로 사용되는 것을 막는 많은 노력을 성공적으로 수행했으며, 생태 및 에너지 분야의 권위 있는 타일러(Tyler) 세계상, 칼슨(Rachel Carson)상, 특히 1989년에는 일본환경과학 및 기술상을 이미 수상한 바 있다. 크루첸은 '핵겨울'로 흔히 표현되는 핵전쟁의 비극적 종말을 이론적으로 제시하고 이를 경고한 업적으로도 잘 알려져 있다. 이들이 노벨상과 같은 유명한 상의 수상을 목표로 하여 일생을 과학에 바친 것은 물론 아니다. 그렇지만 오존층의 보호를 위해 바친 연구와 노력이 인정되어, 지구환경 과학자들에게 노벨상의 영예가 주어진 것은 지구환경과학 분야의 큰 경사요 기쁨이 아닐 수 없다. 이는 한편으로는 우리 생명계가 지구상에서 계속 살아가기 위해서는 우리들 스스로 지구를 소중히 가꾸어가지 않으면 안 된다는 강한 메시지를 전 지구인에게 전하고 싶었던 노벨상위원회의 소망이 반영된 것이었으리라.

:: 인류세(Anthropocene)

크루첸은 지난 200여 년의 시대에 사람들에 의해서 지구시스템이 너무 많이 변화되었으므로, 46억 년의 긴 역사를 세분하는 데 사용되는 지구달력에서 지난 200여 년을 별도로 구별해 이를 인류세(Anthropocene)라고 부르는 것이 적절할 것 같다는 생각을 다음과 같이 피력했다. "오늘날 우리들은 인류의 활동이 지구시스템의 역학에서 매우 강력한 하나의 힘으로 작용하기 시작한 시대에 살고 있습니다."

실로 지난 200여 년은 급격한 인구폭발과 함께 산업혁명과 농업혁명으로 시작된 엄청난 변화를 하고 있는 시대이다. 사람들이 더욱 잘살고 싶은 욕망이 사람들이 사는 무대를 스스로 망가트리기 시작하는 참 어려운 시대로 돌입한 것이다. 이를 어찌할 것인가?

노벨상 수상자 크루첸이 상을 수상하기 직전의 저서 《Atmosphere, Climate,

and Change》(이 책은 저자가 《기후 변동》이라는 제목으로 번역해 한국에서도 출판되었다) 에서 책을 종결하면서 쓴 글을 인용하면서 이 글을 마치고자 한다.

'지구라는 이름의 우주선'에 탑승한 시민들로서 우리가 꼭 취해야 할 행동은 어떤 것일까? 모든 것을 포괄하는 하나의 지침이 가장 적절하리라.

즉, 오늘날 행성 지구에 살고 있는 인류가 자신들의 이익을 위해 지구가 가지고 있는 자원을 개발할 때는 가능한 모든 방법을 동원해 우리 행성에 부수적으로 가해지는 스트레스를 최소화하는 노력을 동시에 강구해야 한다는 것이다.

사실 그것이 우리가 가지고 있는 유일한 길이기도 하다.

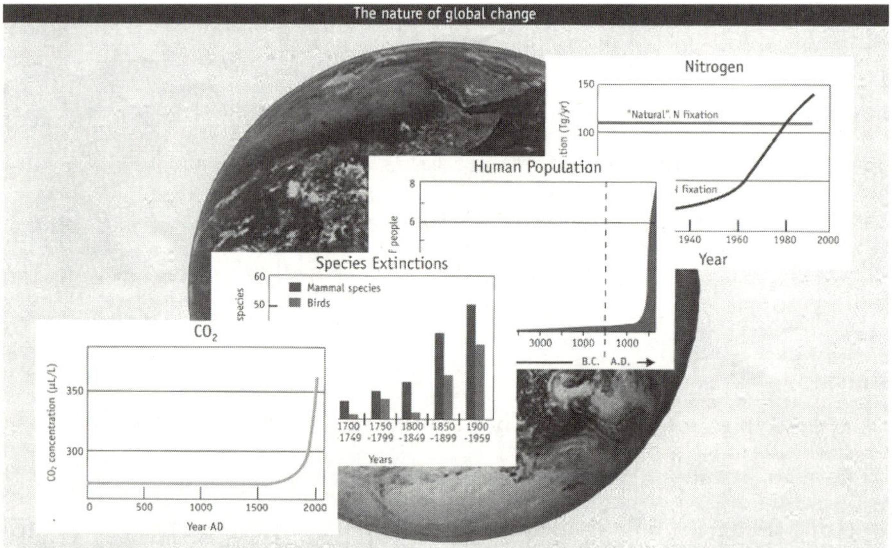

지난 200여 년간 일어난 급격한 지구 환경의 변화 모습. 1995년 노벨화학상 수상자인 크루첸 박사는 이 시기 동안에 일어난 너무 엄청난 지구 변화를 지적하면서 이 시기를 인류세(Anthropocene)로 명명하고 지구달력 속에 새로운 하나의 세(epoch)로서 포함해야 한다고 제안하고 있다.

부록

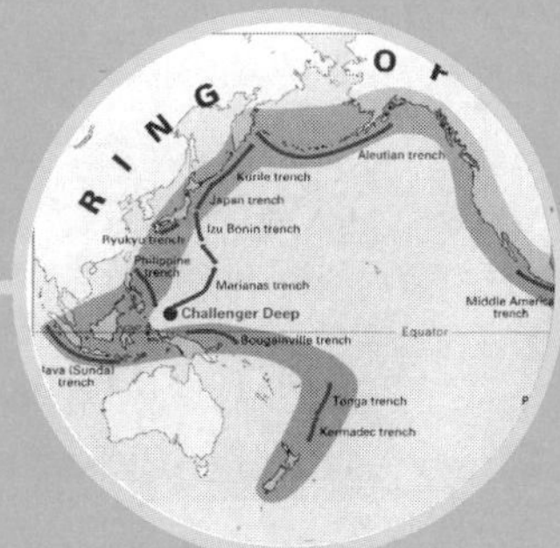
Aleutian trench
Kurile trench
Japan trench
Izu Bonin trench
Ryukyu trench
Philippine trench
Marianas trench
Challenger Deep
Middle America trench
Equator
Bougainville trench
Java (Sunda) trench
Tonga trench
Kermadec trench

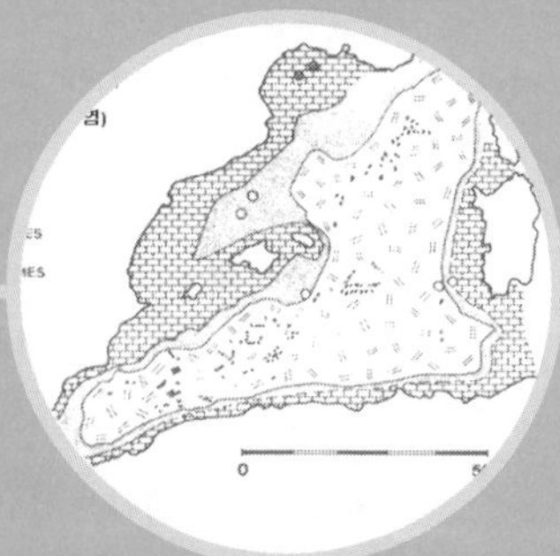

그림, 사진 사의

• 사진 제공

노벨재단(The Nobel Foundation) 16, 30, 74, 88, 99, 107, 116, 128, 140, 151, 165, 177, 189, 201, 212, 226, 237, 248, 260, 273, 284, 298, 311, 325, 335, 347, 358, 378, 388, 403, 420, 440

Hollister(WHOI) 104

저자 사진 54, 56, 403

가스하이드레이트 한국지질자원연구소 288

• 자료 제공

Gamo, T. (University of Tokyo) 351

Keeling, D. and Whorf, T. (SIO) 426

Shan, X. (중국지진국) 42

Tan, P. (NOAA) 447

Weiss, R. (SIO) 442

NASA 129, 135, 170, 194, 203, 207, 210, 310, 390, 398

NOAA 245, 277

NOAA(Globalview) 410

Time 422

• 학술논문 인용

255 Ostlund and Rooth (1990), J. Geophys. Res., 95, pp. 20147~20165.

263 Broecker et al. (1985), Nature, 315, pp. 21~26.

356 Nozaki, Thomson and Turekian (1976), Earth Planet Sci. Lett., 32, pp. 313~321.

385 Miyake (eds.) et al. (1978), Proceedings of International Symposium on the Damage and After-effects of the Atomic Bombing of Hiroshima and Nagasaki, pp. 164~188.

389 Farman, J. C. et al. (1985), Nature, 315, pp. 207~210.

428 J. R. Petit et al. (1999), Nature, 399, pp. 429~436.

• 새로 그린 그림의 원그림 출처

Lutgens and Tarbuck, 김경렬 외 옮김, 《지구시스템의 이해》 33, 34, 40, 46, 47, 49, 50, 51, 122, 186, 188, 195, 205, 214, 237, 315, 318

Graedel and Crutzen, Atmosphere, Climate, and Change 230, 231, 279, 305, 309, 322, 365, 391, 399

Houghton et al., (eds.), Climate Change, The 3rd Report, IPCC (1990) 432, 436, 443

Emilio, Segre, From X-Ray to Quark 91, 109

Claude Allegre, From Stone to Star 120

W. Broecker, How to Build a Habitable Plane 126, 149, 220, 222, 268

T. X. Thuan, The Birth of the Universe: The Big Bang and After 57, 58, 86, 207

Broecker and Peng, Tracers in the Sea 262, 265

인명 색인

ㅎ

A

B

C

D

E

F

T

U

V

W

Y

용어 색인

ㅂ

ㅈ

ㅎ

D

E

F

G

X

Y